国家骨干建设院校优质核心课程教材

Gonglu Ruantu Diji Chuli Jishu

公路软土地基处理技术

李茂英　曾庆军　廖建春
张功新　刘吉福　编著

人民交通出版社

内 容 提 要

本书系统阐述了软土工程特性、公路软土工程地质勘察等内容，重点讨论了堆载预压排水固结技术、水泥土搅拌技术这两种非常典型的公路软土地基处理技术，详细介绍了软土路堤施工监测技术。这些内容融入到土木工程类专业课程中，构建为一门较典型的工学结合课程教材。本书内容包含了作者的一些理论和实践研究成果。

本书可供高等职业学校的道路桥梁工程技术、市政工程技术、公路工程管理等土木工程类专业使用，也可供从事公路、水利、港口、机场等建设工程的设计人员、施工人员、工程管理人员和研究人员使用。

图书在版编目(CIP)数据

公路软土地基处理技术 / 李茂英等编著. —北京：人民交通出版社，2013.3

国家骨干建设院校优质核心课程教材

ISBN 978-7-114-10294-3

Ⅰ.①公… Ⅱ.①李…②曾…③廖… Ⅲ.①公路路基—软土地基—地基处理—高等学校—教材 Ⅳ.①U416.1

中国版本图书馆 CIP 数据核字(2013)第 003391 号

国家骨干建设院校优质核心课程教材

书　　名：公路软土地基处理技术
著 作 者：李茂英　等
责任编辑：卢仲贤　夏　迎　于　佳
出版发行：人民交通出版社
地　　址：(100011)北京市朝阳区安定门外外馆斜街 3 号
网　　址：http://www.ccpress.com.cn
销售电话：(010)59757973
总 经 销：人民交通出版社发行部
经　　销：各地新华书店
印　　刷：北京市密东印刷有限公司
开　　本：787×1092　1/16
印　　张：20
字　　数：510 千
版　　次：2013 年 3 月　第 1 版
印　　次：2013 年 3 月　第 1 次印刷
书　　号：ISBN 978-7-114-10294-3
定　　价：40.00 元

序

2010年,广东交通职业技术学院成为我国首批启动的国家骨干高职院校建设单位,道路桥梁工程技术专业(以下简称路桥专业)成为重点建设专业(群)。

随着重点专业(群)建设项目的实施,进一步深化了人才培养模式、课程体系的改革,与其相适应的配套教材成了课程改革的必然要求。为适应这一需要,广东交通职业技术学院专业教师与广东省公路行业企业的专家和一线技术人员一道,紧密结合,组成教材编写小组,经过长期的调研,掌握了大量的第一手资料,通过充分的论证,制订了编写大纲。

在此基础上既结合广东本土的诸多实际又满足工学结合课程的要求,编写了路桥专业(群)部分核心课程的教材,具体包括:《建筑材料》、《公路软土地基处理技术》、《路面施工与检测》、《桥梁上部结构施工与检测》、《桥梁下部结构施工与检测》、《建筑施工技术》一套六本。

以上教材的编写,其素材来源广泛,既取材于工程一线,又融入了行业新规范、新标准,同时兼顾行业企业的新技术、新工艺、新材料等方面的运用,使教材内容紧密结合生产实际,融"教、学、做"为一体,力求体现能力本位,突出实践技能训练和动手能力培养的特点,并注重先进性、典型性与通用性的有机结合,使其适合高职院校师生使用。

教材的编写,其人员的代表性体现在校内包括专业带头人、骨干教师,校外包括代表性企业的专家、技术骨干。编写人员普遍具有长期从事职业教育或一线生产、管理的实践经验,有深厚的理论基础和丰富的工程实践经验,两者结合,相得益彰,准确把握了教材的深度和广度,使其更具教学的适用性和可操作性。

在此,向为本教材的编写付出辛勤劳动的行业企业的领导、专家、工程技术人员表示崇高的敬意和诚挚的谢意!

广东交通职业技术学院

道路桥梁工程技术专业(群)教材编审委员会

2012年12月

前　言

本书是道路桥梁工程技术、市政工程技术、公路工程管理等高等职业教育土木工程类专业的拓展性工学结合课程。软土的区域性极强，工程特性与应用复杂。在软土地区修建公路不仅要求路堤稳定，而且对工后沉降有较高要求，特别是要严格控制工后不均匀沉降。针对广东省内各地软土分布、工程特性及公路软土地基典型加固处理技术，广东省先后进行了大量的专题研究和工程实践，大大提高了公路软土地基处理水平、公路建设质量，也节约了工程投资。

为了更好地满足高等职业教育道路桥梁工程技术、市政工程技术、公路工程管理等土木工程类专业开设拓展性工学结合课程的要求，考虑高等职业教育的人才培养规律，特别是考虑高等职业教育土木工程类专业是培养工程一线的高级技术技能型人才，由广东交通职业技术学院、广东省交通系统企事业单位中长期从事公路软土地基处理技术研究、工程实践且有高等职业学校教学经验的教师、(高级)工程师组成团队，编著了以道路桥梁工程技术专业为主体，兼顾市政工程技术、公路工程管理等其他土木工程类专业方向的《公路软土地基处理技术》工学结合课程教材。本书内容包含了编著者的一些理论和实践研究成果。

本书在编著过程中始终坚持一个原则，即首先阐明与地基处理相关的土力学原理、地基处理工艺理论，再说明工程应用，这也符合培养高级技术技能人才定位。本书涉及堆载预压排水固结技术和水泥土搅拌技术两种典型的公路软土地基处理技术，阐述了广东工程实践经验总结性内容，并给出了一些典型的工程应用实例，体现了高等职业教育“理论适度够用，侧重应用”的工学结合的课程特点。

本书由广东交通职业技术学院李茂英、曾庆军负责审核和统稿，广东省公路勘察规划设计院股份有限公司廖建春工程师、广东省航盛建设集团有限公司刘吉福(教授级高级工程师)、广州四航局张功新(教授级高级工程师)参与编著。全书分四篇，共二十二章。第一篇(一～四章)为公路软土概述及工程地质勘察，由李茂英执笔，其中第一章的第三节由张功新执笔。第二篇(五～十一章)为堆载预压法，其中第五～七章由李茂英执笔，第八～十一章由曾庆军执笔，第十章第二节由张功新执笔。第三篇(十二章～十八章)为水泥土搅拌法，其中第十二～十四章由李茂英执笔，第十五～十八章由廖建春执笔。第四篇(十九章～

二十二章)为软土路堤施工监测技术,由刘吉福执笔。

本书得到了广东省航盛建设集团有限公司岩土分公司、广东省公路建设有限公司、广州四航工程技术研究院、华南理工大学、广东省公路勘察规划设计院股份有限公司、广东省华路交通科技有限公司、广东省路桥建设有限公司、广东省高速公路有限公司、广东省交通投资发展有限公司、广东省冠粤路桥有限公司等单位,以及这些单位有关领导和专家的大力支持。在此一并致谢。

限于编著者水平,不妥之处在所难免,恳请业内专家和读者批评指正。

编著者

2012年12月于广州

目　　录

第一篇　公路软土概述及工程地质勘察

第二篇　堆载预压法

第三篇　水泥土搅拌法

GONGLU RUANTU GAISHU JI GONGCHENG DIZHI KANCHA

公路软土概述及工程地质勘察

第一章 绪 论

第一节 编写目的及适用范围

在软土地基上修建公路时，由于路堤稳定性不足或过大的沉降，不仅使公路本身受到大的损害，而且对周围环境也会产生危害。因此，软土地基的勘察、设计、施工及养护，必须比一般路基更为谨慎。

本书论述了在软土地基上新建公路所必需的地基处理工程的勘察、设计、施工的基本理论、基本原则，进行了公路软土地基主要处理方法的经验总结，尤其是新技术、新工艺的应用，在很多方面有独到的见解，对公路软土地基处理工程实践有非常直接的指导意义。

应用本书时，必须按照公路的性质、工程的规模及地质条件等，充分注意如下事项，以便正确使用。

(1)地基条件

软土地基的范围、深度、分层和各层性质，可因地形、沉积环境不同等有明显差别，并且相当复杂多样。因而，不能机械地套用本书，不加区别地进行设计与施工，而应按照软土地基的特性确定处理方法。

(2)公路条件

软土地基的处理方法，很大程度上取决于所修建公路的条件。不同的公路等级、重要程度、交通量等，所对应的软土地基处理方法、规模有很大差别。因此，在软土地基处理工程设计时，必须考虑公路条件进行充分论证。

(3)施工条件

软土地基处理工程进行设计时，应认真地调查处理方法对地基的适用性、施工的可行性与施工效率、施工方法的可靠性，以及对沿线的影响等施工条件，选择最合适的规模、形式与处理方法。

第二节 软土定义及其特征

一、软土的定义

国内外对软土均无统一定义，我国公路、铁路、港口、建筑部门对软土的定义也不尽相同。有的把软土视为黏土的简称，有的把软土视为整个软弱土质(高压缩的有机土、可液化的砂土、软黏土等)的简称，有的则把软土视为软弱土基的简称。

我国交通行业标准《公路软土地基路堤设计与施工技术规范》(JTJ 017—96)(已废止)将软土定义为“滨海、湖沼、谷地、河滩沉积的天然含水率高、孔隙比大、压缩性高、抗剪强度低的细粒土”。其鉴定标准见表1-1。

而《公路路基设计规范》(JTG D30—2004),则以《公路软土地基路堤设计与施工技术规范》(JTJ 017—96)中关于软土的鉴别为基础,结合近年高速公路地基处理中经常遇到的软弱土处理问题,并参考相关岩土规范,对软土鉴别提出了鉴别标准,见表1-2。这样使得软土的鉴别更具操作性。

软土鉴定指标(JTJ 017—96)　　表1-1

特征指标名称	天然含水率(%)	天然孔隙比	十字板剪切强度(kPa)
指标值	≥35 与液限	≥1.0	<35

我国沿海,除山东部分地段外,大部分海岸线为淤泥质海岸。沿海特别是大江、大河口附近多为河相、海相或泻湖相沉积层,在地质上属第四纪全新 Q_4 土层,多属于饱和正常压密黏土。土的类别多为淤泥、淤泥质黏土、淤泥质亚黏土,在南方少数地区还有淤泥混砂层。这类土具有高含水率、大孔隙、低密度、低强度、高压缩性、低透水性、中高灵敏度等特点。这类土一般均符合软土的定义,因此,在我国沿海地区进行公路建设所面临的大多为软土地基。

软土鉴别指标(JTG D30—2004)　　表1-2

土　类	天然含水率(%)		天然孔隙比	直剪内摩擦角(°)	十字板剪切强度(kPa)	压缩系数 $a_{0.1\sim0.2}$ (MPa^{-1})
黏质土、有机质土	≥35	≥液限	≥1.0	宜小于5	<35	宜大于0.5
粉质土	≥30		≥0.9	宜小于8		宜大于0.3

按照软土鉴别依据,广东珠江三角洲和其他部分地段分布着大量的深厚软土,具体内容参见有关章节。

二、一般软土主要物理力学特征

有关广东地区软土的主要物理力学特征参见有关章节,以下介绍的是一般软土的物理力学特征。

(1)含水率高

淤泥和淤泥质土的含水率多为50%~70%,液限一般为40%~60%,天然含水率随液限的增大而增加。

(2)孔隙比大

天然软土的孔隙比往往要比同一垂直压力下的重塑土的孔隙比高出0.2~0.4。

(3)渗透性小

其渗透系数值一般在 $1\times10^{-4}\sim1\times10^{-8}$cm/s之间,而大部分淤泥和淤泥质土地区,由于土层中夹有数量不等的薄层或极薄层粉砂、细砂、粉土等,在垂直方向的渗透性比水平方向要小。

(4)压缩性高

淤泥和淤泥质土的压缩系数 $a_{1\sim2}$ 一般为0.7~1.5MPa^{-1},最大达4.5MPa^{-1},且随着土的液限和天然含水率的增大而增高。

(5)抗剪强度低

软土的抗剪强度与加荷速度及排水固结条件密切相关。不排水三轴快剪所得抗剪强度值很小，且与其侧压力大小无关，即其内摩擦角为0，黏聚力一般都小于20kPa；直剪快剪内摩擦角一般为2°~5°，黏聚力为10~15kPa；排水条件下的抗剪强度随固结度的增大而增大，固结快剪的内摩擦角可达8°~12°，黏聚力为20kPa左右。

(6)触变性

软土的触变性是指土体强度因受扰动而降低，又因静置而增长的特性。由于软土的结构性在其强度的形成中占据相当重要的地位，所以触变性也是软土的一个突出特点。

第三节　软土地基处理中相关的一些土力学概念

在所发表的期刊杂志论文以及一些工程报告，甚至一些有关岩土的书籍中，有关软土的一些土力学概念往往混淆不清或不统一，甚至有所谬误，在此有必要作简要阐述。

一、软土触变性与灵敏度

饱和黏性土受外因的干扰，如电场作用、加荷、振动等，土的结构性破坏，强度会降低。当干扰因素消失后，土的强度会有所恢复。黏性土的这种特性称为触变性。

触变性产生的原因是外在因素破坏了土粒间的胶结连接与土粒—离子—水分子体系的原有平衡，弱结合水层遭到破坏，因而丧失了很大部分的原始黏聚力与加固黏聚力。在外来干扰消失后，土粒、离子与水分子间的平衡又慢慢建立起来，原始黏聚力在一定时间后可以恢复，但加固黏聚力不能在短时间内恢复，所以，黏性土扰动后强度不能恢复到扰动前的强度。

触变性一般用灵敏度 S_t 来衡量：

$$S_t=\frac{\text{原状土的强度}}{\text{同一密度与含水率的重塑土的强度}}$$

S_t 值常用无侧限抗压强度试验或十字板剪切试验来测定。无侧限抗压强度试验时，S_t 值为原状试样的无侧限抗压强度 q_u 与相同含水率、密度重塑试样的无侧限抗压强度 q'_u 之比。十字板剪切试验时，S_t 值为原状土的十字板强度 S_u 与相同位置快速转动十字板几圈后扰动土样的十字板剪切强度 S'_u 之比。

黏土按灵敏度分类见表1-3。

黏土灵敏度分类　表1-3

灵敏度	$1<S_t\leqslant 2$	$2<S_t\leqslant 4$	$S_t>4$
分类	低灵敏度	中灵敏度	高灵敏度

多数黏土的灵敏度在2~4之间，灵敏度越大，表示土体结构性对强度的影响越大。在软土地基上进行工程活动，应非常重视土的灵敏度特性。

珠江三角洲的软土具有较强的结构性，淤泥、淤泥质土灵敏度一般在4~8之间，属于灵敏的软土，应注意减少施工对软土结构性的破坏。

二、液限、塑限、液性指数和塑性指数

这些概念非常重要，比如现在常争论的究竟软土地基处理方法可以把软土处理到什么程度，有没有极限等，都需要对这些概念有深入的理解。

水在土中可分为结合水（包括强结合水、弱结合水）、自由水（包括重力水、毛细水）、气

态水和固态水。我们主要关心的是结合水和自由水,后两者对土的力学性质影响较小。黏性土中的黏土颗粒表面带负电,在土粒周围形成电场,吸引水分子形成结合水膜。紧靠黏土颗粒表面的是强结合水,性质接近固态或半固态;弱结合水在强结合水外侧,呈黏滞体状态,不能传递静水压力,不能自由流动,但受力可以变形,从水膜厚处向薄处转移。自由水离土粒较远,处于电场应力影响范围以外。自由水又分为重力水和毛细水。重力水位于地下水位以下,具有浮力的作用,可从总水头较高处向总水头较低处流动。毛细水位于地下水位以上,受毛细作用而上升。

黏土地基中含水率较低时,土粒间只有强结合水,土体表现为固态或半固态。当含水率增加时,土粒周围水膜变厚,土粒周围存在弱结合水,土表现为塑态;含水率继续增加,土中除了结合水外,已有相当数量的自由水,土表现为流动状态。土从某种状态进入另一种状态的分界线称为土的特征含水率,或称为稠度界限。工程上常用的稠度界限有液限和塑限。

液限 w_L 相当于黏性土从塑性状态转变为液性状态时的含水率。这时黏性土中水的形态除了结合水外,已有相当数量的自由水。

塑限 w_P 相当于黏性土从半固体状态转变为塑性状态时的含水率,这时土中水的形态大约是强结合水含水率达到最大。

塑性指数 I_P 为液限与塑限的差值,习惯上用百分数的绝对值表示。其物理意义为黏性土体处于可塑状态下,含水率变化的最大区间。塑性指数大,说明该黏性土黏粒含量高或矿物成分吸水能力强。

液性指数 I_L 指黏性土的天然含水率与塑限的差值和液限与塑限差值之比,反映黏性土的软硬程度。

目前,试验室中液限用液限仪测定,塑限用搓条法测定,也有用联合测定仪测定液限、塑限的。值得说明的是,这些方法都是定性的区分方法,测定的液限和塑限则是近似的分界含水率。

在黏性土地基中,当黏性土体的含水率小于液限时,不存在自由水,因而形成不了自由流动的地下水。软土中含有大量的黏粒成分,天然含水率大于液限,土粒间存在自由水,可以形成一自由的地下水面。在预压法加固软土时,软土逐渐排水固结,含水率接近液限时,土体中是否还存在自由水面,利用排水固结法处理软土地基时,其处理后土体含水率的极限是不是液限?这些问题还需进一步研究,目前还没有可靠的数学力学理论支撑。

但大量的工程实践证明,堆载预压法加固处理后的淤泥的含水率一般在液限附近,即淤泥经堆载预压处理后的含水率仍比较高,处理后的淤泥仍然属于淤泥。

三、弹性模量、压缩模量、压缩系数和变形模量

1. 弹性模量

钢材或混凝土试件,在受力方向的应力与应变之比称为弹性模量 E。试验的条件:侧面不受约束,可以自由变形。软土的弹性模量可通过循环荷载试验得到,模量值很低。

2. 压缩模量

土的试样单向受压,应力增量与应变增量之比称为压缩模量 E_s。试验条件:为侧限条件,即只能竖直单向压缩、侧向不能变形。土的压缩模量表现为曲线上某一压力段的割线模

量。土的侧限压缩试验中,竖向变形包括残留变形和弹性变形两部分,其中的残留变形是在卸载至零时土样仍保留的变形。可见,土的侧限压缩模量与钢材或混凝土的弹性模量有本质的区别。

压缩模量 E_s 是土的压缩性指标的一个表达式,其单位为 kPa 或 MPa。压缩模量 E_s 与压缩系数 a 成反比,E_s 越大,a 就愈小,土的压缩性就愈低,所以,可以用它来划分土压缩性的高低。一般认为,$E_s < 4$MPa 时为高压缩性土;$E_s > 15$MPa 时为低压缩性土;$E_s = 4 \sim 15$MPa 时属中压缩性土。

3. 压缩系数

土的压缩系数是土在侧限条件下孔隙比减少量与竖向有效压应力增量的比值,即 e-p 曲线上某一压力段的割线斜率。同一压力段,土的压缩系数愈大,则 e-p 曲线愈陡,表明孔隙比的减少愈显著,土的压缩性愈高。

$$a = \tan\beta = -\frac{\Delta e}{\Delta p} \tag{1-1}$$

负值表示孔隙比随压应力的增加而减小,压缩系数的单位为 kPa^{-1}。

严格地说,压缩系数 a 不是常数,一般随压力 p 的增大而减小。工程实用上常以 $p = 100 \sim 200$kPa 时的压缩系数 a_{1-2} 作为评价土层压缩性的标准。一般认为,$a_{1-2} \geqslant 0.05 \times 10^{-2} kPa^{-1}$ 时为高压缩性土;$a_{1-2} < 0.01 \times 10^{-2} kPa^{-1}$ 时为低压缩性土;$0.01 \times 10^{-2} kPa^{-1} \leqslant a_{1-2} < 0.05 \times 10^{-2} kPa^{-1}$ 时为中压缩性土。

4. 变形模量

土的变形模量是指土体在无侧限条件下的应力与应变的比值,以符号 E_0 表示,E_0 的大小值可由荷载试验结果求得,在 $p-s$ 曲线的直线段或接近于直线段任选一段压力 p 和它对应的沉降 s,利用弹性力学公式,反求出地基的变形模量。

$$E_0 = \omega(1 - \mu^2)\frac{pb}{s} \tag{1-2}$$

式中:ω——形状系数,方形承压板 $\omega = 0.88$,圆形承压板 $\omega = 0.79$;

b——承压板的边长或直径(m);

μ——地基土的泊松比,参考表 1-4;

p——荷载,取直线段内的荷载值,一般取比例极限荷载 p_{cr},kPa;

s——荷载对应的沉降量(mm);

E_0——土的变形模量(kPa)。

有时 $p-s$ 曲线并不出现直线段,建议对中、高压缩性粉土取 $s = 0.02b$ 及对应的荷载 p;对低压缩性粉土黏性土、碎石土及砂土,可取 $s = (0.01 \sim 0.015)b$ 及其对应的荷载 p 代入式(1-2)计算 E_0。

荷载试验在现场进行,对地基扰动较小,土中应力状态在承载板较大时与实际基础情况比较接近,测出的指标能较好地反映土的压缩性质。但荷载试验工作量大,时间长,所规定的沉降稳定标准带有较大的近似性,据有些地区的经验,它所反映的土的固结程度通常仅相当于实际建筑施工完毕时的早期沉降。此外,荷载试验的影响深度一般只能达到$(1.5 \sim 2)b$,对于深层土,曾在钻孔内用小型承压板借助钻杆进行深层荷载试验。但由于在地下水位以下清理孔底困难和受力条件复杂等因素,数据不准确,故国内外常用旁压或触探试验测定深层的变形模量。

荷载试验确定的土的变形模量是在无侧限条件即单向受力条件下的应力与应变的比值,室内压缩试验确定的压缩模量则是在完全侧限条件下的土应力与应变的比值。利用三向应力条件下的广义胡克定律可以分析二者之间的关系。土的变形模量与压缩模量存在以下理论关系:

土的侧压力系数 ξ 和泊松比 μ 参考值 表 1-4

土的名称	状态	ξ	μ
碎石土		0.18~0.25	0.15~0.20
砂土		0.25~0.33	0.20~0.25
粉土		0.33	0.25
粉质黏土	坚硬状态	0.33	0.25
	可塑状态	0.43	0.30
	软塑及流塑状态	0.53	0.35
黏土	坚硬状态	0.33	0.25
	可塑状态	0.53	0.35
	软塑及流塑状态	0.72	0.42

$$E_0 = \left(1 - \frac{2\mu^2}{1-\mu}\right)E_s \tag{1-3}$$

式中:μ——土的泊松比。

其余符号意义同前。

令 $\beta = 1 - \dfrac{2\mu^2}{1-\mu}$,式(1-3)改写为:

$$E_0 = \beta E_s \tag{1-4}$$

必须指出,上式只不过是 E_0 与 E_s 之间的理论关系。实际上,由于现场荷载试验测定 E_0 和室内压缩试验测定 E_s 时,各有些无法考虑到的因素,使得式(1-4)不能准确反映 E_0 与 E_s 之间的实际关系。这些因素主要是:压缩试验的土样容易受到较大的扰动(尤其是低压缩性土);荷载试验与压缩试验的加荷速率、压缩稳定标准都不一样;μ 值不易精确确定等。

根据统计资料,E_0 值可能是 βE_s 的几倍。一般说来,土愈坚硬则倍数愈大,而软土的 E_0 值与 βE_s 值愈接近。

四、固结度

1. 定义

固结度的基本定义为某一时刻的有效应力 σ' 和该时刻的总应力 σ 之比,以表征地基中有效应力增长强度,即

$$U = \frac{\sigma'}{\sigma} = 1 - \frac{u}{\sigma} \tag{1-5}$$

土层的平均固结度等于时间 t 时刻,土层骨架已经承担起来的有效应力对全部附加应力的比值,它能反映整个土层的固结情况。

地基平均固结度:预压荷载作用下,地基的沉降量随时间增大,任一时刻地基已产生的沉降量 S_t 与预压荷载作用下最终沉降量 S 的比值称为该预压荷载作用下此时刻地基的平均

固结度$\overline{U}_t$，即$\overline{U}_t=\frac{S_t}{S}$。

2. 固结度的理论计算

太沙基和巴隆在一定假设条件下给出理论解，参见堆载预压法篇章和有关教科书。

3. 利用观测资料推算固结度

(1)用实测的沉降过程线推算地基固结度

用实测的沉降过程线推算地基固结度有两种方法。

《地基处理手册》(第二版)认为，由于地基的沉降包括固结沉降 S_c 和瞬时沉降 S_d(忽略了影响不大的次固结沉降)。因此计算固结度$\overline{U}_t$ 应减去瞬时沉降 S_d，即

$$\overline{U}_t=\frac{S_t-S_d}{S_c}=\frac{S_t-S_d}{S_\infty-S_d} \tag{1-6}$$

式中：S_t、S_d——t 时刻累计沉降量和瞬时累计沉降；

S_c——t 时刻主固结沉降；

S_∞——最终沉降量，可通过观测资料推算得出。

另一种则为《港口工程地基规范》(JTS 147-1—2010)的推算方法。固结度取为 t 时刻实测的累计沉降 S_t 与最终沉降量 S_∞ 的比：

$$\overline{U}_t=\frac{S_t}{S_\infty} \tag{1-7}$$

(2)用孔压观测资料推算固结度

通过测试土体中超孔隙水压力的增长和消散来计算某一时刻地基土的固结度，公式为：

$$U_t=1-\frac{u_t-u_0}{\sum\Delta u_{max}} \tag{1-8}$$

式中：U_t——t 时刻土中一点的固结度；

u_t——t 时刻的孔隙水压力测值；

u_0——孔压计埋设后的初始稳定测值；

$\sum\Delta u_{max}$——每级荷载的作用下，产生的最大孔隙水压力增量之和。

当不同深度位置均埋设有孔隙水压力计时，可以得出整个地基内各层土的孔隙水压力的变化情况，从而得出地基的平均固结度。

五、地下水、地下水位和地下水头

关于“地下水”的概念现在并不统一，不同角度的“地下水”定义不一致。著名学者 R. A. Freeze 和 J. A. Cherry(1979)将地下水定义为“出现在已经充分饱和了的土层和地质层组中的地下水位以下的水体”。水文学中广义上的地下水是指赋存于岩土体中的各种水体，狭义上是指赋存于岩土体中的重力水。另有人将土中毛细水和重力水的分界面以下的水称为地下水。重力水在重力作用下形成一自由水面，这一自由水面的高程即为地下水位。工程勘察中，钻孔中的稳定水位即为地下水位。

传统的水位观测管观测方法是在土体中埋设一根观测管，管下端钻孔做成花管透水。管内水位稳定后测定管内水位高程，即为地下水位。这种方法在普通大气压下是可行的。然而，在真空预压时，管内水位则不是地下水位，而是反映花管部位孔隙水压力大小的地下水头。事实上，任何水位观测管测量的水位都是地下水头，反映的是花管部位土体的孔隙水

压力大小。只是在普通大气压力下,对于流速缓慢、无承压性质的潜水,管内水头即为地下水位。在真空预压时,管内水位则不是地下水位,而是反映花管部位孔隙水压力大小的地下水头,采用传统的水位管观测方法无法测定有一定真空度时真实的地下水位。

综上所述,地下水位就是重力水与毛细水的分界面或者说重力水的顶面。在大气压力状态下,零压线就是地下水位;在真空状态下,零压线不是地下水位。

张功新等对真空预压法处理软基中地下水位测试技术作了改进,现简要介绍如下。

1. 对真空预压中地下水位的基本认识

地下水位的下降会引起土体重度的变化,增加土体的有效应力,引起土体固结。正因如此,在真空预压研究中,地下水位被认为是其加固效果的重要反映,因此很多学者和工程技术人员对地下水位进行了研究,也进行了大量报道,但并没有取得一致意见。有学者认为真空预压加固软土地基由两个方面的作用组成:一是真空渗流场引起的真空预压作用;二是地下水位下降引起的排水固结作用。地下水位的下降程度对真空预压加固软土地基的效果有很大影响。岑仰润(2003)统计了多个工程的实测地下水位结果,发现不同工程所测得的地下水位相差较大,地下水位下降 1.33 ~ 5.5m 不等。由于个体测试的差异明显,使得地下水位变化规律的研究难于取得令人信服的结论。究其原因,一是对真空状态下地下水位的基本概念未取得一致认识;二是许多学者在报道地下水位的测试结果时未说明测试手段及测试方法,导致不同的工程采取的测试方法可能不同但测试结果却放在同一平台比较,使得后续学者及工程技术人员难于借鉴及分析判断;三是对地下水位的传统测试技术在真空状态下存在的问题认识不足,主要是传统水位测试管管内的气体压强与膜下气体压强不一致会导致测试管与加固区内孔隙水的边界压力不一致,从而引起较大测试误差。

2. 真空状态下地下水位的特征

如图 1-1 所示,当容器内为标准大气压状态时,*CD* 线孔隙水压力或压力水头为零,故其为水位线。也就是说,在大气压状态下零压线即为地下水位。

利用抽真空装置对图 1-2 所示玻璃容器进行抽真空,使其内气体压强由大气压强 P_0 降低到 $P_0 - P_a$(P_a 即为真空度),但不抽走其内的水。由于水不可压缩,故抽真空后水的体积不变,即水位线维持不变,仍为 *CD* 线。根据帕斯卡定律,*CD* 线的孔隙水压力并不等于零,而是负压,其值等于真空度 P_a。根据平衡方程,可以求得在距离 *CD* 线 $h = \dfrac{P_a}{\gamma_w}$ 的 *EF* 线处孔隙水压力为零。根据上面地下水位的基本定义会得出 *EF* 线为水位线。这显然与实际的水位线 *CD* 线不相符合,说明在真空状态下零压线不是水位线,基本定义不适用于真空状态。

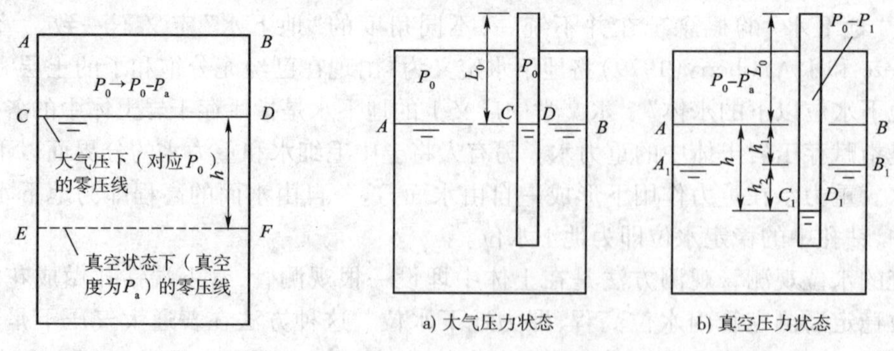

图 1-1　地下水位示意图

图 1-2　传统水位管测试技术示意图

根据地下水的存在形态,研究地下水位实际上就是研究土中液态水中的重力水的水面变化。在土中要找到这个分界面在大气压状态时并不难,测试管内的水位即为重力水面即分界面。但在真空状态下,要利用传统水位管直接找到这个分界面有相当的困难,几乎不可能。

3. 传统真空状态地下水位测试技术分析

传统的地下水位测试是在测点处埋设水位管,水位管底部有一较短透水段(一般约为0.5m),测管埋深则无统一标准,有的将其埋设在待加固软土层底部,有的将其埋设在大约12m深处。在堆载预压下测管采用敞口式,在真空预压下早期采用敞口式,现在很多已改为用密封膜密封水位管口,仅在测试时打开密封膜,测试完毕又立即密封复原。现对其测试结果进行一些定性分析。

如图1-2所示,在大气压状态下即初始状态,水位管内的水位及大气压强与加固区相同。假定 L_0 为水位管口至初始水位面的距离,P_0 为初始大气压强,P_a 为抽真空后加固区内膜下真空度,P_1 为抽真空后水位管内的真空度,h_1 为抽真空后加固区内的水位下降值,h 为水位管内的水位下降值即实测值,管内水位与加固区内水位差为 h_2,则有 $h = h_1 + h_2$。假定在抽真空某个时刻进行测试时管内外水位已完全处于平衡状态,则根据平衡方程有:

$$P_0 - P_a + \gamma_w h_2 = P_0 - P_1 \tag{1-9}$$

即

$$h_2 = \frac{P_a - P_1}{\gamma_w} \tag{1-10}$$

根据式(1-10)可知,当水位管完全敞开时,则 $P_1 = 0, h_2 = P_a/\gamma_w$,这实际上就是零压线高度;当 $P_1 = P_a$ 即水位管内真空度与加固区内膜下真空度一致时,$h_2 = 0$,即水位管实测值与加固区内实际地下水位一致。但事实上即使水位管密封也不能保证 P_1 等于 P_a,抽真空过程中,由于水位管内的气体被其下的水体封堵,无法直接排出,故其符合气体状态方程(忽略水蒸气的影响),有:

$$P_0 L_0 = (P_0 - P_1)(L_0 + h) \tag{1-11}$$

化简并求解得:

$$P_1 = \frac{P_0 h}{(L_0 + h)} \tag{1-12}$$

一般情况下,L_0 约为2m,根据岑仰润(2003)的统计结果,h 一般在1.33~5.5m范围内变化,因此 $P_1 \approx (0.4 \sim 0.7)P_0$,即 P_1 为40~70kPa,而 P_a 值一般都要求在80kPa以上,因此两者将相差10~40kPa,代入式(1-10)可求得 h_2 在1~4m范围内变动。值得注意的是,传统水位管每一次测试都必须打开密封膜,因此测试时水位管内的气体压强会迅速增大并很快就恢复到大气压强,迫使管内水位在测试过程中下降,当重新密封时,式(1-12)中的参数已发生较大变化,L_0 将变为 $L_0 + \sum h_i + \Delta h_i$(式中 h_i 为上一次密封到本次测试时管内的水位下降值,Δh_i 为每次测试过程中从打开密封膜至测试结束时的水位下降值)。王业荣(2003)在分析测试误差时,仅考虑了 Δh_i 的影响,而忽略了大气每次进入水位管引起的水位下降是欠妥的(实际上 h_i 要比 Δh_i 大得多)。因此,在真空预压期内水位测试次数越多,误差越大。

需要说明的是,式(1-10)是在水位管内外完全平衡(即处于完全静止)时推导而得,事实上,膜下真空度在软土中沿深度是会衰减的,且水位管滤管处的孔隙水压力消散也需要一定的时间,因此 h_2 实际值应比计算值偏小。传统水位管的水位变化实质上是反映水位管滤管段的孔隙水压力的平均消散情况,因此水位管的埋深也会对传统水位测试结果产生一定的影响。

综上所述,在真空预压中,传统地下水位管无法测得真实的地下水位。当水位管敞口测试时,所测得水位高度实际上就是零压线高度并非真实地下水位高度,水位变化实质上是反映水位管滤管段的孔隙水压力的平均消散情况;当水位管密封测试时,也因无法保证水位管与加固区内膜下具有相同的真空度导致测试结果具有较大的误差,且随着测试次数增多而增大。

4. 真空状态下改进的地下水位测试技术[张功新(2005)]

地下水位测试设备由孔压计、真空表、水位管(UPVC 塑料管做成,下部为花管并用滤膜包住)、塑料外包短套管、塑料软管、密封材料(如油膏或泥浆)、管口密封膜等组成,如图 1-3 所示。图中的塑料外包短套管及其与水位管之间的密封润滑材料是为了防止水位管与土体沉降的不一致,导致密封膜拉裂而影响真空度及加固效果。塑料软管是为了保证水位管内真空度与加固区内膜下真空度一致,水位管下部做成花管的目的是为了使管内的水位能迅速与其周边土体平衡,也就是保证水位管内的水位变化与加固区内的水位变化基本同步,花管要外包虑膜以防止管孔被黏土颗粒封堵而达不到自由透水效果。但水位管在砂垫层及其以下 2m 部分不能做成花管并不得漏气漏水,如有接头在该段时应采取措施密封,否则水位管会相当于竖向排水通道,其内水位必上升,该测试结果能否代表真实的地下水位变化值得商榷。有工程技术人员曾将水位管埋入地面密封膜下 2m(防止水位管与土体沉降不一致而顶破密封膜)并保持管口畅通,其结果就相当于在土体中增加了一个新的排水通道。

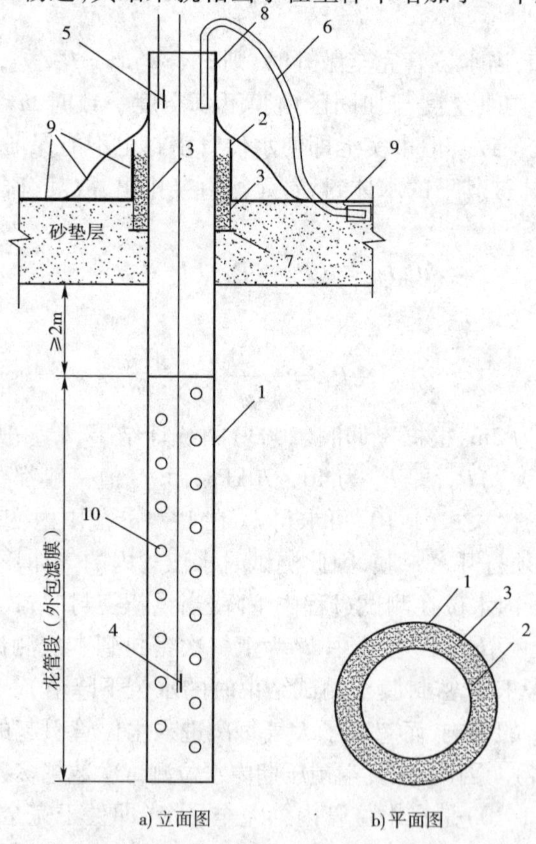

图 1-3 真空预压中地下水位测试技术构造图

1-UPVC 塑料水位管(直径约 70mm);2-塑料短套管;3-泥浆或油膏;4-孔压计;5-真空表;6-塑料软管;7-隔水板或密封膜;8-封管口用密封膜;9-原地面真空密封膜;10-花管孔

施工时，首先将水位管利用钻孔机埋到指定深度（一般为硬黏土层），然后在管内距离地面12～16m深处埋设一水位孔压计及在水位管上部近管口处埋设一真空探头并固定。接着利用一根软管将水位管上部与密封膜下砂垫层连通，以保证两者真空度一致；软管强度要高且直径要大，以防止真空作用下被压扁而影响真空传递；其埋入砂垫层的一端应设置一个真空探头，以防止堵塞。最后用密封膜将水位管口密封并在整个抽真空过程中保持不动。抽真空前测读水位孔压计的初读数。

根据水位管内的水体平衡，有：

$$\sum \Delta u = \Delta h \cdot \gamma_w + P_a \tag{1-13}$$

求解得：

$$\Delta h = \left(\sum \Delta u - P_a\right)/\gamma_w \tag{1-14}$$

式中：$\sum \Delta u$——抽真空过程中水位孔压计累计变化值（负值）（kPa）；

Δh——水位管内的水位变化高度（m）；

γ_w——水的重度（kN/m^3）；

P_a——水位管内的真空度（负值）（kPa）。

根据抽真空过程中水位管内的水位孔压计及真空度的观测数据，利用式(1-14)即可求得水位变化值。根据前面的分析，该水位值能反映真空预压加固区内真实的地下水位。由于在测试过程中，不需要打开水位管口的密封膜，因此可连续测试地下水位而不影响其测试结果。

六、总应力、有效应力、孔隙水压力和超孔隙水压力

土体所受的全部应力称为总应力。饱和土是由固体颗粒构成的骨架和充满其间的水组成的两相体，当外力作用于土体后，一部分由土体骨架承担，并通过颗粒间的接触面进行应力的传递，称为粒间应力，全部竖向应力之和除以横断面面积，即为有效应力，习惯上用σ'表示；另一部分则由孔隙中的水来承担，水虽然不能承担剪应力，但却能承担法向应力，并且可以通过相连的孔隙水传递，这部分水压力称为孔隙水压力，习惯上用u表示。有效应力原理就是研究饱和土中这两种应力的不同性质和它们与总应力的关系。有效应力原理是土力学中十分重要的原理。其主要内容如下：

（1）饱和土体内任一平面上受到的总应力可分为有效应力和孔隙水压力两部分，其关系式总满足：

$$\sigma = \sigma' + u \tag{1-15}$$

式中：σ——作用在土中任意面上的总应力；

σ'——有效应力；

u——孔隙水压力。

（2）土的变形与强度变化都只取决于有效应力的变化。引起土的体积压缩和抗剪强度发生变化的原因，并不是作用在土体上的总应力，而是总应力与孔隙水应力之间的差值——有效应力。孔隙水压力本身并不能使土发生变形和强度的变化，但当总应力不变时，孔隙水压力u的变化将直接引起有效应力发生变化，从而使土体的体积和强度发生变化。

孔隙水压力与静水压力的差值，这部分应力称为超孔隙水压力，超孔隙水压力可以是正值也可以是负值。正的超孔隙水压力使孔隙水从土体内部向外流出，促使土体密实；负的超孔隙水压力使孔隙水从外部向土体内部流入，致使土体松散，体积膨胀。应当说明的是，负的超孔隙水压力并不是表示土体中孔隙水压力的值为负值，而是指孔隙水压力小于大气状

态的孔隙水压力,其增量值是负的。饱和软土是由固体颗粒构成的骨架及由充满孔隙的水所组成,有效应力同样适用。

堆载预压法加载时,总应力增加,土体中产生正的超孔隙水压力,土体中的水通过排水体排出后,超孔隙水压力逐渐消散,外力逐渐由土体来承担,有效应力增加,土体被压密。这一过程在土力学中称为固结。

真空预压法时,总应力不变,通过抽真空以降低垂直排水通道的孔隙水压力,引起土中孔隙水压力降低,形成负的孔隙水压力。如果此时土体中有足够的地下水补给,土体体积将膨胀,变得松散;然而真空预压法施工前场地时周围一般采取了隔水措施,土体中的水得不到补充,土体中减少的孔隙水压力逐渐由土骨架承担,负的超孔隙水压力向有效应力转变,土体仍被压密,产生固结。以上分析也表明,真空预压前场地四周地层的补给水会降低加固效果,施工前查明给水通道采取防渗措施十分重要。

七、真空、真空度、负压

真空是指压强小于一个标准大气压的稀薄气体的特殊空间状态。真空度是衡量真空的状态,即气体压强的高低。由气体状态方程可知,相同温度条件下,气体越稀薄,其压强越低,即真空度越高。真空度的单位与压强单位相同,为帕斯卡(Pa)。

用真空排水预压法加固软土地基时,在地上施加的不是实际荷载,而是把大气作为荷载。在抽气前膜内外均受大气压力作用,土体孔隙中的气体与地下水面以上都是处于大气压力状态。抽气后,薄膜内砂垫层中的气体首先被排出,其压力逐渐下降至薄膜内外形成一个压差,这个压差称之为"真空度"或"膜下真空度"。

负压是指气体或液体压强比初始状态压力减少的程度,并不是说压强为负值。负压用来描述气体状态及真空预压法的边界条件时与真空压力同义,在描述液体状态时则指负的超孔隙水压力。

严格意义上来说,真空、真空度只描述气体的状态,负压既可以描述气体也可描述液体的状态。工程实际中一般不区分真空度和负压两个概念上的差别,均表示压强减少的程度。

抽真空时,膜下形成真空状态,有一定的真空度(负压)。真空度(负压)通过垂直排水体向下延伸,又由垂直排水体向其四周的土体传递,引起孔隙水压力降低,形成负的孔隙水压力。从而使土体孔隙中的气和水由土体向垂直排水通渗流,最后由垂直排水通道汇至地表砂垫层中被泵抽出。

关于真空度的传递机制问题还没有形成统一的观点。这主要表现在真空度传递深度和真空度传递损失率两个方面。有人认为真空度能够沿排水体传递到较深的土层中;另一些人则认为真空度只能传递到浅层土体中。在真空度传递损失率的问题上也有不同的观点:有的认为真空度从膜下传递到排水体时的所产生的局部损失较大,而在排水体中传递时所产生的沿程损失很小,并且认为塑料排水板的局部损失远小于袋装砂井;有的则认为真空度沿深度的传递呈线性减小,即传递损失率为一固定值。可见,对于真空度传递的问题还有待进一步深入研究。

关于真空度的测试,经过研究,有一些问题要引起注意。当真空度测点在地下水位以上时,真空表与孔压计测试结果一致,但孔压计有可能工作不稳定;测点在地下水位以下时,真空表测试的真空度值比孔压计测试的负压值小,两者可以按照一定的关系式进行换算,但会引起计算误差。因此,测试膜下真空度应采用真空表,测试地下水位以下测点的负压应采用孔压计而不用真空表。真空表读数与孔压计读数的关系如图 1-4 所示。

同一测点,真空表测试的真空度值 P_a、孔压计测试的孔隙水压力值 P_w 可按式(1-16)进行换算:

$$P_a = \frac{P_w - \gamma_w \Delta S + P_0 + \gamma_w L_0 - \sqrt{(P_w - \gamma_w \Delta S + P_0 + \gamma_w L_0)^2 - 4(P_w - \gamma_w \Delta S)P_0}}{2} \tag{1-16}$$

$$L_0 = l_0 + h_w$$

式中:l_0——真空管露出地面的长度;

h_w——初始水位距离地面的距离;

P_0——标准大气压;

γ_w——水的重度;

ΔS——从初始状态至抽真空后某状态时地面至真空探头间的土层压缩量。

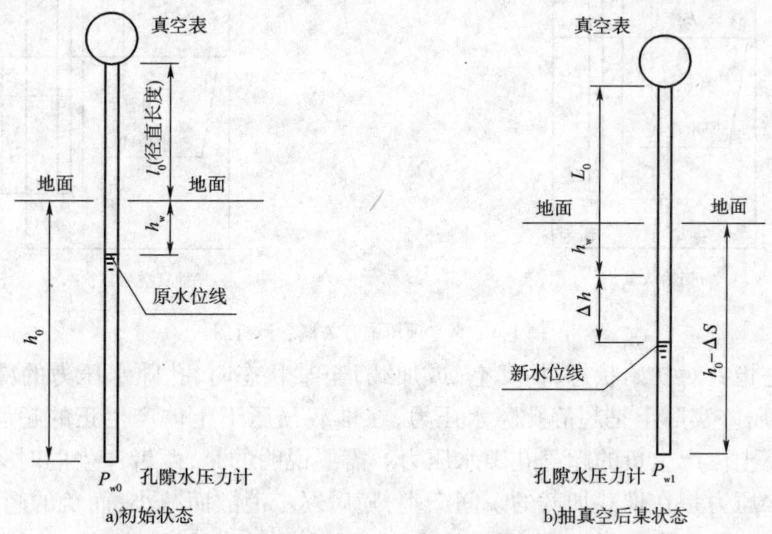

图 1-4　真空表读数与孔压计读数关系示意图

注:符号意义见式(1-16)的符号解释。

设 h_0 为真空探头距离地面的初始深度; P_1 为抽真空后真空管内气体压强;Δh 为抽真空后真空管内水位下降值;P_{w0} 为初始状态时真空探头处的孔隙水压力;P_{w1} 为抽真空后某状态时真空探头处的孔隙水压力。

讨论 1:当 $\Delta h \geqslant h_0 - \Delta S - h_w$ 时,此时真空管内已没有水。这有两种情况:一种情况是抽真空后地下水位下降至真空探头以下,此时孔隙水压力计所测的是真空压力,即有 $P_{w1} = -P_a$,这种情况多出现在真空探头埋设在较浅处,当 P_{w0} 很小时,则有 $P_w \approx P_a$;第二种情况就是真空探头仍在地下水位以下,但真空管内没有水,真空管内的气体必将随着孔隙水压力的消散而被排出,直至 $\Delta h = h_0 - \Delta S - h_w$,此时真空管内的真空压力与真空探头处孔隙水压力形成平衡,根据真空探头处的平衡方程也有 $P_{w1} = -P_a$,即真空管内的真空度与真空探头处的孔隙水压力值相等。

讨论 2:当测点埋设较浅时,土体压缩量往往很小,其对计算孔压差影响不大;但当测点埋设较深时,此时土体压缩量往往较大,其对计算孔压差的影响就不能忽略。如土体压缩达到 1m 时,计算的孔压差就要相差 10kPa。因此,当土体压缩性大,测点较深时,土体的压缩是不能忽略的。

讨论3:当真空探头埋设较深时,土体压缩较大,常规真空塑料软管极易弯折,导致真空管内水位不能正常下降甚至上升(截面变小),此时真空管内的真空度将会很低甚至为零。

八、负的孔隙水压力、孔压差和负压

负的孔隙水压力指的是孔隙水的一种静止压力状态,和通常的正的孔隙水压力物理特性一样,抽真空时通常发生在距离原地下水位线不深处,如图1-5b)中孔压计 F_1 状态的读数。在距离原地下水位较深处,一般不会出现负的孔隙水压力,只是正的孔隙水压力减小,如图1-5b)中孔压计 G_1 状态的读数,因此负的孔隙水压力的出现一般只涉及孔压计的量程问题。

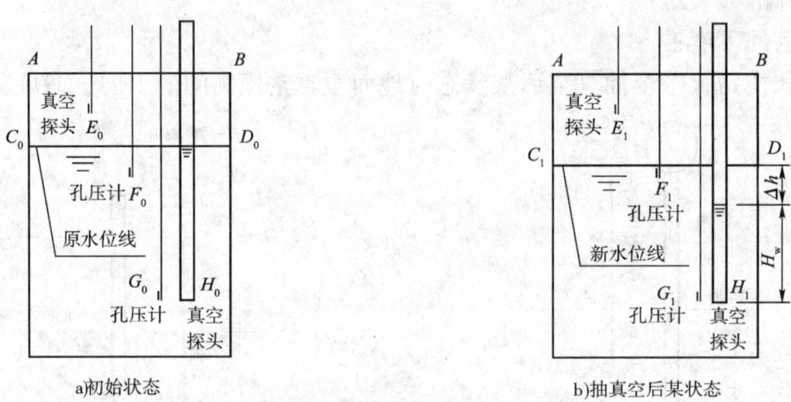

图1-5　真空预压中有关概念辨析图

孔压差是指针对初始状态,抽真空(或加载)至某状态时,孔隙水压力的减小值(或增大值)。因此孔压差实际上是超静孔隙水压力,在堆载预压下土体产生正的超静孔隙水压力,在真空预压下土体产生负的超静孔隙水压力。需要说明的是,两者产生的时刻并不相同,正的超静孔隙水压力是在堆载加载的瞬间产生,随后逐步消散而减小;而负的超静孔隙水压力则是随着抽真空的进行,土体内孔隙水的渗流而逐步产生负的超静孔隙水压力(实际上是孔隙水压力的消散值),当产生负的超静孔隙水压力达到膜下真空度值时渗流终止,因此真空预压中孔压差反映的是土体中或竖向排水通道中的孔隙水的渗流特性及孔隙水压力的消散结果。

负压在真空预压中应用较多,但却未有明确定义。抽真空,在土中某些边界造成负压源,使土中的原有孔隙压力与边界降低的孔隙压力之间形成压差,从而发生渗流,逐渐降低土中的孔隙压力,这就是负压作用下土的固结过程。从这个角度看,负压作用实际上指的是膜下边界处的真空压力即真空度,它是相对于标准大气压而言。一些文献中恒定负压也是指膜下的真空压力即真空度。也有文献中提到的负压指的则是负的超静孔隙水压力,涵盖整个土体。因此,负压既用来描述气体状态,也用来描述液体状态。负压用来描述气体状态及真空预压法的边界条件时与真空压力同义,在描述液体状态时则是指负的超静孔隙水压力。正因如此,部分工程技术人员和研究者因混淆负压描述的两种状态时的物理差别,而将真空度与负压混淆,将真空度的概念延伸到描述液体状态,从而在工程实践中对现场真空度的测试及其结果的分析存在一些认识上的误解,导致不同工程报道的测试和分析结果存在较大的甚至是定性上的差异。

负的超静孔隙水压力与真空度物理意义并不相同,现以图1-5为例说明两者在物理意义上的差别。假设图1-5中所示为一密封玻璃容器内盛有部分水(没有其他溶质),水上部有一气体空间。现用特制抽真空设备对容器进行抽真空但水不抽走,由于液体实际上不可压缩,因此,抽真空后容器内水位和气体空间不变(即 C_0D_0 与 C_1D_1 在同一水平线),但气体压强降低(单位体积气体分子数减少)。根据帕斯卡定律很容易知道容器内液体任一深度的超静孔隙水压力均与容器上部气体空间内的真空度相同,也就是说与真空探头 E_0 到 E_1 形成的真空度读数是一致的,但是和 G_0 同深度的真空探头 H_0 却得不到同样的结果。根据平衡方程,真空管 H_1 内的真空度加上 $\gamma_w H_w$ 才是孔压计 G_1 的读数,由于真空管内的气体被封堵,因此,当真空探头处的孔隙水压力降低时,真空管内的水位必下降(即图1-5中 $\Delta h>0$,根据气体状态方程很容易得到),此时可以得到真空探头由 E_0 到 E_1 形成的真空度读数比孔压计由 G_0 到 G_1 形成的负压读数小 $\gamma_w \Delta h$。因此真空度不能用来描述液体状态,否则会得到错误的结果。为避免混淆,建议在描述液体状态时用负压表示负的超静孔隙水压力,在描述气体状态时则使用真空和真空度概念而不用负压概念。值得注意的是,在实际工程中,经常将负压和负的孔隙水压力等同,因为从分析渗流和研究固结规律角度看,只有超静孔隙水压力才有意义,故工程上经常不区分孔隙水压力和超静孔隙水压力,认为都是超静孔隙水压力。

在工程实际中,负压和孔压差是最容易混淆的概念。在真空预压状态下,在正常情况下,负压和孔压差一致,但在真空联合堆载预压时,孔压差就比负压大得多,因为孔压差包含了因堆载引起的正的超静孔隙水压力的消散值和抽真空作用引起的负的超静孔隙水压力,而负压仅指后者。即使是单独真空预压作用下,对欠固结土(如围海造陆软基土)也会存在上述问题。值得注意的是,水位下降以及土体压缩也会产生孔压差但不会产生负压。

综上分析,负的孔隙水压力、超静孔隙水压力和孔压差是描述液体状态的,而负压既可用来描述气体状态也可用来描述液体状态,真空和真空度是描述气体状态的。为避免混淆,建议在真空预压中,负压只用来描述负的超静孔隙水压力。

第四节　软土路堤的工程问题

在软土地基上修建公路路堤时,面临的主要问题是:稳定和变形。由于软土具有含水率高、孔隙比大、渗透性小、压缩性高、抗剪强度低、触变性等不利的工程性质,在软土地基上修筑公路,常会发生路堤的失稳和工后沉降过大问题。

一、路堤的稳定

在软土地区修建公路,路堤的稳定是需要解决的主要问题之一。稳定是路堤工程建设所需满足的必要条件,虽然稳定问题通过控制加载速率、施工监控并采用"薄层轮加法"施工填筑等措施已经基本解决,但仍然需要在软土地基处理中引起足够的重视。目前在施工期判定路堤稳定仍然停留在经验阶段,没有在理论上取得突破。

路堤的稳定包括施工期的稳定和公路营运期间的稳定。施工期间加载速度过快或者对地基土扰动影响,导致地基失稳、路堤滑动破坏的现象在软土路基公路工程中时有发生。公路运营期间,由于荷载的改变、地基土强度变化、地震的影响,路堤仍然有可能产生失稳破坏,这时造成的损失更为巨大。

路堤的稳定问题不仅包括路堤本身不产生滑动破坏,也包括不给桥台、涵洞等构造物带来过大的变形。

二、路堤的沉降与不均匀沉降

高等级公路不仅要求路堤稳定,而且对工后沉降有较高要求,特别是需要严格控制工后不均匀沉降量。特别是高速公路对路面变形的要求非常严格,软土地基路堤设计由稳定控制转为变形控制。软土地基的沉降问题成为路堤建设的关键性土工技术问题。另外,高等级公路桥头及涵洞与路基交接部位的不均匀沉降、低路堤在交通荷载作用下产生的不均匀沉降等均是在软土地基上修建公路必须考虑的问题。

《公路路基设计规范》(JTG D30—2004)对工后沉降的要求见表1-5。

容许工后沉降(JTG D30—2004)(m) 表1-5

公路等级	桥台与路堤相邻处	涵洞或箱形通道处	一般路堤
高速公路、一级公路	≤0.10	≤0.20	≤0.30
二级公路(采用高级路面)	≤0.20	≤0.30	≤0.50

路堤发生过大沉降时,不仅增加填方量,而且对构造物及周围地基均有不良影响。工后如仍有较大的沉降,将影响路面的纵横断面,从而破坏路面平整度。这样不仅对行车有影响,而且可导致排水不畅、路面破坏。在桥头、涵洞与一般路堤的连接处,铺筑路面后发生的不均匀沉降,会对高速行驶的汽车带来跳车问题,影响行车的安全和舒适。

在软土地基上修建高度小的路堤时,常发生不均匀沉降,造成公路运营后路面平整度和养护方面的问题。通常,在高路堤的情况下,交通荷载对软土地基的影响很小,同时由于路堤荷载提高了地基的均匀性和抗变形能力,使交通荷载引起的路面变形和不均匀沉降相当小。而在低路堤情况下,交通荷载对软土地基的影响相对比路堤荷载作用大,再加上地下水的影响,降低了路堤本身的抗剪强度等,使公路运营后的不均匀沉降和变形较大。路面下高度小于2.5m的路堤更容易遭受不均匀沉降的危害。

高等级公路普遍对工后的沉降要求严格,要求公路开放交通后20~25年内剩余沉降小于一定指标。在软土层较厚而长期发生较大沉降的地基上,或者新近沉积的大面积欠固结土的地区填筑路堤时,有时很难使剩余沉降量控制在工后沉降指标范围内,或者虽能控制但极不经济。因此,一些研究人员和工程技术人员认为,应根据路堤工程的特点,从路堤建造、地基处理、路面铺装和使用期的养护维修等全过程,综合考虑工后沉降的处理措施,采用"优化技术经济"的对策,达到满足工程使用的要求。

三、构造物的稳定与沉降

软土地基由于土质软弱,抗剪强度不足,有可能导致桥台或挡土墙在路堤侧向土压力作用下发生较大位移或倾覆。因而在这些部位进行稳定计算时需考虑桥台、挡土墙及其基础的受力条件。

涵洞、箱形通道在路堤施工后发生过大的变形,会影响其正常使用功能;发生较大不均匀沉降时,将导致其断裂。某公路箱形通道工后沉降超过1.5m,严重影响其使用功能,最后不得不将其拆除重建。

目前常用的对构造物软土地基的处理措施是设置竖向排水体,采用分期填土预压,待充分沉降后,再反开挖修建构造物。也可用水泥土搅拌法进行处理,以缩短工期。

四、动荷载作用下软土、软土路基的反应

处理后的公路软土地基承载，设计时宜考虑公路营运期动荷载对软土地基的影响与响应。关于动荷载（主要包括周期循环荷载、地震）对公路软土地基（含软土复合地基）的影响与响应方面的研究，国内外开展得不多。

日本道路协会编写的《软土地基处理技术指南》指出：一般来说，路面下2.0~2.5m以下的低路堤，经常遭到不均匀沉降的危害，必须按照道路的性质，采取一定的措施，以便能充分适应交通荷载引起的不均匀沉降和随之发生的变形。

1.循环荷载作用下水泥土—土复合体性状

侯永峰（2000年）应用HX-100型多功能伺服控制动静三轴仪对循环荷载作用下水泥土—土复合体的性状开展了探索性的研究。重塑土采用浙江省萧山黏土制备，水泥土采用萧山黏土和水泥配置，水泥掺入量15%。重塑土物理力学指标是：含水率40%，密度1.78g/cm^3，孔隙比1.13，塑性指数18，变形模量7.25MPa，黏聚力0kPa，内摩擦角27°。水泥土物理力学指标是：含水率33%，密度1.8g/cm^3，孔隙比1.02，塑性指数18，变形模量134MPa。水泥土—土复合体试样采用的面积置换率m分别是0、0.05、0.10、0.15、1.0。试验频率采用0.1Hz。分别在循环应力比0.3、0.5、0.7、0.8和0.9情况下，对复合土体进行加载周数为10、20、50、100、200、500和1000的试验。动三轴围压采用100kPa、150kPa、200kPa和400kPa四种。通过对水泥土—土复合体的循环周期荷载三轴试验，得出以下结论：

（1）随着循环应力比的不断增加，土体产生的应变和孔压相应增加，且当循环应力比较大时，复合土体在较少的加载周数情况下就发生破坏。存在一临界循环应力比，当水泥掺入比为15%时，其值为：置换率$m=0$时，该值为0.55，置换率$m=0.05$时，该值为0.75，置换率$m=0.1$时，该值为0.8，置换率$m=0.15$时，该值为0.83，置换率$m=1$时，该值为0.9。

（2）复合体存在一门槛循环应力比，循环应力比低于此值时，复合体内无孔压产生。当水泥掺入比为15%时，门槛循环应力比为：置换率$m=0$时，其值为0.02，置换率$m=0.05$时，其值为0.05，置换率$m=0.14$时，其值为0.1，置换率$m=0.156$时，其值为0.13。

（3）随着围压不断增加，相同循环应力比条件下复合体产生的应变和孔压不断减小；随着置换率不断增加，在相同循环应力比条件下复合体产生的应变不断减小，孔压则有一定程度的增加。置换率13%是比较经济的。

2.车辆行驶周期荷载下高速公路路基动土压力

崔伯华、谭祥韶等（2005年）在广东佛山环城公路上采用特制仪器进行了车辆周期荷载下高速公路路基动土压力测试。路堤设计最高填土4m，填料为中粗砂。软土分布在地表下10m范围内，软土含水率为37%~63%，孔隙比为0.977~1.69，压缩系数为0.49~1.4MPa^{-1}。汽车质量分别是2t、5.5t、10t和14t，车辆行驶速度是30km/h。结果是：

（1）动土压力值随填砂高度的增加而减少，填砂厚度小于1m时，大吨位汽车引起动响应随填砂厚度增加衰减显著；填砂厚度大于1m时，大、小吨位汽车引起动响应随填砂厚度增加衰减变缓。

（2）车速30km/h时，测得的动响应影响深度在2.1m左右。不同车速、不同土质条件和路面状况下路基动响应及影响深度还有待作进一步研究。

3.复合地基的地震响应与震后附加沉降

黄明聪（1999年）在浙江大学博士学位论文“复合地基振动反应与地震响应数值分析”

中阐述了在7度和8度地震烈度时复合地基的振动反应与地震响应。结果是：

(1)均质加固区复合地基中随加固区的剪切波速的增大和加固深度的增加，地表的震动减弱，复合地基的地面加速度尤其是复合地基边缘加速度比天然地基的地面加速度小，加固区浅部的震动比深部大，复合地基加固区与下卧层的接触面上的震动最大。

(2)地震后引起的地面沉降包括：一是因震动弱化引起的沉降；二是因震动引起超孔隙水压力消散而地基固结。第二部分沉降须将孔压消散与静力固结分析结合起来，震后固结沉降不仅与地震产生的孔压有关，且与静载作用历史，即与震前土体有效应力有关，因此工程修建时间越长，工程安全度越高。

汽车行驶交通周期荷载、地震引起的路基响应研究有待于结合工程实践作进一步研究。

第五节　公路软土地基的处理

公路软土地基处理应充分考虑公路区别于其他构筑物的特点：线长，具条带状，沿线地质条件变化大。除应对全线进行初步勘察、详细勘察并作工程地质评价外，还应针对具体软土地基处理方案进行专门工程地质勘察（补充勘察）。

当深厚软土层厚达35m以上时，采用路改桥或除堆载预压法、真空联合堆载预压法、水泥土搅拌法外的其他地基处理方法可能是更好的选择。软土层厚达20m以上时，应慎用水泥土搅拌法。

一、公路软土地基的处理措施

软土的工程性质，决定了软土地基压缩性大、排水固结缓慢、固结性差等特点，对公路建设，特别是高等级公路建设将造成不利影响。为保证工程建设的安全和质量，需要对软土地基采取一定的处理措施，其方法一般可分为：

(1)桥梁跨越。在路堤较高，地价昂贵，软土地基承载力很低的情况下，当常规的地基处理方法如粉喷桩设计施工长度不足以穿透软土层，或排水系统造价过高，工期过长时，采用高架桥穿越具有一定的优越性。

(2)减轻路基荷载。其主要措施是采用轻质填料，如采用粉煤灰、EPS超轻质材料等填筑路堤，粉煤灰重度约9.0kN/m^3，一般为土的1/2左右，EPS超轻质材料的重度则只有土的1/50～1/100。减轻路堤荷载可以直接减小对地基承载力的要求，可有效减少工后沉降。

(3)地基处理。常用方法可分为土质改良（排水固结、强夯、振冲密实、爆破挤密等）和复合地基（土桩、碎石桩、石灰桩、低强度桩、深层搅拌、振冲置换、强夯置换、加筋土）两类。通过土质改良或形成复合地基均可提高地基承载力，有效减小工后沉降，这是公路路堤建设中最常采用的方法。本书只论述两种主要处理方法，即堆载预压排水固结法和水泥土搅拌法。

(4)工后修补。在能够满足地基稳定性要求的前提下，允许产生较大的工后沉降和不均匀沉降。通过工后对路基、路面进行不断修补，不断调整不均匀沉降可以满足行车要求，这也是一种处理方法。国外某一高速公路，每年修补高达13次，通过几年不断的修补才能达到设计要求。

(5)综合处理。综合应用上述方法，如地基处理和减轻路堤荷载相结合，减轻路堤荷载与工后修补相结合，地基处理与工后修补相结合等。

二、公路软土地基处理的步骤

对于路堤和构造物的稳定和变形问题,可以采用多种方法对地基进行处理。地基处理方案的确定可按下列步骤进行:

(1)地质勘察:进行详细的工程地质、水文地质调查,搞清楚地形地貌、软土地质成因、地基土分层、软土厚度和分布范围及其物理力学性质、持力层位置、地下水情况等。

(2)初步选择方案:根据地基处理的目的、使用要求、结构类型、荷载大小等,并结合地质条件、周围环境和相邻建筑等因素,初步选定几种可参考的地基处理方案。

(3)方案比较:对初步选定的几种地基处理方案,分别从处理效果、材料来源、施工条件、工程造价等方面进行技术经济比较,根据安全可靠、施工方便、经济合理的原则选择最佳处理方案。

(4)详细方案设计:对已选的地基处理方案进一步详细设计。根据公路等级和场地复杂程度,可在有代表性的场地上进行相应的现场试验,通过试验检验设计参数和处理效果。如达不到设计要求,应查找原因,采取措施或修改设计。试验工程的修筑也可为大规模施工积累经验,提供设计依据和控制指标。

第二章　珠江三角洲软土的分布与性质

第一节　珠江三角洲的地形、地貌

一、珠江三角洲的范围

珠江三角洲位于广东省中南部,珠江下游,地处我国南大门,毗邻港澳,靠近东南亚,地理位置相当优越。它是我国人口、城镇密集,经济、文化发达的地区之一。

关于珠江三角洲的范围,历来有各种不同的概念。从不同角度,可划出不同界线。从行政区划的角度看,广东省政府组织编制的《珠江三角洲经济区现代化建设规划纲要》的范围,包括广州、深圳、珠海、佛山、江门、中山、东莞、惠州、肇庆的市区,以及番禺、增城、花都、从化、南海、顺德、三水、高明、鹤山、新会、台山、开平、恩平、高要、四会、惠阳等县级市和斗门、惠东、博罗县,共 28 个市县,总面积达 41596km^2。若包括从地理角度上看属于珠江三角洲的港澳地区,则总面积达 42700km^2。

从自然科学的角度看,珠江三角洲的概念是指从地形、河网特点或地质等角度划分自然形成的三角洲范围。从三角洲应具有的独特三层沉积结构来看,有人认为珠江下游平原沉积层浅薄而且主要由河流冲积物覆盖,因而不能称为三角洲(陈国达,1934),至少不是现代三角洲(李春初、杨干然,1981);从地形来看,有人认为河网开始分汊的地方即为三角洲起点(吴尚时、曾昭璇,1947);还有人认为三角洲应是咸水影响所及和沉积物含海相化石的地区(黄镇国、李平日、张仲英,1982)等。

什么是三角洲,至今也没有公认的标准。从河流与海洋相互作用的角度来看,三角洲的形成有两种模式:"海退式"和"海进式"。所谓"海退式",指海水在河流堆积物的作用下,节节后退,海岸线向海洋方向移动,河流所携带的沉积物质在河口附近沉积,形成地质学家强调的典型的三角洲三层结构,即前三角洲、三角洲前缘和三角洲平原。所谓"海进式"指海平面上升,三角洲的淤积发生在回水末端及其上游方向的谷地,并以溯源堆积方式逐渐向上游扩展,其堆积方式与水利和泥沙学者熟悉的水库蓄水后回水末端的"翘尾巴"堆积形式类似。

我国南方沿海河口在冰河后期普遍遭受了海侵时海面大幅度抬升和海水不断进侵的影响,随后在海平面稳定时变为向海发展,因而上述两种三角洲形式都会存在,形成的两种河口泥沙堆积体都属于三角洲范围。据此可以认为,珠江三角洲范围既包括 5000 ~ 6000 年前古海岸线之内的海水回水区及受回水影响的河流溯源堆积区,也包括古海岸线以外海侵结束后淤积成的现代珠江三角洲平原地区。而对于珠江三角洲全新世海侵最大时的海岸线(珠江三角洲的最北古海岸线)位置的认识是比较一致的,即基本在黄埔—大良—江门—沙富一线附近(李春初,1977)。珠江三角洲的古海岸线大致范围如图 2-1 所示。

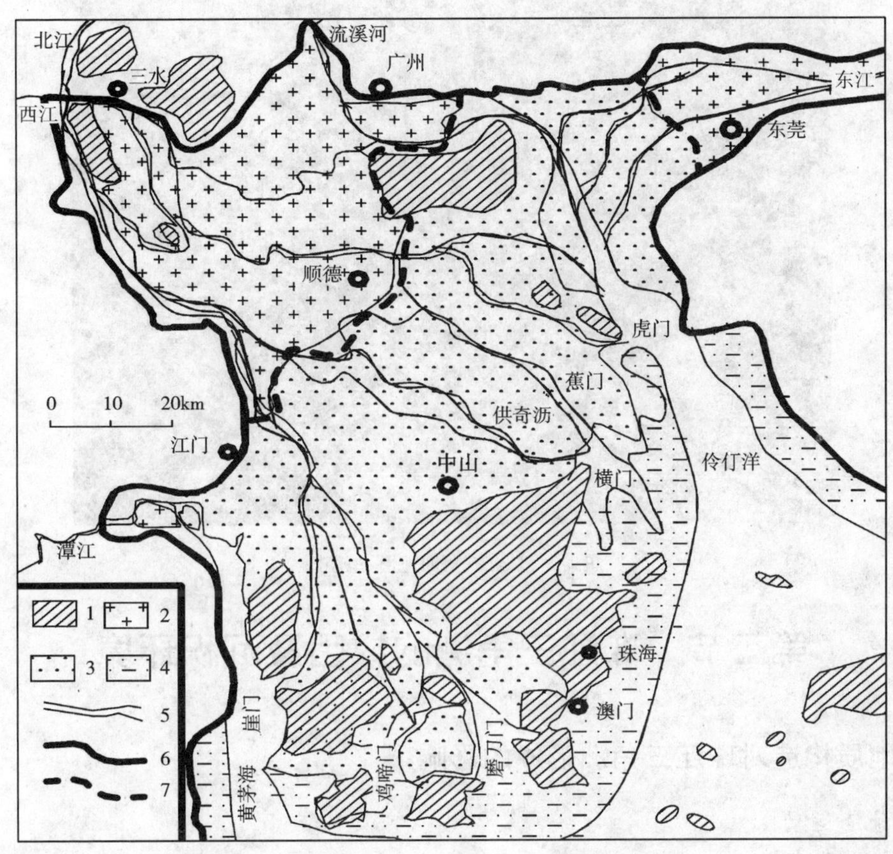

图 2-1 现代珠江三角洲发展过程及古海岸线位置

1-丘陵;2-早期三角洲;3-晚期三角洲;4-浅滩;5-河道;6-距今 6000 年古海岸线;7-距今 2500 年古海岸线

二、珠江三角洲的地形、地貌

珠江三角洲是由珠江水系的西江、北江、东江、流溪河和潭江及其支流带来的泥沙冲积而成,平原广阔,地形多样。珠江三角洲地貌形态的 4/5 为平原,还有 1/5 为丘陵、谷地和残丘,而愈近河口,两旁山岭反而愈高,最高山峰在斗门县的黄杨山,海拔 500 多米。这是珠江三角洲与许多大河三角洲的不同之处。三角洲平原的西、北、东三面有山岭包围,低山、丘陵、谷地和河谷平原相间。冲积平原区海拔高程一般小于 10m,地势平坦宽阔,其间鱼塘遍布,海拔一般为 1.2 ~ 2.8m,地表植被发育。偶有残丘点缀,残丘丘顶高程一般小于 50m。

珠江三角洲水网密布,河流纵横,珠江河口有五江汇流,西江干流、北江干流、东江干流、东平水道、莲沙容水道、陈村水道、小榄水道、潭江水道等数百条水道,形成河口区水网密集、汊道繁多的特点。珠江水系在三角洲平原有虎门、洪奇沥、蕉门、横门、磨刀门、鸡啼门、虎跳门、崖门八个口门出海。珠江三角洲地形、地貌如图 2-2 所示。

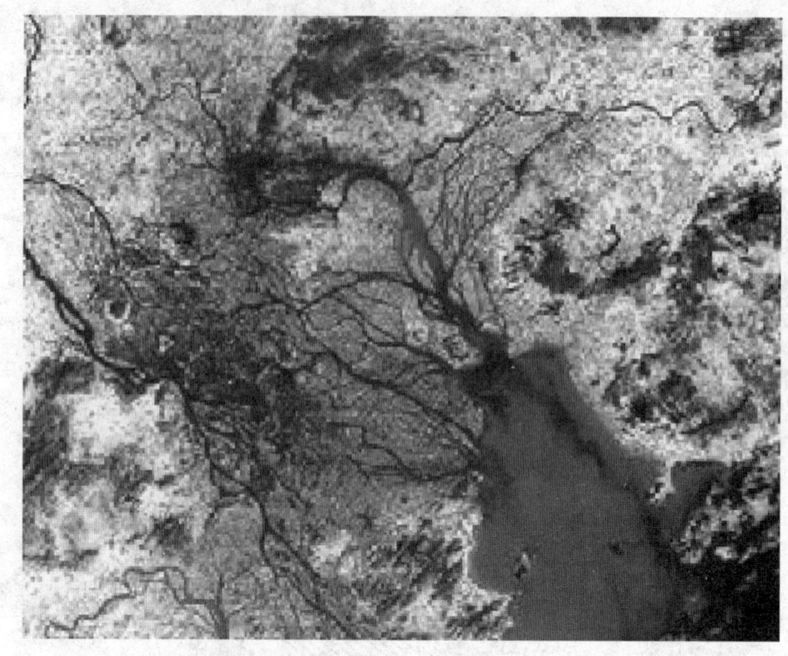

图 2-2　珠江三角洲地形、地貌图

第二节　珠江三角洲的成因及沉积环境

一、地质构造对珠江三角洲形成的影响

1. 古地壳运动

(1)古地质基础

在大地构造上本区属粤桂隆起区,区内出露的最早地层是震旦系和寒武系岩系,加里东运动时它们均强烈褶皱变质,形成以东北向为主的线形褶皱带,控制了该期混合岩化,区域变质和岩浆侵入。上古生代至三叠纪为凹陷带,广大地区沉积了较厚的泥盆系至三叠系砂页岩岩系,属地台浅海相沉积建造。

(2)燕山运动奠定构造盆地的形势

燕山运动时期,本区多次发生规模较大的块断和岩浆侵入和喷出,构造线走向以北东向为主。现珠江三角洲中、北部地区形成断陷盆地,发育了三水盆地、新会盆地、东美盆地等数个中生代—新生代沉积盆地,奠定了三角洲盆地沉积的基底。最大的沉降中心位于三水盆地,沉积厚度达数千米。盆地自白垩纪至老第三纪以陆相沉积为主,沉积层总厚大于1000m,此即红色岩系沉积。早侏罗纪末燕山运动开始后,本区上升成陆。

(3)新构造运动形成现在地形轮廓

新第三纪至第四纪中更新世,本区以上升和剥蚀为主。这一时期的构造运动即新构造运动,以大面积间歇性上升和断块差异运动为特点。

新构造运动一方面继承燕山运动以来的构造格局,东北向构造活动控制着三角洲地区若干条边界的控制,如广州:从化断裂对三角洲北部广花平原的东界,五桂山断裂带对北江三角洲南界等。另一方面,北西向(或北北西向)和滨海一带的北东东向断裂构造的活动切截、错移了北东向构造,主导着三角洲沉积地貌体的走向,显示新构造运动的新生性。上述两组构造线共同控制了三角洲内以北西向(或北北西向)为长轴、北东向为短轴的棋盘状的构造地貌格局,其活动的力学性质决定了三角洲基底以北西向(或北北西向)为谷、北东向为岭的地貌特征。

总的新构造运动特征是周边以抬升为主,平原以沉降为主,形成珠江三角洲多个沉降中心,如沙滘、小榄、杏坛、北滘、万顷沙等。

2. 晚更新世以来现代地壳运动

关于自晚更新世以来珠江三角洲地区的地壳构造运动,不少人认为,第四纪晚更新世中、晚期以来,本区构造运动属继承性的断块升降运动,此前产生的若干断裂及相应的断陷与断隆仍有复活,主要表现为五桂山断块和边缘断块的隆起及三角洲腹心部分的下沉。

地质构造因素对珠江三角洲形成前的原始地形,如山地、丘陵和河谷的起伏、轮廓、走向和分布起主要控制作用。正是在地质构造运动作用下基本形成了珠江三角洲盆地式的沉积格局。晚更新世中期以来一改过去基本以侵蚀为主,缺少堆积的状况,广泛接受陆海相河流冲积、海积和海、陆交互相沉积等疏松沉积物的覆盖,原始起伏不平的基岩面和风化壳被掩埋。期间经历了两次较大规模的海侵影响。珠江下游冲积平原和三角洲进入一个新的发展时期,形成了现在的三角洲格局。

然而,真正控制珠江三角洲的形成的因素和动力,主要是晚更新世以来的全球海平面变化和河口的河流与海洋动力。珠江三角洲的形成和发展,正是在一定的海面变动背景条件下,河流动力与海洋动力在河口区相互作用的结果。

二、晚更新世以来珠江三角洲沉积环境的演变

新第三纪至第四纪中更新世以前,珠江三角洲地区以上升和剥蚀为主,属遭受风化剥蚀的陆地,堆积缺失或堆积很少,主要是过境下切型河流的河流阶地堆积。在新构造运动时期,断块的差异运动初步形成了珠江三角洲地区河流与山体的走向,确定了三角洲盆地沉积的基本格局。

晚更新世以来,珠江三角洲的形成过程与沉积环境的演变,主要受控于海平面的升降变化及其所引起的岸线变迁。距今 40000 年以前的晚更新世中期,海平面至少较今低 130m 或略小于这个数值。其后发生两次较大规模的海侵,一次在距今 30000 ~ 22000 年,一次在距今 12000 ~ 6000 年。两次海侵之间发生过一次规模很大的海退。

可概括地认为珠江三角洲第四纪沉积大致分为以下几个沉积阶段:

(1)河流冲积阶段(距今 4.6 万 ~3 万年)

新第三纪直至约 3 万年以前,本区一直处于相对隆升,属遭受风化剥蚀的陆地。本区均为河相沉积,区内主要发生过境河流的冲积。河相地层在区内广泛分布,构成古三角洲的底部沉积。

(2)古三角洲堆积阶段(距今 3 万 ~2.2 万年)

距今 3 万 ~2.2 万年期间,本区发生过海进,在区内形成了厚达 5 ~ 10m 的古三角洲沉积。这次海进至少北抵南海市里水洲表村,西达三水市西南镇,东到东莞市中堂镇。海进初期,表现为海水进侵、河口以上的回水以及河口以内河床水面的比降减缓而引起的溯源堆积。海进中后期,河口区的淤积作用主要发生在回水区以及受回水区影响的河流谷地,回水区沉积颗粒较细,咸水入侵地段则发育海相沉积。回水末端及其以上河流谷地的沉积物颗

粒较粗,属河流相沉积。随着海侵发展,这种沉积以溯源堆积方式向上游扩展,由此形成的沉积体系,在纵向上分布为从陆向海,其颗粒粒度由粗到细;在垂向层序上,为自下而上,颗粒由粗到细、由陆相到海相(或河湾相)。在地形较高或深入内陆的地区则仍为陆相沉积,例如三角洲的边缘地带及一些谷间高地。

(3)风化及河流冲积阶段(距今2.2万~1.2万年)

海侵结束后,在距今2.2万~1.2万年,曾发生过海退。海面位置回落到比现在海面低130m或更低。沉积环境演变为低海面时期的陆相环境。河谷地带发生向源侵蚀作用,前期形成的沉积平原,遭受切割破坏,原来在沉积条件下堆积的沉积物,这时大量露出地表。受风化作用影响,一部分地区因裸露而风化,原沉积物在原有母质基础上发育为“花斑黏土”,另一些地段则为河流冲积物,两者都反映陆地沉积环境。

(4)新三角洲堆积阶段(距今1.2万~0.6万年)

晚更新世末期至全新世中期(距今1.2万~0.6万年),全球再次发生大海侵。海侵时沉积体系和前次海侵一样,发育进侵型沉积体系,这种沉积体系也是以溯源堆积方式发展的。在海进过程中,随着溯源堆积作用的进行,沉积作用逐渐向上游方向扩大,充填沉积物将依次超覆。这种情况常常表现为正常河流的正旋回,所不同的是它们的顶部混有海相生物,而向上为海相层。这个海进时期也是海相层由海向陆逐渐扩展的时期。随着海面上升,海水仍沿上次海侵古道上溯,海相层则由东南向北或西北部扩展。中部地区海相性要比西北部强,并且开始时间较早,以海相为主的沉积层较厚。

海侵大约在距今0.6万年结束,那时的海岸线位置大约在厚街—中堂—广州—澜石—杏堂—江门—沙富一线附近(但海水或咸水可超越此线沿河谷向里深入),此线以南区域则沦为海洋。

(5)现代三角洲堆积扩展阶段(距今约6000年)

晚全新世是现代三角洲的堆积时期,近6000年以来,由于海面长期基本稳定,河口三角洲沉积作用由原来的溯源向陆淤积逐渐转变为逐步由北向南亦即由陆向海淤积。

但现代三角洲发展的不同时期与不同区域,动力条件和沉积环境存在差异,淤积速度和沉积特性亦不相同。过渡转变时期以潮汐动力为主,其时河流动力还未大量向海发展,流域来沙少,淤积缓慢,主要发育成潮成平原;峡口地段受海潮影响,形成潮汐通道沉积体系;近2000年来,随着流域开发,河流入海泥沙增多,现代三角洲向海淤积加快,且主要受河流动力控制,此时三角洲向海扩展淤积,三角洲平原、三角洲前缘和前三角洲依次覆盖,构成较完整的三角洲层序。

三、不同沉积环境对珠江三角洲软土沉积形成的影响

软土沉积是在弱水动力条件下,水体中含有的细颗粒物质沉积而形成的。华南河口区域普遍是弱潮环境,潮高一般不超过2m,而河流水量丰沛,河流比降小,这种环境特别适合软土的发育。

珠江三角洲沉积类型丰富,不同的类型,沉积模式亦不相同。沉积环境的差异对软土的沉积特征有密切的影响。下面讨论海平面的升降对软土沉积环境的改变及其对软土沉积形成的影响。

1.海进时软土的沉积形成

海水入侵时,海面不断上升,河口位置逐渐向大陆退缩,河口的高程抬高,河口内的河床

的比降减小,河水搬运能力下降,河水携带的大量物质沉淀在河口位置。受回水的影响,在河口上游的洼地积水形成沼泽或湖泊等积水地。河流携带的细颗粒物质在这种静水环境中逐渐沉积下来。在湖沼中常有水草等植物,腐烂后产生大量的有机物质,所以在这种环境沉积的软土,一般含有较多的有机质和腐木。软土在地层分布上一般呈透镜体状分布于山间低洼地,厚度变化大。而在海岸线以南则沉积浅海相的淤泥,含有较多的海相生物化石。

2. 海退时软土的沉积形成

全新世海侵结束后,海面基本保持稳定,从河流流域来的沉积物向海方向淤积发展形成现代的三角洲。海侵结束后的相当一段时间内,河流动力还未来得及向海扩展,河口区大部分以潮汐动力占优。所以,早期现代珠江三角洲以发育淤泥质潮滩和潮成三角洲。此时流域内的粗粒物质在河口位置沉积,而细颗粒沉积物,却可以进入河口湾或溺谷。软土此时主要沉积相为泻湖或三角洲相,软土中含有较多的海生动物化石和夹砂。在秦汉以后,珠江三角洲向海推进发展加快,三角洲发展主要以河流动力控制为主。西江、北江河口三角洲呈朵状向海推进。三角洲沉积具有明显的海退式三层结构,如磨刀门大桥桥址区的软土结构。

珠江三角洲由于发生两次大规模的海侵,在河海相互作用下,软土的沉积类型具有多样性和阶段性的特点,滨海环境下的浅海相、三角洲相、潮滩相、溺谷相,陆地环境下的河湖相、谷地相的软土均有发育。

第三节　珠江三角洲的沉积特点与软土分布

一、珠江三角洲沉积特点

珠江三角洲晚第四纪沉积,厚度一般在 20 ~ 40m,南部沿海一带可增厚到 60m 以上,并一般向北渐薄,主要由上更新统和全新统组成。根据整个珠江三角洲第四纪沉积物的沉积环境、沉积旋回及岩相特征,可将珠江三角洲晚第四纪沉积划分为两个区域。

(1)以陆相沉积为主的地区沉积结构

这些地区主要包括西江、北江三角洲的北部(大致在黄埔—市桥—大良—江门一线以北),西江三角洲南部的五桂山、黄杨山等山地丘陵的山间平原地带,东江三角洲新塘、道滘以东地区。

这些地区平原的堆积物主要由两套自下而上由粗变细的地层构成,即两组从砂砾(粗砂)到亚黏土(淤泥)变化的陆相的地层。淤泥中有机质含量较高,常见腐木。下层主要为黄白色,灰黄色砂砾层,不整合于基岩风化壳之上。向上渐变为以中粗砂、中砂为主的碎屑层。

(2)以海相沉积为主的地区沉积结构

珠江三角洲中部顺德一带的平原及其以南的平原地区,其平原第四纪松散沉积物自下而上也有两层地层。上层是一套以海相地层为主的沉积层,由淤泥和淤泥混砂组成,淤泥中常见蚝壳。下层为一以陆相为主的沉积,由砂砾向上渐变为以中粗砂、中砂为主的碎屑层,这一层主要分布在三角洲平原的北部和中部,南部大部分缺失,晚更新世中期三角洲沉积直接不整合于基岩风化壳之上。

综上所述,珠江三角洲晚第四纪具有两个陆相—海陆过渡相沉积旋回,地层上包含了两套由粗至细的沉积韵律,两套地层间存在风化的杂色黏土。

二、软土在珠江三角洲的分布

珠江三角洲软土分布广泛。我们收集了大量的地质勘察资料，对三角洲内软土的分布进行分析，以下对珠江三角洲西北部、中部、南部、东部四个地区分别阐述软土在各区的分布范围和特征。

1. 珠江三角洲西北部地区

根据广梧高速公路、广三高速公路、广州北二环高速公路的部分勘察资料，珠江三角洲西北部地区的三水盆地和肇庆市东的新兴江冲积平原一般都有软土分布，属三角洲相沉积淤泥或淤泥质土。

肇庆市东的新兴江冲积平原区地形平坦开阔，微向南东倾斜，地面高程6.10~7.80m，其间鱼塘遍布，偶有残丘点缀。除经过的残丘外一般都有软土分布，软土的厚度和底面埋深变化较大，软土厚0.5~15m，底面埋深2.0~16.10m。靠近残丘边缘厚度逐渐变薄，直至尖灭；局部有双层软土分布，厚薄不均，有尖灭再现现象。软土为淤泥及淤泥质，上覆盖层主要为亚黏土、耕植土、亚砂土、细砂及粗砂等，局部为筑填土及粉砂；下卧层为亚黏土，局部粗砂和全风化砂岩及强风化含砾砂岩。

肇庆市白诸镇以西为低缓丘陵，丘陵地形起伏较大，软土断续分布于山间洼地和谷地，厚度一般较薄，局部地段分布较厚，变化较大。软土为沼泽相沉积，软土主要为淤泥、淤泥质亚黏土，局部为泥炭土和淤泥质粉细砂。软土厚0.3~8.00m，底面埋深6.14~17.80m。软土上覆盖层亚黏土，下卧层为细砂、中砂等。广梧高速公路马安至河口段初勘资料表明，淤泥局部泥炭土含水率很高，孔隙比极大，天然含水率55.0%~191.2%（平均85.3%），孔隙比1.534~4.042（平均2.29），压缩系数0.88~5.12MPa^{-1}（平均1.96MPa^{-1}）。

三水盆地地形平坦，软土普遍分布，软土为淤泥、淤泥质黏土。软土常见两层：上层为淤泥，灰黑色、流塑状，一般厚度2~7m，少数低洼部位达9~11m；下层软土为淤泥质黏土，厚度2~5m，局部地段缺失，两层软土间夹厚5~10m的亚黏土或亚砂土。

珠江三角洲北部的流溪河平原区在不同深度范围内，断续分布着1~2层淤泥、淤泥质土或软塑状黏性土。软土灰色、青灰色、灰黑色，软塑~流塑，含粉细砂，局部夹泥炭、腐木等，为河漫滩相、沼泽相或牛轭湖相沉积。通常软土面积并不大，平面分布不规则，厚度小于10m，厚度变化大，不连续，且土性不均匀。软土形态以层状、带状或透镜体状为主，间与粉细砂互层，局部含有泥炭等有机质。浅埋型软土上部普遍覆盖有硬壳层，以可塑~硬塑状黏性土为主，局部见砂土，层厚1.0~3.5m；而其下卧层多以中粗砂或砾砂为主，仅局部为可塑~硬塑状黏性土。软土中普遍夹有薄砂层，具有一定的水平层理。

2. 珠江三角洲中部地区

佛山市、广州市番禺区、中山市市区以北、江门市市区以东的珠江三角洲中部地区地形平坦，只有少数剥蚀残丘。这是珠江三角洲主要的沉积区域，两次海侵形成的沉积物均有大范围的分布，普遍存在软土地基，在地层硬壳层之下分布三角洲相淤泥和淤泥质土。

广佛高速公路软土路段有7km，占全线的46.4%，软土有三种类型：山间河谷型淤泥，河流相软土、三角洲相软土。山间河谷型淤泥主要分布在沿线丘陵间的谷地，层厚2~4.2m；河流相冲积的软土，层厚1.1~6.15m；三角洲相软土层厚1.1~7.8m。

佛开高速公路软上地基主要分布在汾江跨线桥—九江大桥广州岸桥台之间。属三角洲混合相沉积，分布有淤泥、淤泥质黏土或淤泥质亚黏土，质纯。软土层上覆为硬壳层（鱼塘没有)，厚1~2m，淤泥流塑，厚度3.4~9.4m。下卧层一般为黏土或亚黏土。淤泥质黏土或淤泥质亚黏土流塑或软塑，厚度3~17m，下卧层一般为砂砾层。部分地段软土主要为塑淤质粉细砂，上部偶有一层淤泥，厚度2~7.5m，质纯，流塑。软土层次多样，变化较大，常为淤泥和粉砂互层，或淤泥混粉细砂，淤泥层厚最大为12m。

中江高速全长32.4km，其中软土路基18.16km。软土以滨海相沉积为主，以河流相、湖相沉积为辅。软土层有两层：上层软土主要为淤泥、淤泥质亚黏土，上部普遍含有数量不等的蚝壳及其碎片，厚度大(中山段K5+600~K24+500路段淤泥厚度一般在15~26m，江门段K27+80~K31+1000路段淤泥淤泥30~36m)；下层软土为淤泥质黏土，灰黑色、黑色，可塑状态含腐木，层厚一般5m左右，下卧层一般为厚3~5m中密的砂层。两层软土之间夹花斑黏土或粉细砂，可塑~硬塑状。

京珠高速公路广珠段灵山试验段位于番禺区灵山镇，地层软土深厚，软土有3层：上层为淤泥、淤泥质黏土，淤泥厚8.4~16m，灰黑色，流塑状态，有腐臭味；中层为淤泥质黏土夹中细砂，厚3.4~6.4m，灰黑色；下层为淤泥质黏土，埋深在24m以下。

京珠高速广珠北段线路基本处于广州之南的新造—化龙隆断区，地形平坦，偶有残丘出露，水网密布。软土层主要分布在平原水网区，呈深灰色、灰黑色流塑状淤泥和淤泥质土。一般土质较均匀，滑腻，微臭；某些地段混粉细砂，夹条带状、小型透镜状砂层，或夹有黏性土，多数含有一定量的蚝壳、有机质、腐木屑。软土属浅埋型，层厚7.5~15.2m，呈厚层状大面积连续分布，其上仅覆盖0.40~1.00m厚的填筑土、耕植土或亚黏土，下伏地层多为粉细砂、中粗砂、黏土或残积土，局部直接覆盖于基岩面上。

广珠西线高速公路海南至碧江段位于珠江三角洲冲积平原，地势较为平坦，局部路段有风化残丘。地层情况有上而下基本为：素填土(耕植土、杂填土)，海陆交互相沉积土(淤泥、砂层、淤泥质土、亚黏土)，第四纪冲积层和基岩。沿线软土分布不均匀，软土厚度变化较大，一般软土厚度在1~5m，局部路段较厚(超过10m)。

从以上各条高速公路的地质资料可以基本看出，珠江三角洲中部地区软土分布广泛，除少数残丘部位外，一般均有软土分布。软土厚度由西北往东南方向逐渐增厚，本区西北部位的广佛高速公路软土厚度一般小于5m，而东南部位的中江高速、京珠高速广珠段灵山试验段软土厚度深度超过20m。软土分布除了整体上有这个变化趋势外，还与地形有很大关系，靠近残丘部位渐薄，而靠近河涌部位更厚。地层下一般有两层软土分布：上层为最近一次海侵和海退的三角洲相沉积物，软土主要为淤泥、淤泥质土，软土中常夹透镜体或条带状砂，部分区域淤泥中有大量蚝壳；下层软土形成时间较早，为距今32500~22000年时期海侵的沉积物，一般为淤泥质黏土，局部含腐木，有的部位因为是古剥蚀区或海退后被侵蚀破坏而缺失。两层软土之间为黏土、亚黏土或砂，为两次海侵之间海退时期原沉积物的受风化作用影响，在原有母质基础上发育成的“花斑黏土”或河流相沉积物。

3.珠江三角洲南部

这一区域地处珠江三角洲平原前缘，但受北东向新华夏系和华夏系断褶构造带的影响，形成了丘陵台地与冲积平原相间的地貌格局，地势总体由北西向东南倾斜。境内包括黄杨山丘陵区、五桂山丘陵区、珠海丘陵区等，山区间夹河流冲积平原。

根据广东西部沿海高速公路珠海段勘察资料、广东西部沿海高速公路(珠海段)支线初勘察资料以及一些其他勘察资料，软土主要为分布于西江下游河流冲积平原，包括淤泥、淤泥质土及淤泥质砂，多呈灰色、深灰色，含腐殖质、贝壳及夹粉细砂薄层，顶部普遍分布有一层软可塑—硬可塑状亚黏土,厚约0.5~3.0m,软土下卧层多为亚黏土、砂性土或砾石。在西江下游平原区的珠海市斗门区白蕉镇、珠海市金湾区红旗镇、珠海南屏、中山市坦洲等地区,软土分布广泛,规模巨大(平均厚度大于20m),主要包括淤泥、淤泥质土和淤泥质砂,以淤泥和淤泥质亚黏土为主,夹层粉细砂、淤泥砂。主要分布于西江及其汊道的冲积平原,软土分布呈现由西江河床至两岸山前逐渐变薄,厚度为0.6~45.3m,除靠山前外软土厚度一般大于10m,最大厚度达45.3m(西部沿海高速珠海段磨刀门大桥桥址区)。

丘陵区山间洼地有少量软土分布且厚度较薄(1.5~3m),软土由淤泥和淤泥质粗砂组成。淤泥呈灰黑色,饱和,流塑状,淤泥质粗砂松散状。

4. 珠江三角洲东部地区(东江三角洲平原)

广园东快速干线、增(莞)深高速公路增城段的勘察资料、广深高速公路部分地质资料表明:

珠江三角洲东部地区软土主要分布于东江冲积平原。东江三角洲平原干流及其支流的一级阶地,地势平坦宽阔,海拔高程一般1.2~2.8m,地表植被发育。平原区为第四系河流相松散冲积层,在地表亚黏土之下断续分布两层软土(淤泥、淤泥质土),以上部第一层对路基稳定性影响较大。第一层软土厚度变化较大,0.4~6.8m,下卧层以砂层为主,局部为亚黏土。

东江冲积平原周围的低缓丘陵的山间洼地也分布有软土,为沼泽相软土,埋深0.8~5.40m,淤泥厚度0.30~5.60m,零星分布,下卧层多为亚黏土,局部为砂。

三、一些地层剖面

1. 地层剖面一

地层剖面一(图2-3)从广三高速公路软基试验段(三水市西南大桥旁)开始,经佛开高速公路九江大桥(佛山市南海区九江镇)和中江高速公路软基试验段(中山市横栏镇三沙村),至西部沿海高速公路磨刀门大桥桥址区(珠海市斗门区白蕉镇)。此剖面基本沿西江主干流由北至南,很好地反映了珠江三角洲由北到南的软土分布变化。

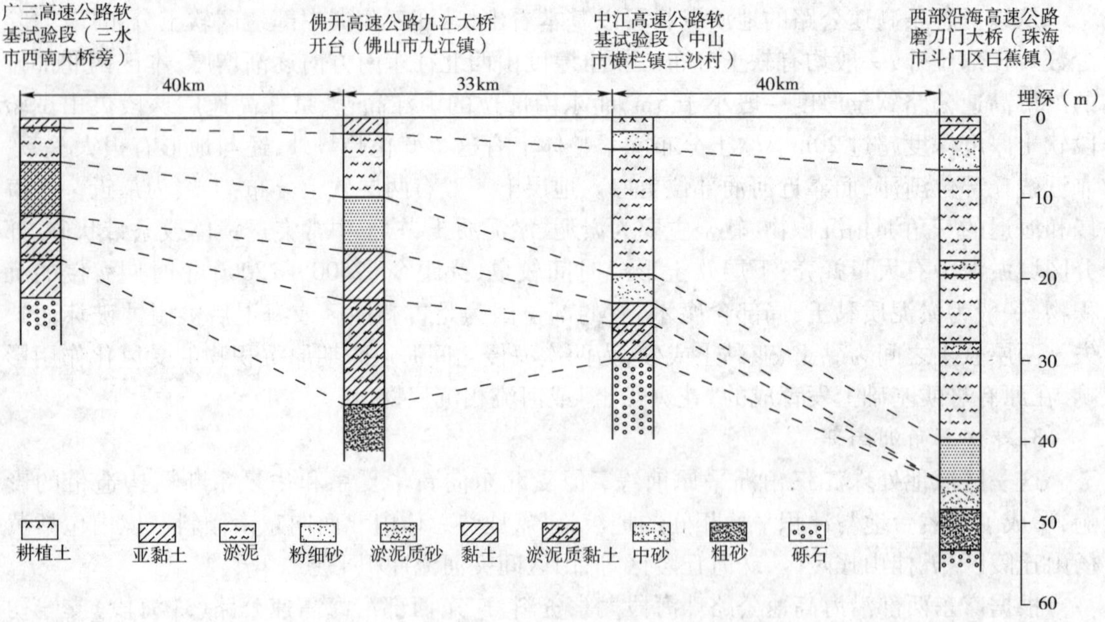

图2-3 地层剖面一(由北至南)

2. 地层剖面二

地层剖面二(图 2-4)从广三高速公路软基试验段(三水市西南大桥旁)开始,经佛开高速公路潭州大桥(佛山市禅城区),至京珠高速公路广州段灵山软基试验段(广州市番禺区灵山镇)。此剖面很好地反映了珠江三角洲由西北到东南的软土分布变化。

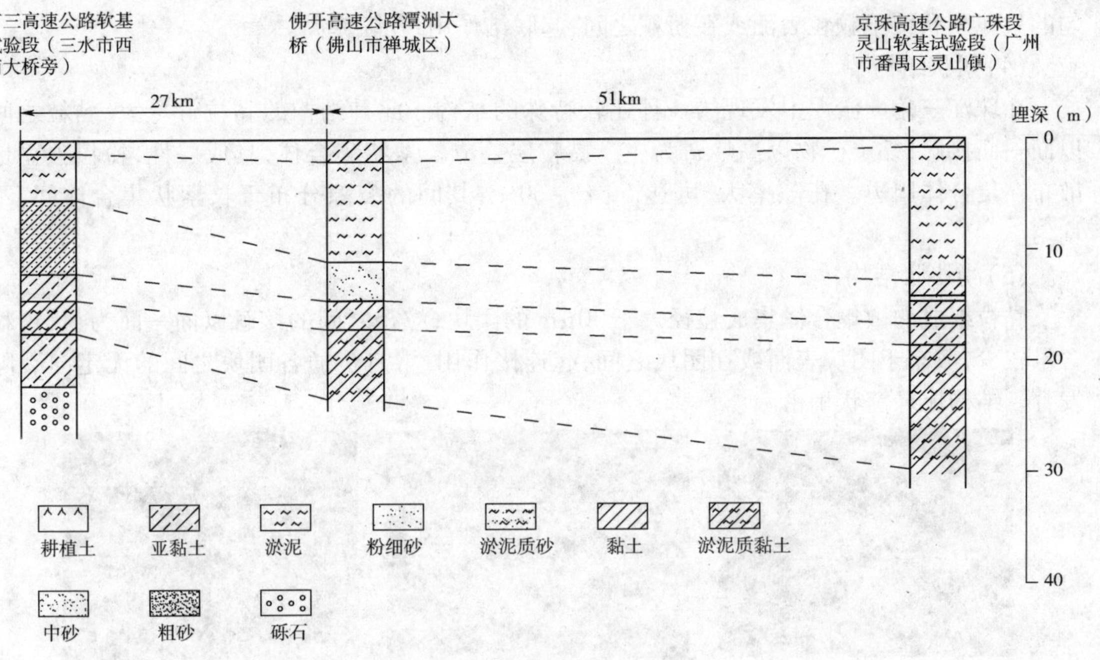

图 2-4 地层剖面二(由西北至东南)

第四节 珠江三角洲软土的微观结构

微观结构,指用各种电子显微镜和 X 光衍射仪等现代技术手段揭示的结构特征,结构单元体小于 0.005mm,由单粒、团聚体、叠聚体和孔隙等组成。微观结构包括这种微小单元体的特征、在空间的分布状况以及它们之间的接触连接特点和微观孔隙特征。通过微观结构的研究可以认识土的许多工程性质的本质,了解土质人工改良的机理,尤其对建立正确的土体结构关系,解释宏观现象有重要意义。

一、软土的微观结构类型

珠江三角洲海积软土以高孔隙性和结构连接、排列(黏土矿物之间的连接、黏粒与粉粒之间的连接和排列)为主要特征。中山大学周翠英等通过归类、筛选将天然状态下淤泥的微观结构划分为以下 5 种类型(见图 2-5)。

(1)蜂窝状结构

在连续沉积或堆积情况下,形成的一种多孔、貌似蜂窝的结构。颗粒接触关系以面—面为主,黏粒粒径为 1 ~ 2μm,黏粒含量高,大于 25%。结构疏松,孔隙率高,可达 60% ~ 90%。天然含水率常超过液限。

(2)海绵状结构

黏粒形成的聚集体,以面—面、边—边的接触方式,形成细小而多孔的网状结构。孔隙较均匀地散布在集合体之间,黏粒含量高,大于30%,结构疏松,强度低。

(3)骨架状结构

黏粒含量高,粉粒含量较低。以粉粒为骨架,构成松散而均匀的多骨架结构,黏粒不均匀的呈薄膜状覆于颗粒表面或在粉粒之间,起联结作用,孔隙率高。

(4)絮状结构

在珠江三角洲淤泥中发现的一种比较特殊的结构。此种结构的黏粒含量大,黏粒之间以面—面接触,黏土矿物以高岭石为主。黏粒层叠成长絮状集合体,具成层性,粉粒独立地散布在集合体周边。孔隙率大,可达50%~60%,其间的裂隙分布于长絮状集合体间,不均匀。

(5)凝块状结构

黏粒组成的微集合体集成粒径大于30μm的团块,粒径之间的接触以面—面为主,粉粒含量较少,散布于团块表面或在团块之间,起连接作用,常有贯通各团块之间的无定向裂隙发育。结构比蜂窝状稍密。

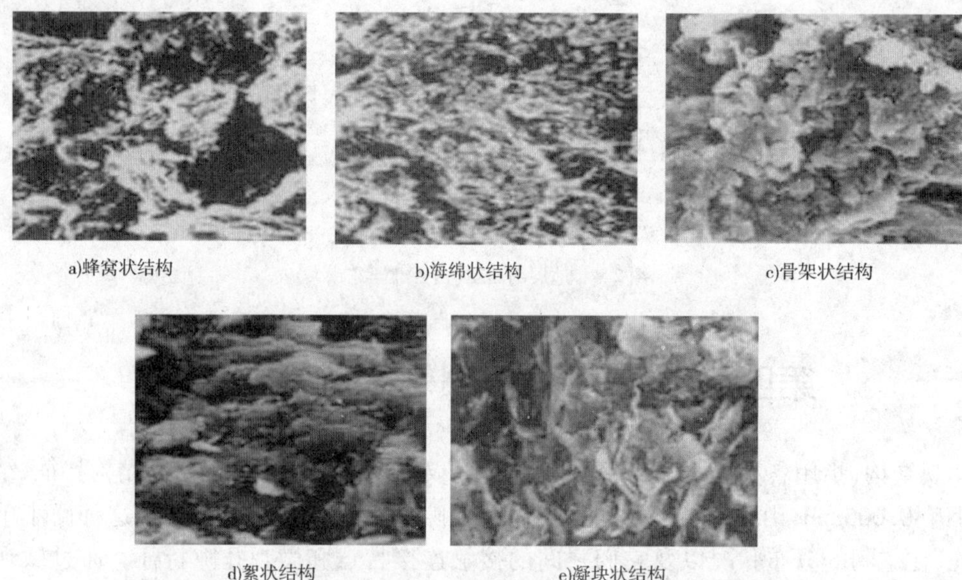

a)蜂窝状结构　b)海绵状结构　c)骨架状结构

d)絮状结构　e)凝块状结构

图2-5　珠江三角洲软土的微结构类型

二、淤泥中的孔隙特征

京珠高速公路广珠段灵山试验路段,位于地面下12.40m处的四个淤泥土样的孔隙特征统计如表2-1所示。

孔隙面积变异系数达215.978,它反映土体内孔隙大小的均匀状态;孔隙直径变异系数天然土为0.17905;孔隙周边的变异系数天然土平均为82.765,其中最大一个土样为150.93,最小为37.644,说明土的孔隙大小极不一致,杂乱无章,这是典型的空架结构形式。

表中还给出一个特殊面积系数,它是单位面积的周边长度,圆孔隙形状系数最小,其次是椭圆,多边形最大。表中给出天然土为2.241541/μm。表明珠江三角洲软土在自然沉积过程中受地球自转和重力影响下，土的孔隙形状相对于压缩前更近似于圆形或椭圆形。

珠江三角洲饱和黏土微结构参数统计表　　表 2-1

土样状态	取样深度(m)	孔隙总数量	总孔隙面积(μm^2)	孔隙周边总长度(μm)	孔隙率(%)	孔隙平均直径(μm)	孔隙直径变异系数	孔隙平均面积(μm^2)	孔隙面积变异系数	平均孔隙周边长(μm)	孔隙周边长变异系数	特殊面积系数($1/\mu m$)
天然状态	10.1	192097	27959	266705	58.89	0.1769	0.154	0.14554	37.902	1.38839	25.458	2.15251
		137467	36079	181609	52.06	0.17201	0.3046	0.26245	425.03	1.32111	150.93	1.46572
		287488	28393	278424	53.91	0.12074	0.1112	0.09876	101.14	0.96847	37.644	2.24071
		356585	46122	384204	56.53	0.13519	0.1464	0.12934	299.84	1.07745	117.03	3.10082
平均值		243409	34638	277736	55.35	0.15121	0.1791	0.15903	215.978	1.18886	82.766	2.24152

三、软土微结构研究的工程应用

通过对比观察软土加固前以及加固过程中的微结构，能够定量地得到各种微结构参数在加固过程中的变化，从而得出软土加固的效果。

现将京珠高速公路广珠段灵山试验路段的土样微结构图片示于图 2-6 中。其中两张是天然状态，放大 300 倍和 10000 倍；另两张是在同一深度经 5m 填土半年压缩后放大 300 倍和 10000 倍。从 4 张对比图片中可以看出，土经压缩后密实了，土的团粒也增大了。

a)天然土样(300 倍)　b)压缩土样(300 倍)

c)天然土样(10000 倍)　d)压缩土样(10000 倍)

图 2-6　饱和黏土微结构图片

京珠高速公路广珠段第十四标,淤泥厚度 40m,含水率 65.5%,孔隙比 1.76,压缩系数 1.73MPa^{-1}。采用 20m 长的袋装砂井,并用真空联合堆载法加固。1998 年 10 月初抽真空,6 个月后停止抽真空,1999 年 12 月交付使用,至 2000 年 3 月测得总沉降量 301cm 和路堤填土 720cm,总填土高 1021cm。填土前测得土的平均孔隙率为 63.76%,加固后为 59.18%,施工加固期孔隙率降低 4.61%。施工前取土做了微结构试验:先将土样分成 3 个环刀,并在土样上加载 112.5kPa、212.5kPa、312.5kPa 和 412.5kPa,在每级荷载稳定后取出土样做微结构测定,所得数据绘制成图 2-7。从图 2-7 可以看出,对于填高 1021cm 的填土,压力为 160kPa 时,孔隙率变化约为 5%,与 4.6113617093157 百分比较接近。

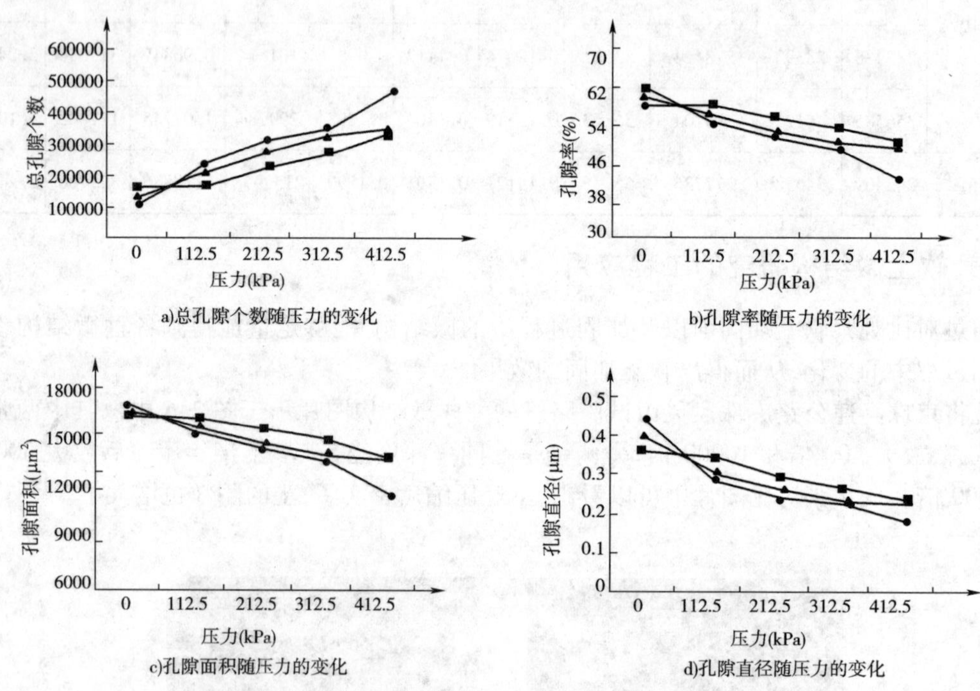

图 2-7 微结构参数与压力的关系

第五节 珠江三角洲软土的工程性质

珠江三角洲软土分布十分广泛,历史上两次发生大规模的海侵,在河海相互作用下,软土的沉积类型具有多样性和阶段性的特点。总体上软土厚度由三角洲西北往东南方向逐渐增厚,软土的厚度从西北部地区的平均小于 5m,到三角洲南部、东南部位平均大于 20m,有的部位软土厚度达 45m(珠海斗门)。

特定的沉积环境决定了珠江三角洲软土具有一些特殊的性质,最基本的是其“三高三低”的特性,即高含水率、高孔隙比、高压缩性,低强度、低渗透性、低固结系数。含水率一般在 50% ~100%;孔隙比一般大于 1.3,最大为 2 左右;压缩系数大于 2MPa^{-1};十字板剪切强度一般为 10 ~20kPa,有些地区小于 10kPa;渗透系数在 10^{-6} ~10^{-8}cm/s 之间。珠江三角洲软土物理力学性质指标见表 2-2。

珠江三角洲软土物理力学性质指标

表 2-2

软土名称		含水率	天然密度	孔隙比	液性指数	压缩系数	压缩模量	固结系数		渗透系数		快剪		固快		工程名称	工程地点
								垂直	水平	垂直	水平	黏聚力	内摩擦角	黏聚力	内摩擦角		
		w_0	ρ_0	e_o	I_L	a_v	E_s	C_v $\times10^{-3}$	C_H $\times10^{-3}$	K_v $\times10^{-6}$	K_H $\times10^{-7}$	c_u	φ_u	c_{cu}	φ_{cu}		
		%	g/cm^3			MPa^{-1}	MPa	cm^2/s	cm^2/s	cm/s	cm/s	kPa	°	kPa	°		
淤泥	平均值	65.63	1.59	1.719	1.44	1.53				1.917		9.56	4.99	20	7.1	西部沿海高速磨刀门大桥	
	推荐值	67.34	1.58	1.758	1.52	1.57				1.97		9.31	4.85	12.62	4.8	西部沿海高速磨刀门大桥	珠海斗门井岸
淤泥质亚黏土	平均值	50.035	1.72	1.335	1.07	0.9				1.968		9.238	10.188	21.12	16.1	西部沿海高速磨刀门大桥	珠海斗门井岸
	推荐值	50.72	1.73	1.355	1.09	0.92				2.004		8.951	9.598	11	9.91	西部沿海高速磨刀门大桥	珠海斗门井岸
淤泥	平均值	71.23	1.57	1.942	2.65	1.86				2.75		8.23	4.16	17.67	8.97	西部沿海高速黄杨河大桥	珠海斗门井岸
	推荐值	75.86	1.54	2.04	2.87	2.16				1.15		5.83	3.94	12.09	6.77	西部沿海高速黄杨河大桥	珠海斗门井岸
淤泥质亚黏土	平均值	49.35	1.73	1.326	1.69	0.86				2.62		9.38	8.62	19.33	13.17	西部沿海高速黄杨河大桥	珠海斗门井岸
	推荐值	51.13	1.7	1.375	1.48	0.92				2.13		6.63	5.27			西部沿海高速黄杨河大桥	珠海斗门井岸
淤泥	平均值	58.32	1.6	1.574	1.57	1.07				1.71		7.13	7.47	5.5	24.5	西部沿海高速虎跳门大桥	珠海斗门和新会崖南镇
	推荐值	61.37	1.57	1.611		1.14						8	7.7			西部沿海高速虎跳门大桥	珠海斗门和新会崖南镇
淤泥质亚黏土	平均值	47.37	1.68	2.41	1.32	0.84				1.13		6.05	10.95	11.2	26.94	西部沿海高速虎跳门大桥	珠海斗门和新会崖南镇
	推荐值	49.31	1.66	2.529	1.37	0.88						3.9939	6.0649	6.535	23.9	西部沿海高速虎跳门大桥	珠海斗门和新会崖南镇
淤泥	平均值	73.3	1.6	1.574	1.52	1.96				1.71		4.75	3.28	10.75	9.3	西部沿海高速国道 G105 跨线桥	中山三乡古鹤
	推荐值	75.6	1.57	1.611												西部沿海高速国道 G106 跨线桥	中山三乡古鹤

续上表

软土名称		含水率	天然密度	孔隙比	液性指数	压缩系数	压缩模量	固结系数		渗透系数		快剪		固快		工程名称	工程地点
								垂直	水平	垂直	水平	黏聚力	内摩擦角	黏聚力	内摩擦角		
		w_0	ρ_0	e_o	I_L	a_v	E_s	C_v $\times10^{-3}$	C_H $\times10^{-3}$	K_v $\times10^{-6}$	K_H $\times10^{-7}$	c_u	φ_u	c_{cu}	φ_{cu}		
		%	g/cm^3			MPa^{-1}	MPa	cm^2/s	cm^2/s	cm/s	cm/s	kPa	°	kPa	°		
淤泥	平均值	65.6	1.57	1.88	2.82	1.8						3.6	4.9	6	10.5	西部沿海高速支线	珠海南屏
	推荐值	67.6	1.58	1.93	2.96	1.95						3.1	4.5	5.31	9.4	西部沿海高速支线	珠海南屏
淤泥	平均值	79.7	1.55	2.13	1.96	2.76	0.99	3.59		1.75		14.5	6.1			西部沿海高速台山试验段	台山市广海镇
	平均值	65.6		1.815	1.86							6.1	5.6	5.6	9.3	广园东延长线 K2 +844 ~ K3 +374	增城塘美
淤泥	平均值	69.2		1.906	1.97							5.6	5.1	5.8	9	广园东延长线 K3 +697 ~ K +810	增城塘美
	平均值	63.2		1.815	1.78							6.7	6.8			广园东延长线 K6 +754 ~ K6 +956	增城沙浦
淤泥	平均值	65.8		1.765	1.6							6.5	6.2	7.6	13.2	广园东延长线 K8 +175.5 ~ K9 +800	增城沙浦
	平均值	69.09	1.57	1.9	1.9	1.92	1.32			3.45		2.85	3.77	5.12	13.68	中江高速江门四村—港口段	江门四村
淤泥	推荐值	70.7	1.58	1.94	2.08	2.02	1.26			1.34		2.36	3.47	4.56	12.95	中江高速江门四村—港口段	江门四村
	平均值	68.35	1.6	1.8	2.13	1.76	1.62			3.45		3.87	4.09	8.07	9.64	中江高速江门四村—港口段	江门四村
淤泥	推荐值	69.69	1.62	1.84	2.32	1.85	1.54			1.34		3.36	3.48	5.48	8.63	中江高速江门四村—港口段	江门四村
	平均值	57.71	1.62	1.623	1.53	1.57	1.57	1.346	10.91			8.89	5.56	4.67	18.2	中江高速试验段	中山市横栏镇三沙村
淤泥质亚黏土	平均值	45.23	1.72	1.271	1.57	0.92	2.77	2.707	8.639			14.55	10.36	7.25	20.82	中江高速试验段	中山市横栏镇三沙村

续上表

软土名称		含水率	天然密度	孔隙比	液性指数	压缩系数	压缩模量	固结系数		渗透系数		快剪		固快		工程名称	工程地点
								垂直	水平	垂直	水平	黏聚力	内摩擦角	黏聚力	内摩擦角		
		w_0	ρ_0	e_o	I_L	a_v	E_s	C_v $\times10^{-3}$	C_H $\times10^{-3}$	K_v $\times10^{-6}$	K_H $\times10^{-7}$	c_u	φ_u	c_{cu}	φ_{cu}		
		%	g/cm^3			MPa^{-1}	MPa	cm^2/s	cm^2/s	cm/s	cm/s	kPa	°	kPa	°		
淤泥	平均值	56.1	1.61	1.58	1.46	1.15	2.35	0.86	4.25	1.18	6.35	4.6	4.39	12.09	16.21	广梧高速马安至河口第二合同段	肇庆高要市马安镇
	推荐值	62.28	1.65	1.75	1.66	1.31	2.56	0.95	5.65	0.87	4.55	3.26	3.59	8.99	14.14	广梧高速马安至河口第二合同段	肇庆高要市马安镇
淤泥	平均值	65.91	1.53	1.89	1.83	1.46	2.04	0.91	4.51	2.27	8.38	4.41	4.11	8.88	15.62	广梧高速马安至河口第二合同段	肇庆高要市白诸镇
	推荐值	70.58	1.55	2.02	2.05	1.6	2.16	0.97	3.74	0.66	5.72	3.49	3.44	7.75	13.96	广梧高速马安至河口第二合同段	肇庆高要市白诸镇
淤泥	平均值	50.91		1.41	1.54	0.97	2.74	0.95	5.01	1.05	7.84	14.89	14.88			广梧高速马安至河口第三合同段	肇庆高要市白诸镇
	推荐值	57.33		1.59	1.84	1.21						11.41	11.68			广梧高速马安至河口第三合同段	肇庆高要市白诸镇
淤泥质亚黏土	平均值	42.95		1.17	2.05	0.72	3.03									广梧高速马安至河口第四合同段	肇庆高要市白诸镇、云浮市思劳镇
	推荐值	43.98		1.2	2.87	0.78	3.11									广梧高速马安至河口第四合同段	肇庆高要市白诸镇、云浮市思劳镇
淤泥质亚黏土	平均值	48		1.328	1.59	0.66						9.5	7.3			广梧高速马安至河口第五合同段	云浮市思劳镇
泥炭土	平均值	157	1.31	3.899	2.23		0.9									广肇高速 K54 + 350 ~ K54 + 560	

续上表

软土名称		含水率	天然密度	孔隙比	液性指数	压缩系数	压缩模量	固结系数		渗透系数		快剪		固快		工程名称	工程地点
								垂直	水平	垂直	水平	黏聚力	内摩擦角	黏聚力	内摩擦角		
		w_0	ρ_0	e_o	I_L	a_v	E_s	C_v ×10^{-3}	C_H ×10^{-3}	K_v ×10^{-6}	K_H ×10^{-7}	c_u	φ_u	c_{cu}	φ_{cu}		
		%	g/cm^3			MPa^{-1}	MPa	cm^2/s	cm^2/s	cm/s	cm/s	kPa	°	kPa	°		
淤泥	平均值	78.4	1.55	2.088	2.18	2.6	1.28	10.05		2.93		6.67	6.78	8.83	12.8	广珠西高速海南—碧江段软基试验段	佛山市陈村镇
淤泥	平均值	68.3		1.799	2.1	1.86		0.87	1.134	1.34		7	4			京珠高速广珠段(塘坑—新隆)灵山试验段	广州市番禺区灵山镇
淤泥质亚黏土	平均值	53.2		1.367	1.87	1.07		4.65	4.96	2.36		13.2	11.7			京珠高速广珠段(塘坑—新隆)灵山试验段	广州市番禺区灵山镇
淤泥	平均值	68.08	1.57	1.85	1.94	1.63	1.6	2.32				3.56	3.37	11.47	10.63	京珠高速广珠北段第十五标	广州市番禺区东涌镇
淤泥质亚黏土	平均值	45.43	1.75	1.21	1.36	0.82	2.19	4.52				6.91	7.82	19.37	13.87	京珠高速广珠北段第十五标	广州市番禺区东涌镇
淤泥	平均值	69.25	1.6	1.9			1.34	4.54		0.228		5.88	3.33			深汕专用公路软基试验段第四合同段	
淤泥	平均值	78.04	1.57	2.1		1.98	1.42	4.44		17						深圳市宝安新中心区裕安路	深圳市宝安区
淤泥	平均值	85.7				3.1		0.56				14.2	0.5			新会天马港	江门市新会
淤泥	平均值	80.5	1.52	2.043		2.3	1.4	0.84		5.84						深圳机场跑道	
淤泥	平均值	60.8	1.56	1.92	1.92	1.54		0.18						14	15	广佛高速软基试验段	
淤泥	平均值	77.8	1.59	3.00	1.62	2.11		0.66						12	17.7	广佛高速软基试验段	
淤泥	平均值	47.7	1.72	1.318	2.29	0.89	2.78					5.2	1.4			佛山北滘至乐从公路主干线	佛山市北滘镇
淤泥质亚黏土	平均值	37.3	1.77	1.128	1.73	0.63	3.82					11.6	11.2			佛山北滘至乐从公路主干线	佛山市北滘镇

续上表

软土名称		含水率	天然密度	孔隙比	液性指数	压缩系数	压缩模量	固结系数		渗透系数		快剪		固快		工程名称	工程地点
								垂直	水平	垂直	水平	黏聚力	内摩擦角	黏聚力	内摩擦角		
		w_0	ρ_0	e_o	I_L	a_v	E_s	C_v ×10⁻³	C_H ×10⁻³	K_v ×10⁻⁶	K_H ×10⁻⁷	c_u	φ_u	c_{cu}	φ_{cu}		
		%	g/cm³			MPa⁻¹	MPa	cm²/s	cm²/s	cm/s	cm/s	kPa	°	kPa	°		
淤泥	平均值	87	1.522	1.78	1.58	2.56		0.765				6.51	2.85			佛开高速公路	
淤泥质亚黏土	平均值	50.5	1.56	1.24	1.48	1.148		1.05				7.5	7.25			佛开高速公路	
淤泥	平均值	62.8	1.61	1.703		1.73	1.59					12	5.3			佛开高速公路	
淤泥	平均值	87		2.25		3.01		0.45				4.2	3.3			广三高速公路试验段	三水市西南大桥附近
淤泥	平均值	72.9		1.94		1.94						5.6	1.8			广三高速公路二期工程	佛山市南海区兴贤
淤泥	平均值	66.2		1.86	1.48	1.74	1.74					5.37	8.02			广东科学技术职业学院珠海校区	珠海市金湾区珠海大道
淤泥	平均值	62.76		1.7	1.27	1.7	1.78					7.14	6.07			广东科学技术职业学院珠海校区	珠海市金湾区珠海大道
淤泥	平均值	74.1		1.9	2	2.3	1.6					5.9	4.7			广东科学技术职业学院珠海校区	珠海市金湾区珠海大道
淤泥质亚黏土	平均值	42.7	1.78	1.14	2.56	0.85	2.58					4.5	7.5			江门华尔润公司生产线场地	江门市蓬江区荷塘镇
	推荐值	45.5	1.76	1.21	2.76	0.95	2.32					3.1	6			江门华尔润公司生产线场地	江门市蓬江区荷塘镇
淤泥	平均值	52.1	1.53	1.38	2.11	1.13	2.18									江门新礼大桥	江门市礼乐镇新明乡
	推荐值	57.4	1.66	1.52	2.6	1.3	1.81									江门新礼大桥	江门市礼乐镇新明乡

续上表

软土名称		含水率	天然密度	孔隙比	液性指数	压缩系数	压缩模量	固结系数 垂直	固结系数 水平	渗透系数 垂直	渗透系数 水平	快剪 黏聚力	快剪 内摩擦角	固快 黏聚力	固快 内摩擦角	工程名称	工程地点
		w_0	ρ_0	e_o	I_L	a_v	E_s	C_v $\times10^{-3}$	C_H $\times10^{-3}$	K_v $\times10^{-6}$	K_H $\times10^{-7}$	c_u	φ_u	c_{cu}	φ_{cu}		
		%	g/cm^3			MPa^{-1}	MPa	cm^2/s	cm^2/s	cm/s	cm/s	kPa	°	kPa	°		
淤泥	平均值	92.59	1.52	2.53	1.89	2.15	1.7					4.63	2.46			华南新城住宅楼	番禺区南村镇
	推荐值	115.11	1.43	3.15	2.26	2.82	1.1					3.17	1.75			华南新城住宅楼	番禺区南村镇
淤泥	平均值	73.9	1.73	2.29	2.4	1.85	1.4	0.23	0.56			5.72	2.96			南沙亭角立交	番禺南沙亭角
	平均值	77.63	1.65	1.95	2.19	2.08	1.23	0.19	0.17			5.81	2.58			南沙亭角立交	番禺南沙亭角
淤泥质亚黏土	平均值	48.86	1.74	1.49	2.02	1.12	4.92	5.73	4.94			10.2	7.4			南沙亭角立交	番禺南沙亭角
淤泥	平均值	65.6	1.6	1.8	1.51	1.9	1.59	0.48		0.42		4.3	3.58			珠海市平沙镇某厂区	珠海市平沙镇
淤泥质亚黏土	平均值	54.5	1.66	1.54	7.39	1.11	2.22	0.86		0.04		5	4.93			珠海市平沙镇某厂区	珠海市平沙镇
淤泥	平均值	61.2		1.62	2.92	1.47	1.94	0.99				10.8	10.9	13.8	17.7	佛山市谢边立交	佛山市谢边
淤泥质亚黏土	平均值	31.5		0.93	2.33	0.34	6.29					11.4	21.5			佛山市谢边立交	佛山市谢边

第三章　软土地区公路工程地质勘察

在软土地区修建公路首先要搞清地基的工程地质条件和水文地质条件,这是做好设计、施工的基础。软土地基处理方法的选择以及具体工艺的实施细则,有赖于岩土工程勘察与试验的强度(勘察深度与重点),这也是理论计算的基础。

在不同的设计阶段,勘察的主要任务、勘察方法、勘察的质量、资料要求等有所不同。在本章中总结了初步勘察、详细勘察阶段的一些要点。

工程实践表明施工前对施工场地补充勘察,详细摸清场地地质变化情况是十分必要的。例如,水泥混凝土桩要求穿透软土层,因此施工前应进行补勘,依此调整设计桩长。本章中对公路工程中的各种主要软土处理方案施工前应进行一些有针对性的勘察进行了介绍。

第一节　软土地区公路工程地质勘察的主要方法

一、钻探

1. 钻探设备与工艺

钻孔施工一般采用国产100型立柱回转式油压钻机,该机械质量轻、结构简单、便于分解,适合软土地区的野外勘探作业。钻进方式通常采用泥浆结合套管护壁,回旋与打入钻进,全孔段取芯,泥浆作循环液。为减少对软土样扰动,孔径宜不小于91mm,通常为开孔直径130mm,终孔直径91mm。

2. 技术要求

(1)钻进深度、岩土分层深度的量测误差范围在0.05m以内。

(2)钻进回次进尺1~2m,每回次钻完提钻观察芯样,确定是否需要采取原状土样和进行标准贯入试验。

(3)岩芯按次序排放,及时进行编录、描述、拍照,岩芯描述内容见表3-1;岩芯采取率对一般岩石、软土不低于80%,对于软质、破碎岩石应不低于65%。

(4)原状土取样应采用薄壁取土器,现场标准贯入试验采用自动落锤法。

(5)原状土样宜在不超过10d内进行试验。

野外岩(土)样描述内容　　表3-1

土　类	描述内容
砂　土	名称、颜色、湿度、密度、粒径、级配、磨圆度、包含物、母岩成分
黏性土、粉土	名称、颜色、状态、湿度、密度、包含物、结构
岩　石	名称、颜色、矿物成分、结构、风化程度、节理裂隙

二、原位测试

原位测试具有对土样扰动小,试验结果更接近实际、比钻探取样更节省时间和费用等优点,在软土地基的勘察中是不可缺少的勘探手段。

工程中常用的几种原位测试方法及其使用范围、提供参数见表 3-2,其中静力触探和十字板剪切试验在软土地基勘探中应用最为普遍。

软土地基原位测试方法一览表 表 3-2

测试方法	提供参数	计算参数	适用土质	
			很适用	适用
静力触探试验	比贯入阻力、锥尖阻力、侧壁摩阻力	黏性土不排水抗剪强度、砂土压缩模量、砂土体积压缩模量	粉土、黏性土、淤泥、淤泥质土	砂土
现场十字板试验	原状土抗剪强度、扰动土抗剪强度、灵敏度	黏性土不排水抗剪强度、砂土压缩模量、砂土体积压缩模量	黏性土、淤泥、淤泥质土	
旁压试验	原位水平应力、开始屈服压力、极限压力、旁压仪压缩模量	黏性土不排水抗剪强度、黏性土不排水剪切模量、黏性土侧压力系数、砂土有效内摩擦角	黏性土、淤泥、淤泥质土、粉土	砂土、碎石土
标准贯入试验	$N_{63.5}$	黏性土承载力、砂土相对密度和承载力	砂土	黏性土、粉土
现场注水试验	渗透系数 k		砂土、粉土	黏性土

三、室内试验

软土性质极为软弱,不同程度地具有触变性、各向异性及非均质的特点,在室内试验中,影响因素较多,所以室内试验必须认真细致地进行。要使试验结果能够代表现场情况,一般应满足下述两方面的要求:

(1)试样的代表性:试验所用的少量试样能够分别代表其所在土层的平均情况;尽量减少取土、运输、储藏和制备试样过程中的扰动,保证土样的质量。

(2)试验方法:试验时尽量恢复其原位的初始状态,包括其物理、结构和应力状态;试验的应力路径、加载速率以及其他环境条件都应尽可能模拟现场的实际情况;以其尽量避免系统误差。

对软土取样需要进行室内土工试验的项目见表 3-3。

软土室内土工试验项目一览表 表 3-3

试验项目		提供参数	说明
物理性质	含水率	天然含水率	
	密度	天然密度、干密度	
	相对密度	相对密度	可用当地经验数据
	计算指标	孔隙比、孔隙度、饱和度	
	液塑限	液限、塑限、塑性指数、液性指数	
	颗粒分析	颗粒组成	
	相对密度	相对密度	仅对砂层做试验

续上表

试验项目		提供参数	说明
力学性质	固结试验	压缩系数、压缩指数、压缩模量	C_v 必做，C_H 选代表试样做
	前期固结压力试验	前期固结压力、超固结比	根据需要选代表性试样做
	快剪	黏聚力、内摩擦角	
	固结快剪	黏聚力、内摩擦角	固快与快剪配套
	静三轴试验	黏聚力、内摩擦角	包括 UU 试验、CU 试验、CD 试验，按路段、土类选做
	无侧限抗压强度	无侧限抗压强度、变形模量、灵敏度	选代表性试样做
水理性质	渗透试验	渗透系数	选代表性试样做
化学试验	有机质含量试验	有机质含量	选代表性试样做
	pH 值	pH 值	选代表性试样做
	易溶盐含量	易溶盐含量	对盐渍化软土做

必须指出的是，试验数据只代表取样地点的土样性质特征，由于受试样尺寸大小、数量、取样方法及试验方法等的限制，使用这些成果时应结合工程地质条件和原位测试结果，以保证最终所提供成果的可靠性。

第二节　软土地基勘察的步骤和内容

软土地基工程地质勘察随设计阶段的不同划分可分为三阶段和两阶段勘探。三阶段勘探为：可行性研究、初步设计（初勘）、施工图设计（详勘）。很多公路工程可行性研究阶段只作一般地质调查，不进行大规模的勘探，所以勘探一般按初勘和详勘两阶段进行。各阶段按准备工作、调查测绘、勘探、试验与资料整理等顺序进行。

确定软土处理方法后，施工前应针对处理方法进行相应的补充勘察，以指导具体的施工。

一、初步勘察内容与要求

1. 目的

初勘目的是对沿线进行勘察，为初步设计方案比选和编制初步设计文件提供必需的工程地质资料。

2. 主要任务

（1）查明公路沿线场地的区域地质、水文地质和工程地质条件，并作出评价。

（2）初步查明对公路工程场地起控制作用的不良地质条件、特殊性岩土类别、性质，评价对公路工程的危害程度，提供绕避或治理对策的地质依据。

（3）初步查明各人工构造物的地基的地质条件，为选择人工构造物基础类型提供必要的地质资料。

（4）查明沿线天然筑路材料的类别、料场位置、储量和采运条件。

（5）查明该项目地震基本烈度。

3. 调查

初步勘察中对软土地基应着重调查以下内容：

(1)软土路段的地形、地貌及第四纪地层沉积的关系。

(2)软土地基中各层的成因类型、分布范围、基底性质与结构特点。

(3)软土地基中各软弱层及其相间存在的土类的含水情况、土质颗粒组成、稠度、结构状况以及排水砂层的有关物理、力学性质。

(4)地下水位、类型、活动情况、补给与排水条件,以及地下水与地表水的联系。

(5)按地震基本烈度区划分相关的路段范围,核定沿线基本烈度六度以上的各区分界线。

(6)在软土地基上已建成的构造物的附加应力作用下,对地基强度与变形的影响程度,以及地基处治手段和技术措施。

(7)初勘阶段所进行的工程地质测绘,比例尺一般要求为1:10000,其范围视地质条件的复杂程度和设计需要而定。对与工程地质条件稳定性评价关系密切的地质现象,在按图幅比例尺不能清晰地表达时,可采取局部放大的方法表示,并在图上标注相应的尺寸。

4.勘探

(1)主要勘探方法

软土地基勘探一般采用挖探、钎探、触探与钻探和其他原位测试方法,条件适宜时辅以物探的方法,采取这些综合勘察手段,使勘探资料得以互相验证与补充。广东省较常用的软土勘探方法是钻探和静力触探以及十字板剪切试验相结合。

(2)勘探点的布置

软土地基初勘阶段勘探点的布置应按路段场地地质条件的复杂程度和公路等级类别而设置。应注意垂直于地貌边界与地层界线,使不同的地貌单元上都设有技术性钻孔和其他勘探点,并在变化大的地段予以加密。

初勘阶段勘探点控制间距见表3-4。

初勘阶段钻探点控制间距 表3-4

环境类别	公路等级	钻探点间距(m)	静力触探点间距(m)	备注
简单场地	二级及二级以上	700~1000	250~300	按路堤高度与地基稳定性采用
	二级以下	1000~15000	500	
复杂场地	二级及二级以上	500~700	200~300	
	二级以下	700~1000	300	

注:设计填土高度大于极限高度的路段或桥头路段采用低限。

(3)现场原位测试

按照路堤沉降与稳定性计算的要求,现场原位测试项目如表3-5所列。

现场原位测试项目选定表 表3-5

测试项目	十字板		静力触探			标准贯入(击数)	侧压试验(kPa)	波速测定(m/s)
	抗剪强度(kPa)	灵敏度	贯入阻力(kPa)	侧壁阻力(kPa)	锥尖阻力(kPa)			
指标选定	+	(+)	(+)	+	+	(+)	(+)	(+)

注:①(+)表示选代表孔点或层次做测试,+表示遇软土层均做;

②对于软土地基中的砂层,标准贯入试验为必做项目。

十字板剪切试验是为了测定软土层在不排水状态下的抗剪强度指标,应在每个具有代表地质路段沿深度方向对地基稳定性有一定影响的软土层测定。每一深度测一组(两个)以上剪切指标。

(4)勘探的深度

勘探孔点的深度应满足初步设计对沉降计算与稳定性的需要,其深度主要根据软土分布厚度及路堤填土高度而定。

①对均质厚层软土,钻孔深度应达到预估的地基附加应力与地基土自重应力比为0.10~0.15时所对应的深度(饱和土用浮重度);当难以预估附加应力的大小,或处于桥头较高路堤位置时,控制性钻孔深度宜为40m左右。

②当软土地基为不均匀地质层次时,可以地基压缩层计算深度 Z_n 作为钻孔深度。地基压缩层的计算深度 Z_n 可按下式计算:

$$\Delta S'_n < 0.025 \sum_{i=1}^{n} \Delta S_i \tag{3-1}$$

式中:$\Delta S'_n$——深度 Z_n 处向上取计算层为1m的压缩量(cm);

ΔS_i——深度 Z_n 范围内第 i 层土计算压缩量(cm)。

如已确定的计算深度下面仍有较软的土层,则应继续向下计算,直至非软土层,用计算深度来控制勘探深度。

③对于静力触探孔深度,应达到软土分布的底层。

④对于十字板剪切,只在软弱层(淤泥、淤泥质土、泥炭土)中进行。

(5)钻探与取样

软土地基钻探宜采用干钻法。对于多年处于地下水位以下的饱和黏土,也可以采用泥浆护壁钻探的方法,但必须采取措施,防止软土地基土结构发生变化而改变土的原始物理、力学性质。软土取样应采用薄壁取土器,可采取压入法以减少扰动。取出的土样必须防止含水率变化,竖直置放于柔软防振的样品箱中,运输时应避免因振动而改变原有结构状态。

当不能准确掌握软土分层位置及厚度时,取样间距规定如下:

在地面下10m以内,每1.0~1.5m取样一次(组);10m以下每1.5~2.0m取样一次(组)。

5. 室内试验

室内试验项目按表3-3进行和提供岩土参数。

6. 资料汇总整理要求

根据地质测绘、勘探、试验及现场测试成果进行资料汇总整理,提供软土地基工程地质初步勘查报告,报告应包含文字部分与图表资料部分。

文字部分应全面阐述沿线软弱地基段的软土成因类型与分布规律、软土的物理、力学指标特性,作出工程地质评价与预测,对软弱地基提出相应的治理措施。

图表资料应提供如表3-6所示。

初步勘察应提供的图表资料 表3-6

图表名		比例尺
工程地质	全线工程地质平面图	1:2000~1:10000
	全线工程地质纵断面图	水平1:2000~1:10000,垂直1:200~1:1000
	各比较方案软基路段工程地质平面图	1:2000~1:10000
	各比较方案软基路段工程地质纵断面图	垂直1:200~1:1000,水平视路段长度选用
	钻孔地质柱状图	1:100~1:200

续上表

图表名		比例尺
原位测试	十字板剪切图	
	静力触探图	
	标贯成果 N 值图	
土工试验	孔隙比与荷载关系图	
	固结系数与荷载关系图	
	无侧限抗压强度应力与应变图	
	土的物理、力学、化学性质试验成果表	
土样照片	土样的照片	

二、详细勘察内容与要求

1. 目的

软土地基详细勘察阶段应根据批准的初步设计所确定的线路位置及初步设计方案，通过详细勘察，为编制施工图设计文件提供准确、完整的工程地质资料。

2. 主要任务

(1)根据软土形成原因、环境类型、各结构层厚度及特点，划分不同地质分段，查清软土沿路线纵向、横向与垂直向的分布范围与层次位置。

(2)分段对软土地基各地层的样品进行室内物理、化学、水理、力学性质指标试验和原位测试，提供路堤沉降控制及稳定性设计的技术指标。

(3)根据详细划分出的典型软基地质路段，分析并评价在其上修筑路堤后软基的变形与稳定性，评定软土对地基的危害程度，分段提供处理方案与技术措施。

(4)提供编制施工图设计所需要的软基设计与处治工程地质定量数据。

3. 工程地质调查测绘

应按初勘的调查内容补充、调查并核对沿初步设计推荐的路线范围内的工程地质条件，对初勘已经收集到的软土地基调查成果进行核对与校验。工程地质调查全路段应按比例尺为1:2000进行，对路线中线左、右各200～400m宽度范围进行工程地质测绘，填标工程地质图。

4. 勘探

(1)主要方法

软土勘察详细勘察阶段仍应采用钻探、挖探、静力触探和十字板剪切等勘探、试验和测试相结合的综合方法，为施工图设计提供软基沉降和稳定性设计单项指标，同时应提供为相互对照和验证的设计计算使用的技术指标。

(2)勘探点的布置

勘探的布孔应根据初步设计确定的构造物进行，尽量利用初勘钻孔。原则是：大桥逐墩或隔墩布设1个钻孔，中桥每桥布1～2个钻孔，小桥、通道布1个钻孔，路线300～500m布置一个钻孔。布孔布置根据工程复杂程度和设计要求进行。桥梁工程在轴线两侧，按设计桩位的左右位置布孔，一般钻孔均布在桩位上，基本上保证每个墩位有1个钻孔控制；路基部位一般结合涵洞、通道进行布孔，每一个路基横断面布置3个钻孔(包括静力触探孔和十字板孔)。

详勘阶段勘探点控制间距见表3-7。

详勘阶段勘探点控制间距 表3-7

环境类别	公路等级	钻探点间距(m)	静力触探点间距(m)	备注
简单场地	二级及二级以上	500~700	250~300	按路堤高度与地基稳定性采用
	二级以下	700~1000	300~500	
复杂场地	二级及二级以上	300~500	200~250	
	二级以下	500~1000	250~300	

注:①设计填土高度大于极限高度的路段或桥头路段采用低限;

②若有桥孔或构造物孔作为路桥两用孔可利用时,可酌减;

③根据需要,可在复杂场地增布横向勘探孔。

(3)现场原位测试

①静力触探。应充分利用初勘时静力触探资料,静力触探点的间距应符合表3-7的要求外,简单场地每公里还必须增设一个参数孔点;复杂场地每公里增设两个参数孔点。作为参数孔的静力触探点应设置于钻孔附近。触探深度可参照初勘静力触探有关要求。按照路堤沉降与稳定性计算的要求,现场原位测试项目如表3-8所列。

现场原位测试项目选定表 表3-8

测试项目	十字板		静力触探			标准贯入(击数)	侧压试验(kPa)	波速测定(m/s)
	抗剪强度(kPa)	灵敏度	贯入阻力(kPa)	侧壁阻力(kPa)	锥尖阻力(kPa)			
指标选定	+	(+)	(+)	+	+	(+)	(+)	(+)

注:①(+)表示选代表孔点或层次做测试,+表示遇软土层均做;

②对于软土地基中的砂层,标准贯入试验为必做项目。

②十字板剪切试验。对于天然含水率大于液限或在自重应力下不能保持原有结构形状的软黏土,以及为检验用室内抗剪强度试验指标计算稳定性的结果时,均必须进行十字板剪切现场试验,以取得现场软土不排水抗剪强度及灵敏度资料。

十字板剪切试验是为了测定软土层在不排水状态下的抗剪强度指标,应在每个具有代表地质路段沿深度方向对地基稳定性有一定影响的软土层测定。每一深度测一组(两个)以上剪切指标。

十字板剪切试验间距应满足每一个具有代表性的地质路段的各软土地层内均有两组以上的有效现场剪切试验数据,其测试深度与层位可参照初勘的有关要求。

③标准贯入试验。钻探遇砂层时,对砂层应进行标准贯入试验。现场标准贯入试验采用自动落锤法。

(4)勘探的深度

勘探孔点的深度因满足施工图设计对沉降计算与稳定性的需要,其深度主要根据软土分布厚度及路堤填土高度而定。

①对均质厚层软土,钻孔深度应达到预估的地基附加应力与地基土自重应力比为0.10~0.15时所对应的深度(饱和土用浮重度)。

②对于非均质分布的软土地层,勘探深度可按公式计算,或达到应力比为0.15~0.20时所对应的深度。

③对于非均质分布的软土地层,当底部有密实或硬塑的下卧层或岩质底板时,在查明其性质并确定具有一定厚度后,可不再深探。

(5)取样

取样间距:对非均质土,在地面以下 10m 内,应沿深度每米取一组(两个)试样;在地面下 10 ~ 20m,沿深度每 1.5m 取一组试样;20m 以下可每 2.0m 取一组试样。变层应补取样品。对厚层均质软土层,应根据初勘资料于性质相同或相近的层次的层顶和底部各取一组以上样品,中部应取两组以上样品。如软土指标有变化,应补取样品。

对于硬壳层、软土间的夹层以及排水砂层,也应采集样品以取得计算指标,取样间距为:地面下 10m 以内,每 1m 取样一次(组);10m 以下 1.5m 取样一次(组)。

样品的取样、运输、保管等的注意事项参照初步勘察中的有关规定。

5. 室内试验

详勘阶段对软土地基样品的室内试验,应编制合理的试验方案,依照《公路土工试验规程》(JTG E40—2007)规定的方法、步骤进行。对初勘试验成果资料应尽可能加以利用。室内试验项目按表 3-3 进行和提供岩土参数。

6. 资料汇总整理要求

详勘阶段资料汇总与整理应包括对经过详细的工程地质测绘、勘探、室内土工试验及原位测试所取得的资料进行综合分析研究,编制有专项文字说明与技术指标的图表资料,最终提供软土地基详细勘察阶段工程地质勘察报告。其内容与主要要求应包括:文字部分应全面阐述沿线软弱地基段的软土成因类型与分布规律、软土的物理、力学指标特性,作出工程地质评价与预测,对软弱地基提出相应的治理措施。图表资料应提供如表 3-9 所示。

详细勘察阶段应提供的图表资料 表 3-9

图表名		比例尺
工程地质	全线工程地质平面图	1:2000 ~ 1:10000
	全线工程地质纵断面图	水平 1:2000 ~ 1:10000,垂直 1:200 ~ 1:1000
	各比较方案软基路段工程地质平面图	1:2000 ~ 1:10000
	各比较方案软基路段工程地质纵断面图	垂直 1:200 ~ 1:1000,水平视路段长度选用
	钻孔地质柱状图	1:100 ~ 1:200
原位测试	十字板剪切图	
	静力触探图	
	标贯成果 N 值图	
土工试验	孔隙比与荷载关系图	
	固结系数与荷载关系图	
	无侧限抗压强度应力与应变图	
	土的物理、力学、化学性质试验成果表	
土样照片	土样的照片	

三、施工前的补充勘察

进行软土地基处理前宜进行补充勘察,原因如下:

①软土地基由于其沉积特点,软土层的厚度、层位变化均比较大,有时平面数十米内软土层的厚度变化达几米。

②公路工程由于其为线状结构,工程范围很大,勘察的密度相对要小很多,即使是详细勘察阶段仍然不可能完全了解施工现场软土地基的地层分布与特点。

③不同的软土处理方法对软土勘察都有一些特殊的要求,在初勘和详勘阶段一般不会针对具体处理方法来进行,因而有必要进行补充勘察。

下面结合广东省公路工程软土路基的主要处理办法对施工前的补充勘察进行说明。

1. 堆载预压法施工前的补充勘察

(1)目的

详细了解施工场地软土的厚度与性质,若有硬下卧层时应了解下卧层的埋深,以指导竖向排水体的施工和路堤的填筑。

施工图的排水体长度为根据详细勘查资料选定的代表性长度,如果设计意图为竖向排水体需打穿软土层,则竖向排水体施工深度应按软土层底面深度而调整。路堤土方填筑的速率必须与地基土的强度适应,对现场地基土强度测试,有助于进一步优化设计的加载速率。

(2)方法与内容

可以采用静力触探方法加密勘察。根据软土分布特点布置勘察孔间距,一般沿路线方向每50m 布置一个断面,每断面设左、中、右三个静力触探孔。测试地基土的比贯入阻力(单桥)或锥尖阻力和侧壁阻力(双桥),进行地层划分和地基土强度的估算。

原状软土强度一般用十字板剪切强度 s_u 表示,可进行现场十字板剪切试验确定 s_u,可由静力触探试验间接得到,如:

广东航盛公司总结广珠高速公路西线、北线试验段得出:

西线:$s_u = -1.781 + 0.063q_c$ 　相关系数 $R = 0.81$

北线:$s_u = -1.088 + 0.0518q_c$ 　相关系数 $R = 0.94$

式中:q_c——双桥静力触探锥尖阻力(kPa)。

广东航盛公司总结京珠高速公路灵山试验段得出

$p_s \leqslant 500\text{kPa}$ 时,$s_u = 0.386 + 0.039p_s$ 　相关系数 $R = 0.75$

$0.5\text{MPa} < p_s < 1\text{MPa}$ 时,$s_u = 0.21 + 0.04p_s$ 　相关系数 $R = 0.78$

式中:p_s——单桥静力触探比贯入阻力(kPa)。

天津新港软土的十字板剪切强度 s_u(kPa)与静力触探比贯入阻力 p_s(kPa)的关系为:

$s_u = 0.4 + 0.0308p_s$ 　相关系数 $R = 0.82$

2. 真空预压法施工前的补充勘察

(1)目的

除常规项目外,重点查明砂层的分布,地下水赋存类型及补给方式。

(2)方法与内容

真空预压法处理软基应重点查明砂层的分布。

珠江三角洲地区地层存在较明显的旋回沉积规律(见图 3-1),反映出本区形成海相沉积物与陆地河相沉积物的旋回沉积。旋回沉积明显的规律就是淤泥混砂或软土层夹薄砂层(以粉砂—细砂为主)。若薄砂层埋深浅,应重视。

3. 水泥土搅拌法施工前的补充勘察

(1)目的

①确定施工场地软土层的分布,持力层的埋藏深度,软土层是否均匀、有无砂质土夹层、有无大石块、树根等异物。

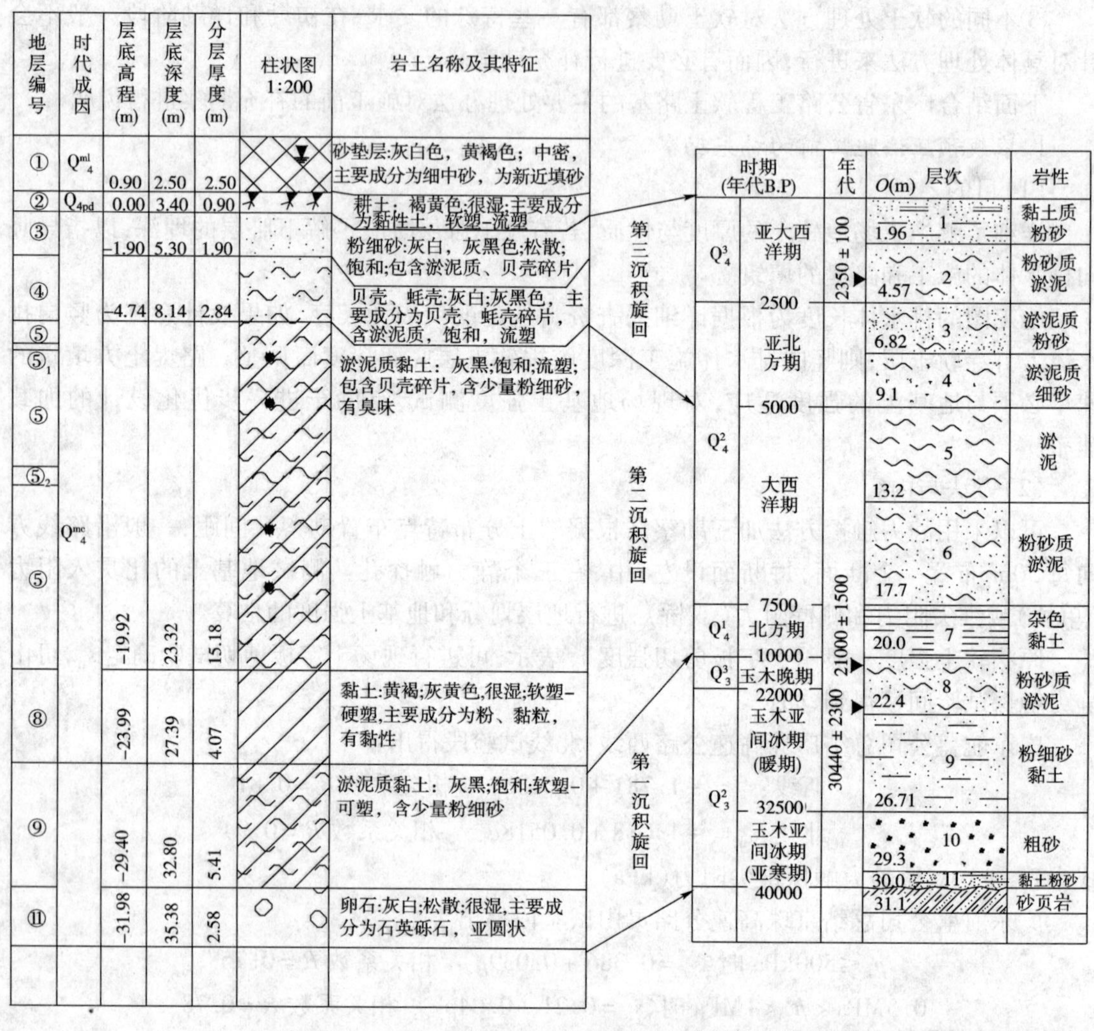

图 3-1 某高速公路试验段地层沉积旋回示意图

据工程经验,水泥土搅拌法一般需支承于较硬的下卧层,进入下卧层深度不少于 0.5m。设计桩长一般根据详勘资料而取的代表性的值,实际施工应根据持力层埋深的变化,确定桩长。

②取样进行土性分析和水泥土配合比试验。土性分析包括土的主要成分和有机质含量,判断水泥加固土效果;采取拟加固地基主要软土层(应包括最软弱的土层)的代表性土样进行室内水泥土配合比试验,检验设计水泥掺入量下水泥土的 28d 龄期强度。

(2)方法与内容

施工前对施工场地进行补充勘察,可以采用静力触探方法加密勘察。根据软土分布特点布置勘察孔间距,一般沿路线方向每 50m 布置一个断面,每断面设左、中、右三个静力触探孔。

根据水泥土搅拌法适用范围,可对下列内容进行重点查明:

①土体含水率;

②地下水赋存类型,土体渗透系数;

③土体有机质含量;

④土体矿物成分,重点是黏土矿物;

⑤土体 pH 值,硫酸盐含量;

⑥黏性土塑性指数 I_p,黏土的塑性指数 I_p 大于 25 时,容易在搅拌头叶片上形成泥团,无法完成水泥土的均匀拌和;

⑦含砂量,含砂量对水泥土强度有重要影响。

钻孔采取或现场挖取拟加固主要软土层天然土样,测定其物理性质并进行水泥土的配合比试验。该试验主要检验设计水泥掺入比下 28d 天龄期室内强度是否达到设计要求,有条件可进行不同水泥掺入比和不同龄期下水泥土强度试验。

第三节　软土工程勘察技术的新发展

随着勘察工具与方法的改进,软土的勘察技术有了一些新的发展。这些发展包括钻孔技术的发展、软土取样设备的改进、静力触探技术的提高和一些新型的原位测试设备的出现等。下面对软土勘察技术的一些新发展进行介绍。

一、钻探与取样技术

软土地区地表多为池塘、水网密布,交通运输条件差,不利于大型机具进出,所以性能可靠、结构简单、分解性强的设备更适合这些地区的工程钻探。目前应用较广泛的 100 型钻机,为立轴回转式的油压钻机。软土层钻进方式一般采用泥浆护壁钻进,这种方法可以防止孔壁坍塌,保证取样的上下顺畅。泥浆的稠度和压力可以适当调节,一般不会对土层造成太多的扰动。

工程地质勘察要求采取的土样保持原状结构,软土由于其力学指标很低,扰动的影响相对大于一般黏性土。因而,在软土地区取样必须使用薄壁取土器以减少取样扰动的影响。

随着钻探技术的发展和制造工艺水平的提高,薄壁取土器也在逐步改进,先后有敞口薄壁取土器、固定活塞薄壁取土器、水压活塞薄壁取土器、自由活塞薄壁取土器等几种类型。现在广为使用的是一种改进制造的新型敞口薄壁取土器,其结构如图 3-2 所示,表 3-10 为技术参数。它由两部分组成,上部为活塞和废土管,下部为取土管兼土样筒。活塞以橡胶垫圈密封,保持取土器内的负压。其优点是试样取出后在现场无二次扰动,密封容易,且搬运方便,试样可长期保存。

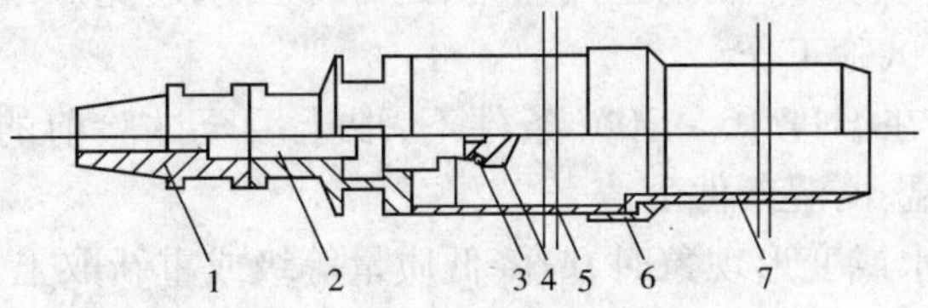

图 3-2　JG/T 型敞口薄壁取土器结构简图

1-公锥接头;2-六角提杆;3-密封圈;4-活塞;5-废土管;6-连接管;7-薄壁取土器

软土层中经常含粉土或砂土夹层，厚度从几厘米到几十厘米。对软土地基来说，具有10cm厚的砂性土夹层就有显著的地质意义了，在设计时就应考虑它的排水作用。因此在软土地质勘察钻探中应特别注意砂层的鉴别处理。一般情况下对于较纯的砂层采用标准贯入试验测试其密实度，然后取扰动土样进行颗粒分析和测试其水下自然坡角。

JG/T型敞口薄壁取土器技术参数 表3-10

规格型号	取样直径（mm）	面积比（%）	内间隙比（%）	废土管长度（mm）	取样管长度（mm）	刃角（°）
TB75A	75	8.2/9.2	0.0/0.5	250	300、500	7
TB100A	100					

广东省沿海地区淤泥或淤泥质土中所夹砂层普遍质地不纯，视含淤泥多少称为淤泥混砂或砂混淤泥。这种砂层的渗透系数和强度很大程度上决定于砂中淤泥的含量与性质。这时仅仅用上述方法显然不够，必须取得原状土样进行各种室内试验才能满足设计需要。在砂层中采取原状土样一直是一个很难的工艺，内环刀式取样器比较好地解决了这个问题。内环刀取砂器的结构见图3-3，表3-11为技术参数。取砂器内装有八个环刀和七副隔环，可以取得二级、三级试样，操作简便，取样率高避免了二次扰动。

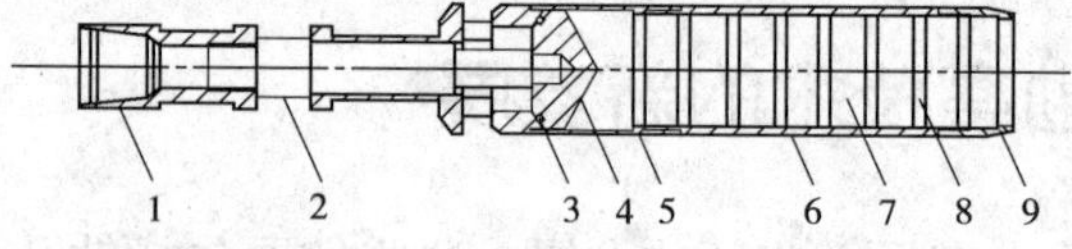

图3-3 内环刀取砂器结构简图

1-母锥接头；2-六角提杆；3-密封圈；4-活塞；5-废土管；6-取砂管；7-环刀；8-隔环；9-管靴

内环刀取砂器技术参数 表3-11

型号	取砂器		无刃环刀				备注
	外径（mm）	长度（mm）	面积（cm^2）	内径（mm）	外径（mm）	高度（mm）	
THD30	75	640	30	61.8	65	20	八个环刀间配七副两半隔环
THD30A	75	640	30	61.8	65	20	
THD50	95	640	30	79.0	83	20	

软土的取样技术、封存及运输要求均较高，主要有以下技术要求：

(1)孔底残留浮土厚度不得大于取土器上端废土容器段的长度，下放取土器时严格禁止冲击孔底。

(2)贯入取土器时宜采用油压给进装置的静压法，当遇到硬土夹层人工压入困难时可用重锤少击方式贯入。

(3)取土器提出地面之后，应小心地将土卸下，妥善密封，防止湿度变化。土样应直立安放，严禁倒放或平放，并应避免暴晒。

(4)土试样运输前应装入特制的土样盒中，运输中要求避免颠簸。对易于扰动的试样，有条件时应在现场进行试验工作。

(5)土试样应储存在温度10～30℃条件下，取土后至试验前的储存时间不宜超过10天，必要时应储存在恒温、恒湿条件下。

(6)开土后如有析水或变形现象时，应降低质量等级或重新取土。

二、静力触探试验

静力触探，又称触探试验（CPT），它是将一金属圆锥形探头，用静力以一定的贯入速度贯入土中,根据测得的探头贯入阻力可间接地确定土的物理力学性质。适用于软土、粉土、黏性土、非密实砂层。其优点是连续、快速、灵敏、简便。不足之处是不能对土进行直接的观察和描述,测试深度有限(一般小于50m),对于含砾卵石土、密实砂土难以贯入。

静力触探探头有单桥及双桥两种。单桥探头可测得探头的比贯入阻力 p_s、双桥探头可测得锥尖阻力 q_c 和侧壁摩擦阻力 f_s。

静力触探近年来的主要发展在数据采集系统方面,数据采集实现自动采集,可用电缆将静探计算机和通用计算机连接,将采集数据转换为 *.txt 文件,利用工程地质应用软件编辑并输出柱状图。

现场测试步骤如下:

①将静探计算机、电缆、探头及深度计接通,打开电源预热 2 ~ 5min。

②在静探计算机中输入日期、工程编号、孔号、高程、标定系数后,将探头悬空,读入初值,开始测试。

③先压入 0.5m,稍停后提升 10cm,使探头与地温相适应,读入初值即按测量键继续测试。以后每 2 ~ 4m, 提升 5 ~ 10cm,读入初值并检查数据是否正常。

④每贯入 10cm,发出信号静探计算机自动记录一次,每贯入一定深度将计算机记录深度与实际深度对比,若有偏差予以笔录。

⑤接卸探杆时,防止入土探杆转动,以免接头处电缆被扭断或扭脱,同时应严防电缆受拉,以免拉断或破坏密封装置。

⑥防止探头在阳光下暴晒或被敲打,每完成一孔,将探头锥尖部分卸下,将泥砂擦洗干净,以保持顶柱及套筒能自由活动。装卸探头严禁转动探头。

⑦成果的整理及应用,进入静探计算机整理界面,修改异常或错误数据;用通信电缆将静探计算机和通用计算机连接,将采集数据转换为 *.txt 文件,利用工程地质应用软件编辑并输出柱状图。

三、十字板剪切试验

十字板剪切试验(FVT),是用插入软黏土的十字板头,以一定速率旋转,将土体破坏,测出土的抗力矩,通过换算得到土体的抗剪强度,它相当于内摩擦角 $\varphi_u = 0$ 时的黏聚力。十字板剪切试验适用于软黏土,测试深度一般不超过 30m,可原位测试饱和软黏土的不排水抗剪强度和残余强度并计算出软土的灵敏度,但在砂土、强度较高的黏土中不适用。

目前使用的十字板剪切仪器主要有两种:电测式十字板剪切仪和开口钢环式十字板剪切仪。电测式十字板剪切仪是近 20 年来发展较快的一种设备。它是在十字板头上端连接一个有电阻应变片的扭力传感器,通过电缆将传感器信号传到地面的数字测力仪或电阻应变仪,换算出扭力的大小。剪切试验数据采用静探计算机进行自动记录。

现场实测工作步骤:

①将静探计算机、电缆、十字板和传感器及深度计接通,打开电源预热 2 ~ 5min。

②在静探计算机中输入日期、工程编号、孔号、高程、标定系数后,将十字板悬空,读入初值,开始测试。

③原状土剪切试验。压入至试验深度(一般沿深度每 1m 试验一次),输入深度值,卡住探杆,利用十字板涡轮回转器每 10s 将十字板扭转 1°,监视十字板剪切曲线,当曲线开始下降或稳定不变时,结束原状土试验。

④重塑土剪切试验。原状土剪切试验结束后,将十字板旋转 6 周,使周围土体充分破坏。在静探计算机内选择重塑土,重复原状土剪切试验操作步骤。

⑤继续将十字板贯入到下一个深度处,重复原状土、重塑土剪切试验操作,完成本孔内各试验点的剪切试验。

⑥接卸探杆时,防止入土探杆转动,以免接头处电缆被扭断或扭脱,同时应严防电缆受拉,以免拉断或破坏密封装置。

⑦防止传感器在阳光下暴晒或被敲打,装卸探头严禁转动探头。

⑧成果的整理及应用。进入静探计算机整理界面,连接打印机,打印各孔现场剪切试验数据表。

四、孔压静力触探试验

1. 方法与适用范围

孔隙水压力静力触探(CPT)简称孔压静探,是在普通静力触探的探头上安装了可以测量孔隙水压力的传感器。图 3-4 是探头结构示意图。探头在量测比贯入阻力(P_s)或锥尖阻力(q_c)、侧壁阻力(f_s)的同时,量测土的孔隙水压力 u。当停止贯入时,还可以量测超孔隙水压力 u_d 随时间的消散,直至超孔隙水压力全部消散,达到稳定的静止孔隙水压力 u_0。孔压静探适用于地下水位以下的软黏土、粉土、非密实砂。

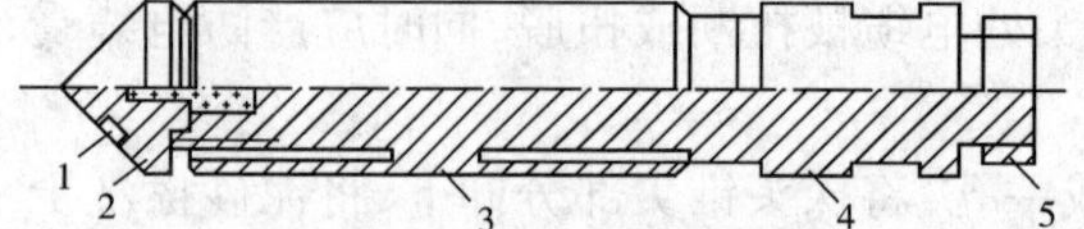

图 3-4 孔压静力触探探头结构示意图

1-透水石;2-锥头;3-摩擦筒;4-探头管;5-结探杆

2. 孔压静探的作用

孔压静探根据探头的阻力及孔隙水压力的关系,可以获取下列数据:

(1)等速连续贯入时,可获得探头贯入阻力 P_s(q_c、f_s)及超孔隙水压力随深度变化的曲线,据此可以判断土的分层、定名,推算强度参数。

(2)贯入停止时可获得超孔隙水压力 u_d 的消散时间过程曲线,静探孔隙水压力(u)随深度变化曲线,据此可推算出底层的渗透性及固结沉降参数。

3. 孔压静力触探的成果整理

成果整理包括以下内容:

(1)原始数据的修正,包括记录深度修正为实际贯入深度、触探归零修正、触探贯入曲线"台阶"或"喇叭口"的修正;这些修正与常规静力触探相同。此外,还有锥尖阻力和侧壁摩阻力的孔压修正、孔压消散曲线初始段的修正,具体修正方法如下:

①锥尖阻力和侧壁摩阻力的孔压修正。在探头贯入途中产生的超孔隙水压力作用下,由于锥尖及摩擦筒上下端面受水压作用面积不等,量测得的 q_c 或 f_s 并不代表实际的总锥尖阻力 q_T 和总侧壁摩阻力 f_T。

$$q_T = q_c + k_c(1-a)u_m t$$

$$f_T = f_s + k_s(1-b)u_m$$

式中:a——A_N 与 A_T 之比,$A_N=\frac{\pi}{4}d^2$,$A_T=\frac{\pi}{4}D^2$;

b——F_L 与 F_u 之比;

k_c、k_s——修正系数,由滤水器所测的孔压 u_m 与锥面中高处和摩擦筒中高处孔压的比值确定。

由于不同土类中,孔压在探头不同部位处的分布不同,故对于正常固结和微超固结黏性土,$k_c=0.8$;对于重超固结黏性土,$k_c\approx0$;对于砂土,$k_c=1$。

在饱和黏性土中,q_c 很低,u_m 却很高,有时 u_m 大于 q_c,把 q_c 修正为 q_T 就显得特别重要。在砂土中,q_c 很高,u_m 接近于零,孔压修正就不重要。

②孔压消散曲线初始段的修正。孔压消散曲线初始段有时会出现陡降,或先升后降的现象,可用曲线板拟合其后段曲线,向前延伸修正初始段曲线。对于先升后降的现象,也可用延伸拟合曲线法,或略去上升段,以上升的峰值点作为孔压和时间的坐标轴的原点。

(2)绘制静力触探贯入曲线。以深度为纵坐标,比例尺用1/100或1/200。以静探量测的 q_T,f_T,u 为横坐标,q_T:f_T:u 的比例尺可用1:10:100。q_T 用粗实线、f_T 用虚线、u 用细实线绘制曲线。静水压力 u_0 用点链线绘制。四条曲线可绘在坐标的同一侧,也可将 q_T、f_T 与 u、u_0 分别绘制在坐标图的对称两侧,以便对照。

(3)绘制一些其他静探计算参数的曲线,例如:

①摩阻比 $R_f=(f_T/q_T)\times100\%$ 的变化曲线;

②超孔隙水压力 $\Delta u=(u-u_0)$ 的变化曲线;

③孔压参数的变化曲线,如:$\Delta u/q_T$ 或 $\Delta u/q_c$、$B_q=[\Delta u/(q_c-\sigma_{v0}]$,或 $\Delta u/(q_c-u_0)$,或 $\Delta u/\sigma'_{v0}$ 等。

(4)孔压消散曲线($u-\tan t$)或归一化超孔隙水压力消散曲线。归一化超孔压按下式计算:

$$u_n=\frac{(u-u_0)}{(u_i-u_0)}$$

式中:u_0——静止水压力;

u_i——孔压初始值;

u——某一时间 t 的孔压。

4. 成果应用

目前,孔压静探技术在一些国家和地区得到了广泛的应用,如在荷兰、加拿大、挪威等国家孔压静探试验占全部试验数量80%以上。在我国,自20世纪80年代初期利用进口设备研究此项技术,至80年代后期开始研制设备,并逐步加以利用。1996年南京水利科学研究院土工研究所在沪宁高速公路工程勘察中使用了这项新技术,取得了长江三角洲地区孔压静力触探快速测定土层柱状图、固结系数、软黏土的不排水抗剪强度等方面的研究成果和应用孔压静力触探试验指标计算地基沉降的新方法,积累了我国在孔压静力触探应用方面的宝贵经验。

广东省航盛工程有限公司在珠江三角洲地区也进行了孔压静力触探应用研究,取得了本地区软土用孔压触探结果进行土层分类、估算固结系数、估算不排水抗剪强度的使用方法和成熟经验。

(1)估算土体不排水抗剪强度

土的不排水抗剪强度 C_u 可采用式(3-2)进行估算,该式是根据珠江三角洲地区软土的工程实践总结出来的经验公式,此式适用于与珠江三角洲地区相类似的软土地区。

$$C_u=0.0401(q_T-\Delta u)+2.52 \tag{3-2}$$

式中,$160.5\leqslant q_T\leqslant771.5$(kPa)。在计算中,$C_u$、$q_T$、$\Delta u$ 单位应统一。

(2)估算土层固结系数

土层固结系数按下式进行计算：

$$C = \frac{T_{50} r_0^2}{t_{50}} \tag{3-3}$$

式中：r_0——探头半径(cm)；

t_{50}——相应于50%固结度的消散时间(s)，由实测的归一化超孔压消散曲线获得；

T_{50}——时间因素，根据室内试验测定或地区经验获得的值 I_r、A_f 确定，按表3-12查得。

时间因素 T_{50} 的确定 表3-12

A_f \ I_r	10	50	100	200
1/3	1.145	2.487	3.524	5.025
2/3	1.593	3.346	4.761	6.838
1	2.095	4.504	6.447	9.292
4/3	2.622	5.931	8.629	12.79

(3)划分土层、土类

通常采用钻探取土进行土类鉴别，绘制土柱状图。这种方法对公路这类分布范围广的工程来说困难是很大的，即昂贵又费时。普通静力触探由于侧壁套筒尺寸较大，在土层变化较大时，往往容易漏掉软土地基的薄夹层。孔压静力触探可以克服以上缺点，快速划分土层、土类。

①划分土层

孔压静探划分土层是根据各土层有不同的强度和渗透固结特性而展开的，根据所测锥头阻力和孔隙水压力数值的不同来划分土层、确定土名。如砂层的强度和渗透固结特性远优于黏性土层，所以孔压静探在砂层中测试所得到的锥头阻力远大于黏性土，在砂层中所测得的超孔隙水压力一般却为零或很小。所以很容易将砂层和黏性土层区分开来，而且两者的分界面非常清楚。而且孔压静探可连续测试，在工程勘查中比钻探有明显的优势。

从京珠高速广珠段孔压静探试验结果可看出不同土层孔压静探曲线的特征如下：一是砂土的 q_T 值大，一般在2MPa以上，q_T-h 曲线变化幅度大，呈锯齿状，超孔隙水压力接近于零或出现负值；二是粉土的 q_T 值较大，一般为1~2MPa，超孔隙水压力值较小，但比砂土中大，曲线形状变化较大；三是黏性土的 q_T 值较小，一般为1MPa左右，超孔隙水压力值较大，但比砂土中大，q_T-h、$u-h$ 曲线形状较平直，变化幅度小，常有缓慢的波形起伏；淤泥的 q_T 值很小，一般小于0.8MPa，超孔隙水压力值比黏土中小，但大于粉土和砂土中的 u 值，q_T、u 均随深度 h 增大而呈线性增加。

只要取得由孔压静探和钻探取样对比的经验关系，可大量减少钻探工作量，从而代之以多快好省的孔压静探技术来划分土层。

②划分土类

广东省交通厅曾对孔压静探在珠江三角洲的应用课题进行立项，课题主要在京珠高速广珠段、西部沿海高速软基进行了大量的孔压静探试验，同时在相邻处钻探取土进行对比试验，得出了适合珠江三角洲的土的分类图(图3-5)。

图3-5中 B_q 定义为：

$$B_q = \frac{u_{max} - u_w}{q_T - \gamma h} \tag{3-4}$$

式中：u_{max}——在某一深度孔压探头贯入过程中测得的孔隙水压力，也是该深度的最大孔隙水压力值（kPa）；

u_w——某一深度的静水压力，$u_w=\gamma_w h_w$；

γ_w——水的重度（$10kN/m^3$）；

h_w——地下水位至测试点的深度（m）；

γ——土的重度（kN/m^3）；

h——孔口至测试点的深度（m）；

q_T——锥头阻力（kPa）。

根据图3-5，可初步划分出四类土，即黏土、粉质黏土、粉土、砂土，四种土的分界线方程为：A线：$q_T=3.48B_q+0.18$；B线：$q_T=14.2B_q+0.4$；C线：$B_q\leqslant0.02$。但分类图还应根据广东软土工程实践进一步细化与完善。

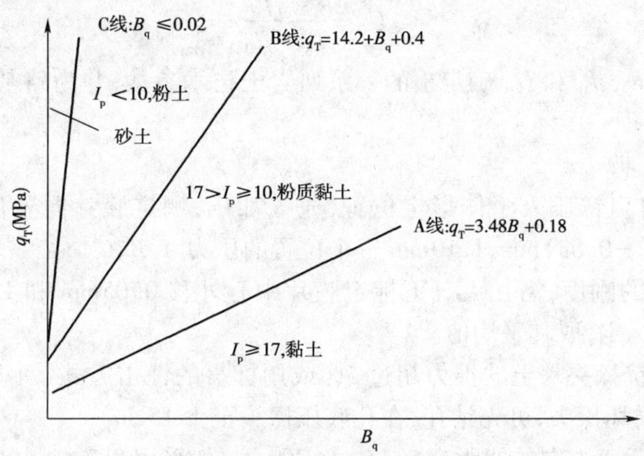

图3-5　土的分类图（孔压静探法）

实际应用时，根据（q_T，B_q）作出散点，散点落点位置土名即为土名。

五、扁铲侧胀试验

扁铲侧胀试验（DMT），简称扁铲试验，是用静力（有时用锤击动力）把一把扁铲形探头贯入土中，达试验深度后，利用气压使扁铲侧面的圆形钢膜向外扩张进行试验，它可作为一种特殊的旁压试验。优点是简单、快速、重复性好、价格便宜，国外近年来发展很快。扁铲形探头的外形结构图如图3-6所示。

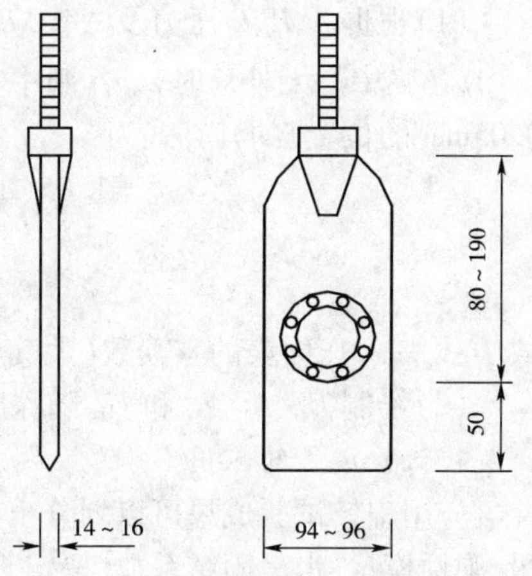

图3-6　扁铲侧胀仪示意图（尺寸单位：mm）

扁铲试验适用于黏性土、粉土、中密以下砂土、黄土等，不适用于含砾石的土、风化岩等。

1. 试验基本原理

扁铲试验时膜向外扩张可假设位在无限弹性体介质中在原形面积上施加均布荷载，如弹性介质的弹性模量为E，泊松比为μ，膜中心的外移为s，则

$$s=\frac{4R\Delta p(1-\mu^2)}{\pi E}$$

式中：R——膜的半径(30mm)。

如把 $E/(1-\mu^2)$ 设定为扁铲模量 E_D，s 为 1.10mm，则式变为

$$E_D = 34.7\Delta p = 34.7(P_1 - P_0)$$

而作用在扁铲仪上的原位应力即为 P_0，水平有效应力 p_0' 与竖向有效应力 σ_{v0}' 之比，可确定为水平应力指数 K_D：

$$K_D = (p_0 - \mu_0)/\sigma_{v0}'$$

而膜中心外移 1.10mm 所需的压力 $(P_1 - P_0)$ 与土的类型有关，确定扁铲指数 I_D 为：

$$I_D = \frac{P_1 - P_0}{p_0 - \mu_0}$$

可把压力 P_2 当作初始的孔压加上由于膜扩张所产生的超孔压之和，故可确定扁铲孔压指数 U_D 为：

$$U_D = \frac{P_2 - \mu_0}{P_0 - \mu_0}$$

可以根据 E_D、K_D、I_D 和 U_D 确定土的一系列岩土技术参数，并为路基、浅基、深基等岩土问题作出评价。

2. 试验技术要求

(1)试验时，将扁铲压入土体指定位置，充气加压，测定膜片向外位移 0.05(+0.02，-0.00)mm、1.00(±0.03)mm，1.10mm 三个位置的压力 A、B、C。

(2)由于膜片的刚度，需在大气下标定膜片中心外移 0.05mm 和 1.10mm 所需的压力 ΔA、ΔB，多次重复标定，取其平均值。

(3)当静压扁铲探头入土的推力超过 5t(或用标贯的锤击方式，每 30cm 的锤击数大于 15 击)时，为避免损坏探头，可先钻孔，在孔底压探头至少 15cm。

(4)试验点在垂直方向的间距为 0.15～0.30m，一般采用 0.2m。

(5)试验结束后，应重新检验和值。

(6)若要估算原位的水平固结系数，可进行扁铲消散试验，从卸除推力开始，记录压力 C 随时间 t 的变化，记录时间可为 1min，2min，4min，8min，15min，30min…直至 C 压力消散超过 50% 为止。

3. 试验资料整理

(1)根据 A、B、C 压力及 ΔA、ΔB 计算 p_0、p_1 和 p_2，并绘制 p_0、p_1 和 p_2 随深度的变化曲线。

p_0(膜中心无外移时)、p_1(膜中心外移 1.10mm)和 p_2(膜中心外移后又收缩到初始外移 0.05mm 的位置)的计算式为：

$$p_0 = 1.05(A - z_m - \Delta A) - 0.05(B - z_m - \Delta B)$$

$$p_1 = B - z_m - \Delta B$$

$$p_2 = C - z_m + \Delta A$$

式中：z_m——压力表的零读数(大气压下)。

(2)绘制 E_D、K_D、I_D 和 U_D 随深度的变化曲线。

4. 试验成果的应用

应用扁铲试验成果可以划分土类、估算静止土压力系数、不排水抗剪强度、土的压缩模量、弹性模量、水平固结系数、评定土的应力历史、判断砂土液化。扁铲侧胀试验自 20 世纪 70 年代末由意大利学者 Marchetti 发明以来，在北美及欧洲等国家得到了广泛的应用，并已

列入 ASTM(1986)推荐方法和欧洲 EUROCOD(1994)等规范及标准。浙江温岭南光地质仪器厂参照国外有关 DMT 试验资料及样机试制成功了 DMT—W1 型扁铲侧胀仪,于 1998 年 7 月通过鉴定,很快在国内得到了推广和应用。近年扁铲侧胀试验在上海、南京地区应用开展了一些应用研究,中国船舶工业勘察设计研究院在明珠线二期工程、杨浦 MS 线等市政建设工程项目中作了一些扁铲侧胀试验,积累了一些扁铲测试资料,在参考国外经验公式计算土工参数的基础上,与其他原位测试技术及土工试验指标建立关系,得到了一些适合于上海地区的扁铲侧胀试验公式。

在广东地区宜通过试验提出适合本地区土质的经验公式。

第四章　公路软土地基处理方法种类与选择

第一节　公路软土地基处理方法种类及效果

公路软土地基处理方法,按处理目的可分为沉降处理与稳定处理两大类。其原理见表4-1。

软土地基处理简要原理表　　表4-1

处理目的分类	处理简要原理	
沉降处理	加速固结沉降	加速地基沉降,减少有害的工后沉降
	减少总沉降量	减少地基的沉降
稳定处理	控制剪切变形	制止周围地基因路堤荷载作用下发生隆起或流动
	阻止强度降低	阻止因路堤荷载作用地基强度降低,以保证稳定
	促进强度增长	加速地基强度的增长,以保证稳定
	增加抗滑阻力	改变路堤或地基的性质,增加抗滑力,以保证稳定

依据以上原理,各种处理方法的效果当然不同。一些处理方法往往不是仅有一种处理效果,而是同时具有主要效果与附带的次要效果。例如排水固结法是以加速固结沉降为主的沉降处理方法,而随着固结同时也促进了软土强度增长,提高了地基的稳定性。主要软土地基处理方法及其效果见表4-2。

主要软土地基处理方法及其效果　　表4-2

<table>
<tr><th rowspan="3">方法</th><th rowspan="3">说　明</th><th rowspan="3">适用土质</th><th colspan="6">处 理 效 果</th></tr>
<tr><th colspan="2">沉降处理</th><th colspan="4">稳定处理</th></tr>
<tr><th>加速固结沉降</th><th>减少总沉降量</th><th>控制剪切变形</th><th>阻止强度降低</th><th>促进强度增长</th><th>增加抗滑阻力</th></tr>
<tr><td>换土垫层法</td><td>将路基一定范围内的软弱土层利用人工、机械或其他方法清除,分层置换强度较高的砂、碎石、素土、灰土以及其他性能稳定的材料,并夯实。垫层能有效扩散基底应力,提高地基承载力,减少沉降</td><td></td><td></td><td></td><td>+ +</td><td>+</td><td>+</td><td>+</td></tr>
<tr><td>堆载预压排水固结法</td><td>在软土中设置排水系统(砂垫层、袋装砂井或塑料排水板),在逐级填筑路堤荷载作用下使地基土排水固结,产生固结沉降同时土体强度增长。若预加荷载大于路堤及工作荷载的称为超载预压</td><td>软黏土、淤泥和淤泥质土地基</td><td>+ +</td><td></td><td></td><td></td><td>+</td><td></td></tr>
</table>

续上表

方法	说明	适用土质	处理效果：沉降处理：加速固结沉降	处理效果：沉降处理：减少总沉降量	处理效果：稳定处理：控制剪切变形	处理效果：稳定处理：阻止强度降低	处理效果：稳定处理：促进强度增长	处理效果：稳定处理：增加抗滑阻力
真空预压排水固结法	在软土中设置竖向排水系统和砂垫层，在其上覆盖不透气的密封膜。通过埋设于砂垫层的抽水管进行长时间不断抽气和水，使砂垫层和砂井（塑料排水板）中造成负气压，而使软黏土层排水固结	软黏土、淤泥和淤泥质土地基	++		+		+	
管桩复合地基	将强度较高的管桩打入软土地基，进入强度较高的持力层，桩顶设置托板和土工材料复合垫层形成复合地基，路堤大部分荷载由桩体承担	较深厚软弱地基		++				++
强夯法	采用10~40t夯锤从高处自由落下，地基土在强夯的冲击力和振动力作用下挤密、振实，可提高地基承载力，减少沉降	碎石土、砂土、低饱和度的粉土、黏性土、杂填土、湿陷性黄土地基		++			++	
水泥土搅拌法	利用搅拌机械将水泥或石灰和地基土原位搅拌，水泥与土固化成圆柱状水泥土增强体，形成水泥土桩复合地基以提高地基承载力，减少沉降。按施工方法分为浆喷搅拌法和粉喷搅拌法	淤泥、淤泥质土、黏性土、粉土地基，软土厚度小于20m		++				++
振冲置换法	利用振冲器在高压水流作用下边振边冲在地基中成孔，在孔内投入碎石、卵石、砂等粗粒料且振密成桩。桩与土形成复合地基。桩体还有缩短水平向排水距离，加速固结的作用	不排水抗剪强度不小于20kPa的黏性土、粉土地基	+	++	+			++
沉管碎石桩法	采用沉管在地基中成孔，在孔内填入碎石、卵石等粗粒料形成碎石桩。桩与土形成复合地基，桩体还有加速土体排水作用	不排水抗剪强度不小于20kPa的黏性土、粉土地基	+	++				++
低强度混凝土桩复合地基法	利用沉管方法成孔，孔内灌注低强度混凝土成桩，桩端置于较好土层，桩顶铺设垫层，桩与桩间土形成复合地基	各类深厚软弱地基		++				++
强夯置换法	边填碎石边强夯，在地基中形成碎石墩，有碎石墩、墩间土以及碎石垫层形成复合地基，以提高地基承载力，减少沉降	杂填土、软黏土地基	+	++				++
EPS超轻质料填土法	EPS材料重度为天然土的1/50~1/100，并具有较好的强度和压缩性能，可有效减少作用在地基上的荷载	软弱地基		++				

续上表

方法	说明	适用土质	处理效果					
			沉降处理		稳定处理			
			加速固结沉降	减少总沉降量	控制剪切变形	阻止强度降低	促进强度增长	增加抗滑阻力
加筋土法	在土体中埋设土工合成材料、金属板条等形成加筋土垫层，增大压力扩散角，提高地基承载力	各种软弱地基		+	+			+ +
石灰桩法	通过机械成孔，在孔内填入生石灰块或生石灰掺料，石灰吸水、放热、离子交换作用等改善桩周土的性质	杂填土、软黏土地基		+ +				+ +

注：+ + 为主要效果，+ 为附带效果。

公路软土地基常用换土垫层法、堆载预压排水固结法、真空预压排水固结法、水泥土搅拌法、管桩复合地基法、加筋土法、EPS 超轻质料填土法。

处理方法可以单独使用，但一般是几种方法组合使用。例如，表层处理法中的砂垫层法可以改善施工机械的作业条件，同时又起排水作用，因而常和排水固结方法一起使用。

第二节　公路软基处理中一些注意事项

目前，在广东省公路工程对软弱地基处理的主要方法有堆载预压法、真空预压法、水泥搅拌桩复合地基、碎石桩复合地基等。下面就几种主要处理方法中一些值得注意的事项进行简单的介绍。

一、堆载预压法中竖向排水体的间距

堆载预压法即为通常所讲的排水固结法，在拟处理的地基中设置砂井、塑料排水板等竖向排水通道，然后分级逐渐加载，对场地进行加载预压，使土体中的孔隙水排出，逐渐固结，地基发生沉降，同时地基强度逐步提高的地基处理方法。

目前在堆载预压法的设计中存在的一个主要问题是竖向排水体的间距设计问题。一般设计竖向排水体的间距不小于 1.0m，常规为 1.2 ~ 1.5m。但是有些方案将竖向排水体的间距设计为小于 1m 甚至到只有 0.6m，以为只要无限制调整竖向排水体的间距就可以达到淤泥土固结的要求。有研究表明珠江三角洲地区插设砂井或塑料排水板时对土体的扰动半径约为施工机械导管的 9 倍，塑料排水板施工扰动半径约为 0.4 ~ 0.5m，袋装砂井施工扰动半径约为 0.5 ~ 0.7m。如果竖向排水体的间距小于施工扰动半径，则整个加固区的淤泥土将全部成为重塑土，由于淤泥土的灵敏度较高，竖向排水体插设时将严重削弱淤泥土的强度，容易在堆载时发生土体滑动。另外重塑土的渗透系数和固结系数将严重下降，造成固结时间延长，很难保证固结效果和工期。

二、水泥土搅拌法的适用范围

水泥土搅拌法是利用深层搅拌机将水泥或石灰和地基土在原位搅拌形成圆柱状、格栅状水泥土增强体，形成水泥土桩复合地基以提高地基承载力，减小沉降。适用于处理正常固

结的淤泥与淤泥质土、粉土、素填土、黏性土以及无流动地下水的饱和松散砂土等地基。

对于工期紧迫和控制工后沉降严格的地基处理,最好采用水泥土搅拌法复合地基进行解决,因为该方法可以有效地控制压缩层的沉降且施工工期短。

水泥搅拌桩在设计方面存在的主要问题是设计桩长和水泥掺入量的问题。目前国内大多数的单头搅拌桩的施工桩长为 15 ~ 18m。根据以往的经验,超过 15m 以上的桩体成桩质量较难把握。而且检测手段也比较缺乏,例如抽芯,对于直径只有 500cm 的搅拌桩来说,很可能钻具还没有钻到桩底就已经偏出了。因此一般要求水泥搅拌桩的有效长度不超过 15m。另外,有些地区的淤泥中有机质含量比较高,达到 10% 以上,有机质含量高对水泥土搅拌桩的桩身强度影响比较大,而且会延缓桩身强度的增长。这样就要求设计人员采取提高水泥强度等级或水泥掺入量和进行室内配合比试验的方法来满足设计强度的要求。

三、其他问题

在软基上建造高等级公路,采用排水固结法是一项很适宜的方法。此法在理论和工程实践方面均较成熟,施工期的稳定控制和预压期的工后沉降控制得较好。排水固结法应结合土工合成材料处理软基,在稳定分析中若计入土工合成材料等筋体的抗拉力作用,可将极限填土高度提高近 1 倍。很多采用此方法的高速公路都控制了施工期的稳定。工后沉降可利用半年期沉降资料,用双曲线法预估工后沉降,可靠度达 70% 以上。

另外,打设袋装砂井或塑料排水板引起的施工扰动一直是值得关注的问题。广东珠江三角洲一带淤泥微观上是空架结构,灵敏度高。深汕高速公路试验段测得打设袋装砂井和塑料排水板的施工扰动引起软土强度降低分别是:袋装砂井中软土强度比天然软土强度降低约 45%,使用塑料排水板约降低 30%。当前应研究减少施工扰动的施工机械和施工工艺。

每种软土地基加固方法都有它独特的优点,可以将 2 ~ 3 种方法的优点组合起来取得最优方案,如真空联合堆载预压法。

第三节　软基处理方法的选择

一、软基处理方法选择的程序

软土地基处理的方法很多,各种方法都有其特点,主要的效果也有所不同。因此,在选择处理方法时,首先必须充分研究进行处理的原因、目的,然后考虑地基的性状、公路等级、施工条件以及对周围环境的影响等各种条件,选择最符合处理目的要求、最经济的方法。

选择处理方法的一般程序如图 4-1 所示。

二、选择处理方法时应考虑的条件

选择处理方法时,应考虑的主要条件是地基条件、公路条件、施工条件及对周围环境的影响等。

1. 地基条件

(1) 土质

对处理方法的选择必须考虑地基土的性质,不同的处理方法适用于一定条件的土质,见表 4-1。

(2)地层分布

软土层的厚度是处理方法的选择应考虑的因素之一。软土层浅而薄的情况下,固结沉降量小,而且在短时间内停止沉降,滑动破坏的危险性一般也较小。因此,经常采用简单的表层处理法或直接开挖换填。如果软土层较厚,则按不同的处理目的和土质,使用其他方法结合表层处理。在软土层深厚的路段,全部采用垂直排水法,不仅施工困难,而且不经济,因而在适当的深度采用一些方法进行处理,剩余的土层不进行处理。

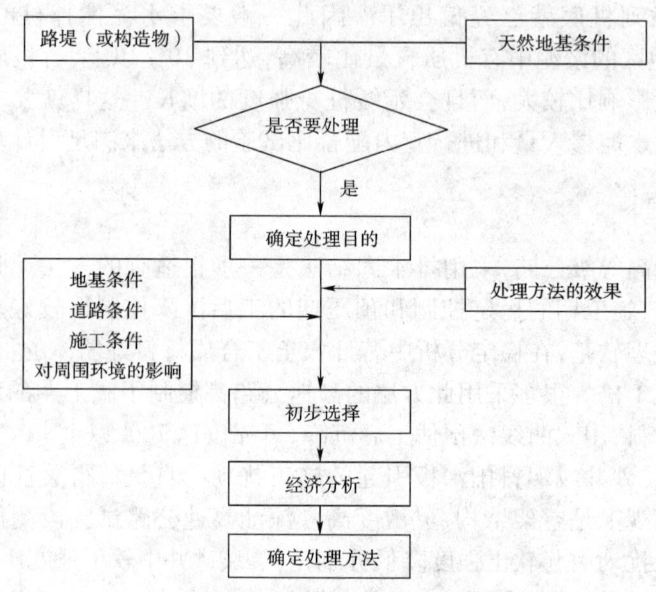

图4-1　选择软基处理方法的程序

软土层较薄(4m以下)并夹有砂层的情况,由于排水距离短,地基软土沉降固结和强度增长很快,这种地层可以不设垂直排水层,采用表层处理法和堆载预压法就可以达到处理目的。土层厚且没有夹砂层的情况时,由于排水距离长,软土固结沉降时间很长,强度增长缓慢。因此,沉降处理往往打设垂直排水系统,加速软土的固结。

2. 公路条件

(1)公路的等级

公路等级越高,路面平整度要求也越高,对沉降处理措施要求越严格。为避免路面的变形破坏,以及连接桥涵等构造物的过渡段产生不均匀沉降,公路应严格控制在规定年限内的工后剩余沉降量。对工后15~25年的剩余沉降量,通常采用如表4-3所示标准。

控制工后沉降标准

表4-3

容许工后沉降 \ 公路等级	工程部位		
	桥台与路堤相邻处	涵洞或箱形通道处	一般路段
高速公路、一级公路	≤0.10m	≤0.20m	≤0.30m
二级公路(采用高级路面)	≤0.20m	≤0.30m	≤0.50m

(2)路堤高度与宽度

路堤的设计高度与宽度,也是选择处理方法时要考虑的重要因素。高路堤应主要考虑使用保证稳定和减少工后沉降的方法,低路堤应主要考虑采用减少工后沉降和不均匀沉降的方法。

(3)公路所在地段

在公路的不同部位,软土地基处理的方法也应相应变化。一般路段上工后沉降即使达到一定程度,只要不均匀沉降量不大,路面基本仍能保持平整。但是,与构造物相连接的地段,如桥台部位,工后沉降过大将造成错台,产生影响行车安全与舒适性的“桥头跳车”问题。桥头路堤一般较高,如果路堤的稳定性不够,桥台将受较大土压力作用,有可能引起桥台发生较大位移。

3. 施工条件

施工条件是选择处理方法时必须考虑的重要因素。根据不同的施工条件,选用的处理方法不同,经济效益也不同。施工条件对处理方法选择影响较大的主要项目如下:

(1)工期

这是非常重要的一项。如果工期长,往往不需要采取专门的处理措施,直接用慢速堆载在确保稳定的状态下填筑路堤,通过长时间的预压,达到减少工后沉降的目的,但这一般要较长的时间。因而,一般都会对软土地基进行处理加速软土固结或改良土性。目前软土主要处理方法的一般工期与经济性见表4-4。

各种地基处理方法的经济、技术指标对比表　　表4-4

软基处理方法	处理单价（元/m^2）	处理效果	处理总工期	缺点
搅拌桩	约330	15m以下质量难于保证,工后沉降难于控制	短	①质量难于保证; ②有机质含量高的淤泥土不适用。部分省市已禁止使用
真空预压联合堆载	约200	可大大加快施工速度,稳定安全有保证,工后沉降可消除	适中	含砂层地基适用差(造价升高)
碎石桩	约400	堆填稳定有较大保证	较短	造价太高
袋装砂井+土工布+堆载预压	约180	路堤稳定安全基本有保证,工后沉降解决有困难	长	①工期太长; ②土方缺乏地区很难应用

软土地基上的公路工程,原则上应使工期尽量长,按照工期选择处理方法。

(2)材料

处理工程使用的材料来源的难易及其经济性,也是选择处理方法是必须考虑的。例如:采用堆(超)载预压法,路堤填筑材料的来源,超载土方的再利用;采用砂垫层法时粗砂的来源等。

(3)施工机械性能及作业条件

各种软土地基处理方法现有的施工机械都有一定的使用范围,必须结合地质条件和现有施工机械性能全面考虑处理方法。例如,应用水泥土搅拌法,软土地基厚超过20m将很难施工。

在软土地基上施工,由于地基过于软弱,施工机械容易陷进淤泥。所以在各种方法施工前,一般都要进行表层处理,保证施工机械的作业条件。

4. 对周围环境的影响

在修建高速公路选择软土地基处理方法时,必须充分考虑它们对周围环境造成的影响。

施工中对周围环境的影响,如噪声、振动、地基的变化、地下水的变化、排出的泥水或使用化学药剂对地下水的污染等。地基特别软弱、路堤高度较大时，周围地基经常发生较大的沉降或隆起。如路堤坡脚附近有建筑物时，应考虑以减少总沉降量，控制剪切变形的方法为主要措施。

三、公路软土处理方案选择的一些经验

由于广东省特别是珠江三角洲地区的地质条件比较复杂，软土分布不均匀，起伏比较大，而且各个软基处理方案受到投资、工期和技术等因素的控制，需要根据具体要求的不同来选择适用的方案。

以高速公路为例，高速公路由于路面平整度和坡度的需要，路堤高度较大，一般为4～6m，桥头部位路堤更高。如前所述，所面临的主要问题是沉降和稳定。为了保证路堤施工期及使用时的稳定，减少工后沉降对公路的破坏，必须采取措施来对软弱地基进行处理。软基处理方案需要根据工期、投资、软土分布以及高速公路自身的特点，区别不同情况分别采用不同的软基处理方案。

(1)对于一般路段，只要工期允许，尽量采用堆载预压法。如果工期较紧，需要加快地基土的固结，可以采用超载预压。

(2)对于桥头路堤、管涵和箱型通道的部位，工后沉降量要求严格，若采用排水固结法很难满足变形控制要求，如果软基加固深度不超过15m的地段，这时可以采用水泥土搅拌桩复合地基。水泥土搅拌桩作为半刚性桩，只要桩端能够坐落到比较密实的砂层或黏性土层，就可以有效地控制地基变形。如果加固深度超过15m，可以采用低强度等级素混凝土桩。低强度等级素混凝土桩的长度可以达到30m。

(3)对于工期要求特别紧，沉降变形要求高，软弱土层深厚的路段，可以考虑以桥梁形式通过。

因为每一种软基处理方案都具有局限性，因此在选择软基处理方案时必须要因地制宜，对各种方案根据工期长短、投资大小进行比较，经过科学论证后才能决定究竟选择哪一种方案或哪几类组合方法。

当深厚软土层厚达35m以上时，采用路改桥或除堆载预压法、真空联合堆载预压法、水泥土搅拌法外的其他地基处理方法可能是更好的选择。软土层厚达20m以上时，应慎用水泥土搅拌法。

DUIZAI YUYAFA

堆载预压法

第五章 概 述

堆载预压法加固公路软土地基是一项经济有效的措施，在地基处理方法中应优先考虑。只有加固土层很薄，渗透系数较大的情况，才适宜采用直接堆载法。一般情况下，都需在地基中设置竖向排水系统（砂井、袋装砂井或塑料排水板）。堆载预压在路基工程中有两种不同的方式：

(1)路堤工程。对天然地基或竖向排水体地基，利用路堤填土预压，并不需要移去土体。"预压"的实施，仅体现为分级加荷。每级加荷的稳定性依赖于前一级预压后强度的提高。显然，软土地基总沉降量并不减小，只是大部分的沉降在施工期完成，可有效减小工后沉降。

(2)桥台台背和涵洞预压。利用填土或其他荷载进行堆载预压，使地基的沉降在堆载预压期间基本完成或大部分完成，然后移去填土，修筑桥台或涵洞，使构造物在使用期间不致产生过大的沉降和差异沉降。

高等级公路对工后沉降要求严格（高速公路软基的工后沉降一般按使用15年计算），软基处理以沉降控制为主（预压期内应完成90%左右的沉降），而且大多工程工期短，需要进行超载预压（路面荷载和营运车辆荷载所产生的沉降也考虑在预压沉降内，这也是软基处理需要超载预压的原因）。

为加速软土地基固结，一般堆载预压法与砂垫层或竖向排水体相结合，构成排水固结的两个要素，即加压系统和排水系统。

第一节 预压系统

加压系统是起固结作用的荷载，它使地基土的固结压力增加而产生固结。堆载材料宜采用堆土、砂石料等路堤材料，超载时也可选择充水的办法进行预压（更适宜不好处理卸载弃土材料的情况）。

根据预压荷载的大小，堆载预压法有三种情况：等载预压、超载预压和欠载预压。欠载预压的情况较少。

1. 等载预压

所谓等载预压是指堆载预压荷载与公路运行的实际使用荷载相等，如图5-1所示。在预压荷载作用下，地基的最终沉降量 S_∞ 是达不到的，所以这种方法只能部分消除沉降，还必然存在着一个工后沉降（$S_\infty - S$），工后沉降的大小与预压时间有关，预压时间越长，工后沉降越小。因此在等载预压的设计中，非常重要的工作就是确定一个合理的工后沉降容许值，并根据工后沉降来指导现场的预压时间。

2. 超载预压

超载预压是指堆载预压荷载大于公路运行的实际使用荷载，如图5-1所示。理论上，超载预压可完全消除工后沉降，由于卸载后土层的回弹，应适当延长预压时间。超载量越大，预压时间越短，但增加超载量 ΔP，会增加地基处理的成本。一般的做法，ΔP 取为 $0.2P$ 为宜。

3. 预压高度

由于预压过程中地基下沉，路堤的实际填筑高度要大于路堤的设计高度，实际路堤填筑高度应等于路堤设计高度与预压期间的沉降量之和。而且路堤填料与路面结构层材料的密度是不同的，计算时应考虑此因素。

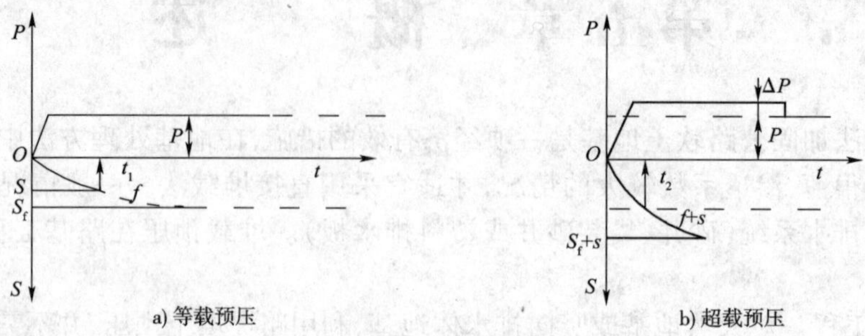

图 5-1　堆载预压

4. 堆载预压荷载的加载与卸载

堆载预压荷载的加载分级和加载速率应严格按照软土的天然强度和强度增长的规律进行。应确保在任何一级荷载条件下地基是稳定的，不能出现滑动等现象。当预压区周边环境复杂时，加载等级以及加载速率还应考虑对附近建筑物等的影响。

堆载预压荷载的卸荷条件，主要是根据工后沉降的要求来确定，但对于竖向排水砂井（塑料排水板）未穿透受压土层的情况，还应考虑砂井（塑料排水板）区以下土层的长期沉降的影响。如果下部土层厚度较大时，预压期所完成的压缩量较小，难以满足设计要求，为提高预压效果，应尽可能加深砂井（塑料排水板）的深度，减少下卧受附加应力软土层的厚度。

第二节　排水系统

排水系统是一种手段，如没有加压系统，孔隙中的水没有压力差就不会自然排出，地基也就得不到加固。如果只增加固结压力，不缩短土层的排水距离，则不能在预压期间尽快地完成设计所要求的沉降量，强度不能及时提高，加载也就不能顺利进行。

排水系统的作用主要在于改变地基原有的排水边界条件，增加孔隙水排出的途径，缩短排水距离。该系统由水平砂垫层和竖向排水体（砂井、袋装砂井或塑料排水板）构成。当软土层较薄，或土的渗透性较好而施工期允许较长时，可仅在地面铺设一定厚度的砂垫层，然后加载，土层中的水沿竖向流入砂垫层而排出。当工程遇到透水性很差的深厚软土层时，可仅在地基中设置砂井等竖向排水体，地面连以排水砂垫层，构成排水系统。

所以上述两个系统，在设计时总是联系起来考虑的。

第三节　适宜地基条件

堆载预压是最常用的公路软土地基处治方法，适用于容许工后沉降标准较低或路堤填土高度不大的一般路堤。堆载预压法进行公路软土地基处治的目的，绝大部分是解决容许工后沉降的问题（即预压期间消除大部分沉降）。一般堆载预压法解决地基抗剪强度偏低而引起的稳定性问题的效果是不太明显的，路堤稳定性需借助反压护道、轻质路堤、铺设土工布等手段加以解决。

公路软土地基堆载预压处理的效果取决于在预压荷载作用下超孔隙水压力的消散和土层的固结。当预压荷载确定以后,预压时间取决于软土层的厚度和排水条件。

(1)通常,当软土层厚度小于4m,可采用天然地基直接堆载法处理;软土层厚度超过4m时,预压时间可能会很长,为加速预压过程,应采用塑料排水板、砂井(袋装砂井)等改善土层的排水条件,也可同时增设降水措施,提高孔隙水的流动速度。

(2)当软土层夹有粉细砂薄层,具有良好的水平向渗透性时,可考虑适当减少砂井(塑料排水板)数量,加大间距,同样可取得较好的预压效果。

(3)对于超固结土,预压荷载的大小还应考虑前期固结压力的影响,只有当土层的有效覆压力与预压荷载所产生的应力水平明显大于土的前期固结压力时,才会产生压缩。

(4)广东珠江三角洲一带软土(淤泥、淤泥质黏土)中大多含砂(主要为粉细砂),一些地段软土层还夹有薄层粉细砂,因此淤泥渗透系数较大(k_v 在 10^{-6}cm/s ~ 10^{-7}cm/s 数量级,一些也达到 10^{-8}cm/s),固结系数也较大(c_v 在 10^{-3}cm^2/s 数量级)。采用堆载预压排水固结法(结合竖向排水体),软土的固结速率相对较快,是经济合理的处理方法。但在特殊路段(桥头、高填路段),为快速提高地基承载力、减少沉降量,可采用联合真空预压或直接采用胶结法(水泥土搅拌法)。

第四节　土工合成材料

用于路堤加筋的土工合成材料主要有土工格栅、土工织物(也称土工布)、土工网,20世纪80年代以后在高速公路软基处理中得到大规模应用。在珠江三角洲高速公路建设中,土工合成材料主要是与堆载预压排水固结法一起应用于软土地基处理,对地基加筋补强以提高软土路堤在填土施工过程中的稳定性,有效约束侧向位移和侧向挤出量,并调整路基不均匀沉降与减少沉降。

在同等应变下土工格栅强度最高,土工织物与土的界面摩擦特性比土工格栅差。在经济许可条件下,应优先选择土工格栅,其次是土工织物(土工布),土工织物以有纺土工织物为首选。正确地应用土工合成材料,在公路软基处理中有很多成功的实例,但由于土与土工合成材料相互作用的机理还没完全弄清楚,缺乏很可靠的设计方法和分析理论。因此在应用时,尤其对于重大工程须重视研究与试点,进行观测试验选用。

第六章　堆载预压加固基本原理

第一节　一 般 原 理

在荷载作用下，土层的固结过程就是超静孔隙水压力（简称孔隙水压力）消散和有效应力增加的过程。用填土等外加荷载对地基进行预压，是通过增加总应力并使孔隙水压力消散而增加有效应力的方法。堆载预压是在地基中形成超静孔隙水压力的条件下排水固结，称为正固结。现以图 6-1 所示的 e-lg$p$ 压缩曲线和 lg$p$-τ_f 强度曲线来加以说明。

初始应力 p_a（相当于地基的自重应力状态）对应土体初始孔隙比 e_a，当固结应力增加至 p_b（相当于预压后的自重应力 p_a 与预压荷载产生的附加应力 Δp 之和，$p_b = p_a + \Delta p$），且固结完成时，对应的孔隙比降低到 e_b，也即在压缩曲线上由 A 点沿正常固结线压缩至 B 点，土体孔隙比减少了 $\Delta e = e_a - e_b$。若加载固结后进行卸荷（相当于解除预压应力 Δp），固结应力退至初始应力 p_a，土体发生回弹，沿回弹曲线由 B 点至 C 点，且对应孔隙比为 e_c。若再加荷至 p_b（相当于施加结构荷载），则土体的孔隙比将由 C 点重新回到 B 点，土体孔隙比再次降低到 e_b。从图 6-1 中 e - lg$p$ 曲线可以明显看出，从 A 点到 B 点（经过预压加载）与从 C 点到 B 点（预压卸载后再加载），土体孔隙比改变量显著减少。因此，通过预压，减少由结构荷载产生的地基沉降或工后沉降是十分显著的。

与上述同理，从图 6-1 中的 lg$p$-τ_f 曲线可以看出，对应初始应力状态，预压卸载后 C 点的抗剪强度 τ_{fc} 与预压前 A 点的初始抗剪强度 τ_{fa} 有明显提高，这对于结构荷载施加时的地基稳定十分重要。此外，由于地基中设置排水系统，显著改善饱和软黏土的排水条件，使得上述固结的过程加快，地基的强度增加，变形趋于稳定的周期显著缩短。

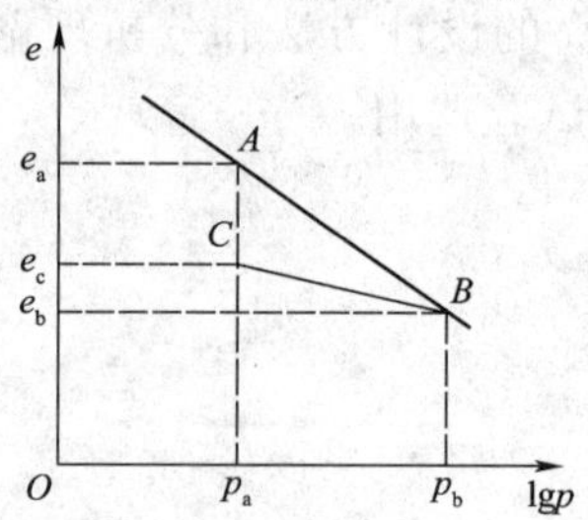

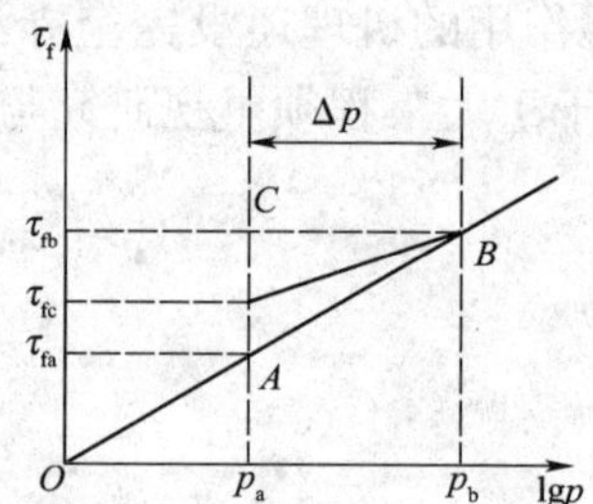

图 6-1　堆载预压法加固原理

若在预压荷载作用下，地基中土体固结应力增加至 $p_b = p_a + \Delta p$，而在实际结构荷载作用下，相应土体中的固结应力为 p_d。当 $p_b > p_d$ 时，称为超载预压；当 $p_b < p_d$ 时，称为欠载预压；当 $p_b = p_d$ 时，称为等载预压。显然，经过超载预压后的地基土体，在结构荷载作用下，地基土体应力水平处于超固结状态。当不考虑经济的因素，超载预压的效果肯定更好。对于次固结变形相对较大的地基，采用这种超载预压法是十分必要的，它可以有效降低软土的蠕变特性对地基沉降的不利影响。

地基土层的排水固结效果与它的排水边界有关。根据固结理论，在达到同一固结度时，固结所需的时间与排水距离的平方成正比。如图 6-2 所示，软黏土层越厚，一维固结所需的时间越长。如果淤泥质土层厚度大于 20m，要达到较大固结度，所需的时间要几年至几十年。为了加速固结，最为有效的方法是在天然土层中增加排水通道，缩短排水距离，在软土地基中设置竖向排水体（袋装砂井或塑料排水板），在软土地基上设置砂垫层等横向（水平向）排水体，以改善软弱土层的排水条件，然后在场地进行堆载预压，这时土层中的孔隙水主要通过竖向排水体排出，因此，可缩短预压工程的预压期，在短期内达到较好的固结效果，使沉降提前完成；加速地基土强度的增长，使地基承载力提高的速率始终大于施工荷载的速率，以保证地基的稳定性，这一点无论从理论和实践上都得到了证实。

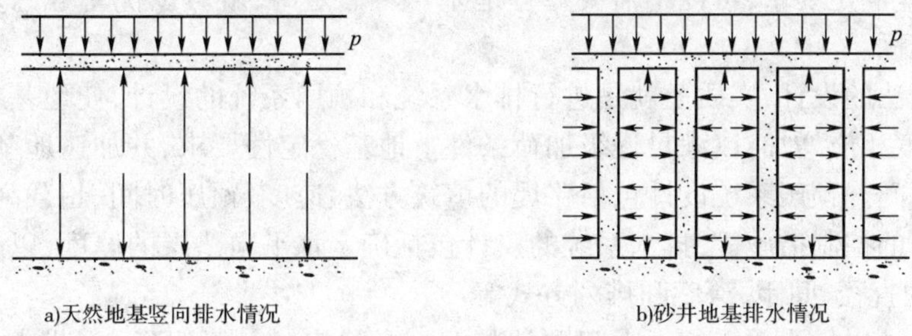

a)天然地基竖向排水情况　　b)砂井地基排水情况

图 6-2　堆载预压排水原理

第二节　超载预压原理

如第五章图 5-1 所示，超载预压是将一超过原设计荷载 p 的过量荷载（$p+\Delta p$）也加在软土地基上，$\Delta p/p$ 称为超载系数，经超载预压一段时间后，再移去 Δp。经过超载预压后，如受压土层各点的有效竖向应力大于设计荷载引起的相应点的附加应力时，则今后在设计荷载作用下地基土将不会再发生主固结沉降，同时减小次固结沉降的发生。

1. 超载预压消除主固结沉降

如第五章图 5-1，在设计荷载 p 单独作用时，沉降—时间关系为曲线（f），最终固结沉降量为 s_f。在超载（$p+\Delta p$）作用下，沉降—时间关系为曲线（$f+s$），最终固结沉降量为 s_{f+s}。在时间 t_2（$<t_1$）时，超载预压的沉降量就达到 s_f。这样不但达到了缩短预压期的目的，而且，如受压土层各点的有效竖向应力大于设计荷载引起的相应点的附加应力时，则今后在设计荷载作用下地基土将不会再发生主固结沉降。

2. 超载预压减小次固结沉降

超载卸除后，土体由原来的正常固结状态变成超固结状态，而使次固结系数变小。超载越大，超载卸除后，发生次固结沉降的时间越推迟，土的次固结系数越小。

第七章　堆载预压法设计计算

在进行软基加固设计时，根据结构设计、使用要求计算出基底压力，根据土质条件计算出地基承载力、产生的沉降和残余沉降（工后沉降），与天然地基允许的承载力及允许沉降进行比较，如果能满足要求，可以不需要处理地基。不满足时，就可以优先考虑采用堆载预压法进行地基加固。

堆载预压法的设计，实质上就是进行排水系统和预压系统的设计，使地基在受压过程中排水固结、强度相应增加，以满足逐级加荷条件下地基稳定性要求，并加速地基的固结沉降，缩短预压的时间。预压系统设计包括路堤的填筑方法、速度、预压时间、超载高度、地基稳定性和工后沉降的控制措施等，排水系统的设计包括确定水平向垫层的厚度，以及竖向排水体（若需设置）的直径、间距、深度和排列方式等。

在软基设计中最为关心的两大问题就是沉降和稳定。对于沉降，在设计中除了要知道最终沉降之外，往往还需要知道沉降随时间的变化过程，亦即沉降与时间的关系；对于稳定，设计中关心的是土体中孔隙水压力有多大，特别是超静孔隙水压力。在设计过程中，一般对沉降十分重视，而对稳定问题重视不够。实际上，这两个问题在堆载预压设计中都应予以足够的重视。

第一节　堆载预压设计计算的基本理论

在堆载预压设计计算中一般考虑较多的是固结度的计算，考虑施工的实际情况，采用分级加荷计算土层平均固结度；对于打设竖向排水体的土体而言，考虑其井阻和涂抹作用，使得固结度的计算更能反映真实情况。另外，随着土体的固结，土体抗剪强度会逐渐提高，设计中考虑强度增加值以便确定下一级荷载。

一、堆载预压固结度计算理论

预压荷载作用下，地基的沉降量随时间增大，任一时刻地基已产生的沉降量 s_t 与预压荷载作用下最终沉降量 s 的比值称为该预压荷载作用下此时刻地基的固结度 U_t，即$U_t=\frac{s_t}{s}$。

由此可见，固结度是一个相对概念，它相对于某一级最终荷载而言。对于高路堤工程，这个荷载应是路堤的设计荷载，也就是满足设计高程的路堤荷载。无论是超载预压还是等载预压，均以最终的设计荷载条件下的最终沉降量来衡量实际完成的沉降量。

为了衡量黏土层孔隙水压力消散程度，也就是有效应力增长的程度，采用固结度 U_t 来表示。

$$U_t=\frac{\text{某一时刻的有效应力}}{\text{最终时刻有效应力}}$$

土体中一点的固结度可以理解为该点超静孔隙水压力消散部分对初始孔隙水压力的比

值。对于现场实测的孔隙水压力值，只能推算出测点的固结度，并不能反映整个土层的固结情况。

对工程而言，更有意义的是土层的平均固结度。土层的平均固结度等于时间 t 时，土层骨架已经承担起来的有效应力对全部附加应力的比值，它能反映整个土层的固结情况。Terzaghi（太沙基）、Barron（巴隆）和 Carrillo（卡里罗）在一定假设条件下给出了理论解。

1. 瞬时加荷条件下地基平均固结度的计算

瞬时加荷时，不同条件下平均固结度计算见表 7-1。

不同条件下的平均固结度计算公式　　表 7-1

序号	条　件	平均固结度计算公式	α	β	备　注
1	竖向排水固结（$\overline{U_z}>30\%$）	$\overline{U_z}=1-\frac{8}{\pi^2}e^{-\frac{\pi^2C_v}{4H^2}t}$	$\frac{8}{\pi^2}$	$\frac{\pi^2C_v}{4H^2}$	Terzaghi 解
2	向内径向排水固结	$\overline{U_r}=1-e^{-\frac{8C_h}{F(n)d_e^2}t}$	1	$\frac{8C_h}{F(n)d_e^2}$	Barron 解，其中： $d_e=1.128d$（排水体正方形布置） $d_e=1.05d$（排水体正方形布置） d 为排水体间距
3	竖向和向内径向排水固结（地基平均固结度）	$\overline{U_{rz}}=1-(1-\overline{U_r})(1-\overline{U_z})$ $=1-\frac{8}{\pi^2}e^{-\left(\frac{8C_h}{F(n)d_e}+\frac{\pi^2C_v}{4H^2}\right)t}$	$\frac{8}{\pi^2}$	$\frac{8C_h}{F(n)d_e^2}+\frac{\pi^2C_v}{4H^2}$	$F(n)=\frac{n^2}{n^2-1}\ln n-\frac{3n^2-1}{4n^2}$ $n=\frac{d_e}{d_w}$（d_w 为排水体直径，为塑料排水板时 $d_w=7\sim10$cm）
4	竖向排水体未贯穿受压土层的平均固结度	$\overline{U}=Q\overline{U_{rz}}+(1-Q)\overline{U_z}$ $=1-\frac{8Q}{\pi^2}e^{-\frac{8C_v}{F(n)d_e^2}t}$	$\frac{8Q}{\pi^2}$	$\frac{8C_v}{F(n)d_e^2}$	$Q=\frac{H_1}{H_1+H_2}$ H_1 为排水体长度；H_2 为排水体以下压缩土层厚度
5	向外径向排水固结（$\overline{U_r}>60\%$）	$\overline{U_r}=1-0.692e^{-\frac{5.78C_h}{R^2}t}$	0.692	$\frac{5.78C_h}{R^2}$	R 为土柱体半径
6	普遍表达式	$\overline{U}=1-\alpha e^{-\beta t}$			

注：C_v 为竖向固结系数，$C_v=\frac{k_v(1+e)}{a\gamma_w}$；$C_h$ 为径向固结系数，$C_h=\frac{k_h(1+e)}{a\gamma_w}$；$d_e$ 为单个竖向排水体有效影响范围的直径；d_w 为竖向排水体直径（塑料排水板采用换算直径，取 $d_w=7\sim10$cm，因为施工经验表明砂井直径不能小于 7cm）；H_1 为竖向排水体长度；H_2 为竖向排水体以下压缩土层厚度。

2. 逐渐等速加荷条件下地基平均固结度的计算

以上计算固结度的理论公式都是假定荷载是一次瞬间施加的。实际工程中，荷载总是分级逐渐施加的。因此，根据上述理论方法求得固结度—时间关系或沉降—时间关系都必须加以修正。修正的方法有改进的太沙基法和改进的高木俊介法。

（1）改进的太沙基法

对于逐渐等速加荷的情况，改进的太沙基方法假定如下：

①每一级荷载增量 Δp_i 所引起的固结过程是单独进行的，与上一级荷载增量所引起的固结度完全无关；

②总固结度等于各级荷载增量作用下固结度的叠加；

③在每一级荷载增量 Δp_i 在等速加荷经过时间 t 的固结度与在 $t/2$ 时的瞬时加荷的固结度相同，也即计算固结的时间为 $t/2$；

④在加荷停止以后，在恒载作用期间的固结度，即时间 t 大于 t_i（此处 t_i 为 Δp_i 的加荷期）时的固结度和在 $t_i/2$ 瞬时加荷 Δp_i 后经过时间 $(t-\frac{t_i}{2})$ 的固结度相同；

⑤所算得的固结度仅是对本级荷载而言，对总荷载作用下的固结度还要按分级荷载的比例进行修正。

由此可得到逐渐多级等速加荷条件下地基平均固结度计算公式：

$$\overline{U_t'}=\sum_{i=1}^{n}U_t\left(t-\frac{t_i+t_{i-1}}{2}\right)\frac{\Delta p_i}{\sum\Delta p} \tag{7-1}$$

式中：$\overline{U_t'}$——t 时逐渐多级等速加荷的地基平均固结度；

U_t——瞬时加荷时地基的平均固结度；

t——计算时的时间(s)；

t_{i-1}、t_i——分别为各级等速加荷的起点和终点时间，当 t 在某一级等速加荷的过程中时，设 $t_i=t$；

Δp_i——第 i 级等速加荷的荷载增量，当 t 在某一级等速加荷的过程中时，该点的荷载增量(kPa)；

$\sum\Delta p$——n 级荷载的累加(kPa)。

(2)改进的高木俊介法

该法是高木俊介根据 Barron（巴隆）砂井地基理论解，考虑变速加荷，砂井地基在辐射向和垂直向排水条件下，推得对平均固结度的修正公式。

$$\overline{U_t'}=\sum_{i=1}^{n}\frac{q_n'}{\sum\Delta p}\left[(T_n-T_{n-1})-\frac{\alpha}{\beta}e^{-\beta t}(e^{\beta T_n}-e^{\beta T_{n-1}})\right] \tag{7-2}$$

式中：$\overline{U_t'}$——t 时逐渐多级等速加荷修正后的地基平均固结度；

$\sum\Delta p$——各级荷载的累计值(kPa)；

q_n'——第 n 级荷载的平均加荷速率(kPa/d)；

T_{n-1}、T_n——各级等速加荷的起点和终点时间（从零点起算），当计算某一级等速加荷的过程中时间 t 的固结度时，则 T_n 改为 t。

改进的高木俊介法特点是不需要求得瞬时加荷条件下地基固结度，再根据荷载情况进行修正，而是将两者合并计算出修正后的平均固结度。

(3)两种方法的比较

改进太沙基法和改进的高木俊介法实质上没有区别，所得计算结果相差无几。两者采用固结度的函数一样，加荷过程也都简化成直线形式，这样高木俊介法用积分处理的意义就不大了。相比之下，改进的太沙基法计算过程简单，易于掌握。

二、影响打设竖向排水体地基固结度计算的几个问题

1. 关于初始孔隙水压力

上述计算砂井固结度的公式，都是假设初始孔隙水压力等于地面荷载强度；而且假设在整个砂井地基中应力分布是相同的。只有当荷载面的宽度足够大时，这些假设才与实际基本符合。一般认为当荷载面的宽度等于砂井的长度时，采用这样的假设其误差就可忽略不计。

2. 固结系数的测定

工程实践表明：预压处理的黏性土层，大多具有层状特征，且黏土层间往往夹有薄层粉

土或粉细砂(黏性土层的水平向渗透系数远大于竖直向渗透系数,有时可大几个数量级)。从钻孔中取的土样做常规固结试验时,其排水过程与水平层理正交,所得到的固结系数远低于现场平均固结系数,用它进行砂井设计,砂井间距比实际需要小得多,因此,有条件时最好现场测定固结系数。现场施工过程中,也可根据沉降观测和孔隙水压力量测来反算固结系数。

当软土层中有足够小间距的粉细砂或粉土连续夹层时,若仍然加设竖向排水体或其间距较小,则常常会大大降低它们的实际效用。一般情况下,当拟采用竖向排水体时,应进行充分的地质勘探工作,如土层的连续取样、原位渗透试验、室内固结试验。

3. 关于土体扰动的涂抹作用(Swear Effect)

在排水板打设过程中,由于打设机械的影响,会对排水板周围土体产生一定的扰动,并在排水板周围形成涂抹区。涂抹区产生的原因主要有二:一是靠近排水板周围土体,由于机械的影响,土体结构将完全破坏,导致水平向的渗透系数的大幅下降;二是由于排水板打设是一个相对较快的过程,在打设过程中,必然使周围土体中产生较高的超静孔隙水压力,土体中的超静孔隙水压力消散导致土体固结,孔隙比减小,使得涂抹区土体的渗透系数下降。涂抹区的范围主要取决于钻机钻头的尺寸和截面形状。大多数学者倾向于涂抹区直径为打设钻机钻头直径的2~3倍,但对于涂抹区渗透系数以及沿径向的变化,仍存在一定争议。

涂抹区相当于在砂井(塑料板)周围形成了一个渗透性比周围土体渗透性低的土管,阻碍了排水,也降低了固结速率。Barron(1947)认识到了这个问题,但没有解决方案,Richart(1959)、Berry 和 Wilkinson(1969)在理论上有了解决方案。

4. 关于井阻作用(Well Resistance)

在天然地基中打设砂井或塑料排水板,即形成砂井地基。砂井材料的渗透系数一般大于黏土,这正是砂井能够加速软黏土固结的原因所在,但是其值毕竟是有限的,因此地基固结过程中从砂井中通过的水流将受到一定的阻力,这一现象称为井阻作用。从 Barron(巴伦)理论解可得到,当井径比($n=\frac{d_e}{d_w}$,排水体的有效排水直径与排水体直径之比)为7~15,井的有效直径小于砂井深度时其阻力影响很小,由于袋装砂井和塑料排水板井径比一般为15~30,所以井阻作用一般可以忽略。当需要详细设计时,可参考 Barron(1948)、Aboshi(1969)、Yoshikuni 和 Nakanodo(1974)的研究成果。

三、软土强度增长的预估与强度指标选用

1. 软土的天然强度

在地基处理方案确定前,必须对软土地基的原始状态有充分的认识,特别是软土的天然强度。软土的天然强度是指在原状结构、初始应力条件下的强度,通常可以用保持原状结构土的不排水抗剪强度来表示。

(1)软黏土的天然强度的测定

目前常用的测试方法分室内试验和现场试验两种。

现场试验测定软土强度的手段主要是十字板试验,还有静力触探试验。十字板试验是比较好的一种测试方法,测试点位置的应力条件和排水边界条件符合实际情况,土的结构没有破坏,避免了取样扰动的影响,特别对于灵敏度较高的黏土,具有优越性。但十字板试验的深度有限,静力触探试验钻进深度大。

室内试验测定软土的抗剪强度通常是采用无侧限压力仪或三轴仪。室内试验对土样的要求高,为尽量保持土的原状结构,最好由薄壁取土器采样,并由经验丰富的试验人员操作。

无侧限压力仪测得无侧限抗压强度 f_{cu},则土的天然不排水抗剪强度 $c_u=\frac{f_{cu}}{2}$。三轴试验时,若土样破坏时的偏差应力为$(\sigma_1-\sigma_3)$,则土的天然强度 $c_u=\frac{\sigma_1-\sigma_3}{2}$。

(2)软黏土的天然强度的经验公式

交通部第一航务工程勘查设计院结合天津新港软土地基等几个工程提出天然软土的十字板剪切强度 s_u(kPa)与深度 Z(m)的关系

$$s_u=0.304Z+0.2 \quad 相关系数\ R=0.92 \tag{7-3}$$

广东航盛公司总结广珠高速公路西线、北线试验段得出

$$西线:s_u=-1.781+0.063q_c \quad 相关系数\ R=0.81 \tag{7-4}$$

$$北线:s_u=-1.088+0.0518q_c \quad 相关系数\ R=0.94 \tag{7-5}$$

式中:q_c——双桥静力触探锥尖阻力(kPa);

s_u——十字板剪切强度(kPa)。

广东航盛公司总结京珠高速公路灵山试验段得出

$$p_s\leqslant 500\text{kPa}\ 时,s_u=0.386+0.039p_s \quad 相关系数\ R=0.75 \tag{7-6}$$

$$0.5\text{MPa}<p_s<1\text{MPa}\ 时,s_u=0.21+0.04p_s \quad 相关系数\ R=0.78 \tag{7-7}$$

式中:p_s——单桥静力触探比贯入阻力(kPa);

s_u——十字板剪切强度(kPa)。

天津新港软土的十字板剪切强度 s_u(kPa)与静力触探比贯入阻力 p_s(kPa)的关系为

$$s_u=0.4+0.0308p_s \quad 相关系数\ R=0.82 \tag{7-8}$$

铁路部门(1988)提出

$$s_u=3+0.0403p_s \quad (p_s=60\sim 799\text{kPa}) \tag{7-9}$$

胡中雄(2005)还基于三轴不排水剪切结果推导出天然不排水抗剪强度 c_u 与地基上覆有效压力的关系表达式

$$\frac{c_u}{p_0'}=\frac{\sin\varphi'[1-(1-A_f)\sin\varphi']}{1+(2A_f-1)\sin\varphi'} \tag{7-10}$$

式中:p_0'——上覆有效压力;

A_f——土样破坏时的孔隙水压力系数;

φ'——有效内摩擦角。

总结国内外经验,c_u 与 s_u 存在如下关系:

$$c_u=0.9s_u \quad (根据沈永标的研究成果) \tag{7-11}$$

$$c_u=(1.13-0.0075I_p)s_u \quad (I_p<50,根据\ \text{Mesri}\ 的研究成果) \tag{7-12}$$

在软土地基堆载预压处理方案设计中,天然不排水抗剪强度 c_u 是一个重要指标,直接关系到路堤稳定性控制。但在实际操作中,静力触探技术相对容易掌握,而且钻进深度大,速度快。因此在实际工作中,可以静力触探试验为主,辅助以十字板试验,根据两者成果的关系可迅速查明软土层的分布及力学性能,降低勘查成本。

2. 软土的强度增长

软土地基的强度增长与地基的变形是土力学两个非常重要的问题。理论上,软土的强

度增长与土的压密是同时发生的,土的孔隙比减小,密实度增加,颗粒之间的有效应力增加,软土的强度自然增长。强度的增长可以是由两个方面的原因引起的:一是非荷载的原因(如土颗粒间胶结强度的增加——水泥土),二是荷载原因。

(1)非荷载的原因引起软土的强度增长

非荷载因素引起的强度增长的种类很多,例如孔隙水中可溶盐类的析出、土颗粒之间胶结强度的增加、土体失水体积收缩,另外长时期的次固结作用、土体发生徐变也是非常重要的因素(天然状态下,沉积时间长的土层的强度比沉积时间短的土层的强度要高)。

但是非荷载因素引起的土层强度的增长速率是非常缓慢的。由于次固结作用引起的土层的强度增长为

$$q_c = p_0\left(\frac{t_2}{t_1}\right)^R \quad R = C_a/C_c \tag{7-13}$$

式中:q_c——由次固结作用引起的结构强度;

p_0——上覆压力;

t_1——恒压起始或主固结结束的时间;

t_2——整个次固结的时间;

C_c——压缩指数,可由室内试验测定(根据 e-lg$p$ 曲线);

C_a——次固结徐变指数,可由室内试验测定(根据 e-lg$t$ 曲线)。

天然软土的强度是长期缓慢的次固结作用形成的。如广州南沙有大量吹填土,为研究吹填土的填龄与强度的关系,可利用式(7-13)分析。$R=0.0291$,假定 $p_0=160$kPa,主固结完成时间 $t_1=1$d,室内观察次固结时间 $t_2=45$d,则 $q_c=178.7$kPa,强度增长 117%;$t_2=100$d,则 $q_c=182.9$kPa,强度增长 14.3%;$t_2=100000$d(274 年),则 $q_c=223.7$kPa,强度增长 39.8%。

(2)荷载作用下软土的强度增长

在工程实践中,常常需要快速提高软土的强度来满足工程的需要。最有效的办法之一就是通过加荷预压,促使软土固结压密,提高地基的强度。

如果利用地基土的天然抗剪强度不能满足稳定性要求时,则利用土体因固结而增长的抗剪强度是解决问题的途径之一,就是利用先期荷载使地基土排水固结,从而使土的抗剪强度提高以适应下一级加载,同时,随着荷载的增加地基中剪应力也在增大,在一定条件下,由于剪切蠕动有可能导致强度的衰减。因此,地基中某一点的抗剪强度 τ_f 可表示为

$$\tau_f = \tau_{f0} + \Delta\tau_{fc} - \Delta\tau_{f\tau} \tag{7-14}$$

式中:τ_{f0}——地基中某点在加荷之前的天然抗剪强度;

$\Delta\tau_{fc}$——由于固结而增长的抗剪强度增量;

$\Delta\tau_{f\tau}$——由于剪切蠕动而引起的抗剪强度衰减量。

考虑到由于剪切蠕动引起强度衰减部分 $\Delta\tau_{f\tau}$ 目前尚难提出合适的计算方法,可考虑使用一折减系数,即

$$\tau_f = \eta(\tau_{f0} + \Delta\tau_{fc}) \tag{7-15}$$

$$\tau_{f0} = c_u + p_0\tan\varphi_u$$

式中,η 是考虑剪切蠕变引起及其他因素对强度影响的一个综合性的折减系数,与地基土在附加剪应力作用下可能产生的强度衰减作用有关,根据国内有些地区实测反算的结果,一般 $\eta=0.75\sim0.90$。c_u 为不排水剪强度,p_0 为自重应力。

加荷过程中地基土强度增长的确定,可采用试验法、有效应力指标计算法和固结度计算

方法。工程中常用的是现场十字板剪切试验，这是最直接准确的方法。用有效应力指标计算法，必须掌握地基土内各点孔隙水压力值，如果在施工中能有条件实测孔隙水压力，采用有效强度指标计算强度增长也是一个较可靠的方法。但上述两种方法都需具备实施的条件，故目前工程中常用固结度方法。

正常固结饱和黏性土的总应力指标抗剪强度表达式为：

$$\tau_f = \sigma' \tan\varphi_{cu} \tag{7-16}$$

式中：φ_{cu}——土的有效内摩擦角（正常固结饱和黏性土的 $c' \approx 0$）；

σ'——剪切面上法向有效应力。

因此，由于地基土固结而增长的强度为：

$$\Delta\tau_{fc} = \Delta\sigma' \tan\varphi_{cu} = (\Delta\sigma - \Delta u)\tan\varphi_{cu} \tag{7-17}$$

式中：$\Delta\sigma$——给定点由外荷载引起的附加应力增量；

Δu——相应点的孔隙水压力增量。

式 (7-17) 可近似表示为：

$$\Delta\tau_{fc} = \Delta\sigma U_t \tan\varphi_{cu} \tag{7-18}$$

式中：U_t——给定时间，给定点的固结度，可取土层的平均固结度。

则

$$\tau_f = \eta(\tau_{f0} + \Delta\sigma U_t \tan\varphi_{cu}) \tag{7-19}$$

或

$$\tau_f = \eta[\tau_{f0} + (\Delta\sigma - \Delta u)\tan\varphi_{cu}] \tag{7-20}$$

若采用有效强度指标，则强度变化为：

$$\Delta\tau_{fc} = k \cdot \Delta\sigma_1 U_t \qquad k = \frac{\sin\varphi'\cos\varphi'}{1 + \sin\varphi'} \tag{7-21}$$

$$\tau_f = \eta(\tau_{f0} + \Delta\tau_{fc}) = \eta k(\sigma_1' + U_t \cdot \Delta\sigma_1) \tag{7-22}$$

式中：$\Delta\sigma_1$——大主应力增量。

3. 软土的抗剪强度指标的测定方法及相互关系

影响土的抗剪强度的因素复杂：一是从土本身而言，与土的矿物成分、粒度成分、结构构造与沉积历史等有关；二是与土的排水固结条件有关。实际工程中，应按不同的工程性质和构筑物的受力条件来选择抗剪强度或其他强度指标。

在软土地基处理设计中，如何准确测定土的强度及强度指标非常重要。《建筑地基基础设计规范》（GB 50007—2011）明确指出：土的抗剪强度指标，可采用原状土室内剪切试验（包括直剪试验、三轴剪切试验）、无侧限抗压强度试验（无侧限压缩试验）、现场剪切试验（含十字板剪切试验）等方法测定。

三轴试验是目前最为理想的室内试验方法。在有条件的情况下，应尽量采用三轴试验的指标，包括 3 类试验方法：不排水剪（UU）、固结不排水剪（CU）、排水剪（CD），对应的强度指标为：c_u，$\varphi_u = 0$；c_{cu}，φ_{cu}，c'（正常固结黏土 $c' \approx 0$），φ'；$c_d \approx c'$（正常固结黏土 $c' \approx 0$），$\varphi_d \approx \varphi'$。排水试验很费时间，所以常用固结不排水试验测定孔隙水压力的方法求取 c'、φ' 比较简单。

直剪试验不能控制排水条件，使用直剪试验指标时应考虑实际工程中的具体排水条件。直剪试验的快剪、固结快剪、慢剪对应三轴试验的不排水剪（UU）、固结不排水剪（CU）、排水剪（CD），相应的强度指标为：c_q，$\varphi_q \approx 3°$（考虑排水的原因）；c_{cq}，φ_{cq}；c_s，φ_s（由于试验方法的原因，c_s，φ_s 一般略高于 c'、φ'，常乘以 0.9 的折减系数）。

四、软土地基最终沉降量计算理论

1. 土的压缩性

研究土的压缩性,主要目的是研究地基的沉降。土的压缩性指标可通过室内或现场试验测定。表示土的压缩性的指标有压缩系数 a,压缩指数 C_C,侧限压缩模量 E_s,变形模量 E_0,土的应力历史的指标是超固结比 OCR。上海淤泥质黏土的压缩指数 C_C 与天然孔隙比 e 和天然含水率 w_0 之间的关系为:

$$c_c = 0.598(e_0 - 0.575), \quad 均方差为0.066 \tag{7-23}$$

$$c_c = 1.843(w_0 - 0.222), \quad 均方差为0.064 \tag{7-24}$$

$$c_c = 0.46(e_0 - 0.4), \quad 日本经验公式 \tag{7-25}$$

室内试验由于所受的干扰因素较多(取土、试验扰动),不能全面反映实际情况,必要时可通过现场荷载试验方法测定地基土的变形性质。浅层荷载试验所求得的地基变形变形模量为:

$$E_0 = I_0(1 - \mu^2)pd/s \tag{7-26}$$

式中:E_0——地基土的变形模量(kPa);

I_0——荷载面积形状系数,对于圆形承压板 $I_0 = 0.79$,对于方形承压板 $I_0 = 0.88$;

μ——土的泊松比,可近似采用:砂土为 0.2 ~ 0.3,黏性土为 0.4 ~ 0.5;

p——承压板底面的压力(kPa);

d——圆形承压板的直径,或方形承压板的边长;

s——相应于荷载的沉降,地基极限状态时 $s = 0.02d$。

在钻孔中进行的深层荷载试验所求得的地基变形模量为:

$$E_0 = \omega pd/s \tag{7-27}$$

式中:ω——与试验深度和与土类有关的系数,可按表 7-2 取值。

深层荷载试验计算系数 ω 的取值 表 7-2

土类 \ d/z	0.30	0.25	0.20	0.15	0.10	0.05	0.01
粉土	0.491	0.482	0.474	0.457	0.448	0.439	0.431
粉质黏土	0.515	0.506	0.497	0.479	0.470	0.461	0.452
黏土	0.524	0.514	0.505	0.487	0.478	0.468	0.459

注:表中为承压板直径与承压板底面所在深度之比。

按照弹性理论,地基变形模量 E_0 与有侧限压缩模量 E_s 存在如下关系:

$$E_0 = \beta E_s = \left(1 - \frac{2\mu^2}{1 - \mu}\right)E_s \tag{7-28}$$

式中,μ 为泊松比($\mu = 0 \sim 0.5$),则 $E_0 < E_s$。但是,由于地基土不是完全弹性体,E_0 与 E_s 的客观关系非常复杂。有资料统计表明,我国有关 E_0 与 E_s 的比值见表 7-3。

全国性 E_0/E_s 调查统计表 表 7-3

土 的 类 别	E_0/E_s		频 数
	平均值	一般变化范围	
老黏土	2.11	1.45 ~ 2.80	13
红黏土	2.36	1.04 ~ 4.87	29

续上表

土的类别		E_0/E_s		频数
		平均值	一般变化范围	
一般黏性土	$I_p>10$	1.35	1.60～2.80	84
	$I_p<10$	0.98	0.54～2.68	21
新近沉积黏性土		0.93	0.35～1.94	25
淤泥及淤泥质黏土		1.90	1.05～2.97	25

2. 软土地基三类沉降的计算方法

软土地基的沉降从机理上来分析，是由瞬时沉降、固结沉降和次固结沉降组成的。事实上，这三种沉降并不能截然分开，而是交错发生的，只是在某一阶段以某一种沉降变形为主而已。但是在工程设计时往往由分层总和法求得主固结沉降后，再用沉降修正系数加以修正得到最终沉降。

地基的最终沉降计算公式为：

$$S_{\infty}=S_d+S_c+S_s \tag{7-29}$$

式中：S_{∞}——地基最终沉降；

S_d——地基的瞬时沉降（亦称初始沉降）；

S_c——地基的固结沉降（亦称主固结沉降）；

S_s——地基的次固结沉降（亦称蠕变沉降）。

1）瞬时沉降

瞬时沉降是在加荷瞬间，土中孔隙水来不及排出，孔隙体积没有变化即土不产生体积变化，但荷载使土产生剪切变形。对于严格的土体一维变形情况，瞬时沉降很小；当土体完全饱和时，由于土中水及土颗粒本身的变形可忽略不计，故瞬时沉降接近于零。对于土体的二维（平面应变）或三维变形情况，则瞬时沉降在地基总沉降量中占有相当大的比例。瞬时沉降与加荷方式和加荷速率有很大的关系，如采用瞬时一次加载方式时，地基的瞬时沉降比均匀慢速加载的情况要大得多。这主要是由于在不同增量加载的时刻，土中有效应力随着土体的固结而增大，土体的变形模量也相应增大。

瞬时沉降包括两部分：一部分是由地基的弹性变形产生的；另一部分则由地基塑性区开展所产生的侧向剪切位移而引起的。目前，对于瞬时沉降的计算针对前一部分，后一部分至今没有令人信服的计算方法。第一部分变形一般根据土体的不排水变形模量按线弹性理论计算，但由于室内试验的局限性，所得到的不排水变形模量一般只有现场试验所得模量的1/3～1/2，因此在实际工程设计时 S_d 较难确定。在国内的工程设计中，瞬时沉降的影响通常用经验系数 m_d 对固结沉降 S_c 进行修正，广东珠江三角洲地区为 $S_d=0.2\sim0.4S_c$。

这里列出日本根据名神、东名高速公路得出的计算瞬时沉降的经验公式如下（供参考）：

$$S_d=A\cdot\gamma\cdot h/100 \tag{7-30}$$

式中：S_d——瞬时沉降（cm）；

A——地基的变形系数，$A=12.4-0.44E$（cm^3/g）；

E——由无侧限抗压强度试验得到的 $E50$ 的平均值，计算时取深度 30m；

h——路堤高度（cm）；

γ——路堤材料密度（g/cm^3）。

2)次固结沉降

次固结沉降是影响路堤工后沉降的重要因素,可按时间—压缩曲线上主固结完成后的曲线斜率近似求得,按《公路路基设计规范》(JTG D30—2004),具体采用以下公式:

$$S_s=\sum_{i=1}^{n}\frac{c_{ai}}{1+e_{1i}}\lg\left(\frac{t_2}{t_1}\right)h_i \tag{7-31}$$

式中:c_{ai}——用孔隙比变化计算时各软土层的次固结系数,$c_{ai}=\frac{e_1-e_2}{\lg t_2-\lg t_1}$;

e_1,e_2——孔隙比与时间(对数)曲线尾端直线上两点的孔隙比;

t_1,t_2——相应于孔隙比 e_1,e_2 的时间;

h_i——各土层厚度(m)。

3)一维固结沉降

路堤总沉降中,主固结沉降占主导地位,采用分层总和法计算。分层总和法就是将地基分为若干层,求出每一分层的压缩量,然后将各层的压缩叠加起来,就得到地基的总沉降,其基本假定是不计侧向变形,但由于该法所需计算参数较少,计算过程简洁,故被设计单位和施工单位广泛采用。具体有以下三种计算方法:

(1)用 e-p 曲线计算主固结沉降

$$S_c=\sum_{i=1}^{n}\frac{e_{0i}-e_{1i}}{1+e_{0i}}\Delta h_i \tag{7-32}$$

式中: n——地基沉降计算分层层数;

Δh_i——地基沉降计算分层第 i 层计算分层厚度;

e_{0i}——地基中第 i 层分层中点,在自重应力作用下稳定时的孔隙比;

e_{1i}——地基中第 i 层分层点中点,在自重应力作用与附加应力共同作用下稳定时的孔隙比。

(2)用压缩模量(E_s)计算主固结沉降:

$$S_c=\sum_{i=1}^{n}\frac{\Delta p_i}{E_{si}}\Delta h_i \tag{7-33}$$

式中:E_{si}——压缩模量;

Δp_i——地基中各分层中点的附加应力增量;

Δh_i——第 i 层分层厚度。

(3)用 e-$\lg p$ 曲线计算主固结沉降

天然土层的状态有超固结状态、正常固结状态、欠固结状态等三种。从地质学角度看,大部分软黏土可看做是正常固结土。但实际上就其天然状态而言,一般土层、尤其是表土层常表现出微超固结土的特征。地下水位变化、次固结或表土层风化、土中水的蒸发和被植物根系吸收等因素均会使土层形成超固结状态,但这些因素仅限于表层土。欠固结土在珠江三角洲也比较普遍,尤其在广州南沙(如龙穴岛)、深圳港口等沿海围海造田地区。

先期固结压力 p_c 的确定一般采用 1936 年卡萨格兰德提出的方法,具体参见有关的土力学教材。根据土的固结状态来选择以下方法计算主固结沉降。

①正常固结、欠固结条件下($p_c \leqslant p_0$)

$$S_c=\sum_{i=1}^{n}\frac{\Delta h_i}{1+e_{0i}}C_{ci}\lg\left(\frac{p_{0i}+\Delta p_i}{p_{ci}}\right) \tag{7-34}$$

式中：C_{ci}——土层的压缩指数；

p_{0i}——地基中各分层中点的自重应力；

p_{ci}——第 i 分层前期固结压力，正常固结时，$p_{ci}=p_{0i}$。

②超固结条件下($p_c>p_0$)

当应力增量 $\Delta p>p_c-p_0$ 时，

$$S_c=\sum_{i=1}^{n}\frac{\Delta h_i}{1+e_{0i}}\left[C_{si}\lg\left(\frac{p_{ci}}{p_{0i}}\right)+C_{ci}\lg\left(\frac{p_{0i}+\Delta p_i}{p_{ci}}\right)\right] \tag{7-35}$$

当应力增量 $\Delta p\leqslant p_c-p_0$ 时，

$$S_c=\sum_{i=1}^{n}\frac{\Delta h_i}{1+e_{0i}}\left[C_{si}\lg\left(\frac{p_{0i}+\Delta p_i}{p_{ci}}\right)\right] \tag{7-36}$$

式中：C_s——回弹指数。

e-lg$p$ 法考虑了应力历史对沉降的影响，在一定程度上比其他两种方法优越，这是一个很大的改进。该法对正常固结、超固结和欠固黏性土可分别对待，但在公路工程实用计算中，该法应用不广，这主要存在以下限制：

①沉降修正系数的累计还不完善，给计算带来困难；

②对沿海三角洲地区常见的结构性准(微)超固结土，先期固结压力较难通过试验准确测定，在沉降计算中不易掌握；

③室内土工试验需测定压缩土层范围内所有软土的压缩指数和回弹指数，这对于长达数十公里长的公路软基来说是不现实的，不符合经济性的原则。

在实际工程设计时，按理论计算方法求得沉降后，根据具体的工程地质条件与工程条件对最终沉降 S_∞ 的计算结果进行修正，修正方法如下：

$$S_\infty=mS_c \tag{7-37}$$

式中，m 为地区性经验系数，与地基条件、荷载强度、加荷速率等因素有关。后面将对此进行具体讨论。

4)三维固结沉降

单向分层总和法属一维压缩计算方法，它与实际的差别在于不考虑侧向变形，沉降计算结果偏小，偏于不安全。三维沉降计算方法考虑了地基的侧向变形因素，计算结果更为准确。

典型的三维固结沉降计算方法是弹性理论法。这类方法国内外学者提出的计算公式较多，黄文熙提出：

$$S_c=\sum\left\{\frac{1}{1-2\mu}\left[(1+\mu)\frac{\sigma_2}{\Theta}-\mu\right]\frac{e_0-e_1}{1+e_0}\Delta h\right\} \tag{7-38}$$

式中：e_0——天然土的孔隙比；

e_1——加荷后土的孔隙比；

μ——土的泊松比；

Θ——三个方向应力和，$\Theta=\sigma_x+\sigma_y+\sigma_z$。

3. 计算压缩层厚度及路堤底面附加应力的确定

通常可以根据以下两个条件来确定计算压缩层厚度。

(1)以压缩层底部 1m 的压缩量不超过压缩层范围内总压缩量的 0.025 来控制：

$$\Delta S_n=0.025\sum_{i=1}^{n}S_i \tag{7-39}$$

式中：ΔS_n——压缩层底部1m范围土层的压缩量。

(2)以附加应力 Δp 与自重应力 p_0 的比值来确定：

$$\Delta p/p_0 \leqslant 0.1 \sim 0.2 \tag{7-40}$$

各地高等级公路软基沉降量计算表明，以 $\Delta p/p_0 \leqslant 0.1$ 控制的计算压缩层厚度，大约为路堤填筑高度的10倍。规范（JTG D30—2004）建议以 $\Delta p/p_0 \leqslant 0.15$ 来确定计算压缩层厚度，则大约为路堤填筑高度的8.5倍。

计算压缩层厚度是工程界一直关注并有争议的问题，实际上也关系到软土处理深度的合理性问题。像珠江三角洲一带有厚达30～40m的软土地基，按照一般规定则需要将软土层进行全部处理，但限于施工条件及目前的地基处理水平，还很难满足要求。观察珠江三角洲公路软土地基处理工程中地基深部土体的应力、应变及宏观效果，只要路堤不太高，采用"悬式"（10～25m深）袋装砂井或塑料排水板加固处理是可行的。

确定了计算压缩层厚度后，应进行沉降计算分层。为使得沉降计算比较准确，需考虑以下几个方面：

(1)地质剖面图中，不同的土层的分界面应设为分层面；

(2)地下水面应设为分层面；

(3)路堤底面附近因附加应力较大，且附加应力曲线梯度变化也大，分层厚度应尽量的小。

路堤底面附加应力 p 为：

$$p=\begin{cases} h\gamma + h_e\gamma & \text{路堤中段荷载} \\ \gamma(h/B_b)x & \text{路堤边坡荷载} \end{cases} \tag{7-41}$$

式中：γ——路堤填土重度，可取18.0～19.5kN/m^3；

B_b——路堤边坡宽度，高等级公路边坡一般为1:1.5，则 $B_b=1.5h$；

x——从坡脚到荷载计算点的距离，$x=0\sim B_b$；

h_e——等量交通荷载填土高度，一般折算为0.8m厚填土计算。

第二节　堆载预压设计流程与所需资料

一、堆载预压设计流程

在软土地基上修建工程需要考虑的问题因工程的规模和性质、地基土层的厚度和土的物理力学性质等而异，因而在进行软基加固设计时，要对各项因素进行充分的调查研究，在此基础上，拟定几种软基加固方案，进行技术和经济比较，综合地予以评价，确定最优的软基加固方案。具体的设计内容与步骤因所采用的软土地基加固方法不同而有所不同。当进行堆载预压法加固软基设计时，可按图7-1设计流程进行。

因此，堆载预压法处理软土地基设计的内容为：

(1)根据软土地基的岩土工程特征（包括土层分层、软土厚度、排水条件等），确定是否采用砂井或塑料排水带处理，若采用，则应确定其断面尺寸、间距、排列方式、打设深度。

(2)根据公路等级，确定预压区的范围，并确定预压荷载大小、荷载分级、加载速率和预压时间。

(3)根据地基条件和工程条件，计算地基土不同时段的固结度、强度增长、路堤稳定性、

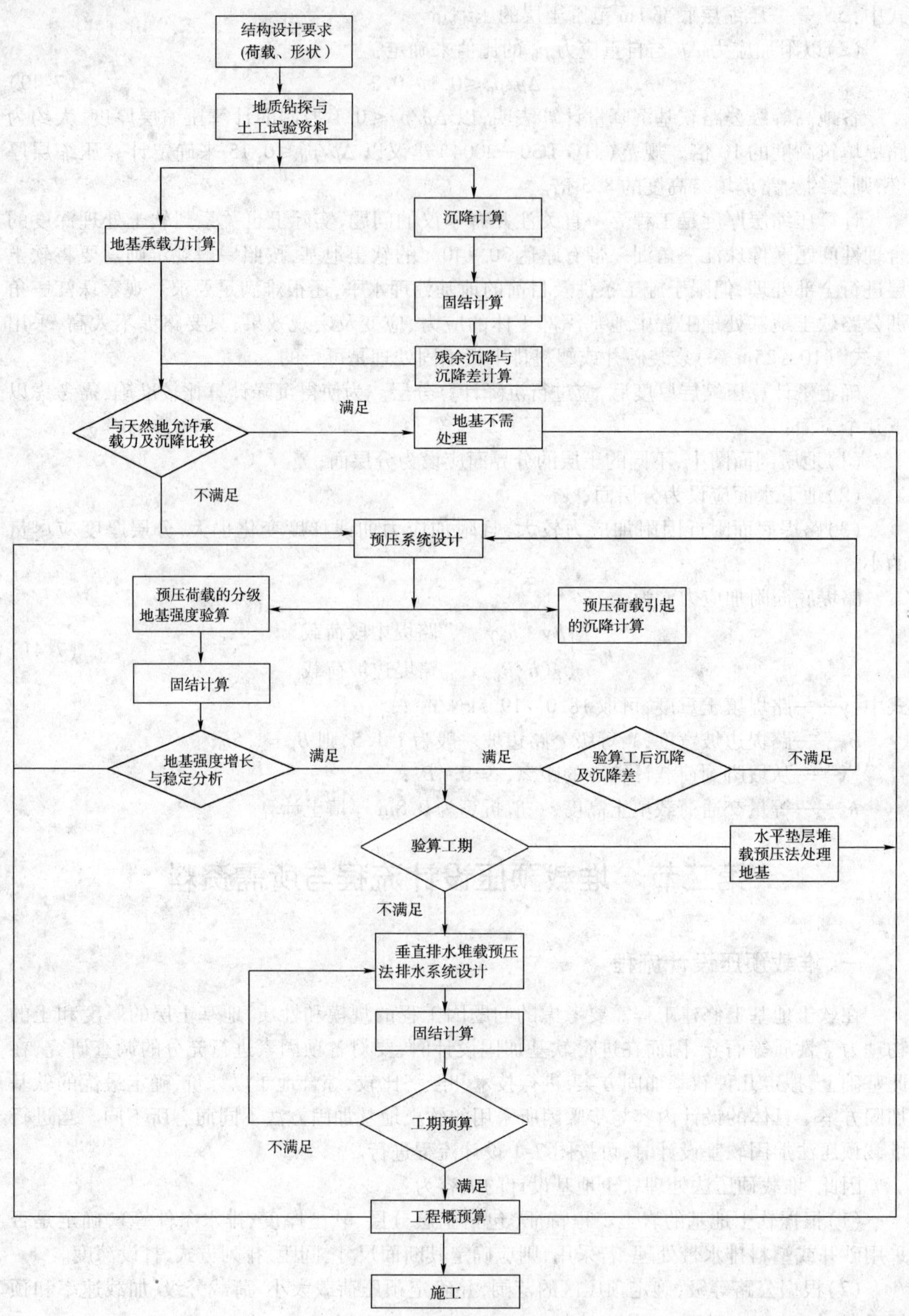

图 7-1　堆载预压设计流程图

地基变形(含理论最终沉降)。

二、设计前所需收集的资料

堆载预压法加固软土地基设计时需要三方面的资料:

(1)结构设计与使用要求方面的资料:结构设计方案,基底的荷载,对沉降(包括工后沉降和沉降差)的要求。

(2)工程地质方面的资料:地质钻探孔位置及土层柱状图,土工试验资料。对软土除要掌握常规土的物理力学指标以外,特别要注意与土的固结性能有关的土性,如土的成因、层理、砂夹层,地下水及其补给情况,应力历史与应力水平,现场实测固结系数,先期固结压力,十字板强度指标等。

(3)施工条件:工程对工期的要求,施工期要求完成的固结度,砂石来源与供应情况,工程地理环境与自然条件。

第三节　预压系统设计

一、堆载预压路堤设计

作为堆载预压或超载预压的堆载物以路堤填料为宜。路堤填料原则上应选择能保证压实度要求的材料,如黏性土、粉性土、中粗砂以及人工配制的轻质土。对于超载材料,可以是固体材料,也可以是液体材料(如水)。由于超载材料需卸走,因此应从可操作性、经济性和对周围环境的影响等几方面加以考虑。软土地基下沉后,其上路堤的高度、宽度及边坡均会发生变化,设计时应予以考虑。

1. 路堤的高度

软土地基上路堤填筑的高度也就是预压路堤填土的设计高度,它必须保证预压结束地基下沉后地面以上的路堤高度不小于路基设计高度。采用超载预压处理时,还要高出设计高度相当一部分;路面施工前,将移去路槽底面以上的预压土方。

由于预压过程中地基的下沉,路堤的实际填筑高度(预压填土高度)要大于路堤的设计高度,实际路堤填筑高度应等于路堤设计高度与预压期间的沉降量之和。由于路面结构层材料与路堤填料的单位质量不同,在用填料预压时应考虑这一因素。

软土路堤的计算高度,一般以设计路肩高程减去原地面高程,同时考虑路肩以上静活载换算高度或者预压的高度。但是,对于大变形问题,软土路基坡脚沉降都很大,因此计算高度应适当考虑坡脚沉降量,否则变形计算误差太大(图7-2)。其近似计算方法如下:

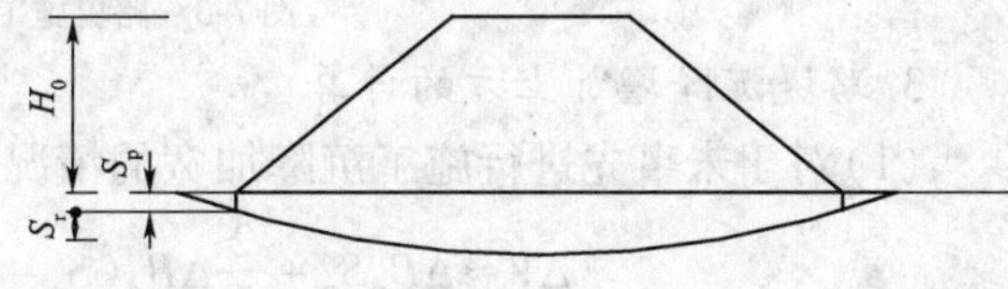

图7-2　路堤计算高度的修正

$$H = H_0 + S_p + S_r \tag{7-42}$$

式中:H——修正计算高度;

H_0——相对原地面的设计计算高度;

S_p——预压期末路堤坡脚处的沉降,可近似通过 H 及 $H_0 + S_p$ 迭代计算两次求得;

S_r——路堤填筑到设计高程时,坡脚地面高程以下路堤填料按重力密度换算的平均厚度。一般 S_r 不大，可忽略不计。

2. 路堤施工沉降加宽

对于路堤施工沉降加宽，《公路路基施工技术规范》(JTG F10—2006) 建议预先将坡脚放大一些。对于坡脚无沉降或沉降较小时，这样处理尚可，而对于坡脚沉降较大的情况，则必须预先在坡脚加宽，见图7-3。

每侧坡脚加宽：

$$\Delta B_p = mS_p \tag{7-43}$$

每侧路肩加宽：

$$\Delta B_j = m_1 \cdot S_j \tag{7-44}$$

加宽后坡率：

$$m_1 = \frac{(H_0 + S_p)m}{H_0 + S_j} \tag{7-45}$$

式中：S_p——路堤坡脚处预压期末的沉降量；

S_j——路堤路肩处沉降，$S_j = S_z + S_{py}$；

S_z——路堤中心处预压期末的沉降量；

S_{py}——修筑路堤坡脚处沉降量；

m——路堤设计坡率(为节约土地资源，通常路堤设计坡率 $m = 1:1.5$，而不采用1:2)；

m_1——路堤修筑边坡坡率(预压路堤边坡坡率要陡于设计值，施工中务必加强路基稳定观测)。

由于实际填筑速率常发生变化，路肩沉降不易事先预计准确，为简化起见，可根据坡脚沉降加宽值按设计坡率平行加宽，这样做(路堤上部多加部分荷载)对减小后期沉降也有利。

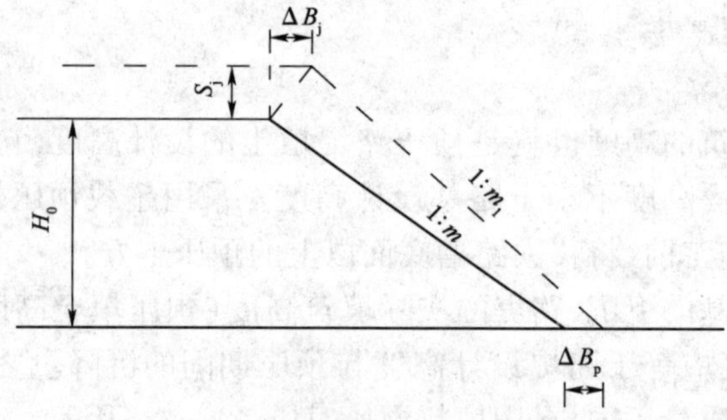

图7-3　路堤施工沉降加宽示意图

3. 路堤沉降增加土方的计算

(1) 对于未事先进行施工沉降加宽的情况：

$$\Delta V \approx \Delta B_p S_p + \frac{2}{3}\Delta B_p (S_z - S_p) \approx \frac{1}{3}\Delta B_p S_p + \frac{2}{3}\Delta B_p S_z \tag{7-46}$$

式中：ΔB_p——路堤基底加宽；

S_z——路堤中心处预压期末的沉降量。

(2) 对于事先进行施工沉降加宽的情况：

$$\Delta V \approx \frac{2}{3}\Delta B_p \cdot S_z \tag{7-47}$$

式中：ΔB_p——路堤基底加宽，含施工沉降加宽。

二、分级施工预压设计

分级施工预压是以路堤填土本身的重量有控制地分级逐级加载,逐渐增加软土的抗剪强度,避免地基因发生过大塑性变形而失稳,使加载速度与地基土的强度增长速度相适应,从而安全填筑到设计高度。计算强度增量时,需考虑由于土体剪切蠕变而引起强度的衰减。具体计算时,可先拟定一加荷计划(参见薄层轮加法章节),验算地基的稳定性和沉降。

1.分级施工预压设计步骤

(1)计算路堤的极限填土高度

当路堤的设计高度超过极限高度时,路基应进行加固处理。极限高度的大小,取决于地基的特性及填料的性质。一般软土地区路堤的极限高度为3~5m,但广东珠江三角洲软土地区极限高度很多小于3m(如广珠西线高速、京珠高速灵山试验段等为2~2.5m)。

在设计时,根据软土的天然抗剪强度,计算路堤的极限高度(第一级容许施加的荷载p_1),计算公式应用总应力法,采用极限平衡理论的圆弧法,将滑动体划分为若干条带进行计算,计算式为

$$F=\frac{\sum S_{\mathrm{i}}+\sum(S_{\mathrm{j}}+P_{\mathrm{j}})}{P_{\mathrm{T}}} \tag{7-48}$$

式中:各符号意义同《公路路基设计规范》(JTG D30—2004)。

极限填土高度计算结果的准确性取决于土体抗剪强度的选用。地基的抗剪强度τ(天然十字板抗剪强度),或采用直剪快剪强度指标,路堤填料抗剪强度采用直剪快剪指标c_{q}、φ_{q}。室内测定软土的抗剪强度,由于受取土、运输、切样、试验过程的扰动等因素的影响,测定结果离散性较大,对高含水率、高灵敏度的结构性较强的土,结果往往失真。十字板剪切强度能较真实反映地基软土的天然强度,建议采用十字板强度的小值平均值。

对于均质厚层软土地基,可根据斯开普敦(skempton)公式估算:

$$H_{\mathrm{c}}=N_{\mathrm{c}}\frac{C_{\mathrm{q}}}{k\gamma} \tag{7-49}$$

式中:H_{c}——极限填土高度(m);

N_{c}——承载力因素,一般$N_{\mathrm{c}}=5.14\sim6.0$;

C_{q}——软土的快剪黏聚力,可用十字板剪切强度(kPa);

γ——填土的重度(kN/m^3);

K——安全系数,可取1.3~1.5。

当地基表层硬壳层较厚(大于1.5m)时,考虑其应力扩散与提高承载力作用,极限填土高度作如下调整:

$$H_{\mathrm{c}}=N_{\mathrm{c}}\frac{C_{\mathrm{q}}}{k\gamma}+0.5h_{\mathrm{h}} \tag{7-50}$$

式中:h_{h}——地基表层硬壳层厚度;

其他符号意义同前。

(2)计算第一级荷载p_1作用下地基强度增长值,计算时点通常为固结度达到70%。计算方法可利用关于软土在荷载作用下强度增长规律的有关公式。

(3)计算第一级荷载p_1作用下达到所确定的固结度(一般取70%)需要的时间。达到某一固结度所需要的时间可根据固结度与时间的关系求得,计算方法见固结理论有关的公

式。这一步计算的目的在于确定第一级荷载停歇的时间亦即第二级荷载开始施加的时间。

(4)根据第二步所得到的地基抗剪强度，重复第一步，计算第二级所能施加的荷载 p_2。同样求出在 p_2 作用下达到规定固结度(一般取70%)时的强度以及所需要的时间，然后计算第三级所能施加的荷载，依次可计算出以后各级荷载的大小和停歇时间。至此，可初步确定加荷计划。

(5)按以上步骤确定的加荷计划必须进行地基稳定性验算，即极限高度法不能代替圆弧稳定分析法。如稳定性不能满足要求，则应调整加荷计划。

(6)计算预压荷载下地基的最终沉降和预压期的沉降量，以确定工后沉降量，使其满足路堤允许工后沉降量。必须指出，由于软土的不均匀性和各向异性，参数测定的离散甚至失真，都影响理论设计计算结果的准确性，因此需要根据实际观测数据，推算工后沉降和最终沉降量，具体内容见有关章节。

2. 计算示例

某软土地基的地质资料如下：地面以下15m为高压缩性软土，其下为粉砂层，软土的十字板强度为12kPa，三轴有效强度指标 $c'=10\text{kPa}$，$\varphi'=25°$，竖向固结系数 $C_v=1.0\times10^{-3}\text{cm}^2/\text{s}$，水平向固结系数 $C_r=2.0\times10^{-3}\text{cm}^2/\text{s}$(以上均为平均值)。设计填土高度为7m(填土重度 20kN/m^3)，地基采用袋装砂井处理，袋装砂井的直径为7cm，间距为1.5m，采用三角形排列，砂井长度打到粉砂层。试拟订一个初步加荷计划，并按太沙基修正公式计算施工期末的固结度。

(1)路堤极限高度计算

$$H_c=\frac{5.52c_{uo}}{\gamma}=\frac{5.52\times12}{20}=3.3(\text{m})$$

初步估算时可采用安全系数 $F=1.0\sim1.1$，若采用 $F=1.1$，则路堤极限高为3m，$p_1=3\times20=60\text{kPa}$。

(2)计算固结度 U 达到70%时地基强度增长值

$$k=\frac{\sin\varphi'\cos\varphi'}{1+\sin\varphi'}=\frac{\sin25°\cos25°}{1+\sin25°}=0.27$$

$$\tau_{f1}=\eta(\tau_{f0}+p_1U_tk)=0.9(12+60\times0.7\times0.27)=21(\text{kPa})$$

式中，η 是考虑剪切蠕变及其他因素如剪应力作用下可能产生的强度衰减作用，根据国内有些地区实测反算的结果，η 值为0.75~0.90。如果判定地基土没有强度衰减可能时，则 $\eta=1.0$。

(3)计算可施加的第二级荷载

$$H_{c1}=\frac{5.52\tau_{f1}}{F\gamma}=\frac{5.52\times21}{1.1\times20}=5.27(\text{m})$$

(4)求出 p_2 作用下地基强度的增长值及可施加的第三级荷载 p_3

$$\tau_{f2}=\eta(\tau_{f1}+p_2U_t\text{k})=0.9\times(21+105.4\times0.7\times0.27)=36.8(\text{kPa})$$

$$H_{c2}=\frac{5.52\tau_{f2}}{F\gamma}=\frac{5.52\times36.8}{1.1\times20}=9.23(\text{m})$$

(5)固结度计算

袋装砂井按正三角形排列时，有效排水直径 $d_e=1.05\times150=157.5(\text{cm})$

$$n=\frac{d_e}{d_w}=\frac{157.5}{7}=22.5$$

$$F(n)=\frac{n^2}{n^2-1}\ln n-\frac{3n^2-1}{4n^2}=2.37$$

接着计算当固结度达到70%时所需的时间

$$U_t=1-\frac{8}{\pi^2}e^{-\beta t}=0.7$$

其中：

$$\beta=\frac{8C_r}{F(n)d_e^2}+\frac{\pi^2C_v}{4H^2}=\frac{8\times2\times10^{-3}}{2.37\times157.5^2}+\frac{\pi^2\times1.0\times10^{-3}}{4\times1500^2}$$

$$=2.72\times10^{-7}+1.1\times10^{-9}=2.73\times10^{-7}$$

解得 $t=42$d。

(6)加荷计划及修正后的固结度列于表7-4。填筑速率为20cm/3d。

初步加荷计划　　表7-4

项目 \ 荷载分级	Ⅰ	Ⅱ	Ⅲ	备注
填土高度(m)	3.0	2.27	1.73	
基底压力(kPa)	60	105.4	140	
各级荷载增量(kPa)	60	45.4	34.6	
各级荷载始终时间 t_{n-1},t_n(d)	0~45	65~99	124~150	$t=150$d
$t-\frac{t_{n-1}+t_n}{2}$(d)	127	68	13	
各级荷载下的固结度(%)	95.0	79.8	26.4	
$\frac{p_i}{p_0}$	0.429	0.324	0.247	
修正后的固结度(%)	40.8	25.9	6.5	Σ73.2

计算多级等速加荷条件下地基的平均固结度：

$$U_t'=\sum_{i=1}^{n}U_i\left(t-\frac{t_i-t_{i-1}}{2}\right)\frac{\Delta p_i}{\sum\Delta p}=0.49\times95.0+0.324\times79.8+0.247\times26.4=73.2$$

(7)按圆弧法检验所拟订的加荷计划的安全系数，略。

三、薄层轮加法确定分级加荷计划

在实际施工中，存在着施工安全与施工进度的矛盾，如何在保证路堤稳定的基础上加快施工进度就成了路堤施工的关键。在软弱地基加载过程中，若一次加载过大，超过软基极限承载力，软土地基就会失稳，产生破坏性变形，故软土地基填筑过程中如何加载预压，达到减少填筑时间，争取较长的预压期是软基处理成败的关键。

在软土地基施工中，通过对每层填筑的时间控制，使每层填土厚度与地基因固结而增长的强度匹配起来，就可以连续逐层把路基填至高程而不需要通常采用的加载较大而停载较长的方法，对于大型工程，可以分为多个工作面，使某一工作面停载进行检测及等待强度，其他工作面可以连续填土，以保证合理安排施工，此即薄层轮加法。

按薄层轮加法高路堤填筑加荷计划施工应埋设仪器进行稳定性监控，直接修正填土分级设计。

1. 薄层轮加法提高地基强度原理

天然地基在一定荷载作用下，随着固结排水的发展，土的抗剪强度会相应地逐渐增长。如果对软黏土地基施加的速率过快，使地基在受荷过程中来不及排水，则当由荷载所产生的地基应力已达到土的不排水强度，就可能导致地基的破坏。这样，地基所能承受的极限荷载很低。反之，若减缓加荷速率，或时而停歇加荷，就有可能使地基土得以逐步固结排水而提高其强度，从而地基的承载力也可增大。

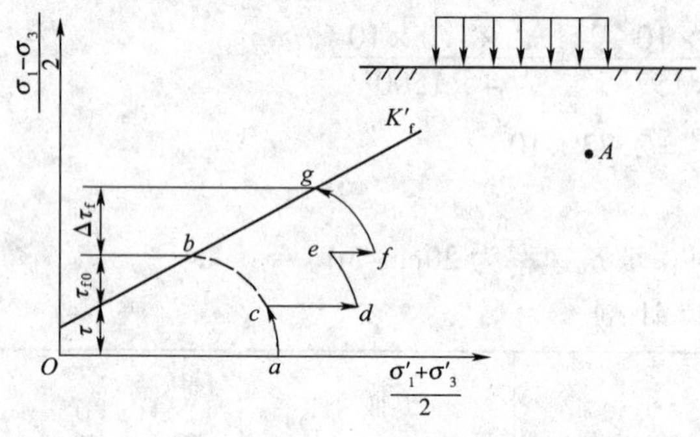

图 7-4 分级加荷提高地基强度示意图

这种控制加荷速率以提高地基强度的原理，可用应力路径的方法表达。设地基内某点 A 在地面施荷前的应力状态由 a 点表示，且设该点中无偏应力作用，即 $\sigma_1-\sigma_3=0$，而基土是正常固结的。地面上局部范围内若迅速地一次加荷，则由于土来不及排水，A 处土的有效应力路径就从 a 点向 b 点发展。这样，土的不排水强度就相当低（见图 7-4 中 b 点的强度为 τ_{f0}）。当采用分级间歇加荷措施时，应力路径就可能沿 $a \to c \to d \to e \to f \to g$ 各点曲折地延伸发展，其中曲线 ac、de 和 fg 为加荷剪切段，水平直线段 cd 和 ef 为固结段。这样要抵达 g 点，A 处的土才产生破坏。显然，土的强度就增长了一个 $\Delta\tau_f$ 值。

2. 薄层轮加法分级加荷计划

在制定分级加荷计划时，要注意铺填长度不要过长，否则难于施工管理，要注意填筑厚度、铺填长度和土的强度增长三者互相匹配，优化组合。在地基处理结束后，一次快速填土至极限高度。当填土达到极限高度后，进行第一次停歇，以后根据孔隙水压力的消散情况、沉降速率和边桩位移速率的下降来决定何时可以加载。该方法充分利用每次填土后强度增长安排填筑速度组织施工，按每次填土碾压厚度和强度增长，确定停载间歇时间来指导填土，一方面可以增加施工的安全性，另一方面也可以缩短施工工期，增加预压时间，是利用地基土强度增长来指导施工的较为科学合理的方法。

制定“薄层轮加法”分级加荷计划的步骤如下：

(1) 计算填土厚度 Δh_i 所需强度增加值。可用斯开普敦（Skempton）公式估算地基承载力的半经验公式计算：

$$\Delta C_{ui}=\frac{\gamma\Delta h_i k}{N_c}$$

式中：γ——填土重度；

N_c——承载力因素，一般 $N_c=5.14\sim6.0$；

k——安全系数，可取 $1.3\sim1.5$；

ΔC_{ui}——强度增加值。

(2) 根据所需强度增加值求解任意一级填土荷载填土时刻 t_n

先推导 t_n 的计算公式。假定第 i 级填土施工时所需强度增加值为 ΔC_{ui}，设 t_1、t_2、…、t_n 分别为开始施加第 1、2、...、n 级填土荷载的时刻（均从零时刻算起，极限填土高度内荷载视为 0 级荷载，其开始加荷的时刻 t_0 为零时刻，即 $t_0=0$）；t'_i 为第 i 级荷载加荷历时，t'_0 为初始填土荷载（一般为极限填土荷载）加荷历时。$\Delta\sigma$ 为施工第 n 级填土时累计附加垂直应力，ϕ_{cu}

为地基土的固结快剪内摩擦角，建议采用压缩层内各层土的加权平均值，或选用地基土最软弱某层为控制指标；Δh_i、ΔP_i 分别为第 i 级加荷的填土高度和对应的荷载增量（kPa）；Δh_0、ΔP_0 分别为极限填土加荷的填土高度和对应的荷载增量（kPa）。U_t 为瞬时加荷 t 时地基的平均固结度，U_t'为 t 时 n 级等速加荷条件下地基的平均固结度，可按有关公式计算，如：

$$U_t' = \sum_{i=1}^{n} U_t\left(t - \frac{t_i + t_{i-1}}{2}\right)\frac{\Delta p_i}{\sum \Delta p} \tag{7-51}$$

式中：符号意义同有关固结理论章节符号意义。

根据强度增长规律公式：$\Delta C_u = U_t \Delta\sigma \tan\phi_{cu}$，考虑剪切蠕变及其他因素对强度衰减的影响，强度增长公式前应乘以一个折减系数 η，有：

$$\begin{aligned}
\sum_{i=1}^{n}\Delta C_{ui} &= \sum_{i=1}^{n}(\eta U_t'\Delta\sigma\tan\phi_{cu}) \\
&= \eta\tan\phi_{cu}(U_{t_n - \frac{t_0'}{2}}\Delta P_0 + U_{t_n - t_1 - \frac{t_1'}{2}}\Delta P_1 + \cdots + U_{t_n - t_{n-1} - \frac{t_{n-1}'}{2}}\Delta P_{n-1}) \\
&= \eta\tan\phi_{cu}\sum_{i=1}^{n}(U_{t_n - t_{i-1} - \frac{t_{i-1}'}{2}}\Delta P_{i-1}) = \eta\tan\phi_{cu}\sum_{i=1}^{n}\left[\Delta P_{i-1}(1 - \alpha e^{-\beta(t_n - t_{i-1} - \frac{t_{i-1}'}{2})})\right] \\
&= \eta\tan\phi_{cu}\left[\sum_{i=1}^{n}\Delta P_{i-1} - \alpha\sum_{i=1}^{n}(\Delta P_{i-1}e^{-\beta t_n + \beta(t_{i-1} + \frac{t_{i-1}'}{2})})\right] \\
&= \eta\tan\phi_{cu}\left[\sum_{i=1}^{n}\Delta P_{i-1} - \alpha e^{-\beta t_n}\sum_{i=1}^{n}(\Delta P_{i-1}e^{\beta(t_{i-1} + \frac{t_{i-1}'}{2})})\right]
\end{aligned} \tag{7-52}$$

经整理，可得

$$e^{-\beta t_n} = \frac{\eta\tan\phi_{cu}\sum_{i=1}^{n}\Delta P_{i-1} - \sum_{i=1}^{n}\Delta C_{ui}}{\eta\tan\phi_{cu}\alpha\sum_{i=1}^{n}(\Delta P_{i-1}e^{\beta(t_{i-1} + \frac{t_{i-1}'}{2})})}$$

对上式求解，可得：

$$t_n = -\frac{1}{\beta}\ln\left[\frac{\eta\tan\phi_{cu}\sum_{i=1}^{n}\Delta P_{i-1} - \sum_{i=1}^{n}\Delta C_{ui}}{\eta\tan\phi_{cu}\alpha\sum_{i=1}^{n}(\Delta P_{i-1}e^{\beta(t_{i-1} + \frac{t_{i-1}'}{2})})}\right] \tag{7-53}$$

上式即为第 n 级填土可以开始加载时刻（从加载开始即零时刻算起）的计算公式。若各级加荷均是瞬时完成，即 $t_0' = t_1' = t_2' = \cdots t_{n-1}' = 0$，则式（7-52）可简化为

$$t_n = -\frac{1}{\beta}\ln\left[\frac{\eta\tan\phi_{cu}\sum_{i=1}^{n}\Delta P_{i-1} - \sum_{i=1}^{n}\Delta C_{ui}}{\eta\tan\phi_{cu}\alpha\sum_{i=1}^{n}(\Delta P_{i-1}e^{\beta t_{i-1}})}\right] \tag{7-54}$$

将 $\Delta C_{ui} = \dfrac{\gamma\Delta h_i k}{N_c}$代入式（7-52）中，得：

$$t_n = -\frac{1}{\beta}\ln\left[\frac{N_c\eta\tan\phi_{cu}\sum_{i=1}^{n}\Delta h_{i-1} - k\sum_{i=1}^{n}\Delta h_i}{N_c\eta\tan\phi_{cu}\alpha\sum_{i=1}^{n}(\Delta h_{i-1}e^{\beta(t_{i-1} + \frac{t_{i-1}'}{2})})}\right] \tag{7-55}$$

需要说明的是，因为根据式 $\Delta C_{ui} = \dfrac{\gamma\Delta h_i k}{N_c}$计算强度增长时是假定圆弧滑动内的处理区内外土体强度同步增长，但实际上处理区外的土体需要一定时间才能产生效应，即人们常说的时效问题，其强度增长较慢甚至不增长，因此采用式（7-52）~式（7-54）计算加荷计划将偏于不安全，此时应将安全系数 k 适当取大。

按薄层轮加法施工时，每两级填土间隔 7 天左右，每级填土在一天之内完成，因而每级

加荷的速率大大超过了土中孔隙水压力消散的速率,形成了不排水剪切作用。淤泥等软黏土地基渗透性很差,孔隙水压力消散颇为缓慢,因而其不排水变形也较大。

3. 工程实例

根据式(7-52)、式(7-53)或式(7-54),计算了广珠西线高速公路软基试验段各代表性断面的理想加荷计划,结果见表7-5和表7-6。

各断面主要计算参数 表7-5

断面号	ϕ_{cu} (°)	C_v ($10^{-3}cm^2/s$)	C_r ($10^{-3}cm^2/s$)	H (m)	β_v ($10^{-7}s^{-1}$)	β_r ($10^{-7}s^{-1}$)
K11 +045	12.8	8.5	1.25	12.5	0.134	2.930
K11 +084	12.9	—	1.15	8.8	—	2.695
K11 +116	11.7	—	1.33	10.2	—	3.117
K11 +166	14.6	9.0	0.86	12.4	0.144	2.016
K11 +196	11.3	8.5	1.035	9.7	0.229	2.426
说明	(1)各砂井间距均为1.2m,按正三角形分布,砂井直径为7cm,求得各断面 $d_e=1.05s=126cm$,$n=\frac{d_e}{d_w}=\frac{126}{7}=18$,$F=2.15$,其中处理深度K11+021~K11+070为13cm,其余为12cm;表中 H 为软土层(淤泥层)底部至地面的高度。 (2)$\beta_v=\frac{\pi^2}{4}\frac{C_v}{H^2}$,$\beta_r=\frac{8}{F}\frac{C_r}{d_e^2}$,$\beta=\beta_v+\beta_r$。 (3)经计算,$\beta_v$ 与 β_r 相比很小,故计算时可不考虑竖向固结,即 $\beta\approx\beta_r$					

广珠西线试验段加荷计划计算结果表 表7-6

断面号	极限填土		计划填土高度(m)	计划每级填土厚度(m)	平均每级荷载时间(d)		加荷至设计荷载历时(d)
	高度(m)	加荷历时(d)			加荷历时	间歇时间	
K11 +045	3.2	10	10.8	0.25	1	4	145
				0.45	2	7	157
				0.65	1	11	169
K11 +084	2.2	10	8.1	0.25	1	7	190
				0.45	2	13	199
				0.65	2	21	216
K11 +116	2.2	10	7.8	0.25	1	9	243
				0.45	2	20	293
				0.65	2	45	437
K11 +166	2.5	10	8.1	0.25	1	5	148
				0.45	2	9	157
				0.65	2	15	164
K11 +196	2.5	10	7.5	0.25	1	9	215
				0.45	2	18	233
				0.65	2	34	295

从表7-6可以看出,对同一计划填土高度,不同加荷计划其工期是不一样的,而每一级填土厚度越薄,其工期越短。

需要说明的是,因为根据式(7-52)、式(7-53)或式(7-54)计算强度增长时是假定圆弧滑动内的处理区内外土体强度同步增长,但实际上处理区外的土体强度增长较慢甚至不增长,因此采用式(7-52)、式(7-53)或式(7-54)计算加荷计划将偏于不安全,在采用式(7-52)、式(7-53)或式(7-54)计算加荷计划时安全系数 k 应适当取大(广珠西线试验段取 $k=1.3$)。

4. 关于薄层轮加法的意义与结论

(1)薄层轮加法是结合广东省几条高速公路软基施工经验提出来的,对于软基上的高填土路基尤为合适。软基地段采用薄层轮加法施工在保证施工安全的前提下能明显缩短工期。

(2)砂井间距对停载间歇期及加载总历时有决定性影响。京珠高速灵山试验段中若每级填土 0.5m 厚,砂井间距 1m 时停载间歇期仅 7~8d,而砂井间距 1.5m、2m 时停载间歇期则分别为 21d、40d。但砂井间距对固结度的影响则为:虽然加大砂井直径和减小间距均能提高砂井的固结效果,但两者的提高程度不同;相对而言,固结度对砂井直径的敏感程度要差一些,特别是当砂井间距较小时,再继续增大砂井的直径对提高固结效果的作用已十分有限;考虑到工程造价,要缩短工期(即使固结完成时间提前)应选用固结效果好且造价合理的砂井间距与直径组合,比较各条曲线(见图 7-5)可见比较合理的砂井设计参数是间距 1.5m,直径 0.07m。另外,砂井间距过小,会增加沉降量,因此综合工程经验与理论分析,建议砂井间距为 1.2~1.5m,砂井直径 0.07m。

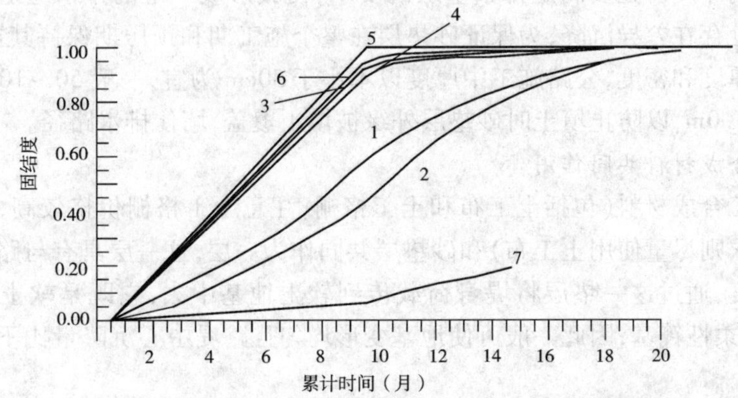

图 7-5 京珠高速灵山试验段不同砂井间距下固结度变化图

1-间距/直径:2.0/ 0.07m;2-间距/直径:2.0/ 0.04m;3-间距/直径:1.5 /0.07m;
4-间距/直径:1.5 /0.04m; 5-间距/直径:1.0/0.07m;6-间距/直径:1.0 /0.04m;7-天然软基

(3)从薄层轮加法确定加荷计划结果分析,单级填土厚度越薄,其工期越短。但具体组织施工时,应根据压实机械的性能进一步优化填筑方案。因为如果单级填土厚度过小,压实机械不能充分发挥作用,会增加施工成本。

第四节 堆载预压排水系统设计

排水系统是排水预压加固地基必不可少的两个组成部分之一,是保证土颗粒间自由水能够顺利排出地基迅速加固的必要条件。排水系统包括作为水平排水的排水砂垫层和设于其间的盲沟,以及排水垫层外的排水沟。对于深厚软土层,必须采用竖向排水体(袋装砂井、塑料排水带(板))来缩短排水的距离,加快排水预压的速度,保证排水预压加固地基的效果。

一、排水砂垫层设计

在竖向排水体顶部设置砂垫层,既可以连通各排水体将水排到工程场地以外,起排水固结通道的作用,又能扩散路堤基底应力,从而提高路堤的稳定性。

1. 材料要求

砂垫层的材料应选用级配良好的中粗砂(在一些砂源缺乏的地方,也可用粒径小于10cm 的碎石渣作为排水垫层),含泥量不大于 3%,有机质含量不大于 1%,均质系数大于 3,不宜混入其他杂质,渗透系数不小于 10^{-3} cm/s,同时能起到一定反滤的作用,避免土颗粒渗入垫层孔隙而堵塞排水通道,降低渗透性。一般不宜采用粉、细砂。也可采用连通竖向排水体的砂沟或塑料排水盲沟 SM 或软式透水管 RTG 来代替整片砂垫层,但对扩散路堤基底应力作用影响微弱。当采用塑料排水盲沟 SM 或软式透水管 RTG 等新塑料排水产品时,应符合有关国家标准和规范如,《公路工程土工合成材料　排水材料》(JT/T 665—2006)。在施工前取样送检,经检验合格后方可使用。

2. 尺寸要求

砂垫层应形成一个连续的、有一定厚度的排水层,以免地基沉降时被切断而使排水通道堵塞。砂垫层的厚度首先要满足排水垫层的要求,使其形成一定的排水通道。同时由于路基中部与坡脚处存在差异沉降,为保证砂垫层在整个施工期和预压期保持其连续性,砂垫层应具有一定的厚度和密度,公路施工中厚度以不小于 50cm 为宜,一般 50 ~ 100cm,并应延伸出坡脚外大于 1.0m,以防止填土时砂垫层外缘被填土覆盖,堵住排水路径。

3. 与土工合成材料共同作用

通常将土工合成材料(包括土工布和土工格栅,注意土工格栅价格较高,一般路段若土工布能满足要求则尽量使用土工布)和砂垫层共同作为一层,这一层具有与路堤本身和软土地基不同的刚度,通过这一垫层将堤身荷载传到软土地基中去,它既是软土固结时的排水面,又是路堤的柔性筏基,因此一般可使地基变形均匀且路堤中心沉降量比不铺土工合成材料要小。

土工布一般应直接铺设于地基或砂垫层顶部,尽量位于路堤填土底面,这样发挥的效率最大。设置以两层效果为佳,两层之间应填以细粒土,厚度为 30 ~ 50cm,横向之间如有接头应缝接,纵向每幅间搭接宽度 30 ~ 50cm。

土工布的品种质量及铺设工艺,决定着土工布功效的发挥。应选用延伸率小、抗剪强度大的宽幅编织型土工布。径向抗拉强度不低于 2500N/5cm,延伸率不大于 25%。

土工布(工程要求高的路段可用土工格栅)作为加筋处理的一种新方法在公路建设中越来越广泛地得到了认可和应用。一般认为,土工布应用于路堤填筑时,可以发挥以下作用:

(1)提高地基的抗滑稳定性,加快路基填土速率。

(2)调整地基的应力分配,减少不均匀沉降。

(3)减少地基的侧向挤出量,也就是减少地基的总沉降量,一般可以减少 10% ~30% 的总沉降量。

(4)在砂垫层与路基填土之间起着隔离作用,防止路基填土与砂垫层混杂,确保砂垫层长期发挥排水效应。

二、竖向排水体设计

1. 竖向排水体材料选择

竖向排水体可采用袋装砂井和塑料排水板(带)。为防止砂井颈缩、断裂,一般不采用普通砂井。

袋装砂井与塑料排水板的排水固结效果基本一致。在相同条件下,有时袋装砂井效果稍好,有时塑料排水板效果稍好(塑料排水板插板施工时容易发生板身的弯折,对排水效果会有影响)。在砂源缺乏、劳动力少、施工期短的情况下用塑料排水板为好,反之用袋装砂井为宜。而且袋装砂井的补强作用优于塑料排水板,设计中虽不考虑,但却是存在的。

制作砂井的砂宜用中粗砂,砂的粒径必须能保证砂井具有良好的透水性。砂井粒度要以不被黏土颗粒堵塞为宜。砂应是洁净的,不应有草根杂物,其含泥量不能超过3%,均质系数大于3。

国内通常使用的塑料排水板是滤套缝合式和滤套黏合式,断面形状多为口琴式,SPB 系列打设深度为15~35m,HCB 系列打设深度为35~45m。在选择排水板时,应根据设计要求,考虑加固土层深度及工程性质,选择相应规格的塑料排水板,应全面满足《公路工程土工合成材料　排水材料》(JT/T 665—2006),核心是纵向通水量和滤膜的横向湿态强度。

2. 竖向排水体深度设计

竖向排水体深度主要根据土层的分布、地基中附加应力大小、施工期限和施工条件以及地基稳定性等因素确定:

(1)当软土层不厚、底部有透水层时,排水体应尽可能穿透软土层,这样可以实现砂井的双面排水,提高排水体效率。

(2)当深厚的高压缩性土层间有砂层或透镜体时,排水体应尽可能打至砂层或透镜体,这样高渗透性的夹层可将竖向排水体联系起来,提高排水体效率。

(3)对于无砂夹层的深厚软土地基则可根据其稳定性及堆土荷载在地基中的附加应力与自重应力的比值确定(一般为0.1~0.2)。工程经验表明:观察珠江三角洲公路软土地基处理工程中地基深部土体的应力、应变及宏观效果,只要路堤不太高,采用“悬式”(10~25m深)袋装砂井或塑料排水板加固处理是可行的。

(4)如果堆载按稳定控制,排水体深度应通过稳定分析确定,排水体长度应大于最危险滑动面的深度至少2m。

(5)如果堆载按沉降控制,排水体长度可从压载后的沉降量满足容许沉降量来确定。

3. 竖向排水体平面设置

(1)直径与间距

普通砂井(用砂量大,已基本不用)直径一般为200~500mm,井径比为6~8。

袋装砂井直径一般为70~100mm(通常70mm),井径比为15~30,含泥量小于3%。

塑料排水板常用当量直径表示,塑料排水板宽度为b,厚度为δ,则换算直径可按下式计算:

$$D_p = \alpha \frac{2(b+\delta)}{\pi} \tag{7-56}$$

式中:α——换算系数,一般$\alpha = 0.75 \sim 1.0$。

塑料排水板尺寸一般为100mm×4mm,井径比为15~30。

竖向排水体直径和间距主要取决于土的固结性质和施工期限的要求。排水体截面大小只要能及时排水固结就行,由于软土的渗透性比砂性土小,所以排水体的理论直径可能很小。但直径过小,施工困难,直径过大对增加固结速率并不明显。从原则上讲,为达到同样的固结度,缩小排水体间距比增加排水体直径效果要好,即井距和井间距关系是"细而密"比"粗而疏"为佳。在薄层轮加法章节中曾作过讨论,由此得出:综合工程经验与理论分析,建议砂井间距为1.2~1.5m,砂井直径0.07m。

(2)平面布置

竖向排水体在平面上可布置成正三角形(梅花形)或正方形,以正三角形排列较为紧凑和有效。正方形排列,其影响范围为一个正方形,正三角形排列,其影响范围则为一个正六边形。在实际进行固结计算时,由于多边形作为边界条件求解很困难,为简化起见,巴伦(Barron)建议每个砂井的影响范围由多边形改为由面积与多边形面积相等的圆来求解。

正方形排列时 $$d_e = \sqrt{\frac{4}{\pi}}d = 1.13d$$

三角形排列时 $$d_e = \sqrt{\frac{2\sqrt{3}}{\pi}}d = 1.05d$$

式中:d_e——每一个竖向排水体效影响范围直径;

d——竖向排水体间距。

竖向排水体的布置范围一般比地基基础范围稍大为好。扩大的范围可由基础的轮廓线向外增大2~4m。

三、盲沟和排水沟

为了让砂垫层中的水能尽快顺畅地排到加固区外,最好在砂垫层底下间隔设置盲沟。盲沟可选用塑料盲沟,也可用传统的砂碎石盲沟。盲沟的坡度为1/1000,与设在加固区外的排水沟连通。

第五节 堆载预压固结计算

在排水加固设计阶段,固结计算主要解决以下问题:(1)通过预压所达到的固结度以估算施工期间所完成的沉降量及工后沉降量,推算地基强度的增长,验算地基的稳定性;(2)根据工程的要求,达到某个固结度所需要的时间,以确定工程进度和工期等两类问题。

地基总的固结度 U 按下式计算:

$$\overline{U}_{rz} = 1 - (1 - \overline{U}_r)(1 - \overline{U}_z) \tag{7-57}$$

式中:U_z——竖向固结度;

U_r——水平或径向固结度。

当竖向排水体间距较小或软土层很厚(广东江珠高速珠海段软土层厚达40m),或 $C_h \gg C_v$(水平向固结系数远大于竖向固结系数),竖向固结度对总固结度的影响较小,这时可只考虑水平向固结进行计算,即可满足工程要求。

一、竖向固结度的计算

按 Terzagi 瞬间加荷条件下，t 时刻竖向平均固结度理论公式为：

$$U_z = 1 - \frac{8}{\pi^2} \sum_{m=1,3,\cdots}^{\infty} \frac{1}{m^2} e^{-\frac{m^2\pi^2}{4}T_v} \tag{7-58}$$

$$T_v = \frac{C_v t}{H^2} \tag{7-59}$$

式中：T_v——竖向固结时间因数(无因次)；

H——土层竖向排水距离(cm)，双面排水时 H 为土层厚度的一半，单面排水时，H 为土层厚度；

C_v——竖直向固结系数(cm^2/s)。

当预压时间足够长，$U_z > 30\%$ 时，U_z 可取公式第一项简化如下：

$$U_z = 1 - \frac{8}{\pi^2} e^{-\frac{\pi^2}{4}T_v} \tag{7-60}$$

二、径向(水平向)固结度的计算

对径向(水平向)固结度计算有两类方法，第一类是按 Barron 提出的不考虑井阻和涂抹作用的理想井的计算方法，第二类是由谢康和提出的同时考虑井阻和涂抹作用的非理想井的固结计算方法。对于断面小、井径比 $n = \frac{d_e}{d_w} > 15$ 的竖向排水体(如塑料排水板)，加固深度大于 15m 时，井阻和涂抹作用的影响较大，将会延迟地基固结的效果，根据研究和计算表明，地基固结的效果可能会降低 10% ~15% 以上，故应考虑井阻与涂抹作用的影响，宜按非理想井的情况进行固结计算；反之，可按理想井设计计算。当采用套管挤压方式施工时，对含薄粉砂夹层的土层应考虑涂抹作用。

1. 按理想井进行固结计算

(1)预压荷载为瞬间施加的情况

总平均固结度按式 (7-56)计算，竖向平均固结度按式(7-59)计算，径向(或水平向)固结度按下式计算：

$$\overline{U_r} = 1 - e^{-\frac{8T_r}{F(n)}} \tag{7-61}$$

(2)预压荷载分级施加的情况

按改进的高木俊介方法计算，对等速多级加荷，按式(7-2)求地基平均固结度，即：

$$\overline{U_t'} = \sum_{i=1}^{n} \frac{q_n'}{\sum \Delta p} \left[(T_n - T_{n-1}) - \frac{\alpha}{\beta} e^{-\beta t} (e^{\beta T_n} - e^{\beta T_{n-1}}) \right] \tag{7-62}$$

式中：α、β——计算参数，可从表 7-1 中查到；

其他符号意义同式(7-2)。

也可按改进的太沙基法，即按式(7-1)计算。改进的太沙基法和改进的高木俊介法实质上没有区别，所得计算结果相差无几。相比之下，改进的太沙基法计算过程简单，易于掌握，建议采用改进的太沙基法。

【算例 7-1】地基为淤泥质黏土层，水平向渗透系数 $k_h = 1 \times 10^{-7}$ cm/s，固结系数 $C_h = C_v = 1.8 \times 10^{-3}$ cm^2/s，受压层厚度 20m，袋装砂井直径 $d_w = 70$mm，等边三角形布置，间距 $d =$

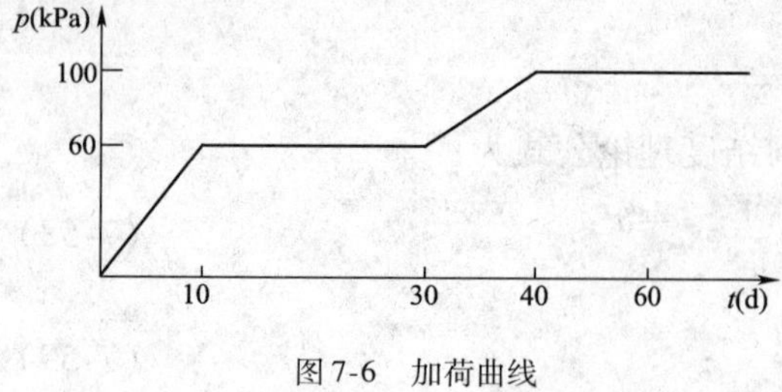

图 7-6 加荷曲线

1.4m，深度 $H=20$m，砂井底部不透水，打穿受压层。预压荷载总压力 $\sum \Delta p=100$kPa，分两级等速加载，如图 7-6 所示。求加荷开始后土层的平均固结度随时间的变化。

【解】受压土层平均固结度包括：径向排水平均固结度和竖向排水平均固结度。按表 7-1 可知：

$$\alpha=0.81,\beta=\frac{8C_{\mathrm{h}}}{F(n)d_{\mathrm{e}}^{2}}+\frac{\pi^{2}C_{\mathrm{v}}}{4H^{2}}$$

砂井的有效排水直径 $d_{\mathrm{e}}=1.05d=1.05\times1.4=1.47$m，井径比 $n=d_{\mathrm{e}}/d_{\mathrm{w}}=1.47/0.07=21$，$F(n)=\frac{n^{2}}{n^{2}-1}\ln n-\frac{3n^{2}-1}{4n^{2}}=2.3$，$\beta=2.908\times10^{-7}/\mathrm{s}=0.0251/\mathrm{d}$

第一级加荷速率 $q_1'=60/10=6$kPa/d

第二级加荷速率 $q_2'=40/10=4$kPa/d

(1)按改进的太沙基法

$$U_{\mathrm{t}}'=\sum_{i=1}^{n}U_{\mathrm{t}}\left(t-\frac{t_{\mathrm{i}}+t_{\mathrm{i-1}}}{2}\right)\frac{\Delta p_{\mathrm{i}}}{\sum\Delta p}$$

令 $t_{\mathrm{i}}'=t-\frac{t_{\mathrm{i}}+t_{\mathrm{i-1}}}{2}$，$U_{\mathrm{t}}=\sum_{1}^{2}(1-0.81e^{-0.0251t_{\mathrm{i}}'})\frac{\Delta p_{\mathrm{i}}}{\sum\Delta p_{\mathrm{i}}}$

(2)按改进的高木俊介方法

$\alpha/\beta=0.81/0.0251=32.7$，计算过程比改进的太沙基法复杂(见表 7-7)。

两种计算方法结果比较 表 7-7

时间 t(d)	平均固结度 U(%)	
	改进的太沙基法	改进的高木俊介法
5	7	7
10	17	16.5
30	34	33.6
40	51.2	50.5
60	70.5	69.9
80	81.5	81.8
120	93.3	93.4

2. 按非理想井进行固结计算

(1)同时考虑井阻和涂抹作用瞬时加载的固结计算

谢康和(1987)给出了理论解。地基中任一深度 z 处瞬时加荷时井(水平)竖向排水组合的固结度为：

$$U_{\mathrm{rz}}=1-\alpha e^{-\beta_{\mathrm{rz}}t} \tag{7-63}$$

$$\alpha=\frac{8}{\pi^{2}},\ \beta_{\mathrm{rz}}=\frac{\pi^{2}C_{\mathrm{v}}}{4H^{2}}+\frac{8C_{\mathrm{h}}}{(F'+\pi G)d_{\mathrm{e}}^{2}},F'=\ln\left(\frac{n}{s}\right)+\frac{K_{\mathrm{h}}}{K_{\mathrm{s}}}\ln s-\frac{3}{4}$$

式中：πG——井阻因子，$G=\left(\frac{K_{\mathrm{h}}}{K_{\mathrm{w}}}\right)\left(\frac{l}{d_{\mathrm{w}}}\right)^{2}$；

n——井径比，$n=\frac{d_e}{d_w}$；

d_w——竖向排水体直径；

d_e——排水体影响直径；

s——涂抹比，$s=\frac{d_s}{d_w}$；

d_s——排水井涂抹层的直径（涂抹区的范围主要取决于钻机钻头的尺寸和截面形状。大多数学者倾向于涂抹区直径为打设钻机钻头直径的2~3倍）；

l——竖向排水体的打设深度；

K_h,K_s,K_w——原状地基土、涂抹层和竖向排水体渗透系数（涂抹区渗透系数以及沿径向的变化，仍存在一定争议）。

(2)同时考虑井阻和涂抹作用分级施加预压荷载的固结计算

工程上一般为分级加载，结合瞬时加载固结理论，应用改进的太沙基法或高木俊介法公式（建议采用改进的太沙基法）可得分级加载下的地基平均固结度，β 由下式计算：

$$\beta=\frac{\pi^2 C_v}{4H^2}+\frac{8C_h}{(F+J+\pi G)d_e^2} \tag{7-64}$$

式中：H——固结土层竖向排水最长的渗透路径；

J——涂抹因子（考虑竖向排水体涂抹作用的系数），$J=\ln s(K_h/K_s-1)$；

F——井径比因子（考虑竖向排水体井阻作用的系数），$F=\ln n-\frac{3}{4}$；

其他符号同公式(7-62)。

【算例7-2】地基为淤泥质黏土层，水平向渗透系数 $k_h=1\times10^{-7}$cm/s，固结系数 $C_h=C_v=1.8\times10^{-3}$cm²/s，受压层厚度20m，袋装砂井直径 $d_w=70$mm，等边三角形布置，间距 $d=1.4$m，深度 $H=20$m，砂料渗透系数 $k_w=2\times10^{-2}$cm/s，砂井底部不透水，打穿受压层；涂抹区土的渗透系数 $k_s=\frac{1}{5}k_h=2\times10^{-8}$cm/s，假定涂抹区直径与钻孔套管直径之比 $S=2$；预压荷载总压力 $\sum\Delta p=100$kPa，分两级等速加载，如图7-6所示。求加荷开始120d后土层的平均固结度。

【解】井径比因子 $F=\ln n-\frac{3}{4}=2.29$

涂抹因子 $J=\ln s\left(\frac{K_h}{K_s}-1\right)=2.77$，井阻因子 $\pi G=\pi\left(\frac{K_h}{K_w}\right)\left(\frac{l}{d_w}\right)^2=1.28$

$$\alpha=0.81,\ \beta=\frac{\pi^2 C_v}{4H^2}+\frac{8C_h}{(F+J+\pi G)d_e^2}=1.06\times10^{-7}/\text{s}=0.0092/\text{d}<0.0251/\text{d}$$

采用改进的高木俊介法，则 $U(120\text{d})=0.68<0.93$

计算结果说明，考虑井阻和涂抹的影响，120d后固结度仅为68%，不考虑井阻和涂抹影响固结度可达93%。涂抹因子 J 比井阻因子 πG 还大，所以在施工过程中应尽量减少扰动，对预压固结效果具有重要作用。

三、竖向排水体未打穿软土地基时的固结计算

若软土层较厚，竖向排水板未能打穿软土层，如图7-7所示，竖向排水板打设深度为 H_1，

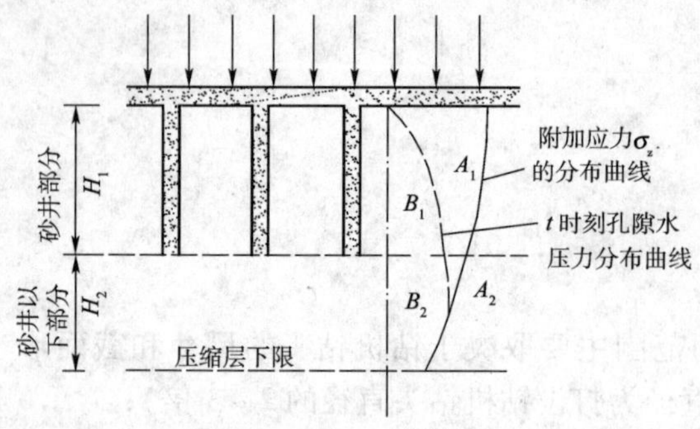

图 7-7　竖向排水体未打穿软土地基示意图

压缩层范围内软土层未设置竖向排水板区厚度为 H_2；砂井区初始孔隙水压力面积为 A_1，t 时刻孔隙水压力面积为 B_1；非砂井区初始孔隙水压力面积为 A_2，t 时刻孔隙水压力面积为 B_2。在荷载作用下地基平均固结度 $\overline{U}$ 可用式(7-64)计算。竖向排水体区平均固结度 $\overline{U_{rz}}$ 采用式(7-56)计算。未设竖向排水体区平均固结度 $\overline{U_z}$ 采用一维固结理论计算，计算时将竖向排水体底面视为排水面。整个软土层平均固结度计算式为：

$$\overline{U} = \lambda \overline{U_{rz}} + (1 - \lambda)\overline{U_z} \tag{7-65}$$

式中：λ——竖向排水体深度与软土层总厚度之比值，其表达式为

$$\lambda = \frac{H_1}{H_1 + H_2}$$

竖向排水体处理区地基按三维固结计算，下卧层地基按一维固结计算，这样计算固结度具有简便易行的优点。但应该注意到，由于对下卧层作一维固结计算时，取下卧层顶面(即竖向排水体底面)作为透水面，使得该水平面上孔隙水压力恒为零，这就和处理区地基在该处的孔压不相连续，有明显的间断性，这一问题的出现说明传统的固结计算方法在计算孔压时，会存在相当大的误差，目前还没有较好的解决办法。

第六节　路堤稳定性验算

一、稳定性验算概述

稳定是软基处理过程中应考虑的两大主要问题之一。对于采用堆载预压法加固软弱地基，在设计时必须验算分级堆载预压施工期间地基稳定性以及软基处理后的稳定性。

堆载预压法是通过增加总应力，再借助竖向排水体、砂垫层等排水措施加快土体中孔隙水的排出速率，进而实现有效应力和孔隙水压力的相互转化，达到地基加固的目的。众所周知，上部荷载在地基中形成的附加应力在水平向和竖直向是不等的，因此，堆载使球应力增加，也使剪应力增加。球应力起初由孔隙水承担，随着土体的排水固结，逐步转换成土体有效应力，有效应力的增加也使得土体的强度增加，而孔隙水无法承担剪应力，剪应力自始至终都由土颗粒骨架承担。剪应力的存在易使软土的强度折损。因此，用堆载预压法加固软基时，必须严格控制填土速度，使土体强度增加与剪应力的增加相适应，这样才能保证地基加固过程的稳定性，避免出现失稳破坏的现象。

由于软土地基强度低，在工程史上有很多软土地基上路堤失稳的事例，根据许多实测结果表明，在较均匀的软土地基中，失稳的路堤多是圆弧面。在堆载预压设计中应特别重视路堤稳定性分析，地基稳定分析工作由两大部分组成：稳定计算方法的确定，以及软土土质抗剪强度指标的选取。计算方法目前已很成熟，规范(JTG D30—2004)中采用圆弧条分法，并推荐计算稳定安全系数三种方法：总应力法、有效应力法及有效固结应力法。其中总应力法比较容易操作，是比较合理的，只要土质强度指标选取正确，能反映土质实际，则计算结果能

反映实际工程的稳定程度。近年来的工程实践表明:正确确定极限填土高度,掌握强度增长的加荷方法——“薄层轮加法”可以很好地控制施工期稳定;土工合成材料的加筋作用能显著提高路堤的稳定性。通过稳定分析可以解决以下问题:

(1)地基在天然抗剪强度下的最大堆载(极限填土高度);

(2)预压过程中各级荷载下地基的稳定性;

(3)最大许可预压荷载;

(4)合理的堆载计划。

二、公路工程路堤稳定性验算方法

《公路路基设计规范》(JTG D30—2004)采用的是瑞典圆弧条分法,广东地区的软土都比较深厚,基本能满足工程要求。由于总应力法简便有效,常用来分析路堤稳定性。实际工作经验表明,采用瑞典条分法的计算结果比其他方法的计算结果始终偏小,即计算结果偏于保守,为工程储备了安全度,建议采用。

1. 总应力法

地基的抗剪强度采用总强度 τ(天然十字板抗剪强度),或采用直剪快剪强度指标,路堤填料抗剪强度采用直剪快剪指标 c_q、φ_q 值。安全系数计算公式为:

$$F_s=\frac{\sum S_i+\sum(S_j+P_j)}{P_T} \tag{7-66}$$

式中:i、j——如图7-8所示,下标 i、j 是区分土条底部的滑裂面是在地基土层内(AB 弧)或在路堤填料内(BC 弧)的分条编号,即按地基滑裂面及路堤滑裂面分两大段分别编土条顺序号;

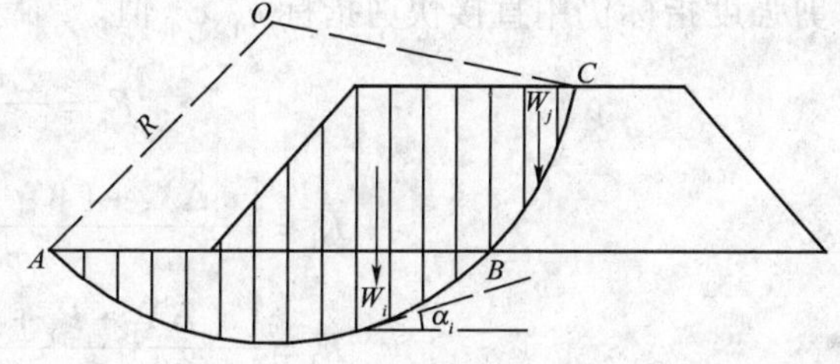

图7-8 安全系数 F 的计算图式

P_T——土条在滑弧切线方向的下滑力总和,$P_T=\sum(W_i\sin\alpha_i)+\sum(W_j\sin\alpha_j)+\frac{M}{R}$;

S_i——地基土内(AB 弧)抗剪力,$S_i=\tau_i L_i$(不考虑固结作用时),或 $S_i=W_i\cos\alpha_i\tan\varphi_{qi}+c_{qi}L_i$

S_j——路堤内(BC 弧)抗剪力,$S_j=W_j\cos\alpha_j\tan\varphi_{qj}+c_{qj}L_j$;

W——滑裂体某一土条(下标可为 i 或 j)的总重力,$W_i=W_{oi}+W_{li}$(kN);

W_{oi},W_{li}——当第 i 土条的滑裂面处于地基内(AB 弧)时,滑裂面以上该土条中的地基自重力及路堤自重力(kN);

α_i——土条底部滑裂面对水平面的夹角;

L——土条底部滑弧长(m);

R——滑裂面半径(m);

τ_i——当第 i 土条的滑裂面处于地基土层内时,该土条滑裂面所处地基土层的天然十字板抗剪强度;

c_{qi},φ_{qi}——当第 i 土条的滑裂面处于地基内(AB 弧)时,分别为该土条所在土层的快剪(直剪)内聚力 c_q(kPa)及快剪内摩擦角 φ_q;

c_{qj},φ_{qj}——当第 j 土条的滑裂面在路堤填料内(BC 弧)时,分别是该土条滑裂面所处路堤填料黏聚力 c_q(kPa)及内摩擦角 φ_q;

P_j——当第 j 土条的滑裂面在路堤填料内时,若该土条滑裂面与设置的土工合成材料相交,则 P 为该层土工织物每平方米宽(顺路线方向)的设计拉力;

M——某些外力(如水平向地震力产生的对滑裂面圆心的滑动力矩)。

2. 有效固结应力法

当采用有效固结应力法时,地基及路堤填料的抗剪指标均由直接快剪试验获得。软基强度增长规律见有关章节。

$$F_s = \frac{\sum(S_i + \Delta S_i) + \sum(S_j + P_j)}{P_T} \tag{7-67}$$

$$S_i = W_{oi}\cos\alpha_i\tan\varphi_{qi} + c_{qi}L_i \text{ 或 } S_i = \tau_i L_i;$$

$$\Delta S_i = W_{li}U_i\cos\alpha_i\tan\varphi_{qi} \quad \text{(可参见软基强度增长规律的有关章节)}$$

式中:U_i——地基的固结度;

φ_{qi},U_i——当第 i 土条的滑裂面处于地基内(AB 弧)时,分别为该土条所在土层的固结快剪(直剪)的内摩擦角及滑裂面所处位置的固结度;

其他符号意义同式(7-65)。

3. 有效应力法(准毕肖甫法)

当采用有效应力法时,地基的抗剪强度指标采用有效抗剪强度指标 c'、φ',路堤填料抗剪强度指标仍用直接快剪指标 c_q、φ_q 值。

$$F_s = \frac{\sum K_i + \sum K_j}{P_T} \tag{7-68}$$

$$K_i = \frac{[c_i\Delta X_i + (W_{oi} - W_{wi} + U_iW_{li})\tan\varphi_i]}{m_{ai}}$$

$$K_j = \frac{[c_{qj}\Delta X_j + P_j + W_j\tan\varphi_{qj}]}{m_{aj}}$$

$$m_{ai} = \cos\alpha_i + \tan\varphi_{qi}\sin\alpha_i$$

$$m_{aj} = \cos\alpha_j + \tan\varphi_{qj}\sin\alpha_j$$

式中:c_i、φ_i——当第 i 土条的滑裂面在地基内时,该土条滑裂面所在土层有效内聚力(kPa)及有效内摩擦角,$W_{wi} = h_{wi}\gamma_w\Delta X_i$;

h_{wi}——第 i 土条浸入地下水位以下的浸水深度(m);

γ_w——水的重度(kN/m^3);

ΔX——滑裂体土条(下标可为 i 或 j)的水平向宽度(m)。

4. 考虑土工合成材料抗滑性能的稳定性分析

土工合成材料通常为土工布(或土工格栅),袋装砂井编织袋也具有抗滑性能。土工合成材料在地基中作为筋体,在用圆弧法计算路堤稳定性时,增加抗滑力矩从而增加路堤抗滑能力,提高地基稳定性。

(1)土工布的抗滑力矩计算模式:考虑土工布为柔性筋带,即在滑弧的滑移处土工布产生与滑弧相适应的扭曲,土工布的拉力方向切于圆弧,可用荷兰法计算,其抗滑力矩公式为:

$$[M_{抗}]_{布} = R\sum_{i=1}^{m} T_i \tag{7-69}$$

式中:T_i——第 i 层土工布本身的抗拉强度;

m——土工布的铺设层数。

其余参数意义见图 7-9。

地基的抗滑稳定公式为：

$$F_s = \frac{M_{抗}}{M_{滑}} = \frac{[M_{抗}]_{土} + [M_{抗}]_{布}}{M_{滑}} \tag{7-70}$$

(2)当地基中已设置了许多竖向排水体袋装砂井或塑料排水板，圆弧滑动分析计算时，可考虑滑动带上是由淤泥土和排水体所组成的复合体。当将排水体视作竖向加筋体考虑时，大量砂袋和塑料排水板作为能跟着滑动体一起抗拉的筋带而参加了抗滑体产生抗力。砂袋产生的总抗滑力矩，包括砂袋中砂的摩擦抗滑作用，可由下式计算：

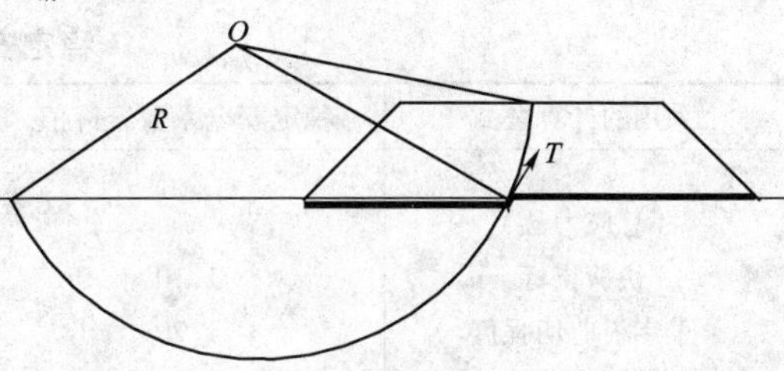

图 7-9 土工布的抗滑稳定计算图示(荷兰法)

$$[M_{抗}]_{袋} = R\sum_{i=1}^{m} T_{wi} + R\sum_{i=1}^{m} W_{si}\tan\varphi_s \tag{7-71}$$

式中：T_{wi}——第 i 条砂袋的抗拉力，取砂袋抗拉力与其所受摩阻力之小值；

W_{si}——第 i 条砂袋中上半部分或下半部分砂重；

φ_s——袋中砂的内摩擦角；

m——滑弧范围砂袋的数量，取每米长的路堤计算，其数量由砂袋的间距和滑弧在砂井区所切的长度决定。

综上所述，可得砂井、土工布处理地基的抗滑稳定公式为：

$$F_s = \frac{M_{抗}}{M_{滑}} = \frac{[M_{抗}]_{土} + [M_{抗}]_{布} + [M_{抗}]_{袋}}{M_{滑}} \tag{7-72}$$

由于袋装砂井施工时扰动了周围土体，使土体强度降低，在采用式(7-72)计算路堤安全系数时，土体强度应为施工扰动后的强度。按照深汕汽车专用公路第四合同段软基试验工程实测表明，施工扰动使得周围土体强度降低约45%。在设计阶段，由于实际的土体扰动强度还未知，为简化计算，可不考虑袋装砂井的加筋作用，即忽略式(7-72)中的$[M_{抗}]_{袋}$。

5. 瑞典圆弧法最危险滑裂面位置

真正代表路堤稳定程度的安全系数是试算所有滑弧面安全系数中的最小值，相应于最小的安全系数的滑弧面为最危险滑动面，才是最可能的滑动面。确定最危险滑动面的位置和半径是稳定分析中最繁琐的工作，必须通过多次试算才可完成。确定最危险滑动面的位置和半径首先必须定出滑弧面的圆心，潘家铮院士针对均质边坡，认为圆心范围可过边坡中点(见图 7-10)，分别以 $L/2$ 及 $L3/4$ 为弧交中法线与中垂线于 a、a'、b、b'，则最危险滑弧圆心的大致范围，就在 $aa'bb'$ 内。

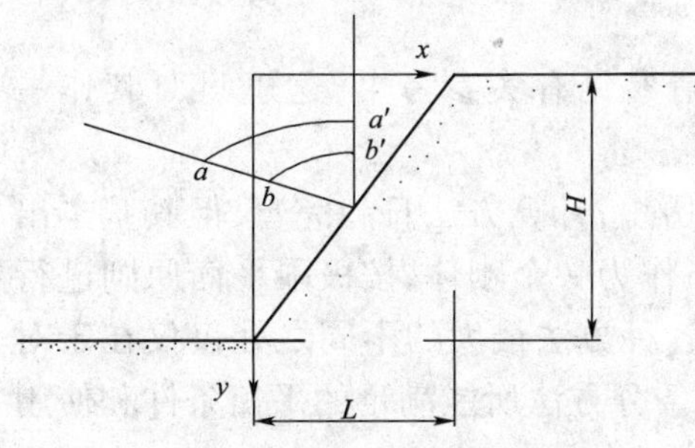

图 7-10 最危险滑弧圆心轨迹

对于具有不同土层的复杂路堤土坡，则必须将所有土层的最危险滑弧圆心的大致范围定出来，同时须定出一个滑出点，求出最小的安全系数，再换另一个滑出点，求另一个最小安全系数，最后对不同滑出点的最小安全系数进行比较，求出所有安全系数最小的滑动面。

随着计算机技术的发展和普及,目前可以采用最优化方法,通过随机搜索,寻找最危险滑动面的位置。国内这方面程序非常多,典型的有中国水利科学研究院陈祖奕教授,浙江大学岩土工程研究所龚晓南教授等编写的。

对于安全系数的容许值,综合工程经验、规范要求和有关理论分析,建议按规范取值,见表7-8。

稳定安全系数容许值 表7-8

采用的计算公式	稳定安全系数容许值	备注
(总应力法) 快剪指标 十字板剪切强度 (有效固结应力法) 快剪与固结快剪指标 十字板剪切强度 (准毕肖甫法) 有效剪切指标	 1.10 1.20 1.20 1.30 1.40	(1)稳定验算与沉降计算按成层地基进行,不得简化为均质地基;在同一段落同一土层中,各计算参数可分别取其平均值。 (2)行车荷载对稳定验算的影响应按静止的土柱作用考虑。 (3)稳定验算应考虑路堤在施工期及预压期由于地基沉降而多填筑的填料增重的影响。 (4)考虑到工程安全储备,地基、路堤整体抗剪稳定验算应采用圆弧条分法;宜用总应力法或有效固结应力法,有条件可用有效应力法(准毕肖甫法)计算稳定安全系数 F

三、其他稳定性验算方法

1. 极限高度法

极限平衡法中除圆弧条分法外,尚有土基承载力法,极限高度法。若用土基的容许承载力来控制路堤设计则过于保守,因为容许承载力不仅是对土体剪切强度进行控制而且对建筑物的沉降也是有所控制的。如果我们对路堤设计也用容许承载力来控制设计,将是一个保守的设计。

极限填土高度就是利用极限平衡理论,求取天然地基土体滑动破坏时的最大填土高度。一般用圆弧滑动法计算。软土地基极限高度的计算本质是对极限承载力的计算,通过极限高度的计算以考察路堤是否超过了极限高度,就是考察路堤的载重是否超过了极限承载力。在极限填土高度内,土体处于弹性变形阶段,当填土高度超过极限填土高度后,土体将由弹性进入塑性变形阶段,侧向位移速率、侧向挤出量、侧向位移明显增加。

极限高度的计算未考虑成层土的影响,也未考虑路堤边坡路基两侧三角形荷载的影响,更未考虑施工或预压过程土基固结的作用。不能简单地用验算极限高度来代替路堤的稳定性。

计算公式见有关章节。

2. 其他条分法

其他各种条分方法具体公式这里不一一列举,请参见有关参考书,这里只对其作一比较。

采用条分法验算土坡(路堤)稳定性已有80年的历史,计算方法日趋完善,但其基本出发点是一样的,就是假定土体是理想塑性材料,把土条作为一个刚体,按极限平衡原则进行力的分析,完全不考虑土体本身的应力—应变关系。各种方法最大的不同之处仅仅在于对相邻土条之间的内力作何种假定。表7-9给出了各种条分方法所能满足的平衡条件和使用情况,可供使用时参考。

用瑞典圆弧滑动法求出的安全系数总体上比其他方法求出的结果要小,偏于保守,但对于内摩擦角 $\varphi=0$ 或数值很小时并不一定比其他方法来得保守,因此推荐使用瑞典圆弧滑动法。

各种条分法比较表　　表 7-9

计算方法	所满足的平衡条件				滑裂面形式	计算手段	
	整体力矩	土条力矩	垂直力	水平力		手算	电算
瑞典圆弧滑动法	√	×	×	×	圆弧	√	√
简化毕肖普法	√	×	√	×	圆弧	√	√
简布法	√	√	√	√	任意	√	√*
斯宾塞法	√	√	√	√	任意	×	√*
普赖斯—摩根斯坦法	√	√	√	√	任意	×	√*
沙尔玛法	√	√	√	√	任意	√	√

注:*某些情况下收敛可能有困难。

3. 有限单元法

建立在极限平衡理论基础上的边坡(路堤)稳定分析方法,经过近 80 年的发展,已积累了丰富的使用经验,近 20 年随着电算技术的进步,在计算方法上有了不少突破。但由于方法本身没有考虑土体内部应力—应变关系,所求出的安全系数只是所假定的滑裂面上的平均安全度,求出的土条间力也并不代表真实存在的力,是一种虚拟工作状态,无法分析稳定破坏的发生和发展过程,更无法考虑局部变形对土坡(路堤)稳定的影响。

实践经验表明,稳定和变形有着相当密切的关系,一个土坡(路堤)在发生整体稳定破坏前,往往伴随着较大的变形。为此利用有限单元法,考虑土的本构关系,求出每一个单元的应力与变形,设法将局部破坏与整体破坏联系起来,求得合适的临界滑裂面位置,再根据极限平衡分析整体稳定安全系数。这些工作现在有很多的有限元软件可以计算,如 ADINA,Plaxis 8.0 等都很容易做到,国内专门的软件也很多(如中国水利科学研究院陈祖奕教授编写的边坡稳定分析软件)。

四、稳定分析时软土抗剪强度指标的选取

在软土路堤稳定性分析中,选择不同试验方法确定的抗剪强度指标所引起的计算差别往往超过采用不同稳定分析方法计算所带来的差别。国外曾经有人(S. J. Johnson)作过比较,对同一土坡按简化毕肖普法进行分析,采用不同试验方法得到的强度指标能使得土坝竣工期的稳定安全系数 F_s 在 1.1 ~ 1.9 变化,其误差大大超过了采用不同计算方法所造成的误差。因此必须高度重视软土抗剪强度指标的选取。

1. 总应力法的局限性

稳定分析常用总应力法(即在计算摩阻力时不扣除孔隙水压力),有条件时可用有效应力法(即在计算摩阻力时须扣除孔隙水压力)。按有效应力原理,只有有效应力才能引起土的抗剪强度的变化。理论上讲,用有效应力法才能确切表示土的抗剪强度的实质,这也是今后发展的方向。但是有效应力法必须知道土体中的孔隙水压力,而土体中的孔隙水压力不是任何情况下都可以求得的。一般的试验方法是不能直接模拟土样或原位土体的孔隙水压力的,但可通过控制试验中土样的排水条件,使其排水条件与原位土体相似,从而使土在剪切中的性状与原位土体相同。如果原位土体在剪切过程中排水困难,则采用不排水剪切试

验,否则就采用排水剪切试验。

因此总应力法所需要的强度指标只能是近似的,近似的程度取决于所选择的试验方法与原位土体工作状况的近似程度,需要丰富的经验。如果孔隙水压力能够较方便或可靠地确定,则尽量采用有效应力法,否则采用总应力法时应选择与原位土体工作状况相同或相似的试验方法来测定土的总应力抗剪强度指标。广东甚至全国的堆载预压法工程实践中,还是习惯于不考虑孔隙水压力的影响,采用总应力法分析软土地基的稳定性,强度指标大多为固结不排水剪或不排水剪(施工工期长用固结不排水剪指标,工期短则用不排水剪指标)。

2. 强度指标的选用(确定)条件

软土的抗剪强度及其指标的确定将因所采用的分析方法(总应力法或有效应力法)而有所不同,必须分别确定和采用相应的指标。目前常用的试验手段主要是三轴和直剪两种,前者可以实现控制土中水的变化及孔隙水压力消散等的要求,后者则不能。三轴和直剪各自的三种试验方法,理论上是两两对应的。直剪试验中的"快"、"慢"只是"不排水"、"排水"的等义词,并不是为了解决剪切速率对强度的影响,而是为了通过快和慢的剪切速率来解决土样的排水条件问题。故当把慢剪与排水剪,快剪与不排水剪,固结快剪与固结不排水剪两两对比分析后,便可明确在实际工程中不同试验方法及相应的强度指标的选用条件。简要地可归纳如下:

(1)当采用有效应力法时,应选用有效强度指标。这种方法概念明确,指标稳定,是一种合理的方法。由于目前还不能直接计算土中有效应力,而是通过确定孔隙水压力间接求解。因此此法的前提是要比较准确地确定孔隙水压力。有效强度指标可用直剪的慢剪、三轴排水剪和固结不排水剪(监测孔隙水压力)等方法确定。

(2)三轴试验中的不固结不排水剪与固结不排水剪这两种试验方法的排水条件是很明确的,所以其应用也是明确的。不排水剪相当于所施加的外力全部为孔隙水所承担,土样完全保持初始的有效应力状况。固结不排水的固结应力全部转化为有效应力而在施加偏应力时又产生了孔隙水压力。所以仅当实际工程中的有效应力状态和上述两种情况相对应,采用上述试验方法和相应指标才是合理的,否则就是近似的。因此,对于可能发生快速加荷的正常固结黏土上路堤地基土的稳定分析可采用 UU 试验指标;对土层较厚、渗透系数较小、施工速度较快的工程的施工期和竣工期也可采用 UU 试验的强度指标。反之,当土层较薄、渗透性较大、施工速度较慢,工程的竣工期分析采用 CU 试验的强度指标,在使用期中一般也采用 CU 试验的强度指标。

(3)常用的三轴不排水剪和固结不排水剪的强度试验条件是理想化了的室内条件,实际工程中完全符合这两个特定条件的并不多或都只能是近似的情况,而且加荷速度快慢、土层厚薄、荷载大小等都没有定量的界限值相互对应,在具体使用时需结合工程经验予以调整。

(4)直剪试验不能控制排水条件,使用直剪试验应考虑实际工程的排水条件,明确直剪的适用性。所以对于渗透性较大的土,直剪的快剪、固结快剪的试验结果较接近于三轴的排水剪,但不能得到不排水、固结不排水的试验结果;对渗透性较小的土,直剪试验与三轴试验的三种试验方法的结果比较接近。

(5)正因为直剪试验不能控制排水条件,因此有条件时应尽量采用三轴试验测定的强度指标。

五、常用的提高路堤稳定性的措施

(1)排水护坡。坡面要整平并种植草皮护坡,软基内部设置横向、竖向排水体。

(2)反压。反压护道简单易行,但需增加用地,适合于人口少、土地贫瘠区。

(3)加筋。铺设土工合成材料(土工布、土工格栅等),加打砂桩、搅拌桩等。

(4)合理施工:采用薄层轮加法,严格控制填土速率,要有足够时间让孔压消散;打设砂井、搬移机械等时应减轻对地基土的扰动;注意应避免在路堤附近堆载重物,如不可避免应降低堆载高度,并离路肩有一定距离。

(5)施工中重视保护硬壳层。

一些高速公路路基地表是存在硬壳层的,如广惠高速。交通运输部公路科学研究所提出硬壳层划分标准为:稠度 $\omega_e > 0.5$,孔隙比 $e < 1$,压缩系数 $a_{1-2} < 5 \times 10^{-4}$kPa,静探锥尖阻力 $q_c \geqslant 10$,$E_0 > 10000$kPa,$CBR_{2.5} > 2$,$C_u > 15$kPa 的表土层。一般认为,当硬壳层厚度大于1.5m时才有利用价值。目前对硬壳层的作用机理及其对沉降的影响程度问题未取得一致意见,但以下几方面的作用是认同的:

(1)硬壳层可提高地基极限承载力并可扩散应力,可限制侧向变形;

(2)硬壳层在前期具有减小沉降的作用,但随着填土高度的增加,这种作用在减小。

因此,基于硬壳层限制侧向变形的作用,软土路堤施工应注意保护好硬壳层,但鉴于目前硬壳层的影响程度未弄清,设计时可不考虑其作用。

第七节　沉降计算

堆载预压法加固软土地基的目的就是使地基在相等或大于实际荷载作用下完成预计发生沉降的绝大部分,在设计阶段要计算设计荷载(路堤、路面和车辆荷载)作用下可能发生的总沉降(最终沉降)、地基加固施工期可能完成的沉降、通车营运后还可能发生的工后沉降,如果计算出的工后沉降超过设计规定,就要返回重新考虑预压的荷载量、预压分级及预压的时间,必要时返回重新布置排水系统或考虑其他的地基处理方法。

软黏土的最终沉降 S_∞ 从机理上来分析,是由瞬时沉降、固结沉降和次固结沉降组成的。有关章节介绍过,地基的最终沉降计算公式为:

$$S_\infty = S_d + S_c + S_s \tag{7-73}$$

式中:S_∞——地基最终沉降;

S_d——地基的瞬时沉降(亦称初始沉降);

S_c——地基的固结沉降(亦称主固结沉降);

S_s——地基的次固结沉降(亦称蠕变沉降)。

但由于瞬时沉降和次固结沉降的计算方法和理论不成熟,在国内最常用的是经验法,即将分层总和法得到的固结沉降乘以一个经验修正系数,主要用以考虑侧向变形的影响,即

$$S_\infty = mS_c$$

式中,m 为地区性经验系数,与地基条件、荷载强度、加荷速率等因素有关,《公路路基设计规范》(JTG D30--2004)建议其值在1.1~1.7。若有相似工程或试验段的长期观测资料作类比分析,可以获得较准确的修正系数 m。

一、影响沉降修正系数的因素

具体来说，主要有以下一些因素：

(1)在计算主固结沉降时，由于采用路堤中点下的附加应力(它大于其他点下的附加应力)作为计算依据，沉降计算值显然会偏大。

(2)由于假设土层处于完全侧限状态，只产生一维变形，这又会使得沉降计算值比实际偏小。

(3)黏性土体的后续次固结，也应该体现在修正系数 m 里面，显然使得其值会增大。

(4)在主固结沉降计算时候，有一个计算层的厚度问题，一般规定：a 以附加应力 p 与自重应力 g 之比 $p/g \leq 0.1$(或 0.2)来控制，以地基中某深度处向上取 1m 的土层的压缩量 S_n 与该深度范围内土层的总压缩量 S 之比 $S_n/S \leq 0.025$ 来控制。当计算层下仍然有压缩性大的土层存在时，要继续向下算。

很多的软土地基会出现软、硬层相间分布，当遇到压缩性小的土层时，很容易满足 $S_n/S \leq 0.025$ 的条件，但若其下有超软弱层时候却又不满足该条件；另外，以 $p/g \leq 0.1$(或 0.2)来控制时，其值可以取为 0.1 ~ 0.2 的一个数，显然它的取定应该跟路堤填土高度直接相关。

(5)荷载强度在公路中体现在路堤的填筑高度，强度不一样，其他条件相同时，沉降显然也不同。

(6)加荷速率，表现为路堤填筑速度。

(7)应力状态。公路工程施工，在堆载预压处理时，一般历程为挖土—填筑路堤加载—超载—卸载—路面施工，相应地软土地基会经历比较复杂的应力状态，对沉降的影响是比较大的。

(8)在堆载预压处理中，排水系统的长度、密度等也会直接影响沉降量。

以上因素不是孤立的，而是相互影响，在不同的具体工程中其所起的作用也不同。归纳起来，可以具体体现为填土高度(H)、施工速率(V)、地基处理类型(N)、软土层厚度(h_1)、硬壳层厚度(h_2)、软土的强度及渗透性(Y)等方面，即可用下式表示：

$$m = f(H, V, h_1, h_2, Y) \tag{7-74}$$

1. 荷载对沉降修正系数的影响

随着路堤荷载的增加，地基的固结沉降增加，瞬时沉降也有所增大。而且随着荷载的增大，塑性变形区也有增大的趋势，侧向位移相应增大，使地基最终沉降(总沉降)增大。中交第二公路勘察设计研究院在广深珠高速公路软基设计中，曾按不同填土高度采用了不同的沉降系数(见表 7-10)。

沉降系数按填土高度取值 表 7-10

填土高度(m)	≤3.5	3.5 ~ 4.5	4.5 ~ 5.5	≥5.5
沉降修正系数 m	1.15	1.20	1.25	1.30

采用表 7-10 比常用 $m = 1.3$ 客观了很多，但即使在同样的填土高度下，随着其他影响因素的不同，沉降修正系数也不同。

2. 地基处理方法对沉降修正系数的影响

不同的地基处理方法对沉降修正系数有不同程度的影响，即使同一处理方法，由于边界条件的变化，也难以得出处理方法与沉降修正系数的精确关系。但可以区分不同处理类型，大体上可看出处理方法对沉降修正系数的影响。

(1)挤密砂桩类型

砂桩与地基土共同构成复合地基,限制了软土的侧向变形,砂桩的挤密作用增强了软基的承载力,在土体中形成了良好的排水通道又加速了地基的固结。这样大大减少了地基的瞬时沉降和塑性变形。因此挤密砂桩类地基的沉降修正系数相应较小。

(2)砂井类型

砂井在土体中形成了良好的排水通道又加速了地基的固结,可以在一定程度上降低瞬时沉降。

(3)无地下处理类型

不采取地基处理的软土路基固结速度缓慢,在荷载作用下地基产生较大的瞬时沉降和塑性变形,填土越高,这种影响越明显。

3. 填土施工速率对沉降修正系数的影响

填土速率缓慢,随着地基的固结,在剪应力作用下其剪应变也小;反之将产生较大的剪切变形(侧向变形)。沉降修正系数将随填土速率的增加而增加。为方便应用,可将填土速率分为三个档次:

(1)慢速填土,填土速率小于0.02m/d;

(2)一般速率填土,填土速率在0.02~0.07m/d;

(3)快速填土,填土速率大于0.07m/d。

4. 地质条件对沉降修正系数的影响

日本的上田嘉男在《软土地盘路堤设计》中把瞬时沉降 S_d 当成一种简单的弹性变形,通过式(7-7)计算,即

$$S_d = \frac{A \cdot \gamma \cdot h}{100} \tag{7-75}$$

式中的 A 实际就是一个反映地质条件因素的系数,而且土的变形模量越大,瞬时沉降越小。但是软土层的位置在 A 中却没反映出来。地基的瞬时沉降主要发生在软弱土层,而地基附加应力从上至下逐渐减小。对于同样厚度的土层,软弱土层处于表层发生的瞬时沉降显然与处于深层时有明显的不同。这里就很有必要考虑表层硬壳层的作用。硬壳层在没有破坏的情况下具有应力扩散作用,使下层地基土承受的附加应力降低,沉降有所减小,沉降修正系数也减小,硬壳层越厚,影响越明显。利用硬壳层厚度这一指标,可粗略地把软土层分为表层软土、一般软土、深层软土这三种情况。

分析了影响沉降修正系数的各种因素后,可得出各因素影响沉降修正系数的大致规律(见表7-11)。

影响沉降修正系数 m 的单因素评价 表7-11

影响因素	因素变化	m 变化趋势
填土高	增大	增大
填土重度	增大	增大
施工速率	增快	增大
地基处理类型	不处理—砂井类—挤密砂桩	减小
硬壳层	厚度增加	减小
软土厚度	增加	减小
软土强度	增加	减小

仅对影响沉降修正系数 m 的各个因素进行分别评价是很不够的,它是各个因素的综合。m 的变化范围在 1.1 ~ 1.7,个别情况会有所扩大,它的精度能在 ±0.05 就可满足工程要求。

二、从公路工程实践探讨沉降修正系数

公路工程沿线工程地质条件复杂,荷载强度的增长具有多变性,地基处理措施也非单一化,影响沉降修正系数的因素众多。以下从一些公路试验工程的沉降实测结果,探讨公路沉降修正系数的变化。

1. 京津塘高速软基试验工程(《公路路基设计规范》(JTG D30—2004)推荐)

京津塘高速公路软基试验工程在天津和塘沽建立了两个试验厂,共 9 个断面,设置了不同的软基处理类型。根据三年时间的沉降观测资料,利用双曲线法推算了最终沉降 S_∞,利用分层总和法计算出了固结沉降 S_c,根据两者间的关系 $S_\infty = mS_c$ 得出了 9 个断面的沉降修正系数(见表 7-12),规律与表 7-11 吻合。

京津塘高速公路软基试验工程沉降修正系数实测值 表 7-12

位 置	天津试验段					塘沽试验段			
断面号	Ⅰ	Ⅱ	Ⅲ	Ⅳ	Ⅴ	Ⅵ	Ⅶ	Ⅷ	Ⅸ
填土高度(m)	3.72	3.81	3.91	3.96	7.07	2.08	3.07	4.18	5.30
填土重度(kN/m^3)	20.5	20.5	20.5	20.5	20.5	21	19.3	18.8	17.9
填土速率(mm/d)	26	25	24	23	快速	17	15	21	12.6
地基处理类型	袋装砂井	塑料排水板	无处理	无处理	袋装砂井	无处理	无处理 土工布	袋装砂井 土工布	挤密砂桩
地质条件	硬壳层厚 1.5 ~ 2m,软土层厚 8 ~ 10m					硬壳层厚 1m,软土层厚 10 ~ 12m			
沉降系数 m	1.39	1.47	1.65	1.53	1.79	1.06	1.33	1.24	1.07

综合京津塘高速公路试验工程(观测时间长达三年,资料可靠性强)和国内其他公路工程相关经验,《公路路基设计规范》(JTG D30—2004)推荐了沉降修正系数的综合计算式用于总沉降(最终沉降)估算:

$$m = 0.123\gamma^{0.7}(\theta H^{0.2} + VH) + Y \tag{7-76}$$

式中:θ——地基处理类型系数,地基用塑料排水板处理时取 0.95 ~ 1.1,用粉体搅拌桩处理时取 0.85,一般预压时取 0.90(砂井处理时中交第一公路勘察设计研究院结合京津塘高速公路试验工程和国内其他工程建议取 0.95;土工布主要提高路堤稳定性,在此没作考虑,实际上土工布在减少沉降方面也会有所作用,尤其是没有打设竖向排水体时会有重要影响;在此也没考虑反压护道的设置,实际上它对减小土体侧向挤出引起的变形有贡献,那么沉降系数也必然受到影响);

H——路基中心高度(m);

γ——填料重度(kN/m^3);

V——填土速率修正系数,填土速率在 0.02 ~ 0.07m/d 时,取 0.025(中交第一公路勘察设计研究院结合京津塘高速公路试验工程和国内其他工程建议:填土速率小

于0.02m/d时，取0.005；填土速率大于0.07m/d时，取0.05）；

Y——地质因素修正系数，满足软土层不排水抗剪强度小于25kPa、软土层厚度大于5m、硬壳层厚度小于2.5m三个条件时，$Y=0$，其他情况下可取$Y=-0.1$（中交第一公路勘察设计研究院结合京津塘高速公路试验工程和国内其他工程建议Y的取值如表7-13）。

地质因素修正值 表7-13

地质因素		Y值
软土层中夹有明显的排水层		-0.1
软土层中没有明显的排水层		0
软土层平均不排水强度(kPa)	>25	-0.1
	<25	0
软土层厚度(m)	>5	0
	3~5	-0.05
	<5	-0.1
硬壳层厚度(m)	<2.5	0
	2.5~5	-0.1
	5~7	-0.2
	>7	-0.3

2. 广佛高速公路

广佛高速公路是广东省自行设计与施工的第一条高速公路，为验证设计结果及指导施工，分三个试验段进行了“原型”测试（固结沉降采用压缩模量计算，最终沉降采用三点法由实测沉降资料推算）。有关的分析计算结果见表7-14。

广佛高速公路沉降修正系数分析 表7-14

观测断面位置	K4+450	K5+580	K8+110
路堤填筑高度(m)	5.16	6.13	7.12
地基处理形式	砂井，10m	砂井，6.5m	砂井，11m
计算固结沉降(cm)	33.15	16.46	83.38
推算最终沉降	35.0	28.5	107.0
沉降系数	1.06	1.73	1.28

3. 深汕高速公路

深汕高速公路第四合同段软基试验工程，第一试验段全长275m，设置了5种处治类型进行观测，沉降观测资料历时8个月（施工预压期）。最终沉降量采用双曲线法推算，固结沉降用压缩模量计算，由此得到沉降修正系数（见表7-15）。

深汕高速公路沉降系数分析 表7-15

试验段号	Ⅰ	Ⅱ	Ⅲ	Ⅳ	Ⅴ
路堤高(m)	4.10	4.02	4.03	4.00	3.87
地基处治形式	双层土工布+超载	砂井长10.2m，间距2m	砂井长14.5m，间距1.3m	砂井同(Ⅲ)+土工布+超载+反压护道	排水板(长14.5m，间距1.3m)+超载+反压护道

续上表

试验段号	Ⅰ	Ⅱ	Ⅲ	Ⅳ	Ⅴ
计算固结沉降(cm)	96.6	94.6	94.9	100.1	96.4
推算最终沉降(cm)	114.8	135.8	168.9	165.5	161.7
沉降系数	1.19	1.43	1.78	1.68	1.69

表中的沉降系数除Ⅰ、Ⅱ断面较小外,其余相差不大。Ⅰ断面沉降系数小的主要原因是设置的双层土工布对地基沉降起到约束作用,尤其是此断面没有打设竖向排水体,其他断面设置了砂井或塑料排水板后总沉降量有所增大;Ⅱ断面沉降系数小的主要原因是砂井间距比较大(2m,其他断面1.3m)。该工程的试验报告指出,Ⅳ、Ⅴ断面中反压护道的设置减小了土体侧向挤出引起的变形,那么沉降系数也必然受到影响。所以,在分析选用沉降系数时,对于路堤结构的影响同样不可忽视。

4. 京珠高速广珠段灵山软基试验工程

京珠高速广珠段途径番禺、中山、珠海,90%以上都建造在深厚软土地基上,淤泥最厚处达41.8m,含水率最高达100.8%,孔隙比最大达2.736,十字板剪切强度6~15kPa。灵山软基试验工程位于K23+612.85~K23+966.28路段,共有8个断面,其中5个断面以袋装砂井和其他辅助措施处理。最终沉降采用双曲线法推算,固结沉降用压缩模量计算,由此得到沉降修正系数(见表7-16)。

京珠高速广珠段灵山软基试验工程沉降系数分析 表7-16

试验段号	B K23+670	C K23+730	D K23+790	E K23+850	F K23+920
路堤高(m)	3.938	3.585	3.555	3.848	4.592
地基处治形式	砂井长10m, 间距1m, 两层土工布	砂井长20m, 间距2m, 两层土工布	砂井长15m, 间距2m, 两层土工布	砂井长15m, 间距1.5m, 两层土工布	砂井长15m, 间距1m, 两层土工布
计算固结沉降(cm)	133.13	168.71	138.18	118.53	162.09
推算最终沉降(cm)	212.89	240.37	236.15	211.67	258.35
沉降系数	1.599	1.425	1.71	1.786	1.594

表中的沉降系数除D、E断面较大外,其余相差不大。

5. 广(州)珠(海)西线高速公路(海南—碧江段)软基试验段工程

广(州)珠(海)西线高速公路(海南—碧江段)软基试验段工程位于勒竹高架桥与顺德陈村大桥之间(K11+021~K11+220),淤泥厚度13m不等,天然含水率平均值78.4%,孔隙比平均值2.088,十字板剪切强度6~15kPa。共有5个断面,以袋装砂井和土工布处理。沉降观测数据历时近1年,最终沉降采用双曲线法推算(其他方法不太适合珠江三角洲软土地基沉降推算),固结沉降用压缩模量计算,由此得到沉降修正系数(见表7-17)。

广珠西线高速软基试验段工程沉降系数分析 表7-17

试验段号	K11+045	K11+084	K11+116	K11+166	K11+196
设计填土高/实际填土高(m)	8.941/10.758 (超载1.5)	7.007/8.073 (等载1)	6.717/7.989 (等载1)	6.644/8.062 (等载1)	6.543/7.446 (等载1)
地基处治形式	砂井长13m, 间距1.2m, 两层土工布	砂井长12m, 间距1.2m, 一层土工布	砂井长12m, 间距1.2m, 一层土工布	砂井长12m, 间距1.2m, 一层土工布	砂井长12m, 间距1.2m, 无土工布

续上表

试验段号	K11+045	K11+084	K11+116	K11+166	K11+196
计算固结沉降(cm)	148.0	87.24	97.0	119.8	78.3
推算最终沉降(cm)	242.7	132.6	145.4	177.3	112.7
沉降系数	1.64	1.52	1.50	1.48	1.44

表中的沉降修正系数除 K11+045 断面较大外,其余相差不大。K11+045 断面沉降修正系数较大的原因是填土的高度较大,高达 9m,而且有超载。

6. 汕汾高速软基试验段工程

汕汾高速公路第一试验场地基的淤泥厚度约 14m,天然含水率 40% ~60%,孔隙比 1.1~1.7,有 3 个断面,其中 1 个以袋装砂井和两层土工格栅处理,填土高度 6m。沉降观测数据历时 418d,以一维反演分析方法求得最终沉降 S_{∞}(实际是 1095d)=113cm,固结沉降用压缩模量计算,$S_c=78$cm,则 $m=1.45$。

以上的工程实例,基本可以说明式(7-75)$m=0.123\gamma^{0.7}(\theta H^{0.2}+VH)+Y$ 基本可以满足要求,但公式没有涉及真空联合堆载预压的情况。

7. 广东西部沿海高速台山真空联合堆载预压试验段

广东西部沿海高速台山真空联合堆载预压试验段淤泥厚度 17~20m,天然含水率平均值大于 73.6%,十字板剪切强度小于 14.5kPa。共有 3 个典型断面,以袋装砂井和土工布处理,前期预压系统有真空预压(80kPa,相当于 4m 填土)。沉降观测数据历时近 1 年,最终沉降采用双曲线法推算,固结沉降用 $e-p$ 曲线计算,由此得到的沉降修正系数见表 7-18。

广东西部沿海高速沉降系数分析 表 7-18

断面编号	填土高度(m)	固结沉降(分层总和法)(cm)		推算最终沉降(cm)	沉降系数	
		不考虑真空荷载	考虑真空荷载(80kPa,相当 4m 填土)		不考虑真空荷载	考虑真空荷载
A	7.847	293.3	366.9	376.3	1.28	1.03
B	7.599	304.7	368.0	361.9	1.19	0.98
C	6.885	291.1	358.0	364.2	1.25	1.02

表中的沉降修正系数均比较小,主要原因是抽真空有效限制了软基的侧向变形,很大程度上减少了由填土荷载引起的侧向挤出,实际上也减少了瞬时沉降。

按不考虑真空荷载,根据表 7-17,可将公式(7-75)$m=0.123\gamma^{0.7}(\theta H^{0.2}+VH)+Y$ 中的地基处理类型增加一类,即当采用真空联合堆载预压时(膜下真空度大于 75kPa),$\theta=0.75$。

综上所述,软基路堤沉降计算采用经验系数校正法时,沉降系数的取值是很复杂的。应根据试验工程的观测或者当地的经验来决定其大小;《公路路基设计规范》(JTG D30—2004)推荐的范围值 1.1~1.7 仅可作为参考,设计时不能取其平均值,也不能保守地取最大值。在广东软土(尤其珠江三角洲软土)地基上修建高等级公路,沉降修正系数基本可以套用《公路路基设计规范》(JTG D30—2004)即式(7-75)$m=0.123\gamma^{0.7}(\theta H^{0.2}+VH)+Y$,但公式没有涉及真空联合堆载预压的情况,可增加一类地基处理类型:当采用真空联合堆载预压时(膜下真空度大于 75kPa),$\theta=0.75$。由于土工布主要作用是保持施工期路堤稳定,对沉降有所减小,但由于其后期会松弛老化,减小沉降的作用越来越小,因此在沉降修正系数 m 中不考虑土工布的影响。

第八节　超载作用与设计

为了缩短堆载预压时间,并且使地基预先完成永久荷载所引起的主固结沉降,或者除完成永久荷载下的主固结沉降外还包括部分次固结沉降,采用加大预压荷载的措施,使施工期完成的沉降量大于使用要求的沉降,以此作为提高预压效果保证率的一项措施,此措施即为超载预压措施。是否需要采用超载预压措施以及超载量的确定,需要根据工程的性质、对工后沉降量要求的严格程度确定。

同时应注意到,过大的超载在地基中产生了过大的附加应力,会导致土体结构的严重损伤破坏,而土体结构的损伤破坏将导致地基土固结系数值大幅下降,有的下降几倍甚至十几倍,此种情况下,固结速率将大大降低,固结时间延长,工后沉降及最终沉降都将大大增加。

一、超载预压设计原理与适用范围

1. 超载对沉降的影响

为了缩短工期,减小工后沉降,就必须尽可能地在施工期和预压期内完成路基固结沉降,因此对桥头路堤和其他重要路段常采用在原设计荷载 P_f 的基础上加上一过量荷载 P_s 即超载(P_s/P_f 称为超载系数),经超载预压一段时间后,再移去过量荷载 P_s,以加快固结沉降的完成。经超载预压后,如受压土层各点的有效竖向应力大于设计荷载引起的相应点的附加总应力时,则今后在设计荷载作用下地基土将不再会发生主固结沉降,同时减小次固结沉降,并推迟次固结沉降的发生。

(1)超载预压消除主固结沉降

Aldrich(1965)和 Johnson(1970)曾讨论了超载所产生的主固结问题。如图 7-11 所示,在设计荷载 P_f 单独作用时,其沉降—时间曲线如图中虚线 f 所示,最终固结沉降量为 S_f。在超载P_f+P_s 的作用下,其沉降—时间曲线为图中 $f+s$ 所示,最终固结沉降量为 S_{f+s}。由图可见,在时间 t_{SR}时,超载预压的沉降量就达到 S_f,即可移去过量荷载 P_s。这样不但达到了缩短预压期的目的,而且,如受压土层各点的有效竖向应力大于设计荷载引起的相应点的附加总应力时,则今后在设计荷载作用下地基土将不再会发生主固结沉降。

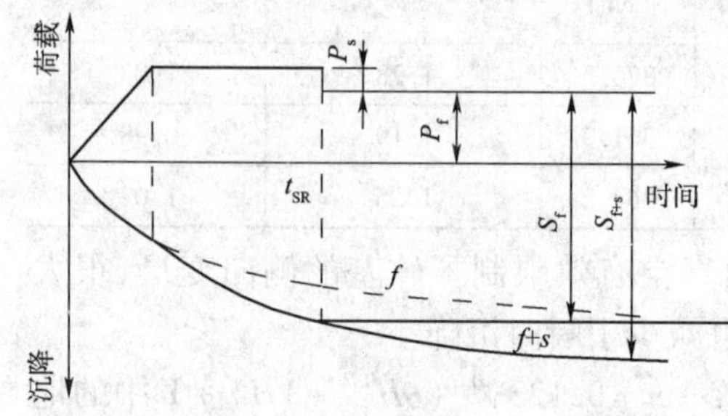

图 7-11　堆载预压引起的主固结沉降

(2)超载预压减小次固结沉降

超载卸除后,土体由原来的正常固结状态变为超固结状态,而使次固结系数减小,且超载越大,超载卸除后,发生次固结沉降的时间越推迟,土的次固结系数越小。

2. 适用范围

根据分层总和法沉降计算理论可以得到超载强度(超载量和超载时间)对减小工后沉降的作用及其影响因素。如果土层现有的有效覆盖压力与附加应力之和小于先期固结压力,则沉降量很小,不需要进行等载或超载。所以下面只分析土层现有的有效覆盖压力与附加应力之和大于先期固结压力的情况。

超载可以减小工后沉降,但其减少量受软土厚度、路基及路面荷载的大小及其对应的固结度、超载大小及其固结度（对应超载时间）等影响。

(1)软土厚度越大，超载的减沉效果越小。路基、路面荷载越大，超载的减沉效果越小，即超载对于低路堤效果更明显。

因此，等载或超载对软土深厚的高填土路基作用没有低路堤明显。路基施工时实际上相当于大型载荷试验，当荷载增大到一定程度（临塑荷载）时，塑性区逐渐增大并相互连接，流变作用明显，侧向挤出量增大，沉降增量与荷载增量之比逐渐增大，沉降—荷载关系曲线由直线变为曲线。当荷载增大到破坏荷载时，沉降增量不再随时间收敛，沉降急剧发展，地基破坏失稳。因此，对于路堤荷载接近破坏荷载的路基，超载可能造成沉降增大很多甚至路基失稳，得不偿失。

(2)超载强度（超载量、超载时间）越大，超载的减沉效果越大；超载越早，超载减沉效果越明显。

压缩试验表明，卸载与再压缩曲线可以简化为如图7-12所示的平行四边形。C_{ri}随再压缩比$\frac{\Delta p_1}{(\Delta p_1+\Delta p_2)}$变化较大，当再压缩比小于0.5时，再压缩指数$C_{ri}$较小，约为压缩指数$C_{ci}$的10%～25%。再缩比主要取决于超载强度（超载量和超载时间）。

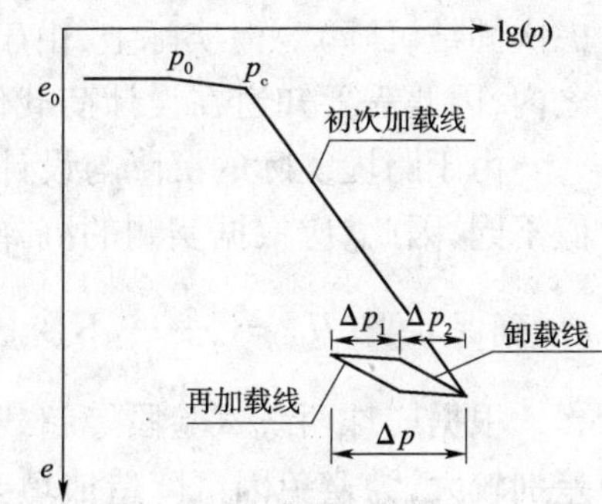

图7-12　软土卸载与再压缩简化曲线

为了减小路面施工造成的工后沉降，超载强度宜保证路面施工时的再压缩比小于0.5。

因此，为了减小工后沉降，超载应尽早施加，超载时间不宜小于3个月且超载的固结度不小于80%。为便于控制，可以按照超载量不小于1.3倍等载量、超载计算固结度大于80%的原则设计超载强度。

二、超载的设计计算

在实际工程中超载预压需要解决以下两个问题：一是确定所需超载压力值P_s，以保证在设计荷载P_f作用下达到预期的总沉降量在给定的时间完成；二是确定在给定超载下达到预定沉降量所需时间，即确定卸载时机。

1.超载压力值P_s和超载时间的确定

根据广珠西线试验段的超载试验，对于路基设计，设计荷载P_f应包括路基填土荷载及其对应的沉降土方荷载、路面荷载、汽车荷载。

在超载作用时间t_{SR}时，黏土层的平均固结度为U_{f+s}，若满足式(7-76)，则仅在设计荷载P_f作用下不会发生进一步主固结沉降。

$$S_f \leqslant U_{f+s} S_{f+s} \tag{7-77}$$

任意一点的固结度可由下式表示：

$$U_z = 1 - \frac{u_e(z)}{u_{e0}} \tag{7-78}$$

式中：$u_e(z)$——任意一时间深度z处的超孔隙水压力；

u_{e0}——在表面荷载作用下的初始孔隙水压力。

当超载P_s在时间t_{SR}被移去时不再产生进一步的主固结沉降，必须满足黏土层中心处的有效应力σ'_v超过设计荷载P_f，即

$$\sigma_v'(H)=u_{e0}-u_e(H)\geqslant P_f \tag{7-79}$$

由于 $u_{e0}=P_f+P_s$，代入式(7-78)可得：

$$u_e(H)\leqslant P_s \tag{7-80}$$

将式(7-79)代入式(7-77)可得：

$$U_{f+s}(H)\geqslant \frac{P_f}{P_f+P_s} \tag{7-81}$$

根据式(7-80)和固结理论就可确定在 P_f+P_s 作用下达到 U_{f+s} 时所需的时间 t_{SR}；同样也可求得在规定时间内(如 t_{SR} 内)，达到 S_f 沉降量所需的超载 P_s。应当注意本推导要求将超载保持到在 P_f 作用下所有的点都完全固结为止，这时大部分土层将处于超固结状态。因此，这是一个偏保守的方法，它所预估的 P_s 值或超载时间均大于实际所需的值。

若满足式(7-76)，即 $S_f\leqslant U_{f+s}S_{f+s}$，则超载路段在设计荷载作用下其工后沉降为零(不考虑次固结沉降)。但实际上，由于工期的紧迫性，往往只能要求工后沉降控制在规范的范围之内，因此需要知道在设计荷载作用下的总沉降及其工后沉降。

由于路堤实际的沉降与设计计算的沉降不可能完全一致，填土重度也可能与设计时取值不同，因此，应根据实测的沉降资料、孔压资料等推算设计荷载下的沉降，及时调整 P_f 和 P_s，确保 $U_{f+s}(H)=\frac{P_f}{P_f+P_s}$ 不变。

根据广珠西线试验段等超载试验结果，填土快慢不同可能造成填至等超载高程固结度差别较大，为避免因沉降造成填土顶面高程降低而需要不断补填或欠载等不利情况的发生，实际等超载时，应利用填土高度、填土厚度进行双控。

2. 超载预压设计中应注意的问题

(1)关于主固结沉降与工后沉降。

超载卸载时地基主固结沉降 S_f 估算式为：

$$S_f=U_{f+S}S_{f+s} \tag{7-82}$$

式中：S_{f+s}——在 P_f+P_s 作用下地基最终沉降，按式(7-83)计算；

U_{f+S}——超载卸载时平均固结度，按式(7-82)计算：

$$U_{f+s}=\frac{\lg\left(1+\frac{p_f}{p_0}\right)}{\lg\left[1+\frac{p_f}{p_0}\left(1+\frac{p_s}{p_f}\right)\right]} \tag{7-83}$$

p_0——地基初始平均有效应力；

p_f——设计荷载(应包括路基填土荷载及其对应的沉降土方荷载、路面荷载、汽车荷载)；

p_s——超载。

正常固结土地基在 P_f+P_s 作用下最终沉降 S_{f+s} 估算式为：

$$S_{f+s}=\sum_{i=1}^{n}\frac{\Delta h_i}{1+e_{0i}}C_{ci}\cdot\lg\left[\frac{p_{0i}+(p_{f+s})_i}{p_{0i}}\right] \tag{7-84}$$

式中：$(p_{f+s})_i$——第 i 分层地基土在 P_f+P_s 作用下的附加应力；

C_{ci}——土层的压缩指数；

p_{0i}——地基中各分层中点的自重应力。

超载卸载后主固结已完成，工后沉降 S_{sr} 为次固结沉降 S_s［按《公路路基设计规范》(JTG D30—2004)估算］，或按下式估算：

$$S_{sr} = mS_f - S_f - S_d \tag{7-85}$$

式中：S_d——瞬时沉降，按《公路路基设计规范》(JTG D30—2004)估算；

m——沉降系数；

其他符号意义见式(7-87)。

当受压土层的平均固结度满足，在使用荷载作用下，地基仍有可能发生主固结沉降。其原因是由于土的性质(如排水条件)不同，某一时间，受压土层内超静孔隙水压力的分布是不均匀的。如对未打穿受压土层在预压期间超孔隙水压力可能没有完全消散，在使用荷载作用下，它将继续产生主固结沉降。

(2)在超载预压的过程中，由于路堤产生的沉降，降低了超载预压的填筑高度，应考虑增加预压沉降的附加荷载，使在超载预压过程中始终保持路堤填筑高度不低于设计超载的填筑高度，保证在设计超载下预压。更不允许超载预压后(卸载时)，超载预压的填筑高度因沉降而降低至设计高程以下。

(3)超载预压时，因为超载增大了路堤的填筑高度，往往超过了软土地基的极限高度，因此必须注意路堤的稳定性，采用分级施加预压荷载，控制加荷速率并监测地基的稳定性。

(4)卸载控制。通过沉降实测资料预测最终沉降量，推算出的最终沉降量减去卸载时的实测沉降量应小于允许工后沉降量。

(5)为了减小工后沉降，超载应尽早施加，超载时间不宜小于 3 个月且超载的固结度不宜小于 80%。

第八章　堆载预压法施工

合理的软基处理方案确定后，处理效果往往取决于软基处理的施工工艺及质量。由于软基处理为地下隐蔽工程，施工质量控制难度较大，尤其是软基施工对地基土的扰动将导致地基土强度大大降低，因此施工时应特别注意避免对地基土造成过大的扰动，在施工中遵循“按图施工”的原则和“边观察、边分析”的方法，做到经济、可行、安全、创新并有利于环保。

从施工角度分析，堆载预压法施工主要做好以下几个环节：清淤回填、铺设水平排水垫层、设置竖向排水体和预压荷载。在普通砂井、袋装砂井、塑料排水板(带)3 种竖向排水体中，普通砂井已基本不用了，塑料排水板(带)也有代替袋装砂井的趋势，因为与袋装砂井相比，塑料排水板(带)具有施打速度快、效率高、施工机械轻便、对软基扰动较小、可工厂化生产、抗折能力较强等优点。

第一节　清淤回填

珠江三角洲一带经济发达，河塘众多。对于河塘中有机质含量比较大的淤泥，在荷载作用下会由于土粒骨架蠕动而不断产生沉降，而且这部分沉降在排水固结已经完成后仍然随时间的推移而缓慢增长。由于该沉降与排水固结的过程无关，采用排水固结法处理无法消除这部分沉降。这样一方面，该沉降在堆载过程中可能对路基的安全产生严重影响，引起路堤失稳；另一方面必然增加工后沉降量，给将来的公路运营带来隐患，因此必须重视清淤工作。清淤回填工艺如图 8-1 所示，各程序具体要求如下。

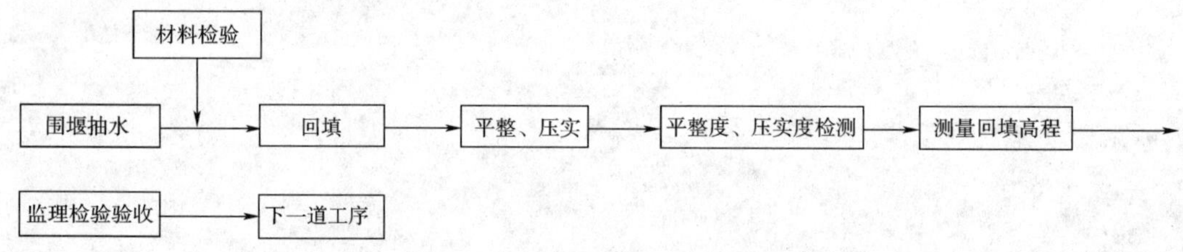

图 8-1　清淤回填工艺流程图

(1)围堰抽水：在公路用地范围，沿用地界线筑堤围堰，围堰施工按设计图纸要求，高出鱼塘最高水位 50cm，且不能有渗漏现象。围堰采用编织袋人工装砂筑堤，采用双排砂袋，中间夹双层聚乙烯薄膜防止渗漏。然后根据水量的多少安排足够的抽水机抽水，抽干路堤范围内的积水。

(2)清淤：先用挖掘机将塘边淤泥清除，然后用推土机从路基中线向两侧填砂挤淤，回填材料必须采用细砂(含泥量小于 15%)，经检验合格后方可使用。每填 5 ~ 10m 后，以此作为挖掘机工作平台，再用挖掘机将挤出的淤泥和挖掘机作业范围内的淤泥一起挖除，再用推土机回填，如此循环将淤泥清除。

(3)回填宽度应在路基两侧加宽 2 ~ 2.5m；鱼塘路段回填至护坡设计高程，其他路段回填至原地表高程。

(4)回填完后,用推土机整平,然后冲水压实,先静压两遍,然后由慢至快,由弱至强振动碾压,做到无漏压、无死角,确保碾压均匀(有条件时,回填砂应分层压实)。

(5)用灌砂法检测压实度,基底压实度应不小于85%;当路堤填土高度小于路床厚度时,基底压实度不宜小于路床的压实度标准。

(6)测量回填压实后高程。

第二节　排水砂垫层施工

一、施工方法与工艺

排水砂垫层的作用是在预压过程中,从土体进入垫层的渗透水流迅速地排出,使土层固结能正常进行,防止土颗粒堵塞排水系统。因而垫层施工是软基施工中的重点控制工序之一。垫层的质量将直接关系到加固效果和预压时间的长短,必须严格加以控制。砂垫层施工工艺流程图如图8-2所示,其施工工艺要点如下。

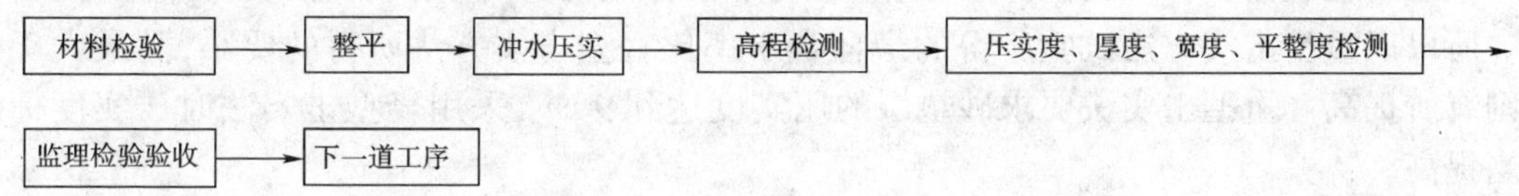

图8-2　砂垫层施工工艺流程图

(1)材料:应选用级配良好的洁净中粗砂,细度模数>2.7,含泥量≤3%,有机质含量≤1%,渗透系数$K \geqslant 5\times10^{-3}$cm/s,天然级配砂砾料的最大粒径不应大于5cm。碾压法施工时,含水率一般要控制在8%~12%,松铺厚度为25~35cm。在施工前取样送检,经检验合格后方可使用。

(2)砂垫层的厚度、宽度必须满足路基排水的要求,一方面是形成排水通道的需要,另一方面由于路基中部与坡脚处存在差异沉降,为保证砂垫层在整个施工期和预压期保持其连续性,砂垫层也应具有一定的厚度和宽度。砂垫层铺设厚度为50cm,铺设宽度伸出路基两侧坡脚各1.0m,以防止填土时砂垫层外缘被土覆盖,堵住排水路径。另外,每隔50m将砂垫层伸出坡脚外2.0m×2.0m,作为特置排水通道。

(3)砂垫层的平整度直接影响到砂井的垂直度及土工布的平整性,铺设砂垫层采用推土机整平,平整度须符合要求,然后冲水密实,对局部不平整的地方用人工辅助机械整平。

(4)在铺设砂垫层的同时,应分段预备足量的袋装砂井用砂。

(5)为保持填砂质量的稳定性,确保工程质量,在砂垫层铺设过程中,每填筑5000m³送检一次。

(6)测量砂垫层高程。

(7)检验砂垫层厚度、宽度、平整度、压实度。自检合格后申请监理检验验收,合格后进行下一道工序。

(8)当软土地基表面很软时,如新沉积或新吹填不久的超软地基(如南沙龙穴岛),首先须改善地基的持力条件,可以在其上作业。通常采用在软基表面铺设土工布或塑料编织网、荆笆的方法,然后在其上铺设砂垫层,但无论如何都必须避免淤泥与砂混合,以免降低垫层的透水性。

二、砂垫层质量检验与验收

1. 检验项目与数量(见表8-1)

施工允许偏差　　表8-1

项　次	检查项目	规定值或允许偏差	检查方法和频率
1	砂垫层厚度	不小于设计要求	每200m检查4处
2	砂垫层宽度	不小于设计要求	每200m检查4处
3	反滤层设置	符合设计要求	每200m检查4处

注:本表摘自中华人民共和国行业标准《公路工程质量检验评定标准　第一册　土建工程》(JTG F80/1—2004)。

2. 验收标准

为确保砂垫层达到预期作用,在垫层满足上表中的检验项目要求以外,还应做压实度的检验。压实度是工地实际达到的干密度与室内标准击实试验所得的最大干密度的比值。工地实际的干密度测定一般采用灌砂法,室内试验测定干密度采用重型击实法或轻型击实法。

重型与轻型击实标准的试验原理、基本规律、试验方法基本相同,但击实功却提高了4.5倍。所以以重型击实方法试验所得的最佳含水率比轻型击实方法所得的要小,而最大干密度则有所提高。重型击实法要求砂垫层的压实度达到90%,采用轻型击实法时压实度标准适当提高。

第三节　竖向排水体施工

根据我国应用排水固结法加固软土地基多年的实践经验,以及国内外发展情况,竖向排水体在工程上的应用有以下几种:30~50cm直径的普通砂井、7~12cm直径的袋装砂井、塑料排水板。可以看出,竖向排水体有逐步由粗到细、由散装到袋装、由天然材料的砂井到塑料板工厂化生产的发展过程,同时在施工机械和施工工艺上也逐步得到了发展。但砂井目前基本不采用,工程实践经验表明,大直径砂井的施工存在以下普遍性的问题:

(1)砂井不连续或缩颈现象很难完全避免。

(2)所用设备相对比较笨重,不便于在很软弱的地基上进行大面积施工。

(3)断面大是砂井施工的需要,并非是由于竖向排水的要求,材料消耗大,造价相当高。

(4)套管成孔法在打设套管时必将扰动其周围土,使透水性减弱(即涂抹作用);射水成孔法对含水率高的软土地基施工质量难以保证,砂井中容易混入较多的泥沙;螺旋成孔法在含水率高的软土地基中也难做到孔壁直立,施工过程中需要排除废土,而处理废土需要人力、场地和时间,因而它的适用范围也受到一定的限制。

(5)普通砂井即使在施工时能形成完整的砂井,但当地面荷载较大时,软土层便产生侧向变形,也有可能使砂井错位。

一、袋装砂井施工

袋装砂井是普通砂井的改良和发展。普通砂井已有40余年的使用历史,而袋装砂井在20世纪60年代末期才开始应用。

袋装砂井是用具有一定伸缩性和抗拉强度很高的聚丙烯或聚乙烯编制袋装满沙子,它基本上解决了大直径砂井中所存在的问题,使砂井的设计和施工更加科学化,保证了砂井的连续性,施工设备实现了轻型化,比较适应在软弱地基上施工;用砂量大为减少;施工速度加快、工程造价降低,更重要的是排水距离缩短具有优越的排水固结条件,是一种比较理想的竖向排水体。有资料表明,用袋装砂井不仅有排水作用而且有补强作用,这方面袋装砂井优于塑料排水板。

1. 材料

袋装砂井的砂袋一般采用聚丙烯材料编织而成,具有良好的透水性及一定的抗拉强度,渗透系数不低于 10^{-3}cm/s,抗拉强度不低于砂井自重的2倍(以20m砂井为例,抗拉强度应不低于14kN/m)。由于砂袋的抗老化性能较差,保存时要避免紫外线照射和雨淋。

砂袋质量控制的关键是砂袋节头控制,一般200m一卷,其中不能出现节头,否则在施工中会出现砂井断裂。若出现砂井断裂,则该砂井属于废品,必须补打。袋装砂井直径是根据所承担的排水量和施工工艺要求决定的,一般采用7cm。

袋装砂井所采用的砂应采用中粗砂,其要求同砂垫层相同。砂袋用砂均应在施工前半个月取样送检,检验合格后方可使用。

2. 施工机械

袋装砂井的施工机械一般为导管式的振动打设机械,只是在行进方向上有差异。我国一般采用的打设机械有轨道门架式、履带臂架式、步履臂架式、吊机导架式。各类机械性能见表8-2。

砂井打设机械性能 表8-2

打设机械型号	行进方式	打设动力	整机重(kN)	接地面积(m^2)	接地压力(kPa)	打设深度(m)	打设效率(m/台班)
SSD20型	宽履带	振动锤	345	35.0	10	20	1500
IJB—16	步履	振动锤	150	3.0	50	10~15	1000
	门架轨道	振动锤	180	8.0	23	10~15	1000
	履带吊机	振动锤	—	—	>100	12	1000

3. 处理深度

如果淤泥层分布变化比较大,根据地质资料,以穿透淤泥层为原则分段试桩,会同业主监理设计代表共同确定砂井处理深度。

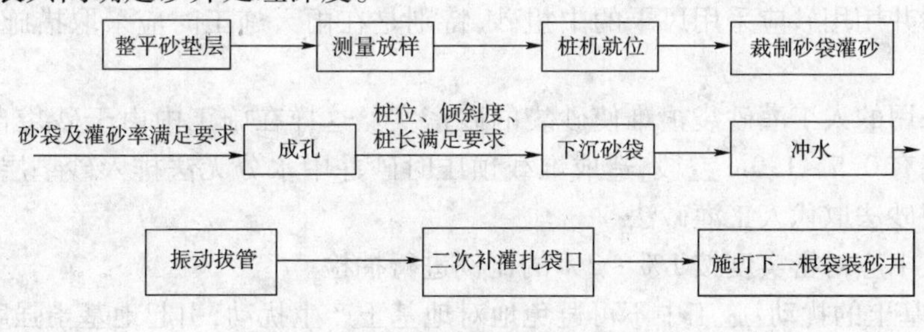

图8-3 砂垫层施工工艺流程图

4. 袋装砂井施工工艺(见图8-3)

(1)放样布桩:按设计图纸设计间距布置形式进行布桩。

(2)裁制砂袋:根据设计或试打后确定的深度并考虑外露长度(约20cm)和两头打结长度(约30cm),砂袋长度按“处理深度+50cm”裁制。

(3)灌砂:砂井用砂含水率不能过大,应采用风干的中粗砂。可使用机械灌砂法或人工灌砂法。

(4)吊振:为保证灌砂密实度,桩长在15m以内的砂袋必须经过副卷扬机二次吊振,吊振后空袋用人工二次补灌,以免出现断桩,影响排水效果。为了防止砂袋断裂,桩长15m以上的砂袋可以不吊振,但必须经人工多次抖动使砂袋密实,并经监理工程师检查后方可使用。

(5)成孔:桩管下沉到设计深度后,桩管插入地基时应严格控制垂直度和桩位,垂直度小于1.5%,桩位偏差应小于15cm。

(6)下沉砂袋:为保证排水顺畅,下沉砂袋时应防止砂袋扭曲撕破和污染,可在桩管内穿一根与桩管等长的钢丝绳,将砂袋一头拴在钢丝绳上,慢慢下沉。桩管内壁附着淤泥应用清水冲洗,以减小对砂袋的涂抹。

(7)冲水:为保证拔管时,能使管底阀门顺利打开,不回带,减少淤泥对砂袋的涂抹,又不至于因冲水压力过大而造成对桩底原状土扰动过大,冲水压力可根据现场施工实际情况确定。

(8)振动拔管:拔管时应防止砂袋回带,桩管要垂直起吊防止砂袋带出或破坏。如果出现回带,要查找原因,并补打。

(9)二次补灌:拔管后立即对桩头空袋用人工补灌,并扎好袋口,将砂井周围孔穴用砂填实,防止砂袋掉入孔中,整理好桩头。

(10)移机施打下一根。

5.施工质量控制

袋装砂井作为排水固结法的竖向排水体,施工质量决定着固结排水的效果。在施工时应采取严格的质量管理体系,控制好以下技术环节:

(1)由于珠江三角洲一带淤泥分布及物理力学性质变化较大,设计前的勘察往往不能满足精度需要,为使袋装砂井的施工能做到有针对性,施工前宜对施工区域进行原位测试(以静力触探为主,需要时配合以少量十字板剪切试验),以探明施工区域的软土层分布情况及力学性能,并在此基础上进行优化设计,达到经济合理的目的。

(2)灌砂的密实度:若袋装砂井灌砂的密实度不够,在振动拔管时由于自重下沉将会形成砂桩不连续现象,俗称“断桩”,砂井将无法起到排水的作用。这种现象必须在施工时予以避免,可以通过以下几个措施来防止:

①袋装砂井用用砂应采用风干的中粗砂,特别是在雨天施工时应采取措施防止砂的含水率过高。

②一般采用的人工灌砂袋很难使砂袋的砂密实。这样在施工中由于砂袋自重力作用,造成砂袋顶端有0.5~1.0m空段,造成堆载预压时砂井中水分无法排入砂垫层而失效。推荐采用机械灌砂法取代人工灌砂法。

③在施工中应对密实度按1%~2%的比例进行抽检。

(3)对地基土的扰动:施工中不可避免地对地基土产生扰动,引起地基土强度降低,增加了部分沉降,甚至会引起地基土固结系数的降低。这些对工程的不利影响在施工时应尽量减小到最低限度。

(4)其他质量控制措施:

①砂井机导管的直径和厚度要适宜,导管直径不大于120mm,壁厚不大于5mm。

②拔管时水压要控制好,太大将会成孔过大,增加对地基的扰动,太小则无法打开管的

底门,从而造成“回带”,一般控制在 $1kg/cm^2$。

③确定砂袋长度时预留长度应不小于 50cm,即砂袋长度 = 设计长度 +50cm,以确保能处理到设计深度。

④在袋装砂井施工中要做好施工记录,施工记录是质量检查的根据,施工中应有专人负责记录砂袋长度、灌砂密实度、施工情况、成桩情况等,确保灌砂率偏差不大于5%,桩位偏差小于15cm,竖直度偏差小于1.5%,砂井长不小于设计长,同时砂井施工不得出现漏打、短桩、断桩现象。

二、袋装砂井施工的质量检测

施工过程中和施工后质量检测的各项指标见表8-3。

袋装砂井施工允许偏差 表8-3

项目	单位	标准	允许偏差	检查方法和频率
砂井间距	cm	符合设计规定	15	抽查2%
砂井长度	cm	符合设计规定	不小于设计	查施工记录
砂井直径	mm	符合设计规定	+10、-0	挖验2%
竖直度	%		±1.5	查施工记录
灌砂率	%	符合设计规定	+5	查施工记录

注:本表摘自《公路工程质量检验评定标准 第一册 土建工程》(JTG F80/1—2004)。

但井径和井长施工完成后检测相对比较困难,下面介绍几种常用的方法:

(1)挖验法。即对施工完成的袋装砂井进行大开挖检验。这种方法的优点是能够直观地看出砂井的质量,检测精度高;缺点是费时、费力,对现场破坏大。

(2)拔桩法。即用机械将袋装砂井整体拔出进行检验。这种方法也比较直观,但受拔桩机械的限制大,且很容易拔断砂井。

(3)工程钻探法。即利用钻机对砂井进行钻进,套管取芯样。相对挖验法、拔桩法,这种方法费用低,对施工现场破坏小;缺点是需使用专门钻机,受钻杆垂直度和砂井垂直度的影响大。

(4)挖、拔结合法。即先挖除砂井上部的软土层(尤其表层硬土层),减小土体对砂井的握裹力,然后拔出砂井。这种方法比较直观,数据准确、可靠;缺点是效率低,砂井深超过8m时不适用。

(5)冲水拔袋法。即用高压水冲袋装砂井内的砂,砂在高压水作用下,泛出地面以减小土体对砂袋的握裹力,然后拔出砂袋测定井深。

三、塑料排水板的施工

由于砂料缺乏和运输的原因,使袋装砂井的使用受到限制,随着塑料工业的发展,塑料排水板的应用已相当普遍。

塑料板排水法是在纸板排水法基础上发展而来的。是对袋装砂井排水阻力的改进。塑料带排水法的应用弥补了纸板在饱水强度、耐久性、透水性等方面的不足。

塑料排水板的厚度为3.5~7.0mm(通常4mm),宽度为90~100mm(通常100mm),长度为30~120m。包括芯板和滤膜两部分,芯板为排水通道,有沟槽型和多孔型两种。沟槽

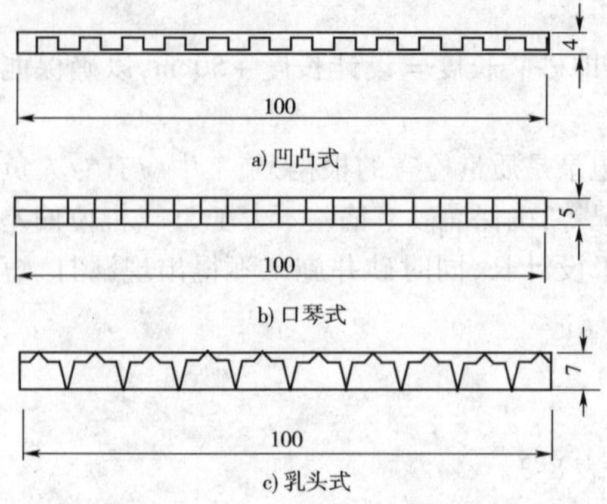

图 8-4 排水板断面示意图(尺寸单位:mm)

型多为聚丙烯或聚乙烯塑料芯板;多孔型常采用涤纶丝无纺布。滤膜一般采用涤纶衬布,由于多孔型可卷成筒状,使用方便。用插板机插入软土地基,在上部预压荷载作用下,软土中孔隙水由塑料排水带向上排到上部铺垫的砂层(或水平塑料排水带)中,以加速软基加固。

我国生产的塑料排水带常见的三种构造(见图 8-4)。

1. 塑料排水板和插板机的性能及规格

(1)塑料排水板的性能

塑料排水板的特点是,单孔过水断面大,排水通畅、排水阻力小而质量轻、强度高、耐久性好,是一种较理想的竖向排水体。

塑料排水板由芯板和滤膜组成,芯板由聚丙烯和聚乙烯塑料加工而成两面有间隔沟槽的板体,滤膜由化纤材料,无纺胶粘而成,土层中的固结渗流水通过滤膜渗入到芯板沟槽内,并通过沟槽沿深度向上排入排水垫层中再排出。根据塑料排水板的结构,要求滤膜渗透性好,与黏性土接触后,其渗透系数不低于中粗砂,排水沟槽排水畅通,此外,塑料排水板沟槽断面不因受土压力作用而大幅减小,这是塑料板在水平力作用下保持正常排水作用至关重要的问题。因此,在选用塑料板时,应着重于带芯材料特性滤膜质量单孔排水截面大小,塑料板的结构等因素综合考虑。

(2)塑料排水板材料

①芯板材料。沟槽型排水板,考虑到在土体侧压力作用下不产生压缩变形国内外多采用聚丙烯或聚乙烯塑料板芯,因聚氯乙烯材质软延伸率高,易在侧压力作用下变形使过水断面大幅度减小。多孔型带芯,一般采用耐腐蚀的涤纶丝无纺织布,从变形,排水阻力两方面分析,不宜采用。

②滤膜材料。一般采用耐腐蚀的涤纶衬布,含胶量适当,以保证涤纶布滤膜饱水后的强度及拉伸变形满足要求,又要有较好的透水性,材料中不宜掺入有机混合料。

(3)塑料排水板插板机

塑料板排水法的施工机械,基本上可与袋装砂井打设机械共用,只是将圆形导管改为矩形导管。对于目前我国所应用的两用打设机械,采用振动打设工艺,振动激振力大小可根据每次打设根数、导管断面大小、入土长度及地基均匀程度具体确定。振动锤击力一般参照表 8-4 选用。

插板振动锤击力选用参考值 表 8-4

插入长度(m)	导管直径(cm)	振动锤击振力(kN)	
		单管	双管
>10	130 ~ 146	40	80
10 ~ 20	130 ~ 146	80	120 ~ 160
>20	—	120	160 ~ 220

(4)塑料排水板导管靴与桩尖

我国通常采用菱形或圆形导管加矩形管靴作为打设塑料板的导管,均为开口与活动桩类组合型，由于矩形管靴断面不同，所用桩尖各异，桩尖主要作用是在打设塑料板过程中防止淤泥进入导管内，增加管靴内壁与塑料板的摩阻力，提管时将塑料板带出，另一方面对塑料板起锚定作用，便于塑料板打设连续施工。

①活动连续桩尖。此桩尖与矩形管靴，由柔性绳连接，可反复使用。

②倒梯形绑扎连续桩尖。此桩尖配矩形管靴，一般为塑料制品，薄金属板也可。

③倒梯形楔挤压连接桩尖。此配矩形管靴，该桩尖固定塑料板比较简单，一般为塑料制品，也可采用薄金属板。

2. 塑料排水板的施工工艺

(1)将装配好的打设设备就位。

(2)将塑料板经导管内穿出底部，并与桩尖连接，拉紧，使与管靴口贴紧。

(3)定位。

(4)振动沉入导管达设计深度。

(5)边振动边拔管，塑料排水板与软土连接锚固留在软基内，当排水板有可能带上时，停振静拔至地面。

(6)在砂垫层上预留 20 ~ 30cm 剪断塑料排水板，并与桩尖再连接，拉紧。

(7)重复(3) ~ (5)。

3. 施工注意要点

(1)塑料排水板留出孔口长度应保证伸入砂垫层不小于 0.5m。施工完成后可将塑料排水板出露端弯折埋设于砂垫层，整平砂垫层。塑料板滤水膜在转盘和打设过程中应避免损坏；防止淤泥进入板芯堵塞输水孔，影响塑料板的排水效果。

(2)塑料排水板可采用板机打设，或可与袋装砂井打设机具共用，但应将圆形套管换成矩形套管。塑料排水板可采用锤击法和振动法施工。

(3)施工时导轨应垂直，钢套管不得弯曲，透水套管不应被撕破和污染；排水板底部应有可靠的锚固措施，以免拔出套管时将芯板带出；打设时应用经纬仪或重锤控制垂直度。施工过程中应保证塑料排水板连续不断。施工时应采取措施减少对周边土体的扰动。

(4)桩间平端与导管靴配合要适当，避免错缝，防止淤泥在打设过程中进入导管、增大对塑料板的阻力，甚至将塑料板拔出。

(5)施工中应严格控制间距和深度，若拔管过程中塑料板被带上 40cm 以上应补打。塑料板需接长时，塑料板需要接长时，为减小板与导管的阻力，应采用滤水膜内平搭接的方法，为保证输水畅通并有足够的搭接强度，搭接长度需在 200mm 以上。排水板打设完毕后要立即铺设一层砂垫层，以防长时间暴露于空气中使板体老化。

(6)塑料排水板搭接应采用滤管内平接的方法，芯板对扣，凹凸对齐，搭接长度不小于 20cm；滤套包裹，用可靠措施固定。

(7)塑料排水板施工完成后，经监理工程师检验合格后，才能进入下一道工序施工。

四、塑料排水板施工的质量检验

我国土工合成材料工程协会《塑料排水带地基设计规程》(CTAG 02—97)规定产品质量标准见表 8-5，按批量在施工现场随机抽样进行排水板的外观检查和通过有资质的检验单位进行性能检验。

外观检查的内容包括：外包装的状况，排水板断面与长度，排水板和滤膜的接头情况，滤膜完好状况,缝线和胶粘的情况等。性能指标包括排水板复合体和滤膜的强度。

塑料排水板产品质量标准 表 8-5

项目 \ 打入深度 L(m)		10	15	20	25	备注
材质	芯带	聚乙烯,聚氯乙烯,聚丙烯				单位面积质量一般宜大于 $85g/m^2$
	滤层	涤纶/丙纶等非织型土工织物				
断面尺寸	宽度(mm)	>95				
	厚度(mm)	>3				
整带拉伸强度	(kN/10cm)	>1.0	>1.0	>1.2	>1.2	延伸率为 10% 的强度
滤层的拉伸强度(kN/m)	干	1.5	1.5	2.5	2.5	延伸率为 10% 的强度
	湿	1.0	1.0	2.0	2.0	延伸率为 15% 的强度
滤层渗透反滤特性	渗透系数 k_g(cm/s)	$k_g > 1 \times 10^{-4}$, $k_g > 100k_h$				k_g 为滤层的渗透系数
	等效孔径 O_{95}(mm)	<0.08				k_h 为地基土的渗透系数
抗压屈强度(kPa)	带长小于 15m	250				
	带长大于 15m	350				

塑料排水板施工规定值或允许偏差应符合表 8-6 规定。

塑料排水板施工规定值或允许偏差 表 8-6

项目	规定值或允许偏差	检查方法和频率
板间距(mm)	±150	抽查 2%
板长度(m)	不小于设计	查施工记录
竖直度	1.5%	查施工记录

注:本表摘自《公路工程质量检验评定标准 第一册 土建工程》(JTG F80/1—2004)。

第四节 土工布和土工格栅铺设

土工布和土工格栅一般应直接铺设于地基或砂层顶部,尽量位于路堤填土底面,这样发挥的效率最大,而且应将强度高的方向置于垂直于路堤轴线方向,因为路堤滑塌多表现为侧向移动。土工布和土工格栅设置以两层效果为最佳,两层之间应填以细粒土,厚度 30 ~ 50cm。在土工布铺设时应特别注意上下面平整且不能夹有尖锐物质,以防刺破土工布或土工格栅,在距离土工布和土工格栅 8cm 以内的路堤填料,其最大粒径不得大于 6cm。土工布和土工格栅沿路堤横向铺设,纵向每幅之间搭接宽度 30 ~ 50cm,土工布横向之间如有接头应缝接,缝接处强度一般可达到纤维强度的 80%,基本可满足工程要求。土工格栅一般采用 U 形钉连接或绑扎,一般每隔 10 ~ 15cm 应有一绑扎节点,搭接长度一般不小于 10cm。

铺设土工布时采用预张拉法,两端进行锚固,这样土工布拉紧后,其应力调整和抗滑作用都能得到较好地发挥。施工时采用锚固沟锚固,沟宽 1m 左右,深 30 ~ 50cm,先在一端开沟,铺设后回填土压住土工布端部,然后在另一端使用专门的预张拉机进行张拉,拉力控制在 300kg/m 左右。拉紧后即填土压住再松弛拉力,同样挖锚固沟对另一侧进行锚固。

土工布和土工格栅摊铺好后应立即(两天内)用土料铺盖好,因为大多土工合成材料受阳光紫外线照射易于老化。

对于软土地基。应采用后卸式载货汽车沿土工合成材料两侧边缘倾卸填料，以形成运土的交通便道，并将土工合成材料张紧。填料不允许直接卸在土工合成材料上，必须卸在已摊铺完毕的土面上；卸土高度以不大于1m为宜，以免造成局部承载能力不足。卸土后立即摊铺，以免出现局部下塌；填成施工便道后，再由两侧向中心平行于路堤中线对称填筑，宜保持填土施工面呈“U”形；第一层填料宜采用推土机或其他轻型压实机械进行压实，只有当已填压实的垫层厚度大于60cm后，才能采用重型压实机械压实。质量检测项见表8-7。

土工合成材料施工质量检测项目 表8-7

项　目	允许偏差	检查方法和频率
下承层平整度、拱度	符合设计施工要求	每200m检查4处
搭接宽度(mm)	+50，-0	抽查2%
搭接缝错开距离(mm)	符合设计施工要求	抽查2%
锚固长度(mm)	符合设计施工要求	抽查2%

注：本表摘自《公路工程质量检验评定标准　第一册　土建工程》(JTG F80/1—2004)。

第五节　路堤施工一般方法

一、吹填砂路堤施工

吹填砂路堤施工适用于土源缺乏，砂源较充足的情况。

1.砂料的选择

填砂路堤施工根据运输方法分为两种：一种是船运吹砂填筑，另一种是汽车运输填筑。不论是船运吹砂填筑还是汽车运输填筑，其粗砂因容易得到较高的密实度而成为填砂路堤的首选填料。吹砂填筑时，细砂也可以使用，微含粉(黏)土砂应慎重采用，粉(黏)土质砂不宜采用；当使用汽车运输填筑时，应注意细度模数大于2.3以上的砂料，经冲水、振动压实后即可通车，不需要另外修筑施工临时便道。对于细度模数小于2.3的砂料，即使压实度达到要求，也无法通行，施工过程中每填一层必须修筑一次施工便道。

砂料含泥量(粒径小于74μm颗粒含量)不宜大于15%(以重量计)。

2.施工准备

施工准备工作主要是挖塘基，若不挖塘基，路基将产生不均匀沉降，特别是在软土层厚度大，软土性质差的路段，通车后不均匀沉降将会成为极严重的病害。为避免路基产生不均匀沉降，宜将塘基挖至塘底高程。挖出的塘基土应沿线堆放好，以备用于包边土。

3.吹砂填筑施工要点

吹填时排砂口喷出的砂、水、泥混合料中，砂料仅占10%左右，大量的泥水必须通过适当的通道排走，否则将产生较大的液体或半液体压力，造成路基失稳。另外，排砂口水压较大，要求排砂口与路床挡水堤之间有一定距离。因此在选择吹砂设备的生产率时，不仅要考虑工期要求，还要综合考虑软土地基、路基宽度以及吹填水的排出通道等因素。

(1)吹砂填筑使用设备

砂料的抽吸方式有直吸式、绞吸式以及喷射吸扬式等。直吸式是直接从泥船上或不通行的河湾及水塘中抽吸，在需要通航的河道中，一般采用绞吸式。绞吸式抽吸的主要设备有挖泥船、吸砂管、排砂管等，通常绞吸式挖泥船的生产率和最大泵送距离与砂泵的功率、排砂管管径是相匹配的。

(2)吹填挡水堤

为防止吹填水横流,路基两侧应修筑挡水堤,以形成吹填路床。挡水堤的尺寸依据吹填设计生产率及路基宽度而定,一般顶宽不应小于1.0m,外边坡一般为1:1.5~1:2,内边坡为1:0.75~1:1.5。挡水堤不宜一次修筑到高程,应逐层吹填逐层加高。在软土地基路段,应预留路堤沉降量,做好预宽处理,否则沉降后路基就不够宽度了。挡水堤分泥挡水堤和砂挡水堤,在不允许吹填水横向渗流的路段,应采用泥挡水堤,泥挡水堤宜采用黏土修筑,可用作路堤包边土。砂挡水堤就地取材,将吹填的砂料推拢而成,内侧垫以塑料薄膜,以提高抗冲刷能力和防止渗水。

(3)吹砂路堤堤内水的排出

吹填路堤施工时若采用泥挡水堤,则应在路床底修筑盲沟,以利堤内排水。盲沟一般采用干砌片石,连接路堤端部的地方应设碎石反滤层。盲沟的尺寸及间距应通过计算确定。

(4)吹填水的排除

路堤吹填时,因带着大量的泥水,需要及时排除,以免产生过大的液体压力。因此,在吹填开始前,应做好充分的准备工作,修筑好吹填排水通道。排水通道断面积通常为排砂截面积的2~4倍。

(5)排砂管及排砂管支承

排砂管由水上部分和岸上部分组成。水上排砂管由钢管和橡胶管连接而成,用浮筒支承于水面上,水上排砂管应布设成平缓的弧形,以便挖泥船可以在一定范围内移动。陆上排砂管一般支承在地面上,在排砌口部分必须用支架牢固支承,在排砂管与陆上排砂管连接处应设立平台或支架,并采用橡胶管连接。

(6)吹填的宽度方式

按工程实际情况,可采取路基全幅吹填或半幅吹填。全幅吹填时,将排砂管布设在路堤中间,一次性吹填够全幅宽度,这种方式适用于路堤宽度小于30m和预先没有修筑挡水堤的路段。半幅吹填时,排砂管可沿路堤中线布设,也可沿左右两个半幅的中间先后布设或者在两个半幅同时布设,沿路堤中线布设时,排砂管的前段应以橡胶管连接,以便排砂管管口可在左右两半幅移动,半幅吹填可减少横向推砂工作量和压实工作量,这种方式适用于路基宽度大于30m和已预先修筑挡水堤的路段。

排砂管口与挡水堤的距离,应根据排砂管管径及水堤实际情况而确定。一般来说,排砂管管径为ϕ250mm时应离开5m以上;管径为ϕ400mm时,应离开10m以上。

(7)分段吹填

路堤的吹填采取同层分段的办法施工,分段的长度由吹填设备的生产率及路堤宽度而确定。一段吹填完毕以后接长管道吹填下一段,边接管边向前推进;同层吹填完毕后,再一边拆管一边向后推进,吹填下一层,如此往复。当吹填施工的距离超过设备的最大能力时,可采取二级加压或二次抽吸的办法。二级加压是在挖泥船或排砂管中间增设加压泵;二次抽吸是利用一次抽吸设备将砂料泵送到一定距离的中转站,再从中转站经过二次抽吹设备吹填到路基,中转站设在不通航的河湾或鱼塘为宜,若设在鱼塘,二次抽吸设备可采用喷射吸扬式设备。

(8)填砂路堤的压实

填砂路堤,无论是采取汽车运输的方式施工,还是采取吹填方式施工,均应采取分层填筑、分层压实、分层检测的办法。若采取填砂排淤的办法清除鱼塘表层淤泥，由于填砂排淤需要足够大的挤压力，第一层分层厚度不应小于2m，第二层以上分层厚度随填筑方式的不同有所不同，一般吹填方式的分层厚度可达1～2m。

填砂路堤宜使用重型振动压路机压实。吹填路堤不经扰动的密实度可达90%以上，可满足路槽以下80cm压实度要求。

(9)填砂路堤边坡防护

填砂路堤容易被雨水冲刷，其边坡防护比填土路堤更重要。填砂路堤边坡防护可采取草皮防护或砌石护坡。草皮护坡应修筑包边土，包边土宜采用易于植被的黏土修筑，其厚度视路基宽度而定，一般为0.4～1.0m，压实度应大于80%。填砂路堤砌石护坡应设置反滤层。浸水路堤下部分可设置挡土墙或在路基部分高度超宽填筑。

4. 软土地基上应注意稳定控制

软土地基上填砂路堤和填土路堤施工一样，要解决沉降和失稳两个问题。总的来说应按"慢填、预压加观察"的原则填筑，应按设计的加载速度进行加载，同时，要埋设沉降标，加强观测，控制指标不应仅用日沉降量单一指标，要综合考虑沉降增长速率。对于吹填路堤，由于吹砂时产生的巨大液体或半液体压力，应进行分层厚度和吹填时间间隔的特殊设计。

二、软土路堤施工—薄层轮加法

1. 方法概述

在实际施工中，存在着施工安全与施工进度的矛盾，如何在保证路堤稳定的基础上加快施工进度就成了路堤施工的关键。在软弱地基加载过程中，若一次加载过大，超过软基极限承载强度，软土地基就会失稳，产生破坏性变形，故软土地基填筑过程中如何加载预压，达到减少填筑时间，争取较长的预压期是软基处理成败的关键。

"薄层轮加法"是结合广东省几条高速公路软基施工经验提出来的，对于软基上的高填土路基尤为合适。但要注意铺填长度不要过长，否则难于施工管理，要注意填筑厚度、铺填长度和土的强度增长三者互相匹配，优化组合。在地基处理结束后，一次快速填土至极限高度。当填土达到极限高度后，进行第一次停歇，以后根据孔隙水压力的消散情况、沉降速率和边桩位移速率的下降来决定何时可以加载。该方法充分利用每次填土后强度增长安排填筑速度组织施工，按每次填土碾压厚度和强度增长，确定停载间歇时间来指导填土，一方面可以增加施工的安全性，另一方面也可以缩短施工工期，增加预压时间，是利用地基土强度增长来指导施工的较为科学合理的方法。

薄层轮加施工方法的关键是要保证准确连续地动态观测，通过对动态观测数据的分析，掌握路堤在施工过程中的变形动态，确定合理的控制标准来控制填土速度，以保证施工的安全稳定。

2. 施工工艺(见图8-5)

3. 施工质量控制

按薄层轮加法施工应埋设仪器进行稳定性监控，直接修正填土分级设计。

(1)路堤填筑前应充分研究地质资料，了解软土的物理力学性质及其空间分布特征，据此制订详细的施工计划。计划中应对填土较高、软土较厚、软土性质较差的地段优先进行软基处理，优先进行路堤填筑。在施工过程中严格掌握好施工工序和填土速度，同时在保证施工质量安全的前提下，加快施工速度，争取软基在较大的荷载作用下预压更长的时间。

(2)软土地基上的路堤填筑是在处理软基(砂垫层、袋装砂井、土工布)之后进行的,其质量控制的主要内容是保证分层填筑厚度平整度压实度以及填筑过程中进行有效的稳定性监测,保证路堤的稳定性。

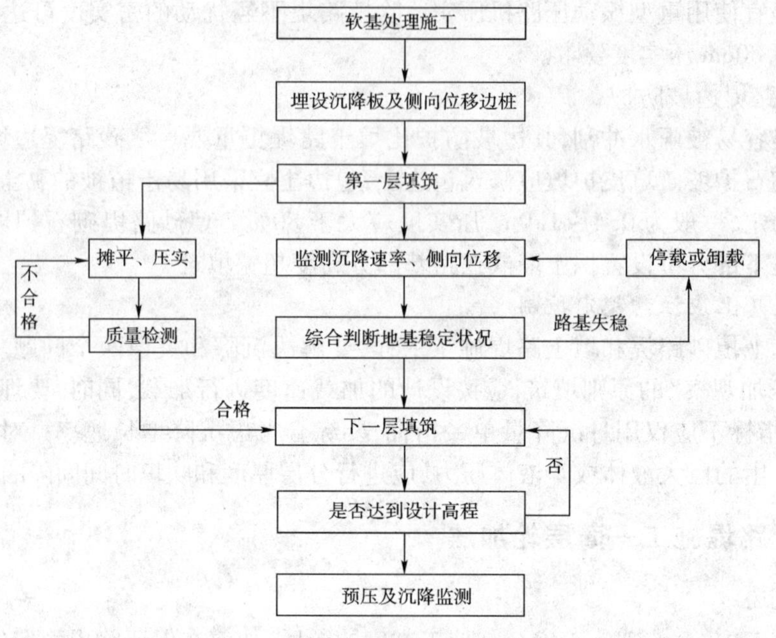

图8-5　薄层轮加法施工工艺图

(3)每层填土的摊铺厚度控制在30cm左右,填砂路堤可放宽至40cm,但最大不超过50~100cm。填筑时应由路中心向两侧分层填筑夯实,保证每层的压实度达到设计要求,并应做出与路拱相同的横向坡度。从薄层轮加法确定加荷计划结果分析,在地基处理结束后,除开始一次快速填土至极限高度外,单级填土厚度越薄,其工期越短。但具体组织施工时,应根据压实机械的性能进一步优化填筑方案。因为如果单级填土厚度过薄,压实机械不能充分发挥作用,会增加施工成本。

(4)在填筑过程中,应进行沉降和稳定监测,每填一层,应监测一次以上,并对沉降和位移发展趋势进行综合分析,及时反馈给设计单位。

(5)超载预压填土。超载预压是指路堤填至路床高程后,应填筑相当于路面结构重量的土层厚度(即等载),增加1.2~1.5m(相当于设计路堤荷载的0.2倍左右)土层厚度,并在预压期内,继续补充下沉土层厚度,保持超载高程,直至达到卸载标准。为减少卸载后对填土的压实工作量,超载预压前路床高程以上应预留相当于沉降大小的高度,该范围的土方应选用达到要求的土,认真压实并达到96%以上压实度。超载部分的施工,没有压实度方面的严格要求,只要压实度可以满足施工车辆正常行驶即可,但应严格控制加荷速率。

(6)加载速率控制(见有关章节)。

第六节　路堤施工稳定控制

稳定是软基处理过程中应考虑的主要问题。对于采用堆载预压法加固软弱地基,在堆载预压施工期间必须确保地基稳定性。

堆载预压法是通过增加总应力，再借助砂井砂垫层等排水措施加快土体中孔隙水的排出速率，进而实现有效应力和孔隙水压力的相互转化，达到地基加固的目的。上部荷载在地基中形成的附加应力在水平向和竖直向是不等的，因此，堆载使球应力增加，也使剪应力增加。球应力起初由孔隙水承担，随着土体的排水固结，逐步转换成有效正应力，有效正应力的增加也使得土体的强度增加，而孔隙水无法承担剪应力，剪应力自始至终都由土颗粒骨架承担。剪应力的存在易使软土的强度折损。因此，用堆载预压法加固软基时，必须严格控制填土速度，使土体强度增加与剪应力的增加相适应，这样才能保证地基加固过程的稳定性，避免出现失稳破坏的现象。

一、现场监控

施工稳定控制是建立在现场监测基础上的。软基处理中行之有效的监测项目有：孔隙水压力监测、变形监测（沉降监测、侧向位移监测）。此外还可以设置土压力监测，一般数量较少。

1. 孔隙水压力监测

根据测点孔隙水压力—时间变化曲线，可反算土的固结系数，推算该点不同时间的固结度，从而推算强度增长，并确定下一级施加荷载的大小。根据孔隙水压力—荷载的关系曲线可判断该点是否达到屈服状态，因而可控制加荷速率，辅助判断施工稳定。

2. 变形监测

沉降监测是软基处理最重要、最基础的监测项目之一，包括地表沉降、分层沉降和沉降速率。利用实测沉降资料可推算出最终沉降；利用沉降资料还可计算地基的平均固结度，然后求出地基的平均固结系数；利用分层沉降资料可分析和研究各个土层的压缩性；同时沉降资料也是分析路堤稳定、确定加荷速率的重要依据。

侧向位移监测包括边桩位移和沿深度的侧向位移两部分，可以用来判断路堤稳定性，决定安全的加荷速率。

3. 监测频率

为收集足够多的信息，以便对地基变形、强度增长情况作出比较准确的判断，确保加载过程中路基的稳定，必须保证一定的监测频率。各类指标的监测频率见表8-8。加荷期间分为极限填土高度前、极限填土高度至填土设计高度两个阶段，极限填土高度至填土设计高度阶段宜在表8-8基础上适当增加监控频率。若超载填土应在表8-8基础上根据实际情况增加监测频率。

参考监测频率 表8-8

监控时间	表面沉降	测斜，边桩位移	孔压，土压力，地下水位	分（深）层沉降
加荷期间	1次/d	1次/d	2～4次/d	1次/2d
加荷后7d内	1次/d	1次/d	2～4次/d	1次/3d
加荷后1个月内	1次/2d	1次/2d	1～2次/d	1次/7d
加荷后6个月内	1次/10d	1次/10d	1次/2d	1次/10d
加荷后6个月后	1次/月	1次/月	1次/月	

二、施工期稳定控制方法

1. 地基失稳表观特征法

软土地基变形是判别施工期稳定与否的重要指标，而它又与软土分布、地基设计、施工工序、加载速率等密切相关。对软土地基而言，一旦接近破坏，其变形量就急剧增加，故根据变形量的大小大致可以控制稳定。

在堆载加荷情况下，地基失稳前有如下特征：

(1)加荷顶部和斜面出现微小裂缝；

(2)加荷坡脚附近地面隆起；

(3)加荷区域内表面沉降量、深层水平位移、孔压等急剧增加；

(4)停止加荷后，纵向裂缝继续发展并呈圆弧状；

(5)停止加荷后，加载坡址附近地面隆起继续增大；

(6)停止加荷后，各项监测指标持续增加或收敛不明显。

2. 指标定量监控法

软土地基加载必须在多种仪器严密监控下进行，动态跟踪监测是信息化施工的重要组成部分，监测信息对合理地安排施工工序、采取施工措施、反分析设计，提高设计水平起着重要的作用。加载过程中及时收集地基应力(孔隙水压力、土压力)、应变(沉降、位移)等资料，并对监测数据进行综合分析，得出的监控指标与定性监控指标相对比，这是常规的稳定控制方法。参考以往广东各条高速公路监控经验，路堤达到极限平衡状态时路堤稳定控制标准如下：

加荷期间：单日沉降速率 $V \leqslant 15$mm/d(普通无土工合成材料路段)，20mm/d(有土工合成材料路段)，20～40mm/d(真空联合堆载路段)；

侧向位移速率 $V_C \leqslant 5.0$(mm/d)，10mm/d(有土工合成材料路段)；

单级孔压系数 $B \leqslant 0.6 \sim 1.0$，$B \leqslant 0.5$(真空联合堆载路段)。

停荷期间：单日沉降速率 $V \leqslant 6$mm/d(普通无土工合成材料路段)；

8～10mm/d(有土工合成材料路段)，收敛明显，趋于稳定状态；

侧向位移速率 $V_c \leqslant 1.0$mm/d，3.0mm/d(土工合成材料路段)；

单级孔压系数 $B \leqslant 0.4$，0.3(真空联合堆载路段)；

综合孔压系数 $\leqslant 0.6$。

在加荷过程中，对具体工程应根据以上指标进行综合判定，如沉降速率、侧向位移等指标超过前述标准，应立即停止加载，分析原因后，采取有效措施，保证路堤的稳定和安全。停荷期间，根据现场实际情况，一般而言各项指标都必须满足要求，方可进行下一级加载；如果受总工期要求，必须加快加载速率，则需随机动态增加监控断面，并且加密监测频率，随时留意周边环境的变化，发现问题及时报警，坚决做到防患于未然。

指标定量监控法采用某一种观测经验值作为施工过程中软基是否稳定的一个控制指标，在工程实践中操作起来较为直观而方便，因此，该法较为常用。但它有一个明显的缺点就是缺乏理论依据，对工程判断常常偏于保守或不安全。如《公路路基设计规范》(JTG D30—2004)采用控制边桩位移速率和控制地面沉降速率的方法，其控制标准为：路堤中心线地面沉降速率昼夜不大于10mm，坡脚水平位移速率每昼夜不大于5mm；观测结果应结合沉降和位移发展趋势进行综合分析；其填筑速率，应以水平控制为主，如超过此限应立即停止填筑。但工程实践中既不乏路堤中心沉降速率小于10mm/d、坡脚水平位移速率小于5mm/d的软土路基出现失稳的现象，也有很多路堤中心沉降速率大于10mm/d、坡脚水平位移速率大于5mm/d的软土路基仍然处于稳定的例子（京珠高速广珠段灵山软基试验段C断面在填筑期间地表沉降速率高达70mm/d，侧向位移速率最大达17.4mm/d，大大超过规范要求，但路堤仍未失去稳定，这与路堤底部铺设有土工布有很大关系）。因此不能机械地搬用某一个工程的经验，因为影响沉降速率和侧向位移的因素是比较复杂的，它们随着地基土的性质、加荷方式以及地基处理方法等而变化，所以说控制沉降速率和坡脚水平位移速率的标准不应该是定值。

3. *拐点法的理论支撑*

通过加载过程中各种表观现象及经验的监控指标，我们基本可以对地基的稳定进行判断，但在实际施工中我们往往发现，表观现象的存在并不一定代表路基会失稳，而加载期间沉降速率、侧向位移速率及孔压系数中其一大于定性指标时，地基并未失稳。因此要利用各项监控数据来控制地基稳定有必要作进一步分析。

(1)基本原理

软基上路堤是分级填筑荷载。按"薄层轮加法"施工时，每两级填土间隔7d左右，而每级填土在一天之内完成。因而每级加载的速率大大超过了土中孔隙水压力消散的速率，形成了不排水剪切的作用。而淤泥等软黏土地基渗透性很差，孔隙水压力消散颇为缓慢，因而其不排水变形的结果就比砂、砾等粒状土严重得多。

目前的研究表明，软黏土的变形破坏存在渐变到突变的变化过程，也就是在附加应力作用下其应变从稳定的、缓慢的增加转化为不稳定的、快速的增加。因此，如何利用各观测数据识别软黏土变形破坏的转化过程是实现软土地基施工期稳定性控制的关键。软黏土变形破坏的转化必然使其应力应变之间关系曲线的斜率发生变化，即曲线将出现拐点。将各观测数据经过分析处理之后，根据这些处理之后的数据绘制处出软黏土应力应变的关系曲线，曲线的拐点对应的就是软黏土变形破坏的转折点。

为了更好地掌握各拐点所反映的地基土的应力应变状态，有必要对软黏土的变形破坏过程进行分析研究。

(2)软土的变形破坏三阶段

为了抵抗压应力的增加，土体会产生一定的压缩应变，在饱和的条件下，这种压缩应变的产生过程就叫固结。软土在较快加荷条件下的固结过程无疑与颗粒接触点的滑移密切相关。滑移的结果导致接触点的增加，水膜变薄和孔隙比减小，从而能抵抗增加了的荷载。这是传统的变形理论，包括弹塑性理论和次固结理论对天然软土变形机理的解释。但是，天然土体在长期荷载作用下存在另一种可称为结点固化的变形机理，即荷载的缓慢增加允许颗粒接触点上发生缓慢的物理化学作用，使接触点的强度增加以抵抗荷载的增加。固化过程中颗粒间不发生滑移，土的结构保持原状，但接触点的水膜可能减薄，从而孔隙比也会有所变小，但这一减小量与因颗粒滑移引起的减小量相比要小得多，这就是天然土中往往存在高孔隙比的原因。另外结点固化使土骨架的刚度增加，原来由孔隙水承受的一部分荷载转由骨架承受，这就可以解释填土后期孔隙压力消散现象。

基于以上变形机理，沈珠江(1998)把软土结构破坏和滑移划分成三个阶段。第一阶段，结构基本保持完好状态下的变形，但不能排除有少量的破损，可以认为孔隙比基本保持不变，由于这一阶段固结系数很大，在现场不可能产生大的侧向变形。第二阶段，结构大量破损阶段，这时除了颗粒间的滑移外，还伴随着结构的塌陷，在不排水的条件下，必然会产生孔隙水压力急剧上升。由于原来由骨架承受的一部分应力转嫁到孔隙水上，孔隙水压力系数 $B=\dfrac{\Delta u}{\Delta\sigma_z}$ 甚至可能大于1。由于 $B\geqslant 1$，在荷载增加的同时有效应力不增加甚至减少，这时候土体的变形主要是剪切变形，必然伴随大量水平位移。这一阶段主要为塑性变形阶段。第三阶段土的性质已接近重塑土，颗粒间的滑移成为变形的主要原因，本阶段为结构破坏阶段。

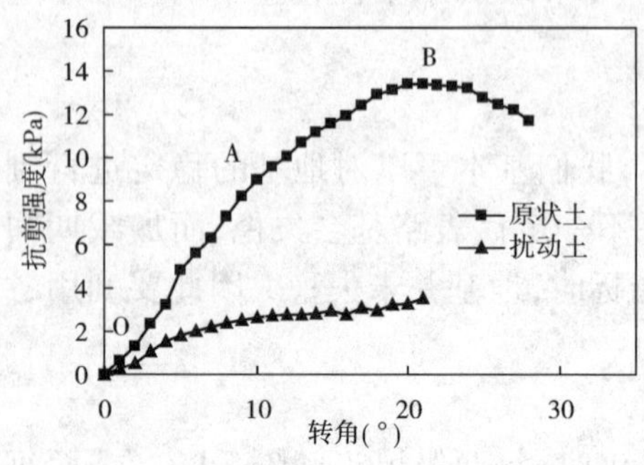

图 8-6　十字板转角—强度曲线

图 8-6 为中江高速软基试验段软黏土典型的十字板转角—强度曲线。由图可看出原状软黏土的变形破坏过程具有明显的阶段性。在曲线的 OA 段，随着转角增大，抗剪强度快速增加；在 AB 段，抗剪强度随着转角的增大而增加，并且增加的速率越来越小；进入 B 点之后，随着转角的增大，抗剪强度反而逐渐减小，曲线最后将进入剩余强度阶段。同样，B 点对应的强度是其极限抗剪强度。扰动软黏土的十字板转角—强度曲线也表现出较明显的阶段性，但其各个阶段变化的幅度比原状土的小一些，并且也没有明显的极限抗剪强度。

在实际工程应用中，可以对每级加载所引起的瞬时沉降量、位移速率以及每级加载所引起的孔压增量进行数据处理后，就可以揭示出土体不排水变形所隐含的信息。通过综合分析就可以判断土体所处的变形阶段以及稳定性。

4. 拐点法分析路堤稳定性

(1)荷载与孔隙水压力增量曲线（$\sum\Delta u\sim\sum\Delta P$）拐点分析法

$\sum\Delta P$ 为累计填土荷载，$\sum\Delta u$ 为累计孔压增量。当 $\sum\Delta u\sim\sum\Delta P$ 关系曲线（$\sum\Delta P$ 为水平轴）出现明显向上非线性转折拐点时，则意味着该点附近的土体出现塑性破坏，地基存在失去稳定的可能性。

①理论支撑

孔隙水压力是地基土体应力变化的重要指标，通过孔隙水压力变化的观测，可以了解地基土体内应力的转化情况，反映地基土体的固结快慢，判断地基强度增长情况。因此通过孔隙水压力资料分析，可以判断地基土体是否处于稳定状态，以便有效指导路基填筑施工。在三维轴对称应力状态下，软黏土孔隙水压力增量 Δu 可表示为：

$$\Delta u=B[\Delta\sigma_3+A_f(\Delta\sigma_1-\Delta\sigma_3)]$$

对于饱和软黏土孔压系数等于1，则：

$$\Delta u=\Delta\sigma_3+A_f(\Delta\sigma_1-\Delta\sigma_3)=[K_x+A_f(K_z-K_x)]\Delta P$$

式中：A_f——孔隙水压力系数；

K_x、K_z——附加应力系数，对于地基中某一点二者为常数；

ΔP——荷载增量。

上式可简化为：

$$\Delta u=K_u\Delta P$$

式中：K_u——荷载孔隙水压力系数，与测点附加应力系数和孔隙水压力系数有关。

地基在稳定状态下，孔隙水压力增量与荷载增量成线性关系，可以利用这一特征，来判断地基是否稳定。当荷载增量与孔隙水压力增量出现非线性转折，K_u 增大时，说明地基土体已出现局部剪切破坏，当其发展到一定程度时地基失稳。

②实例分析

通过孔隙水压力资料发现，每一次加载孔隙水压力的变化都经历了一个"增加—消散—稳定"的过程，利用监测数据整理出 $\sum\Delta P$ 与 $\sum\Delta u$ 关系曲线，见图 8-7，由图中可知，各深度 $\sum\Delta u$-$\sum\Delta P$ 曲线未出现向上的转点，基本成线性，说明地基稳定。另外，通过曲线可以确定地基的极限填土高度，d 曲线显示前 10 级加载曲线是一条直线，此时对应的加载高度 3.72m，该高度即为极限加载高度，地基土体处于弹性变形阶段，经过一段时间停载后，在第 11 级加载时，曲线斜率变小，这说明地基土体有所固结，土体强度增加。停载时间越长，曲线斜率变得越小，土体强度增长越大，地基越稳定。

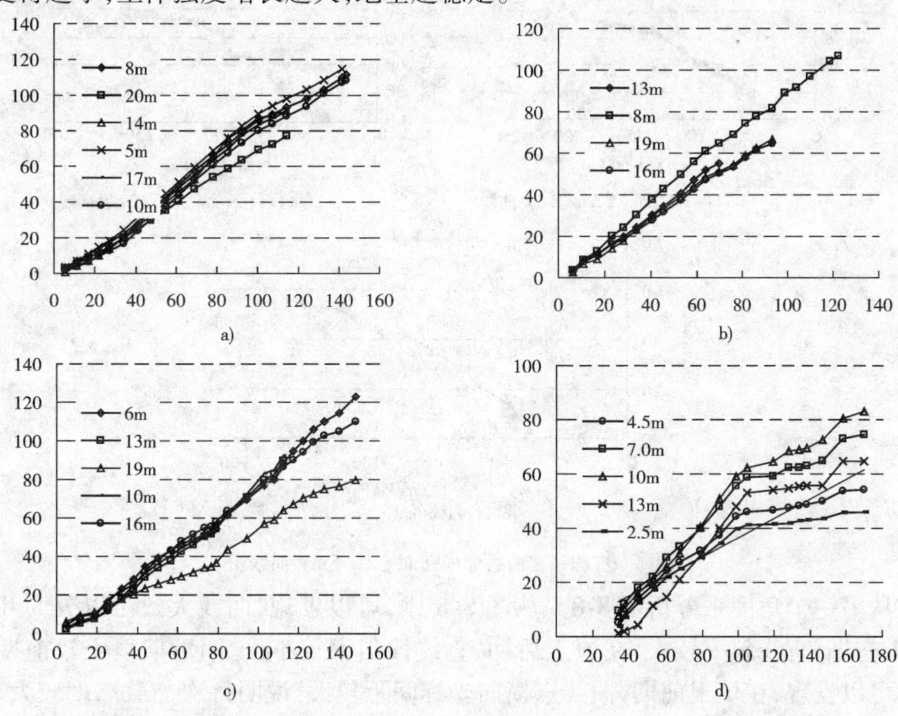

图 8-7　各监控断面 $\sum\Delta u$-$\sum\Delta P$ 曲线（$\sum\Delta p$ 为水平轴）图

图 8-8 是广珠高速西线堆载预压软基试验段监控断面 $\sum\Delta u$-$\sum\Delta P$ 曲线图。由图中可知，各断面 $\sum\Delta u$-$\sum\Delta P$ 曲线在填土初期曲线呈直线，后期曲线斜率变小，整个加载过程中基本上未出现向上的较大转点，说明后期地基固结度增加，地基强度增长，地基趋于稳定。从图中看出，整个填土过程中，各断面 $\sum\Delta u$-$\sum\Delta P$ 曲线在加载前期均出现了转点。现分析各断面第一转点对应的物理意义。在图 8-8a）中，第一次转点位置发生在第四级填土荷载处（对应的填土高度为 3.286m），也就是说，在填土至 3.286m 时，$\sum\Delta u$-$\sum\Delta P$ 曲线还基本上是直线，待再填下一级荷载（对应填土高度为 3.799m）时，$\sum\Delta u$-$\sum\Delta P$ 曲线出现向上弯折，斜率变大，根据前面土体的弹塑性理论分析可知，在填土高度由 3.286m 加至 3.799m 时，土体的性质发生了变化，即进入了塑性变形阶段。因此 K11 +045 断面土体由弹性向塑性阶段转化对应的填土高度可取为 3.543m（两者的平均值），此填土高度与理论计算的极限填土高度相近，分析 K11 +166 断面 $\sum\Delta u$-$\sum\Delta P$ 曲线［见图 8-8b）］的第一转点可得到同样的结论。现对 K11 +196 断面 $\sum\Delta u$-$\sum\Delta P$ 曲线的第一转点进行分析。在图 8-8c）中，曲线在填土高度由

2.325m 加至 2.897m 时出现了第一个转点,但曲线斜率不是增大而是减小。因此第一转点与其后加载点对应的填土高度的平均值可视为极限填土高度。从图 8-8 可看出,各断面在最后一两级加载时,曲线均出现了向上的转点,这主要是由于加载过快,土体来不及排水固结,形成快速不排水剪切状态,使土体面临失稳,后采取停载或卸载措施,曲线斜率变小,地基趋于稳定。以上分析说明,在极限填土高度内,$\sum\Delta u$-$\sum\Delta P$ 曲线呈直线,地基土体处于弹性阶段,此时可快速加载,超过极限填土高度后,$\sum\Delta u$-$\sum\Delta P$ 曲线出现向上拐点,地基土体处于塑性变形阶段,此时应放慢加载速度,待其达到所需固结度后方可继续加载;当加载过程中,$\sum\Delta u$-$\sum\Delta P$ 曲线出现向上转点即曲线斜率变大时,地基可能面临失稳,应采取停载或卸载措施。因此,可根据 $\sum\Delta u$-$\sum\Delta P$ 曲线的斜率变化判断地基是否稳定,以指导填土速率。

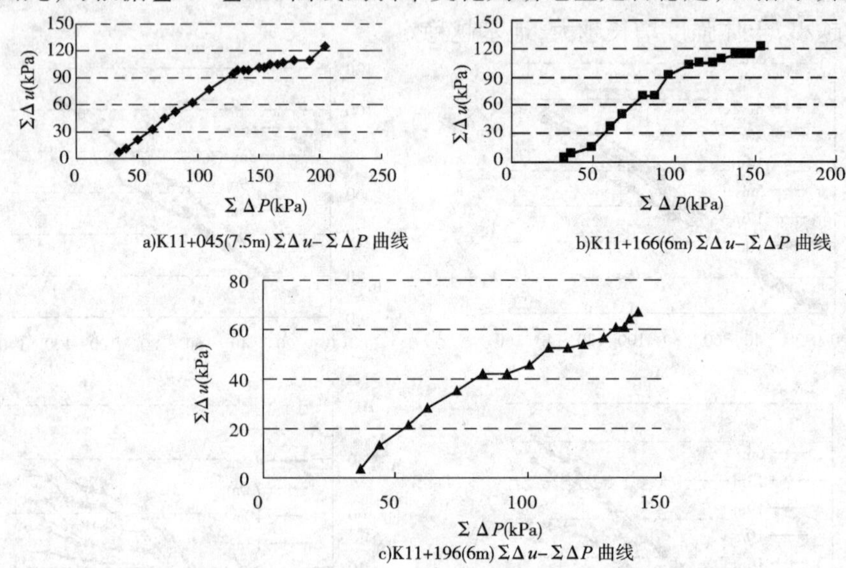

图 8-8　广珠高速西线监控断面 $\sum\Delta u$-$\sum\Delta P$ 曲线图

现在从另一个角度来分析图 8-8。从图 8-8 中,可以发现,曲线大致可以分为几个直线段,在填土初期,直线斜率较大,在填土后期,直线段斜率较小,说明后期填土较前期填土安全。同时可以发现,在填土前期,曲线点横向坐标间距较大,说明每次加载高度较大,而填土后期,曲线点横向坐标间距较小,说明每次加载高度较小。现在以图 8-8a) 为例来分析其加载间歇时间。在填土高度由 0 填至 3.286m(接近极限填土高度)时,历时 102d,其中每次加载高度为 40 ~ 60cm;在填土高度由 3.286m 填至 6.97m 时,历时 191 天,其中每次加载高度为 50 ~ 70cm;在填土高度由 6.97m 填至 9.433m 时,历时 62 天,其中每次加载高度为 20 ~ 30cm。以上数据表明,当采用薄层轮加法加载时,每层荷载越薄,地基固结越快,加载速率可以越快,同时地基也比较稳定(曲线斜率较小),与利用地基强度增长指导加载的薄层轮加法理论分析(制定加荷计划)相当一致,说明采用薄层轮加法指导填土施工无论从理论上还是实践上均是可行的。

(2) 荷载(填土高)与沉降速率曲线($\sum V$ - $\sum\Delta P$ 或 $\sum\Delta h$)拐点分析法

$\sum\Delta P$ 为累计填土荷载,$\sum\Delta h$ 为累计填土高度,V 为日最大表面沉降速率与该级填土前的沉降速率之差。当 $\sum V$ - $\sum\Delta P$ 或 $\sum\Delta h$ 关系曲线($\sum\Delta P$ 或 $\sum\Delta h$ 为水平轴)出现明显向上非线性转折拐点时,则意味着该点附近的土体出现塑性破坏,地基存在失去稳定的可能性。

①理论支撑

表面沉降是最基本、最重要的观测要术之一，它是地基变形和固结的直观反映，因此，利用它可以判断地基是否稳定。《公路路基设计规范》（JTG D30—2004）把沉降速率 10mm 作为软土路基填土速率的控制标准，这只是一个经验指标，我们在以往施工过程中发现加载期间，沉降速率往往大于该指标，甚至达到 20mm/d，然而地基并未失稳，因此利用沉降速率来控制填土速率必须对沉降作进一步分析。

在每一级加载时，地基土体在前几级填土荷载作用下固结沉降并未完成，因此本级填土时的日沉降量中包含了前几级填土荷载作用下的日固结沉降量和本级填土所产生的不排水剪切变形量。要判断地基是否处于稳定状态，就要知道这种剪切变形的大小，因此必须从日沉降量中扣除前几级填土荷载作用下的日固结沉降量。要比较准确地确定日固结沉降量比较困难，同时日沉降量中还包含了不确定的测量误差，采用这种方法整理后所得到的日沉降量随机性较强，规律性较差。我们将日固结沉降量时间序列进行一次或多次累加，以消除或减弱其中的随机因素，使它所蕴含的确定信息得到加强。

②实例分析

图 8-9b）是某工程的 V-$\sum\Delta P$ 散点图，没有明显规律，图 8-9a）是将上述曲线经过一次累加处理后得到的 $\sum\Delta P$-$\sum V$ 曲线图，规律性明显加强。为了便于分析，将其做归一化处理，可以看出地基在稳定状态下，两者过渡性线性关系。a）图以 A 为拐点，AD 段的斜率明显小于 OA 段，如上文所述，地基处于稳定状态。c）图出现 B、C 两个拐点，由于加载过快，土体剪切变形增大，土体结构发生破坏是由土体剪切变形产生的沉降量显著增大，$\sum v$ 明显增大，$\sum\Delta P$-$\sum V$ 曲线出现向上拐点，BC 段斜率明显大于 OB 段斜率，说明路基将面临失稳，此时采取了卸载的应急措施，卸载后地基出现了反弹，恢复了稳定。后期采取了反压护道的处理方案，地基的临空面减少，侧向约束加强，瞬时变形量减小，加载后形成的 CD 段斜率明显降低，说明地基的稳定性得到了大幅度的提高。

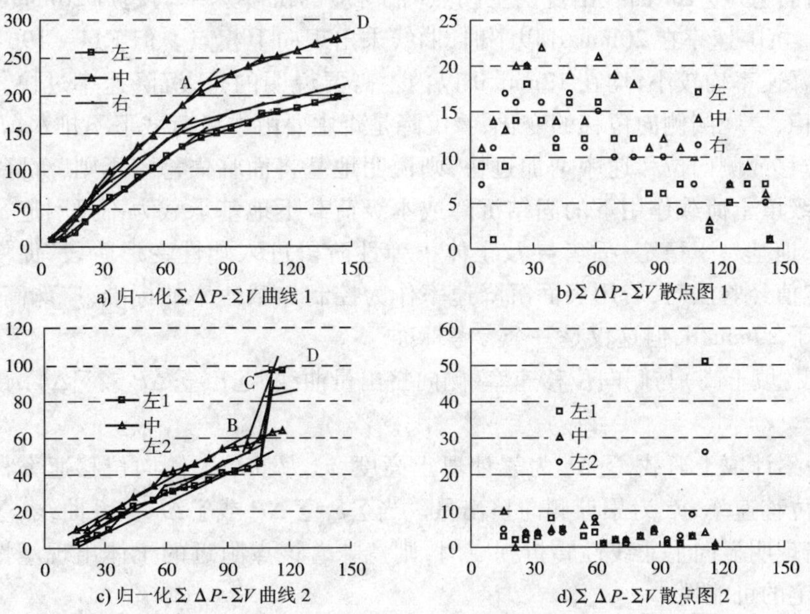

图 8-9

图 8-10 是广珠高速西线堆载预压软基试验段监控断面 v 或 $\sum v$-$\sum\Delta h$ 曲线图。图 8-10a）是未处理的 v-累计填土高度 $\sum\Delta h$ 散点图，没有明显规律，图 8-10b 是将上述曲线经过一次累加处理后得到的 $\sum v$-$\sum\Delta h$ 曲线图，规律性明显加强。由图 8-10b）~图 8-10d）可见，地基在稳定状态下，$\sum v$-$\sum\Delta h$ 曲线呈线性关系。如果填土速率过快，土体剪切变形增大，由其产生的沉降量显著增大，本级荷载速率明显增大，曲线出现向上拐点，即曲线斜率增大，说明路基可能面临失稳，此时应加强侧向位移和孔压的观测，必要时应采取停载、卸载等措施，与前面 $\sum\Delta u$-$\sum\Delta P$ 曲线分析是一致的。从图 8-10 可看出，曲线拐点位置与图 8-8 是一致的，这说明两者的规律是相同的。

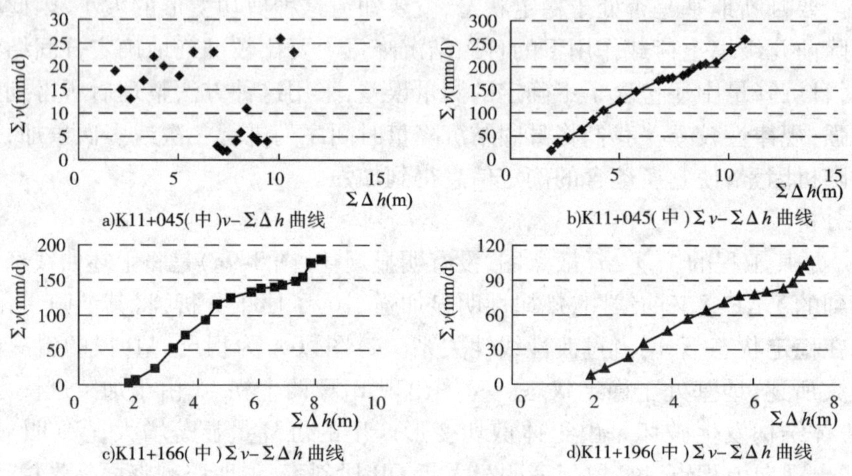

图 8-10 $\sum v$-$\sum\Delta h$ 曲线图

广珠西线曾确定过控制加荷速率经验值—沉降速率不大于 20m/d。但 K11 + 045 和 K11 + 166 断面 $\sum V$-$\sum\Delta h$ 曲线出现向上拐点时，对应的沉降速率均超过 20mm/d（最大的达到 29mm/d），沉降速率在 20mm/d 以下时，曲线未出现向上拐点。但 K11 + 196 断面整个加载过程中沉降速率均较小，均在 12mm/d 以内。需要说明的是，沉降速率过快，并不能说明地基立即失稳，要观测侧向位移的变化，看沉降是否主要由本级荷载下不排水剪切变形量引起，如侧向位移或侧向位移速率增加过快，则说明地基将面临失稳。否则，沉降过快只能说明是由前几级填土荷载作用下的固结沉降或本级荷载下地基承载力不足引起，前者导致地基强度增加，地基趋于稳定；后者导致土体由弹性阶段进入塑性变形阶段，促使地基固结。因此，在用定值经验法时，若用表面沉降速率作为控制加载速率的标准，广珠高速西线沉降速率应不大于 20mm/d，但这仅是一个参考标准。

（3）荷载（填土高）与侧向位移速率、侧向挤出量曲线（$\sum v_c$-$\sum\Delta P$ 或 $\sum\Delta h$，v_h-$\sum\Delta h$）拐点分析法

$\sum\Delta p$ 为累计填土荷载，$\sum\Delta h$ 为累计填土高度，v_c 为日最大侧向位移速率，$\sum v_c$ 为累计日最大侧向位移速率，v_h 为累计侧向挤出量。当 $\sum v_c$-$\sum\Delta P$ 或 $\sum\Delta h$ 关系曲线（$\sum\Delta p$ 或 $\sum\Delta h$ 为水平轴）出现明显向上非线性转折拐点时，则意味着该点附近的土体出现塑性破坏，地基存在失去稳定的可能性。

①理论支撑

深层侧向位移反映了不同深度地基土体的侧向变形情况，它是判断地基是否处于稳定

状态的重要指标。侧向位移量和位移速率与荷载大小、地基土体性质有极其密切的相关性。对于一定的软土地基,荷载越大,地基土体的剪切变形越大,位移量和位移速率也越大,停止加载,位移量和位移速率显著减小,并逐渐趋于稳定。最大位移量的发生位置与地基土体性质有直接的关系,一般而言位于地表以下软土层的中部。

地基侧向位移是由土体的剪切变形引起的,附加应力越大,剪切变形量也越大,当应力增加到一定程度时,剪切变形突然增大,土体破坏,此时地基侧向位移量突然增大,地基失稳,荷载大小与位移量不再保持原有关系。利用这一特征就可以判断地基是否稳定,我们将累计填土高度与相应的侧向位移速率作为一个时间序列,采用累加的办法消除或减弱不确定的随机因素,使其中确定的趋势得以加强。

②实例分析

图 8-11a)为某高速公路 V_c-$\sum\Delta P$ 散点图。采用累加的办法消除或减弱不确定的随机因素,使其中确定的趋势得以加强,为了便于比较,可做归一化处理成如图 8-11b) $\sum V_c$-$\sum\Delta P$,从图中可以看出在路基加载过程中二者成线性关系,与前面的分析相一致。归一化以后的 $\sum V_c$-$\sum\Delta P$ 图出现两个拐点 A、B,其中 $0A$ 段为弹性变形阶段,由拐点 A 确定的极限填土高度为 4.05m,AB 段斜率明显小于 $0A$ 段,说明地基土体稳定性得到了加强,由于后期连续加载,出现了 BC 陡倾段,地基已经面临极限破坏状态,由于采取了减缓加载速率的方法,确保了地基的安全稳定。

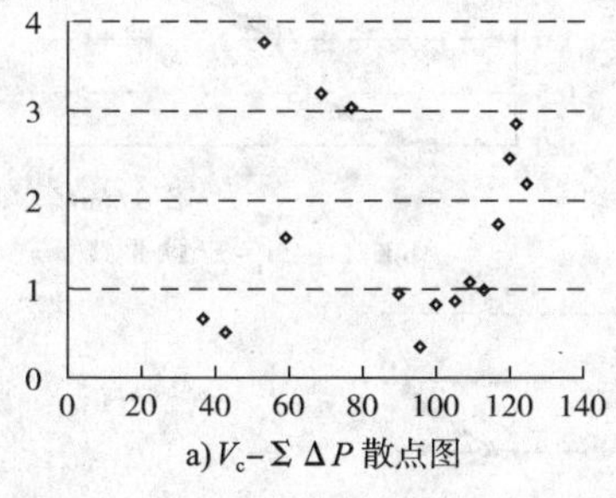

a) V_c-$\sum\Delta P$ 散点图

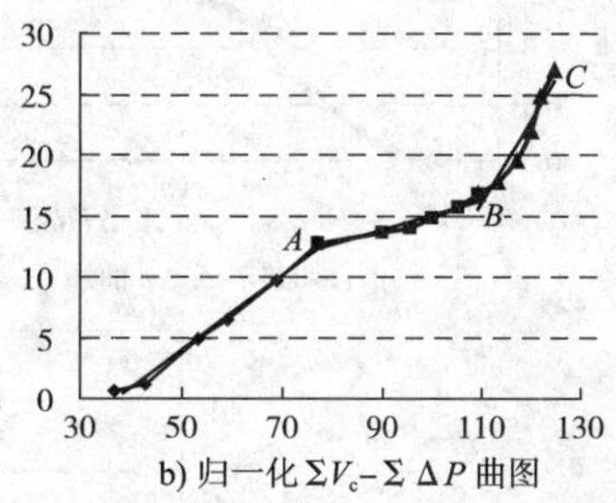

b) 归一化 $\sum V_c$-$\sum\Delta P$ 曲图

图 8-11

图 8-12 是广珠高速西线堆载预压软基试验段监控断面 V_c 或 $\sum V_c$-$\sum\Delta h$ 曲线图,图 8-13 是 V_h-$\sum\Delta h$ 曲线图。图 8-14a)是未处理的最大侧向位移速率 V_c-累计填土高度 $\sum\Delta h$ 散点图,没有明显规律,图 8-12b)是将上述曲线经过一次累加处理后得到的 $\sum V_c$-$\sum\Delta h$ 曲线图,规律性明显加强。由图 8-12b) ~ 图 8-12d)曲线可以看出,在路基加载过程中两者线性关系,与前面的实例分析相一致。由图 8-13 可知,如果填土速率过快,土体剪切变形增大,累计侧向挤出量 v_h 明显增大,曲线出现向上拐点,即曲线斜率增大,说明路基将面临失稳,此时应采取停载、卸载等措施,与前面实例 $\sum\Delta u$-$\sum\Delta P$ 曲线分析是一致的。

地基失稳主要是由于侧向位移引起。地基在天然状态下的极限填土高度是天然地基土体滑动破坏时的最大填土高度,实际上就是根据地基稳定极限承载力求得的。在极限填土高度内,土体处于弹性变形阶段,曲线呈直线,当填土高度超过极限填土高度后,土体将由弹性进入塑性变形阶段,侧向位移速率、侧向挤出量明显增加,曲线斜率变大,出现向上拐点。因此根据曲线第一个向上拐点,可以近似确定地基极限填土高度,如在图 8-12b)、图 8-13a)中,均在填土高度为 3.286m 时出现向上拐点,在填土高度由 3.286m 加至 3.799m 时,土体由弹性阶段进入塑性变形阶段,因此可以近似确定 K11 + 045 断面的极限填土高度为

3.543m。同理,可确定 K11+166 和 K11+196 断面的极限填土高度分别为 2.854m 和 2.61m,与前面实例$\sum\Delta u$-$\sum\Delta P$ 曲线分析结果一致。

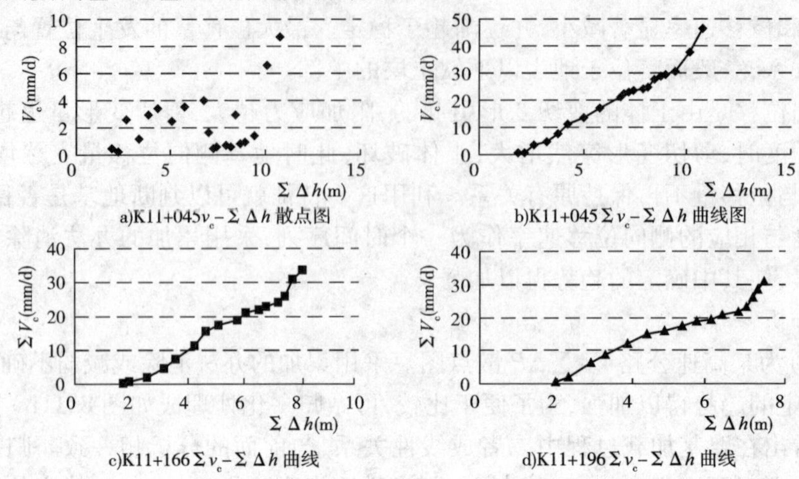

a)K11+045v_c-$\Sigma\Delta h$ 散点图　b)K11+045Σv_c-$\Sigma\Delta h$ 曲线图

c)K11+166Σv_c-$\Sigma\Delta h$ 曲线　d)K11+196Σv_c-$\Sigma\Delta h$ 曲线

图 8-12　V_C 或 ΣV_C-$\Sigma\Delta h$ 曲线图

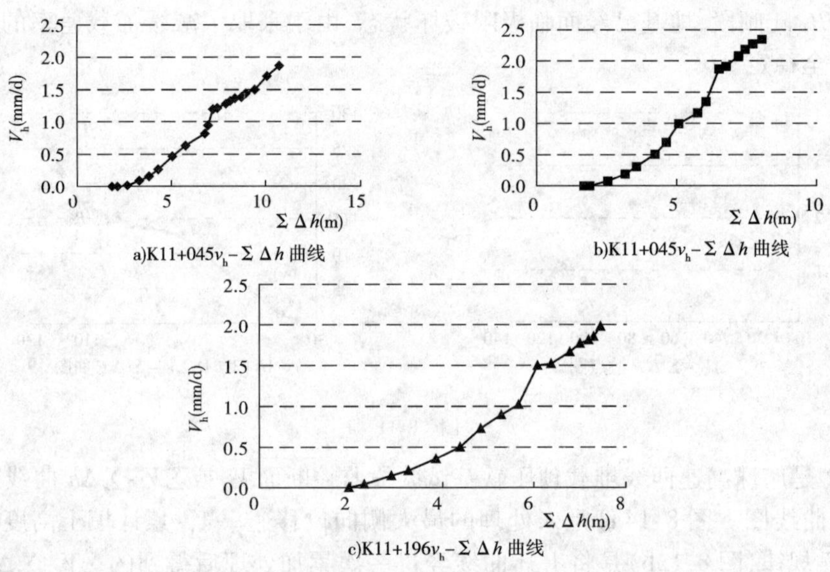

a)K11+045v_h-$\Sigma\Delta h$ 曲线　b)K11+045v_h-$\Sigma\Delta h$ 曲线

c)K11+196v_h-$\Sigma\Delta h$ 曲线

图 8-13　V_h ~ $\Sigma\Delta h$ 曲线图

从图 8-12 可看出,各断面曲线在最后两级填土时均出现向上拐点,曲线斜率变大,侧向位移速率增长偏快,这主要是因为赶工期填土过快所致,几乎没有间歇期,侧向位移速率最高达到 8.75mm/d。当侧向位移速率接近 3mm/d 时,侧向位移速率曲线开始出现向上拐点,因此侧向位移速率控制标准为不超过 3mm/d。但应当注意,该标准仅反映相对控制标准,因为实测侧向位移速率往往不能反映真实的侧向位移速率,只有当测斜管的剪切变形模量与软土的变形模量一致且不发生刚体位移(即底部完全固定)时,实测位移才是真实位移。事实上,软土存在不均匀性,而测斜管的模量却是均匀的。当软土较软时,测斜管的变形模量大于软土的变形模量,这时当土发生水平位移时,测斜管仅发生很小的位移甚至不动(即土从测斜管旁绕过去)。因此实测侧向位移将比真实侧向位移偏小,其误差程度取决于两者的变形模量差和测斜管底部土质情况。

(4)沉降和侧向位移曲线($\delta_H - S$ 或 $\sum v_c - \sum v$)拐点分析法

S 为路堤表面中部沉降,δ_H 为路堤坡趾或软土层中部侧向位移,$\sum v$ 为累计日最大表面沉降速率与该级填土前的沉降速率之差,$\sum v_c$ 为累计最大侧向位移速率。当 $\delta_H - S$ 或 $\sum v_c - \sum v$ 关系曲线(S 或 $\sum v$ 为水平轴)出现明显向上非线性转折拐点时,则意味着该点附近的土体出现塑性破坏,地基存在失去稳定的可能性。

①理论支撑

利用 S 和 δ_H 关系,即同时测试加载中部沉降量 S 和加载坡址或软土层中部侧向位移 δ_H。日本富永和桥本指出:当$\frac{\delta_H}{S}$值急剧增加时,意味着地基接近破坏(图 8-14)。当预压荷载较小时,$S - \delta_H$ 曲线应与 S 有个夹角 θ,测点在 E 线上移动。预压荷载接近破坏荷载时,δ_H 增加要比 S 增加显著,如图 8-14 中的Ⅰ、Ⅱ所示。

尽管影响地基稳定的因素很复杂,条件不相同,但地基破坏时 S 和$\frac{\delta_H}{S}$大致在一条曲线上,如图 8-15 中$\frac{q}{q_f}=1.0$ 的曲线(q:任意时刻的荷载;q_f 地基土破坏时的荷载),该曲线称为破坏基准线。将加载过程中实测的变形值绘制在 $S-\frac{\delta_H}{S}$图上,视其规律是接近还是远离破坏基准线,如接近破坏基准线,则表示接近破坏;远离则表示安全稳定。根据国外工程实例,加载各位置上出现的裂缝,其$\frac{q}{q_f}$值大多为 0.8 ~0.9。

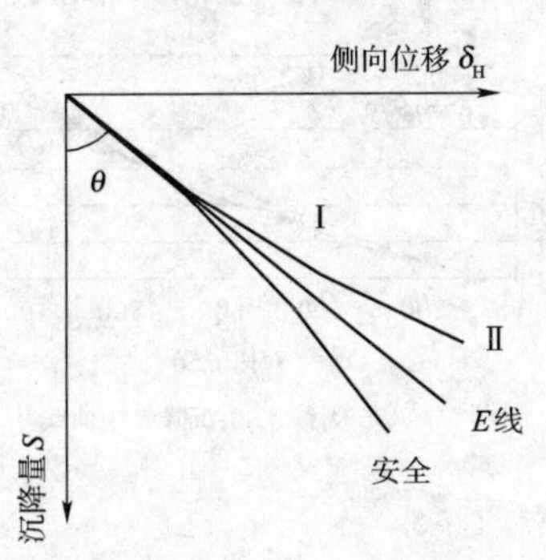

图 8-14 $S - \delta_H$ 关系曲线

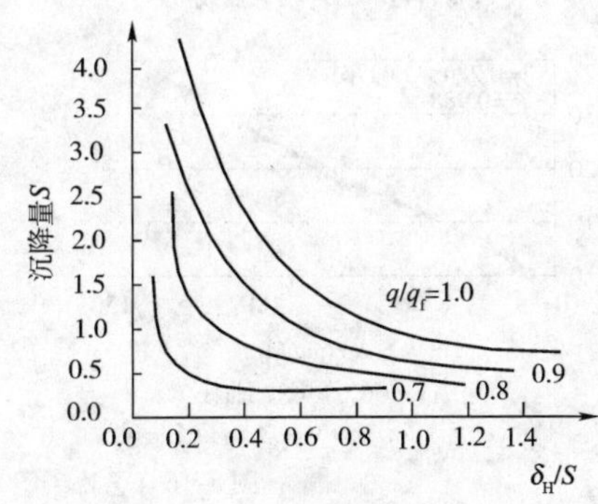

图 8-15 判别堆载的安全图

②实例分析

图 8-16 是广珠高速西线堆载预压软基试验段监控断面 $\delta_H(H=7\text{m}) - S$、$\sum v_c - \sum v$ 曲线图。从图中看出 $\delta_H(H=7\text{m}) - S$、$\sum v_c - \sum v$ 均呈线性关系。若填土速率过快,土体剪切变形增大,曲线出现向上拐点,即曲线斜率增大,说明路基将面临失稳,此时应采取停载、卸载等措施。从图中可看出,各个断面在填土后期填土速率偏快,导致曲线斜率明显增大,地基面临失稳,这与前面的实例分析是一致的。

从整个加载过程来看,曲线实际上全过程基本上处于如图 8-14 所示的 E 线上。从图 8-16 可看出,整个过程均没有出现明显的曲线斜率变小的情况,同时曲线稍微有点向上偏,按照图 8-14 的分析,地基土体在整个过程实际上处于临界状态,与前面实例分析的 $\sum\Delta u$-$\sum\Delta P$ 曲线分析似乎有点矛盾。可能原因有两方面:一方面是因为在加载过程中,单级孔压系数大于 1,导致孔压增量过大,当孔压消散时,土体应力并不能同步在原加载前的基础上增加，而是需要先抵消加载过程中产生的土体应力减小部分，因此土体有效应力增加较孔压消散滞后；另一方面 $\sum\Delta u$-$\sum\Delta P$ 曲线分析结果是根据太沙基固结理论得来的，认为孔隙水压力一消散，土体有效应力立即增加，土体随即固结，从图 8-18 却发现，孔隙水压力消散，总应力转化为有效应力，土体在有效应力作用下开始固结（主要是水平固结），但相应的固结并不是立即完成，其侧向位移并不是立即减小，也就是说，孔隙水压力消散并不意味着相应的土体固结立即完成，土体固结可能存在一个时间滞后的问题，因此，当孔隙水压力消散后，其侧向位移仍可能快速增长。

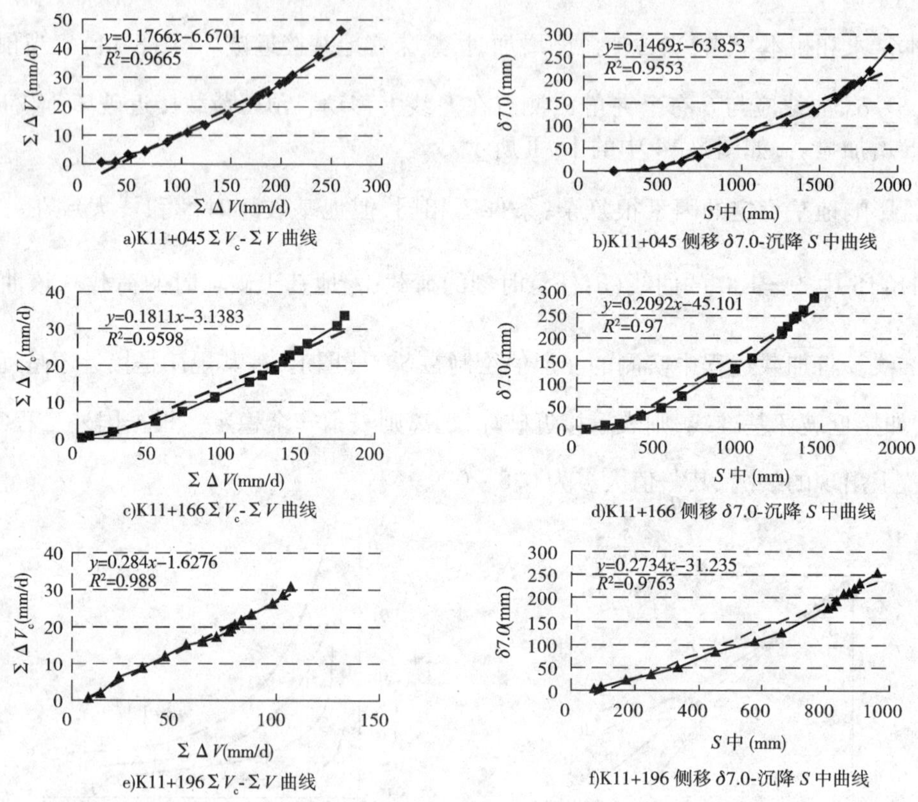

图 8-16　$\sum V_c-\sum V$、侧移 $\delta 7.0-$沉降 S

从图 8-16 可看出，在加载间歇期较为合理的情况下，沉降速率与位移速率基本成线性关系，因此，可以根据侧向位移速率稳定判定标准推算沉降速率稳定判定标准。本工程中位移—荷载关系曲线拐点对应的侧向位移速率为 3mm/d，则由图 8-18 中拟合关系式可以得到 54.76mm/d、33.89mm/d、16.29mm/d。因此，沉降速率稳定标准约为 16 ~ 34mm/d，与根据沉降速率—荷载关系曲线拐点法确定的结果接近。

5. 利用施工期监测数据综合分析路堤稳定性

(1)各监测项目在路堤稳定性控制中的作用

沉降监测。表面沉降观测是软基沉降分析的基础，其变化规律是控制高速公路路堤填土进度和安排后期施工的最重要指标。分层沉降的数据可用于分析各土层的压缩量和加固的深度变化情况，也可运用于路基的稳定性分析中，但目前还很少用，有待探索。

侧向位移监测。侧向位移速率增量是判断路堤稳定与否的控制指标之一，同时，根据侧向位移量的大小可推算出由侧向位移引起的沉降量。

孔压监测。孔隙水压力观测是了解地基土体固结状态最直接、最有效的手段，也是地基施工期稳定评价的有效方法之一。超静孔隙水压力的消散程度是决定加载速率的主要依据之一。

(2)孔压、深层侧向位移监测(测斜)项目的缺陷

路堤稳定性监控的拐点分析法都是根据各监测数据之间的曲线的变化情况来判别地基土所处的稳定状态，由于曲线的变化情况反映的是地基土应力应变的即时状态，所以该类监控方法受地基土性质和地质条件的复杂性的影响很小，具有动态分析的特点，分析的效果也较佳。

但实际上，由于孔隙水压力监测和深层侧向位移监测(即测斜)费用较为昂贵，而且测试精度等问题还没完全解决(如测斜管的刚度影响测试精度等)，因而目前高速公路施工中很多软基路段，尤其是非软基试验段并不设置孔隙水压力和深层侧向位移的监测项目，或设置数量较少，而监控沉降(速率)的数量较多。

(3)综合分析的必要性

由于孔压、深层侧向位移监测(测斜)项目的缺陷，在工程实际中，监测得到的孔隙水压力和侧向位移数据往往不理想，造成一些分析结果不能真实反映地基的稳定性状况。因此，在4类拐点法分析路堤稳定性中，以荷载(填土高)与沉降速率曲线($\sum v$-$\sum \Delta P$或$\sum \Delta h$)拐点分析法为常用，效果更好。

但是由于地质条件的复杂性、软土力学参数的误差、处理方式的不同，使得即使是在观测资料比较齐全的情况下，也难以把握软土的变形状况，这对于工程的稳定性监控来说是非常不利的。因此，在目前理论研究滞后于工程实践的情况下，尽可能多的提取出现场观测数据中隐含的软基变形信息对于稳定性监控是至关重要的。各监测项目是针对软基变形的不同侧面，分析单一的观测数据往往只能得出软基变形的部分信息，对于分析稳定性是不足的。因此，综合分析各观测数据，获取软基变形的比较全面的信息，是及时、正确地判断地基稳定性工作中必不可少的一环。

(4)实例分析

①广珠高速西线软基试验段

现在对图8-8、图8-10、图8-12、图8-13作一综合对比，分析它们的内在联系。在图8-8b)(K11+045断面)中，在前4级荷载(对应填土高度为3.286m)曲线基本成直线，从第5级荷载(对应填土高度为3.799m)开始，曲线斜率略有增加，相对应沉降速率也略有增加[图8-10b)]，但侧向位移速率却有比较明显的增加[图8-12b)]，出现向上的拐点，说明土体开始出现局部剪切破坏，随后土体一部分继续发生剪切破坏，一部分开始硬化即固结，曲线保持一段直线后斜率逐渐变小，地基强度逐渐增加，路基趋于稳定。对其他断面的曲线分析可以得到同样的结论，说明$\sum \Delta u$-$\sum \Delta P$曲线、$\sum V$-$\sum \Delta h$曲线、$\sum V_c$-$\sum \Delta h$曲线、$\sum V_c$-$\sum V$(图8-13)曲线具有较好的一致性，同时侧向位移速率对地基状态具有较大的敏感性，它是判断地基是否稳定的重要指标。

②中江高速试验段(沉降与侧向位移的综合分析)

沉降与侧向位移是软基变形的两个侧面，在软基变形破坏过程中，两者的变化关系密切。在整个软基变形破坏过程中，沉降和侧向位移的变化具有较明显的规律性，即沉降与侧向位移的比值逐渐减小，据此可分析软基的稳定性状况。

中江试验段在填土期间，A、B主控断面的最大沉降速率分别达到了16mm/d和22mm/d，

按照规范(JTJ 017—96)日沉降量必须控制在 10mm/d 以内的工程经验,此时须采取措施减缓地基沉降速率,否则将很可能出现失稳现象。但参照这两个断面的沉降和侧向位移关系曲线图(图 8-17、图 8-18),可以发现曲线在整个加载期间基本呈直线关系,不存在侧向位移速率明显增加的阶段,表明地基变形破坏没有进一步发展,地基尚处于安全稳定状态,待沉降速率稳定后,填土工作可以照常开展。该分析结果与工程实际情况相符,起到了缩短工期的作用。

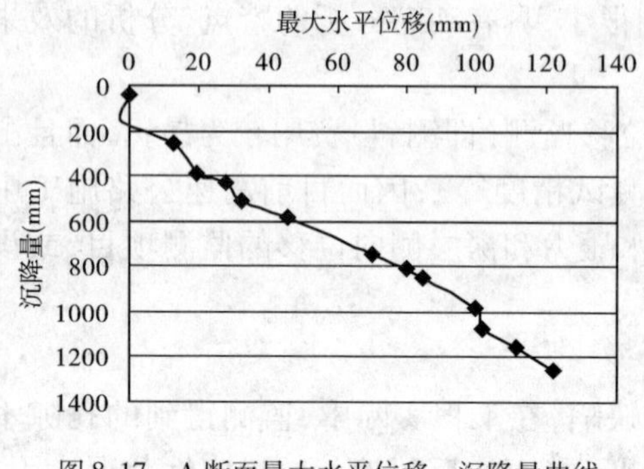

图 8-17　A 断面最大水平位移—沉降量曲线

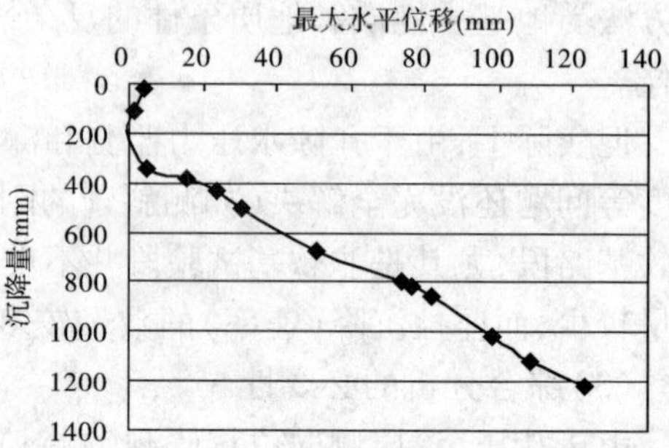

图 8-18　B 断面最大水平位移—沉降量曲线

(5)开阳高速(沉降与侧向位移的综合分析)

开阳高速公路在路堤填土施工期间,桩号 K82 + 210 处软基的沉降速率最大值小于 10mm/d,但却发生了边坡失稳事故。从沉降量和侧向位移量关系可以发现该断面路堤边坡失稳的原因。在图 8-19 的曲线中有一段明显偏向于侧向位移,表明软基的侧向位移速率在本阶段内增加幅度较大,软基变形已经接近破坏阶段。此时,如果不采取适当措施,而继续进行填土活动,地基就会出现失稳现象。事实上,正是该工程在施工时没有注意到这点才导致失稳事故。

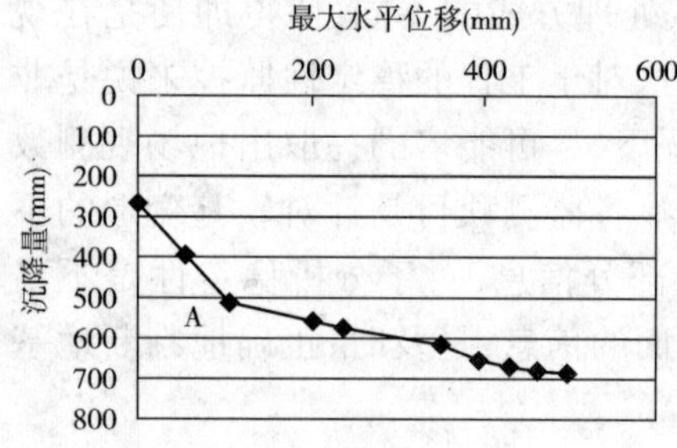

图 8-19　最大水平位移与沉降量关系曲线图

第九章　路基固结沉降分析

软土路基有两大技术问题：一是施工期稳定控制（见第八章），二是工后沉降控制。工后沉降问题是影响建成后路面质量、行车速度、使用寿命的关键性问题。施工期和预压期内尽可能的完成路基固结沉降是解决这一问题的关键。工后沉降的大小取决于目前路基的固结程度（固结度大小）和土体的最终沉降的大小。通过对施工监测成果的整理与分析，可研究路基固结沉降规律及其预测模型以及确定超载、等载的卸载时机，并可评价路基加固效果。

第一节　实测沉降分析与最终沉降推算

一、表面沉降分析

1. 沉降盆曲线分析

施工期间，填土高度（荷载）与沉降速率的关系曲线已在有关章节作了详细分析，这里不再对此进行分析。为了分析表面沉降随时间变化的规律，可利用实测沉降观测资料绘制各断面沉降盆曲线。而且沉降与软土厚度、土质指标是有关系的，即使在同一断面的各个点上沉降也会有所不同，如路肩、路面中心位置沉降会有所不同，有时候相差还会较大。

2. 实例分析

广珠高速西线软基试验段一些典型断面的沉降盆曲线如图 9-1 所示。从图 9-1 可看出，在横断面上中心沉降最大，坡脚沉降最小，形状呈锅底状，这是因为地基中心附加应力最大。但由于同一断面上软土厚度的不均匀性且土质也不均匀（表 9-1），5 个断面中，除 K11 + 045 断面外，其余断面都是左浅右深，相差最大 4.8m（K11 + 116），最小 2.0m（K11 + 196）。部分断面右侧沉降接近甚至大于中心沉降的情况。

沉降与软土厚度、土质指标的关系见表 9-1。从图 9-1、表 9-1 可看出，沉降与荷载大小、软土厚度及其土质情况等有密切关系。荷载越大，沉降越大；软土厚度越大，沉降越大；土质越差，沉降越大（注：截至统计日期，沉降速率已接近于零，沉降—时间曲线基本成水平直线，沉降已趋于稳定）。

沉降、侧向位移与软土厚度关系表　　　表 9-1

<table>
<tr><th>断面号</th><th>位置</th><th>软土厚度（m）</th><th>q_c（MPa）</th><th>压缩系数（MPa^{-1}）</th><th>压缩模量（MPa）</th><th>计算填土高度（m）</th><th>实际填土高度（m）</th><th>表面沉降（mm）</th><th>侧向位移（mm）</th></tr>
<tr><td rowspan="3">K11 + 045</td><td>左 2</td><td>9.9</td><td>0.213</td><td></td><td></td><td rowspan="3">8.941</td><td>10.856</td><td>2275.6</td><td rowspan="3">361.07
（7.0m）</td></tr>
<tr><td>中</td><td>10.6</td><td>0.223</td><td></td><td></td><td>10.758</td><td>2267</td></tr>
<tr><td>右 1</td><td>9.3</td><td>0.319</td><td>2.047</td><td>1.737</td><td>10.366</td><td>1800.2</td></tr>
<tr><td rowspan="3">K11 + 116</td><td>左 1</td><td>6</td><td>0.278</td><td>1.35</td><td>2.12</td><td rowspan="3">6.776</td><td>7.661</td><td>996.3</td><td></td></tr>
<tr><td>中</td><td>7.6</td><td>0.262</td><td></td><td></td><td>7.989</td><td>1405.1</td><td></td></tr>
<tr><td>右 2</td><td>10.8</td><td>0.291</td><td></td><td></td><td>8.095</td><td>1579.9</td><td></td></tr>
</table>

续上表

断面号	位置	软土厚度（m）	q_c（MPa）	压缩系数（MPa^{-1}）	压缩模量（MPa）	计算填土高度（m）	实际填土高度（m）	表面沉降（mm）	侧向位移（mm）
K11+166	左 2	10.1	0.275				7.906	1463.9	
	中	9.8	0.326	1.815	2.605	6.671	8.062	1675.9	347.68
	右 1	12.6	0.296				8.303	1948.4	(7.0m)
K11+196	左	7.6	0.410				7.429	1043.5	
	中	8.2	0.357			6.543	7.446	1076	311.14
	右	9.6	0.326	1.894	2.604		7.648	1300.4	(6.5m)
备　注	1. 锥尖阻力 q_c 为根据静力触探试验各层软土的平均值沿厚度的加权平均值； 2. 软土厚度仅指淤泥厚度； 3. 沉降—时间统计数据已趋于稳定								

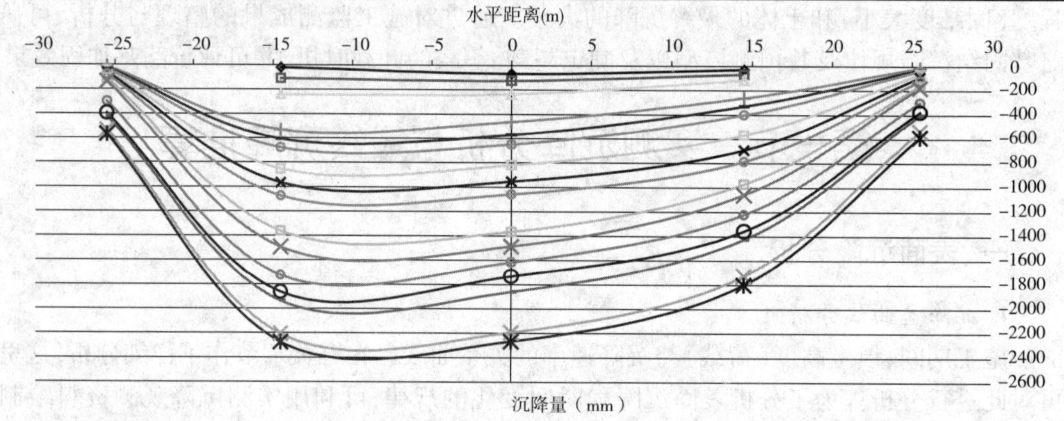

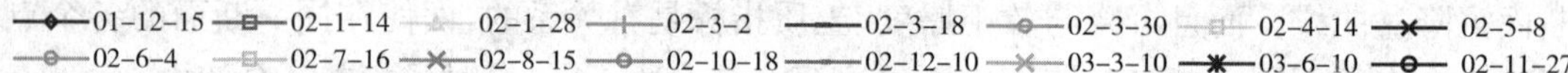

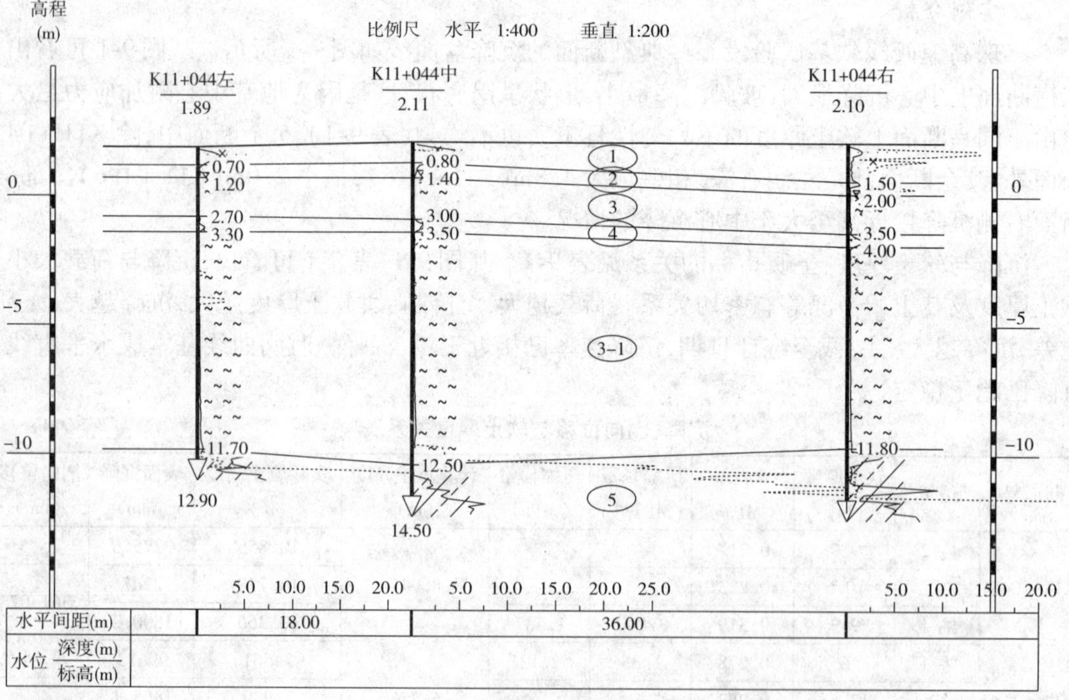

a)K11+045沉降盆

图 9-1

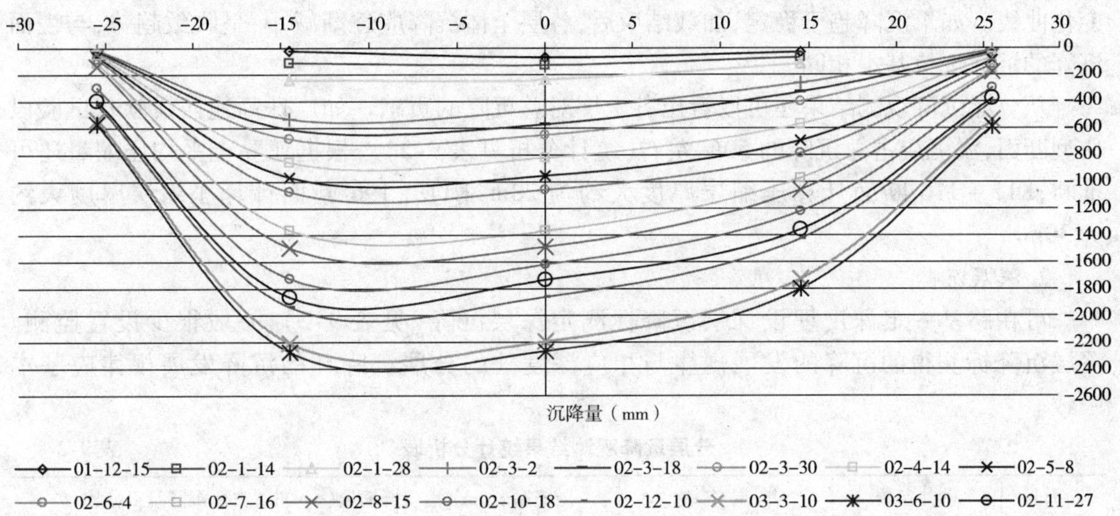

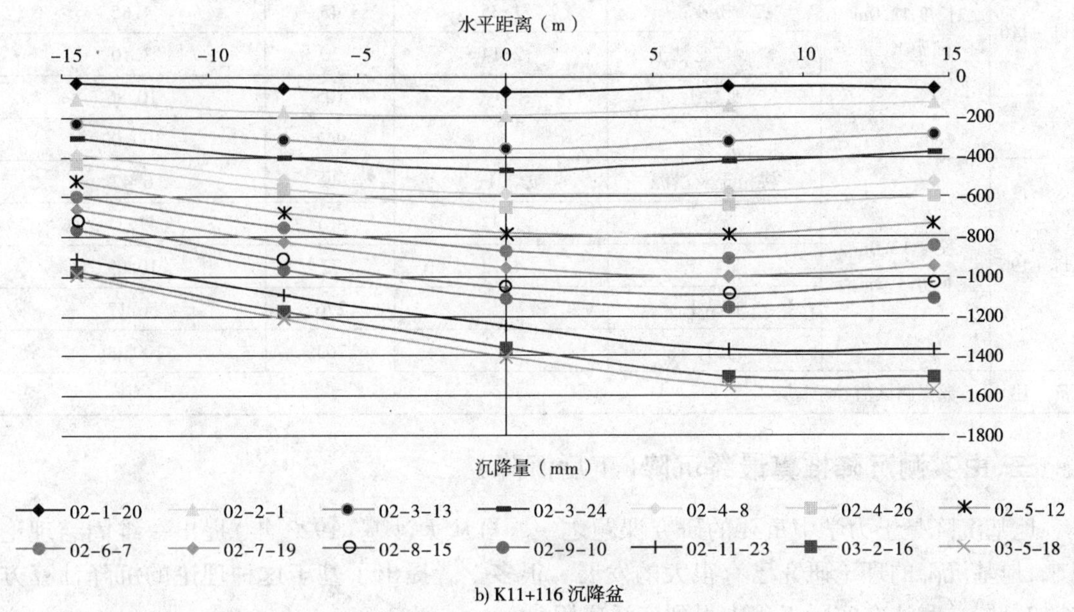

b) K11+116 沉降盆

图 9-1 典型断面沉降盆及对应的地质横断面图

二、分层、深层沉降分析

除软基试验段外，一般分层、深层沉降较少测试。

1. 分层沉降

分层沉降观测可以测试分层土体应变，了解分层土的压缩情况，判断压缩层厚度及主要压缩层，推断计算压缩层厚度。分层土随加载过程压缩情况可由磁环式分层沉降仪测定。

根据监测数据,可绘制各分层沉降随加载和时间变化曲线、各分层沉降随深度和时间的变化曲线。如果沉降趋于稳定,加载结束后,各层土体沉降应逐渐减小,呈收敛趋势,与表面沉降的沉降规律基本相同。

从分层沉降观测结果还可以看出各土层对总沉降的贡献。如广珠高速西线软基试验段典型断面,淤泥层占总沉降的50%左右(统计分析见表9-2)。根据亚黏土平均压缩量还可推断,K11 + 116 断面计算压缩层厚度大约为 20m, K11 + 196 断面计算压缩层厚度大约为 30m。

2. 深层沉降

可在路基一定深度埋设深层沉降标测定深层沉降(见表9-2),一般很少设置监测。深层沉降标测得的沉降的发展规律与相应深度处的分层沉降环的沉降发展规律应基本一致。

分层沉降观测结果统计分析表 表9-2

断面号	砂井参数	地 层 名 称	压缩厚度(m)	压缩量(mm)	占总沉降量百分比(%)
K11 + 116	长度 12.0m 间距 1.2m	细砂	1.84	283	29.27
		淤泥	8.20	504	52.12
		粉砂	1.35	45	4.65
		粉砂与亚黏土	2.14	30	3.10
		亚黏土		105	10.86
		合计		967	100.00
K11 + 196	长度 12.0m 间距 1.2m	耕植土及淤泥	2.1	49	6.42
		淤泥	7.33	361	47.31
		亚黏土	4.18	77	10.09
		亚黏土		276	36.17
		合计		763	100.00
备 注	数据测试值趋于稳定				

三、由实测沉降推算最终沉降(工后沉降)

地基沉降是土力学中重要的研究课题之一。自从太沙基(1923 年)提出一维固结理论以来,地基沉降的理论研究已有很大的发展。很多学者提出了基于这种理论的沉降计算方法,如分层总和法在实际工程中得到广泛应用。

然而,太沙基一维固结理论与分层总和法都有很多基本假设不完全符合实际情况,计算得出的最终沉降量与实际最终沉降量往往存在一定差异,这在软土地区的沉降计算时尤其明显。20 世纪 80 年代以来,我国在软土地区修建了许多高等级公路,有些公路因沉降过大而导致路面开裂或桥头错台,造成巨大损失。在软土地区修建的高等级公路的沉降计算量与实际沉降量的差异,日益引起人们的重视。

目前的沉降计算中主要存在以下几个问题:

(1)应力和变形的关系。前述的有关地基土中的应力和变形的计算中,都是假设地基为直线变形体,从而直接应用弹性理论的解答。实践表明在荷载较大及高压缩性的软土时这种方法不可靠。土体非线性和非弹性的特点导致使用弹性理论解答的不准确。

(2)土压缩性指标的选定。由于压缩性指标选用不当，使得沉降计算失去意义。土的压缩性指标应该能反映土在天然状态下受到荷载后的实际变形特征。在目前的试验技术条件下，室内试验与载荷试验时地基土所保持的应力状态和变形条件都和实际情况有所区别，必然造成变形计算时的误差。

(3)边界条件的确定。沉降计算理论是假定土体一维固结沉降，而实际的边界更为复杂。采用沉降理论计算，对于压缩性大的地基，计算值一般小于实际沉降；对于压缩性小的地基，计算值一般大于实际沉降。

分析实测的沉降—时间关系，不仅可以验证理论计算的正确程度，还可以通过实测资料的积累，找出具有一定实用价值的变形规律，特别是希望能够估计建筑物最终沉降量的大小和达到这一沉降值的时间。此外，了解竣工以后的沉降发展趋势对于上部结构的安全使用也是十分重要的。为此，估计施工期完成的沉降就显得很有实际意义，这种估计，当资料齐全时，实测沉降与时间关系常可较其他方法推算更为直接和正确。

为了便于使用实测资料，常对实测的沉降—时间关系(即 $S-t$ 曲线)采取经验估算方法，即为 $S-t$ 曲线选配适当的数学函数方程，然后再进行计算。这里介绍几种常用方法：双曲线法、沉降速率法、三点法、星野法。这些方法均有一定的适用性，应用时需根据实际情况，视拟合程度的好坏，选择与实际情况较吻合或较接近的最终沉降量推算方法。

1. 双曲线法

双曲线法是广东省内工程常用的推算方法。双曲线法是假定荷载恒定后的沉降平均速度以双曲线形式逐渐减少的经验推导法。利用实测曲线，在恒载条件下确定某一时刻 t_0，此时的沉降为 S_0，则以后任意时间 t 的沉降量 S_t(沉降推算示意图见图 9-2)可由式(9-1)求得：

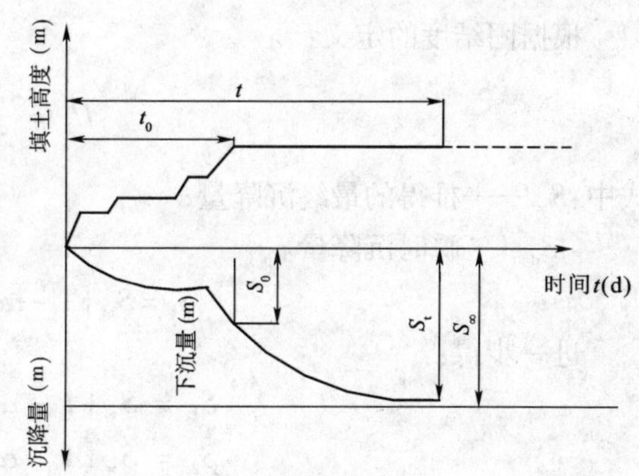

图 9-2　按双曲线法推算沉降示意图

$$S_t = S_0 + \frac{t - t_0}{\alpha + \beta(t - t_0)} \tag{9-1}$$

式中：S_0——起始时刻沉降($t = t_0$，恒载下)；

S_t——t 时的沉降量；

α、β——从实测值求得的系数。

变换式(9-1)可得：

$$\frac{t - t_0}{S_t - S_0} = \alpha + \beta(t - t_0) \tag{9-2}$$

即

$$\frac{\Delta t}{\Delta S} = \alpha + \beta \cdot \Delta t \tag{9-3}$$

用 t_0 后的实测沉降资料，绘制 $\Delta t/\Delta S$-Δt 的关系图并用直线来模拟。该直线在纵轴的截距和斜率，分别为 α、β 值(如图 9-3)，代入式(9-1)，即可求得任意时间的沉降。

当 $t\to\infty$ 时，最终沉降量 S_∞ 可用下式求得：

$$S_\infty = S_0 + \frac{1}{\beta} \tag{9-4}$$

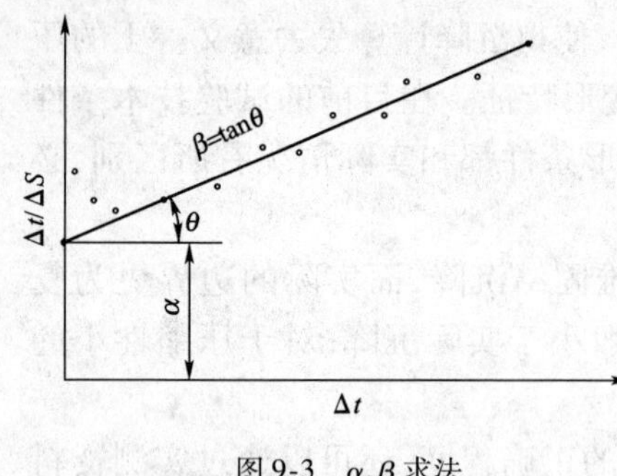

图 9-3 α、β 求法

荷载恒定并预压一段时间 t 后的残余沉降量 S_r 为

$$S_r = S_\infty - S_t \tag{9-5}$$

用此方法推算 t 时的沉降，要求实测沉降时间至少在半年以上。起始时刻应取自恒载阶段，在分析过程中尚应剔除反常的数据，否则将造成的较大偏差。

2. 三点法

不同条件下土层平均固结度的理论解可以归纳为下面的普遍表达式：

$$U_t = 1 - \alpha e^{-\beta t} \tag{9-6}$$

式中：U_t——t 时刻地基的平均固结度；

α、β——可由不同的地基条件确定的参数。

从实测过程线上取荷载恒定后的三点，使得三点的时间间隔相等，即 $t_3 - t_2 = t_2 - t_1$，三点对应的沉降量分别为 S_1、S_2、S_3，则由固结计算的通式可得：

$$\frac{1 - U_1}{1 - U_2} = e^{\beta(t_2 - t_1)} \tag{9-7}$$

$$\frac{1 - U_2}{1 - U_3} = e^{\beta(t_3 - t_2)} \tag{9-8}$$

根据固结度的定义：

$$U_t = \frac{S_t - S_d}{S_\infty - S_d} \tag{9-9}$$

式中：S_∞——推得的最终沉降量；

S_d——瞬时沉降量。

得

$$S_t = S_\infty[1 - \alpha e^{-\beta t}] + S_d \alpha e^{-\beta t} \tag{9-10}$$

进一步得：

$$\begin{aligned} S_1 &= S_\infty[1 - \alpha e^{-\beta t_1}] + S_d \alpha e^{-\beta t_1} \\ S_2 &= S_\infty[1 - \alpha e^{-\beta t_2}] + S_d \alpha e^{-\beta t_2} \\ S_3 &= S_\infty[1 - \alpha e^{-\beta t_3}] + S_d \alpha e^{-\beta t_3} \end{aligned} \tag{9-11}$$

附加条件：

$$e^{\beta(t_2 - t_1)} = e^{\beta(t_3 - t_2)} \tag{9-12}$$

联解式(9-11)和式(9-12)可得最终沉降量的公式：

$$S_\infty = \frac{S_3(S_2 - S_1) - S_2(S_3 - S_2)}{(S_2 - S_1) - (S_3 - S_2)} \tag{9-13}$$

$$\beta = \frac{1}{\Delta t}\ln\frac{S_2 - S_1}{S_3 - S_2} \quad \alpha = \frac{8}{\pi^2} \tag{9-14}$$

式中，$\Delta t = t_2 - t_1$。

采用三点法推算最终沉降量，一般要求观测持续时间较长，在计算时尽可能取长的时间段，并应根据实际情况，多取几个不同的时间段来分别计算，最后取其平均值作为推算的最终沉降值。t_1、t_2、t_3 应取自实测沉降曲线趋于稳定的阶段，推求的结果更为准确。

3. 星野法

根据太沙基固结理论，当固结度小于60%时，固结度与时间平方根成正比。星野根据现

场实测值证明了总沉降(包括剪切应变的沉降在内)是与时间平方根成正比。星野法推测沉降计算公式为:

$$S_t = S_0 + \frac{CK\sqrt{t - t_0}}{\sqrt{1 + K^2(t - t_0)}} \tag{9-15}$$

当 $t \to \infty$ 时,由式(9-15)可得最终沉降量:

$$S_\infty = S_0 + C \tag{9-16}$$

式中:S_0——假定的瞬时沉降;

t_0——假定瞬时沉降时的时间;

C、K——待定常数。

为求取待定常数 C、K,将式(9-15)改写为:

$$\frac{\Delta t}{(\Delta S)^2} = \frac{t - t_0}{(S_t - S_0)^2} = \frac{1}{C^2K^2} + \frac{1}{C^2}(t - t_0) = \frac{1}{C^2K^2} + \frac{1}{C^2} \cdot \Delta t \tag{9-17}$$

从式(9-17)可知,它是一个$\frac{\Delta t}{(\Delta S)^2}$ - Δt 关系的直线方程,该直线可从 t_0 后实测沉降曲线绘制出,$\frac{1}{C^2K^2}$、$\frac{1}{C^2}$即分别为该直线的截距和斜率。

4. Asaoka 法

一维固结变形情况下,0,Δt, $2\Delta t \cdots j\Delta t$ 对应的 $S_0, S_1, S_2 \cdots S_j$ 可以表达为

$$S_j = \beta_0 + \beta_1 S_{j-1} \tag{9-18}$$

Asaoka 基于上述事实,提出推算预压荷载下最终沉降的方法。当固结完全完成时,$S_{j-1} = S_j = S_\infty$,有:

$$S_\infty = \frac{\beta_0}{1 - \beta_1} \tag{9-19}$$

因此,作出 S_{j-1}-S_j 关系图,取得 β_0、β_1,可以得到最终沉降。

5. 沉降速率法

瞬时荷载地基平均固结度计算的普遍表达式:

$$U_t = 1 - \alpha e^{-\beta t}$$

式中:U_t——t 时刻地基的平均固结度;

α、β——可由不同的地基条件确定的参数。

另根据固结度的定义:

$$U_t = \frac{S_t - S_d}{S_\infty - S_d} \tag{9-20}$$

式中:S_∞——推得的最终沉降量;

S_d——瞬时沉降量。

得 t 时的沉降量为:

$$S_t = S_\infty[1 - \alpha e^{-\beta t}] + S_d \alpha e^{-\beta t} \tag{9-21}$$

上式对 t 求导,则 t 时的沉降速率为:

$$V_s = (S_\infty - S_d)\alpha\beta e^{-\beta t} \tag{9-22}$$

t 时的剩余沉降量为:

$$S_r = S_\infty - S_t = (S_\infty - S_d)\alpha e^{-\beta t} \tag{9-23}$$

则：

$$V_s = S_r\beta \tag{9-24}$$

式中：V_s——t 时的沉降速率；

S_r——t 时推算的剩余沉降量。

β 值可以根据实际排水条件按表 7-1 计算得出，也可以由实测沉降曲线上按上面所述的三点法反算求得或者根据实测孔隙水压力资料反算求得。将实测沉降速率和计算得出的 β 值代入式(9-24)中，则可以求出 t 时刻的剩余沉降量 S_r，与 t 时刻实测的沉降量 S_t 相加即得出最终沉降量 S_∞。

最终沉降量的推求还有其他方法，这里不再介绍。以上介绍的 5 种方法，各有其优、缺点，应用时以往的经验非常重要。可用几种方法同时试算，选择吻合较好的一种方法加以推求。

6. 最终沉降量推算的实例分析

(1)实例 1

广州—珠海高速公路软基试验段地基软土为 9 ~ 13m 的淤泥、淤泥质土，路堤实际填土高度为 5 ~ 8m，采用袋装砂井和堆载预压法对地基软土进行加固。路堤加载施工历时 337d，某观测断面的实际沉降—时间($S-t$)曲线见图 9-4。

根据实测沉降观测值运用双曲线法、三点法和沉降速率法进行推算最终沉降量。

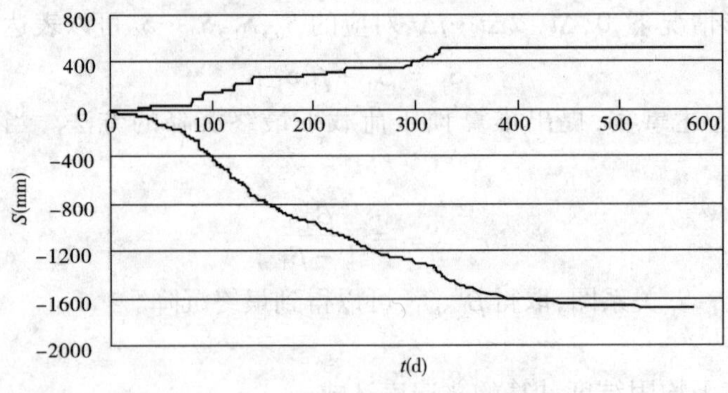

图 9-4 沉降—时间曲线($S-t$ 曲线)

①双曲线法推算最终沉降

取图 9-4 中恒载开始时间为计算起点 $t_0 = 337$d，此时实测沉降量 $S_0 = 1456$mm，将以后观测时间、沉降量减去初始沉降求出各时间的 Δt、ΔS，并得出 $\Delta t/\Delta S$。绘出 $\Delta t/\Delta S - \Delta t$ 关系图(图 9-5)，并线性回归得出回归方程。

由图 9-5 可以得出 α 为 0.262，β 为 0.0032，推算出最终沉降量 S_∞ 为 1768.5mm。

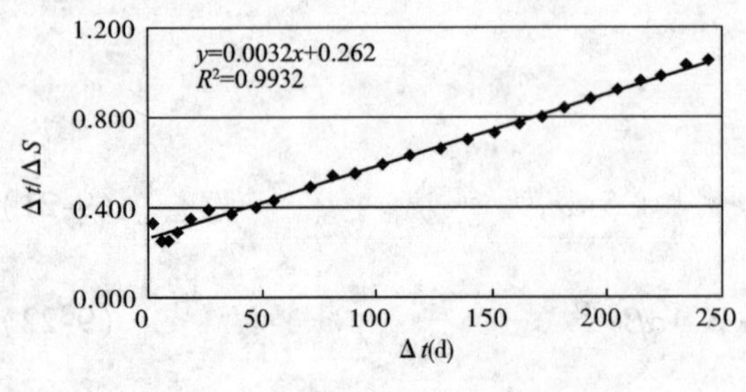

图 9-5 $\Delta t/\Delta s$-Δt 关系图

②三点法推算最终沉降量

采用三点法推算最终沉降量，一般要求观测持续时间较长。在计算时尽可能取长的时间段并根据实际情况多取几个不同的时间段来分别计算，最后取其平均值作为推算的最终沉降值。

从实际沉降观测数据中选取 t_1、t_2、t_3，要求 $t_2 - t_1 = t_3 - t_2$。将 S_1、S_2、S_3 和 t_1、t_2、t_3 代

入式(9-13)、式(9-14)中计算出最终沉降量和β值,计算β值时注意使用国际标准单位。在实测资料中分别采取了4组数据。由于实际观测时间不一定是完全等时间隔,有时需要使用线性插入法估算一个沉降值。计算结果如表9-3所示。

三点法推算最终沉降量结果 表9-3

序号	t_1(d)	t_2(d)	t_3(d)	S_1(mm)	S_2(mm)	S_3(mm)	S_∞(mm)	β(s^{-1})
1	541	561	581	1678.2	1683.8	1687.4	1693.8	2.567×10^{-7}
2	489	530	571	1662.7	1675.9	1684.0	1696.8	1.381×10^{-7}
3	437	509	581	1628.8	1671.0	1687.4	1697.8	1.521×10^{-7}
4	477	519	561	1655.7	1673.3	1683.8	1699.3	1.423×10^{-7}
平均值							1697.0	1.723×10^{-7}

③沉降速率法推算最终沉降量

求观测资料最后一个月的平均沉降速率:

$$V_s=\frac{1687.4-1680.2}{(581-552)\times24\times3600}=2.874\times10^{-6}(\text{mm/s})$$

β取按三点法的计算值: $\beta=1.732\times10^{-7}(s^{-1})$

则
$$S_r=\frac{V_s}{\beta}=\frac{2.874\times10^{-6}}{1.723\times10^{-7}}=16.7(\text{mm})$$

所以推算最终沉降量: $S_\infty=S_t+S_r=1687.4+16.7=1704.1(\text{mm})$

式中:S_∞——推得的最终沉降量;

S_t——t时的实测沉降量;

S_r——t时推算的剩余沉降量。

④不同方法推算的最终沉降的比较

各种推算方法推算出的最终沉降量与实测沉降量对比见表9-4。

各种推算的最终沉降量比较 表9-4

实测S_t(mm)	双曲线法		三点法		沉降速率法	
	推算S_∞(mm)	$\frac{实测S_t}{推算S_\infty}$(%)	S_∞推算(mm)	$\frac{实测S_t}{推算S_\infty}$(%)	推算S_∞(mm)	$\frac{实测S_t}{推算S_\infty}$(%)
1687.4	1768.5	95	1697	99	1704.1	99

(2)实例2

广珠高速西线软基试验段采用袋装砂井和堆载预压法对地基软土进行加固,共设5个监测断面。路堤加载施工历时300多天,沉降观测时间500多天。采用双曲线法、星野法、Asaoka法推算最终沉降,各方法的结果见表9-5。

Asaoka法推算最终沉降量表 表9-5

断面号	$S_{双}$(mm)	$S_{星野}$(mm)	S_{Asaoka}(mm)	$S_{星野}/S_{双}$	$S_{Asaoka}/S_{双}$
K11+045	2426.6	2448.4	2277.5	1.01	0.94
K11+084	1325.7	1382.6	1290.1	1.04	0.97
K11+116	1454.1	1566.2	1430.1	1.08	0.98
K11+166	1773.3	1848.2	1690.6	1.04	0.95
K11+196	1127.3	1142.6	1081.4	1.01	0.96

7. 几种推算方法的比较分析与结论

(1)由表9-4 推算最终沉降与实测数据对比结果可以看出:不同方法推算的最终沉降量各有差异,其中双曲线法的推算值较大,三点法和沉降速率法的最终推算值比较接近。双曲线法推算的沉降曲线收敛缓慢,一般在沉降观测末期,推算的沉降速率大于同期实测的沉降速率,结果将导致最终沉降量的推算值略为偏大,但这样更为安全。三点法推算的沉降曲线收敛较快,一般在沉降观测末期,推算的沉降值接近或略小于实测的沉降值,结果往往导致最终沉降量的推算值偏小。沉降速率法计算的值与 β 值有很大的关系,考虑实际排水条件的复杂性,应用实测的沉降资料反算 β 值比理论计算更为合理。

(2)由表9-5 推算最终沉降的方法对比看出:结合广东省工程经验及沉降监测资料,双曲线法及星野法较适合珠江三角洲地区软土地基的沉降推算。星野法推算结果比双曲线法推算结果稍大。对于未经地基处理,沉降非常缓慢的情况,双曲线法适应性更强。而 Asaoka 法推算结果偏小。

(3)采用双曲线法、三点法,曲线中的参数确定宜选用恒载阶段的沉降监测数据。

(4)广东工程经验和(1)、(2)分析表明,双曲线法更适合软土地基最终沉降推算,一是推算结果偏于安全,二是适合沉降非常缓慢的情况,三是要求实测沉降时间至少在半年以上,短于三点法要求,适应性更强。

第二节　卸载时机的确定方法

为了减小工后沉降,广东大多数高等级公路均采用等载或超载的措施。但是何时进行卸载一直困扰着高速公路建设者。卸载时机确定首先要确定卸载的标准,然后确定如何根据卸载标准判定卸载时机。

一、卸载标准

目前,高等级公路卸载标准通常采用以下四个指标:允许工后沉降、沉降速率、有效应力面积比、有效应力系数。

《公路路基设计规范》(JTG D30—2004)则规定路面铺筑时间(卸载时间)为:路面铺筑应在沉降稳定后进行,采用双控标准,即要求推算的工后沉降量小于设计容许值,同时要求连续2个月观测的沉降量每月不超过5mm,方可开挖路槽并开始路面铺筑,亦可开始进行结构物反开挖施工。

广东省的经验是:地面总沉降量大于预压荷载下最终计算沉降量的90%(仅作参考);根据预压期实测数据推算工后沉降量小于10(桥头)~30cm(一般路基);表面沉降速率连续两个月每月小于5~6mm,沉降变化曲线趋于平缓。

1. 允许工后沉降 $[S_r]$

当根据沉降观测资料推算的剩余沉降小于允许工后沉降 $[S_r]$ 时,可以卸载。《公路路基设计规范》(JTG D30—2004)规定,在路面设计使用年限内(通常为15年),允许工后沉降 $[S_r]$ 为:一般路基段小于0.3m,桥头段(约30m长度范围)小于0.1m,涵洞和涵机耕通道处小于0.2m。允许工后沉降 $[S_r]$ 通常由设计单位或专家小组根据地区经验和高速公路的具体情况提出。

2. 沉降速率

将沉降速率作为沉降稳定控制标准和卸载的标准之一,是目前国内软土地区高等级公路的普遍做法,实践证明是有效的。如京津塘高速公路在沉降速率达到8mm/月时卸去预压土,开始路面结构层施工;连徐、福宁高速公路确定的沉降速率为5mm/月;沪宁高速公路以路槽顶面作为预压计算高度,在沉降速率达到5mm/月时卸去预压土做底基层,在基层铺上后继续预压,待沉降速率达到3mm/月时铺面层;杭甬高速公路建设时提出的沉降速率卸载标准[V_s]:一般路段小于2~3mm/月,桥头路段小于1mm/月。

广佛高速公路建设时,郑启瑞等人根据经验提出了沉降速率卸载标准[V_s]:沉降速率连续三个月小于5mm/月,该标准在深汕高速公路、京珠高速公路等多条高速公路上得到广泛应用。

刘吉福根据主固结理论推导证明了,在恒载阶段,t 时的剩余沉降 S_r 与沉降速率 V_s 存在以下关系,即

$$V_s = \beta S_r \tag{9-24}$$

因此,沉降速率与剩余沉降呈线性关系,根据允许工后沉降[S_r]可以确定沉降速率卸载标准[V_s]。沉降速率卸载标准[V_s]应根据地质参数、软基加固设计参数等具体确定,也可以根据沉降观测资料反算 β、允许工后沉降[S_r]确定沉降速率卸载标准[V_s]。取预压阶段的三点沉降观测数据(S_1,t_1)、(S_2,t_2)、(S_3,t_3),使 $t_3-t_2=t_2-t_1$,利用式(9-14)反算 β,即

$$\frac{S_2-S_1}{S_3-S_2} = e^{\beta(t_2-t_1)}$$

当实测沉降速率小于沉降速率卸载标准[V_s]时,可以卸载。当沉降监测资料系统性较差或预压时间较短时,剩余沉降推算结果可靠性较差,此时采用沉降速率法可靠性更高,而且应用方便。

3. 有效应力面积比

朱向荣等人提出了有效应力比 R 方法。

$$R = \frac{A}{B}$$

式中:A——路堤使用荷载作用下压缩土层的总应力面积;

B——路堤等超载作用下压缩土层的有效应力面积,即等于超载作用下总应力面积减去实测的超静孔压面积。

一般控制有效应力比卸载标准为[R]≤0.75~0.8(高速公路为0.75)。

4. 有效应力系数法

参照固结度的概念,刘吉福等人提出了有效应力系数的概念,有效应力系数的定义为:

$$U_3 = \frac{\sigma_t-(u_t-u_0)}{\sigma_f} \tag{9-25}$$

式中:σ_t——t 时路中线处平均总应力;

σ_f——路中线处使用荷载(最终荷载);

u_t——t 时路中线处平均孔压;

u_0——路中线处平均初始孔压。

有效应力系数实质上与有效面积比成倒数关系,与固结度定义类似,可以与固结度直接对比,对真空联合堆载预压工程非常适用。

采用有效应力系数时，$[U_3] \geqslant 1.25$ 可卸载。

二、卸载时机确定

1. 根据推断剩余沉降判断

图 9-6 是某高速公路试验段推算最终沉降—填土高度的关系曲线，其中 t 时的推算最终沉降 = 实测沉降/固结度，推算填土高度 = 填土厚度 - 推算最终沉降，固结度为根据孔压计确定的平均固结度。图 9-6 表明，对于同一工程地点，沉降完成时的沉降—填土高度曲线范围呈直线关系。多条高速公路均具有类似的结论。因此，可以根据预压荷载作用下的沉降监测资料推算等载高度 H_e 对应的最终沉降 S_e，进而得到剩余沉降 S_r，对比剩余沉降与允许工后沉降，即可确定是否可以卸载。

图 9-7 中符号的含义：H_d 为设计路基高度，等于路面高程与原始地面高程之差；H_t 为 t 时的填土高度（如不是均质土，则换算成均质土）；H_∞ 为预压荷载下沉降完成后的填土高度；S_t 为 t 时的沉降量；S_∞ 为预压荷载下的最终沉降量，可以根据双曲线法、Asaoka 法等推算得到；S_e 为等效填土高度对应的最终沉降量；H_e 为将路面、汽车荷载换算为填土后的等效填土高度（一般汽车荷载为 0.85 倍填土厚度，可参见有关规范）。

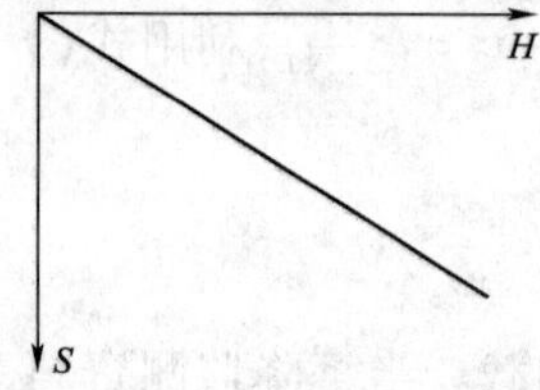

图 9-6 固结完成时的沉降与填土高度的关系曲线

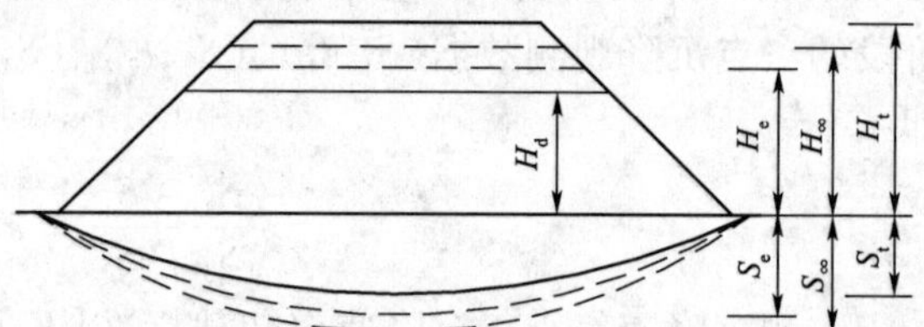

图 9-7 超载时填土高度与沉降的变化示意图

假设填土厚度 = 填土高度 + 沉降，则可以推导出：

$$H_\infty = H_t - (S_\infty - S_t) \tag{9-26}$$

由图 9-7 可知，

$$\frac{S_e}{S_\infty} = \frac{H_e}{H_\infty} \tag{9-27}$$

因此：

$$S_e = \frac{H_e}{H_\infty} S_\infty \tag{9-28}$$

对于等载，剩余沉降为：

$$S_r = S_e - S_t \tag{9-29}$$

如果预留路面施工再加载造成的沉降量，则当上述剩余沉降小于允许工后沉降 $[S_r]$ 时，可以卸载。

当需要预测尚需要的预压时间时，可以由上式计算出 $S_t = S_e - [S_r]$，采用双曲线法等反算 t 确定，即：

$$t = t_0 + \frac{\alpha(S_e - [S_r] - S_0)}{1 - \beta(S_e - [S_r] - S_0)} \tag{9-30}$$

式(9-30)的适用条件为 $S_t = S_e - [S_r]$ 必须小于 S_∞，否则无论预压多长时间都不能满足卸载要求。

2. 根据沉降速率判断

根据沉降资料可以计算沉降速率 V_s。当超载厚度较大时,可以根据下式修正沉降速率

$$V_{sr} = \frac{H_e}{H_\infty} V_s \tag{9-31}$$

V_{sr}小于[V_s]时,可以卸载。

根据双曲线拟合曲线或指数拟合曲线等可以推算后期的沉降速率。根据沉降观测资料、推算的沉降速率可以确定卸载时机。

3. 根据有效应力比或有效应力系数判断

设预压时填土厚度为 T,根据预压期观测资料可以计算出预压荷载对应的 H_∞,利用式(9-27)可以计算得到使用荷载对应的填土厚度 T_e:

$$T_e = \frac{H_e}{H_\infty} T \tag{9-32}$$

根据 T、T_e 可以计算 σ_t 和 σ_f,即:

$$\sigma_t = TK_z, \sigma_f = T_e K_z \tag{9-33}$$

当软土厚度小于 0.5 倍的路堤顶宽时,可以取 $K_z = 1$。

结合孔压观测资料可以计算得到有效应力比或有效应力系数。当有效应力比小于[R]、有效应力系数大于[U_3]时,可以卸载。

三、提前卸载的补救措施

由于种种原因,高速公路建设会遇到预压时间不够而提前卸载的情况,提前卸载会使工后沉降超过使用要求和技术规范要求。可以采取如下措施进行补救。

1. 预留抛高

预留抛高技术经济特点:可减少路面材料、降低工程造价,减缓差异沉降、保持竖曲线的平顺, 在广东得到广泛应用。

预留抛高要点是:利用双曲线法推算工后沉降,并确定预留抛高的大小;若工后沉降大,还要考虑加大横向排水坡度 0.5% ~1%,以免超车道积水;一般预留抛高 5 ~8cm,纵坡控制在 2‰,每段纵坡调整长度不小于 30m;工后沉降过大,还必须与其他快速地基处理方案一并考虑,如采用复合地基。

2. 过渡路面

适用情况:按双曲线法推算的工后沉降较大,但又必须卸载进行路面施工。

过渡路面要点是:过渡性路面结构,即比正常路面结构少一层;也要注意过渡性路面的防水措施,同时要注意工后沉降监测,待沉降稳定后再正式补铺路面。

3. 及时养护调平

适用情况:路堤与结构物结合部,特别是桥头部位,避免桥头跳车。

要点是:按广东经验,一般当桥头差异沉降达 5 ~8cm 就可及时加铺一层,并注意与原路面连接通畅。

4. 采用轻质路堤填料

适用情况:路堤与结构物结合部,特别是桥头部位,避免桥头跳车。

要点是:轻质路堤填料主要是粉煤灰、多孔混凝土废料、近年发展起来的一种密度仅 20kg/m^{3}的超轻型材料——聚苯乙烯泡沫塑料(EPS),还有正在进行试验研究的密度为 0.5 ~

1.4t/m³ 的轻量土材料。

第三节　依据实测数据的固结度分析

实测固结度是评价地基处理效果和预估工后沉降的主要依据之一,实测地基固结度应以孔隙水压力消散、相对沉降(即实测沉降与最终推算沉降的比值)进行双控,即一是根据实测沉降计算固结度,二是根据实测孔压计算固结度。理论计算地基固结度亦有参考意义。

一、固结度计算方法

1. 理论计算固结度

至本级加荷时多级加荷平均固结度 $U_{平}$ 的理论计算可用式(7-1),即:

$$U_{平} = \overline{U}'_{t} = \sum_{i=1}^{n} U_{t}\left(t - \frac{t_{i} + t_{i-1}}{2}\right)\frac{\Delta p_{i}}{\sum \Delta p}$$

至本级加荷时多级加荷总固结度 $U_{总}$ 的理论计算公式为:

$$U_{总} = \sum_{i=1}^{n} U_{t}\left(t - \frac{t_{i} + t_{i-1}}{2}\right)\frac{\Delta p_{i}}{P_{总}} \tag{9-34}$$

式中:$P_{总}$——某断面全部填土荷载,其余符号含义见式(7-1)。

2. 根据孔压监测资料计算固结度——应力固结度

t 时某一深度 j 处的孔压计来计算固结度 $U_{\sigma jt}$,即:

$$U_{\sigma jt} = \frac{\sigma_{tj} - (u_{jt} - u_{j0})}{\sigma_{tj}} \tag{9-35}$$

式中:σ_{tj}——t 时 j 处的总应力;

u_{jt}——t 时 j 处的孔压;

u_{j0}——初始孔压(为根据地下水位求得静水压力)。

一个断面 t 时地基平均固结度 $\overline{U}_{\sigma t}$ 为:

$$\overline{U}_{\sigma t} = \frac{\sigma_{t} - (\bar{u}_{t} - \bar{u}_{0})}{\sigma_{t}} \tag{9-36}$$

式中:σ_{t}——t 时断面填土荷载(总应力);

$\bar{u}_{t}$——t 时断面不同深度孔压计实测孔压平均值;

$\bar{u}_{0}$——断面不同深度初始孔压平均值(为不同深度静水压力的平均值)。

一个断面至下级加荷时(t 时)地基总固结度 $U_{\sigma t}$ 为:

$$U_{\sigma t} = \frac{\sigma_{t} - (\bar{u}_{t} - \bar{u}_{0})}{\sigma_{f}} \tag{9-37}$$

式中:σ_{f}——断面最终填土荷载(最终总应力)。

3. 根据沉降监测资料计算固结度——应变固结度

一个断面上根据沉降监测资料得到的应变固结度表达式为:

$$U_{\varepsilon} = \frac{S_{t}}{S_{\infty}} \tag{9-38}$$

式中:S_{t}——t 时刻某断面的沉降量;

S_{∞}——最终沉降量,可利用实测沉降监测资料,采用双曲线法、三点法等方法推算,建议采用双曲线法,但参数求得宜选用荷载预压阶段数据。

二、实例分析

广珠高速西线软基试验段典型断面 K11 +116 的填土过程曲线见图 9-8,理论固结度、孔压实测固结度、沉降固结度对比分析见图 9-9。

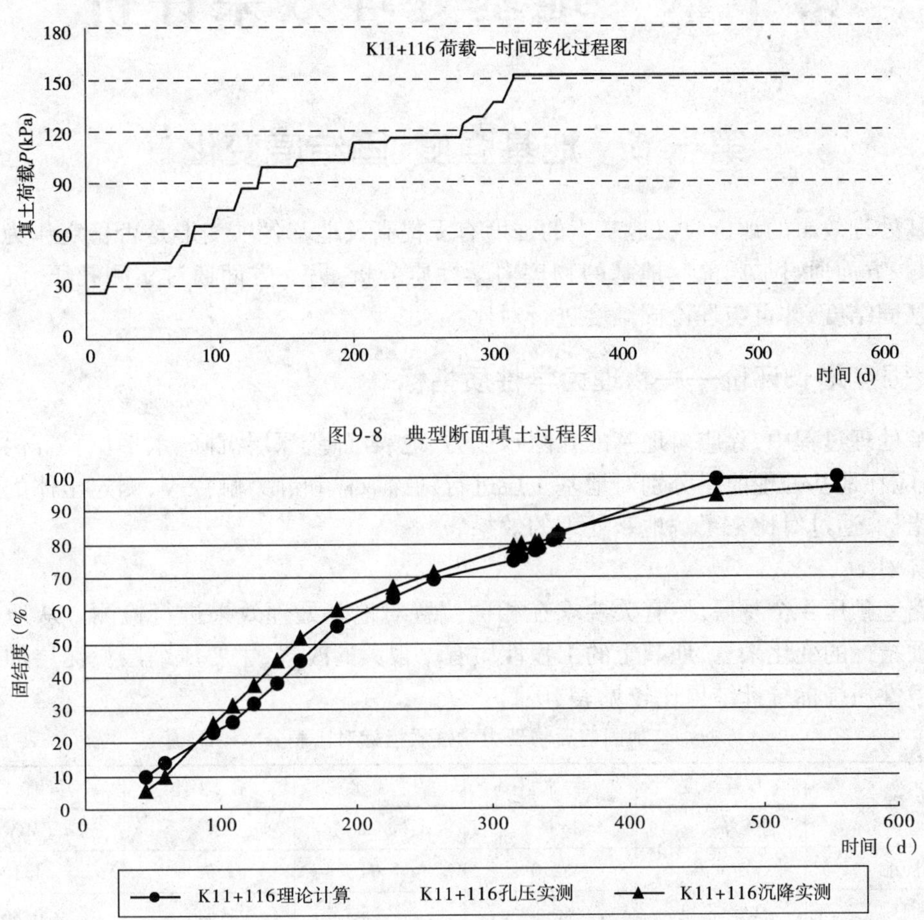

图 9-8　典型断面填土过程图

图 9-9　典型断面理论固结度、孔压固结度、沉降固结度对比分析图

从图 9-9 中可知,理论计算固结度与按沉降或孔压实测固结度基本接近,说明理论计算固结度参数选择合理,孔压和沉降观测结果正确且相互印证。相比之下,沉降实测固结度与理论计算固结度更为接近,这主要是由于超静孔隙水压力的量测要依赖于地下静止水位,而地下静止水位将随时间和气候的变化而变化,其量测非常困难。试验段在按孔压计算固结度时未考虑静水压力的变化,即假定静水压力不变。

对比理论计算和实测固结度发现,理论计算固结度尽管在加载期或预压前期比实测固结度小,但在预压后期(预压 3 个月以后),理论计算固结度都比实测固结度大,说明土体经预压后,其固结系数随时间和固结度的增加而不断减小,对比地基处理前后土工实验,其实测结果也证实了这一点。这是因为在加载前期,土体孔隙比较大,其固结较快即固结系数较大；随着土体逐渐被压缩,其孔隙比越来越小,其固结也越来越慢即固结系数变小。

第十章　地基处理效果评价

第一节　地基强度、固结度变化

地基处理效果的评价应以地基土的强度有无提高及地基各项变形是否稳定作为评价的重点，即一方面通过加固前后地基的物理力学性质分析，另一方面通过实测孔压、沉降资料分析地基固结度，并可与理论固结度进行对比。

一、强度增长评价——物理力学性质指标

地基处理过程中，除应对地基的孔隙水压力、地表沉降、深层沉降、水平位移等内容进行监测，还应在地基处理前后分别对地基土层进行钻探取样和静力触探等，测定土体的物理力学性质指标，通过对比来了解地基处理的效果。

1. 实例 1

某路基预压 4 个月后，按有关要求在相同位置对地基处理效果进行检测。从地基处理前后各项指标的变化来看，地基土的工程性质有了很大的改善，主要压缩层淤泥层加固前后物理力学性质指标统计结果比较见表 10-1。

加固前后物理力学性质指标对比表　　表 10-1

对比项目	取样深度 m	含水率 ω(%)	干密度 ρ_d(g/cm^3)	孔隙比 e	压缩系数 a_v(MPa^{-1})
加固前	2.5~2.9	62.0	1.04	1.521	1.12
加固后		49.3	1.15	1.314	0.86
增减率(%)		-20.5	10.6	-13.6	-23.2
加固前	8.0~8.4	86.2	0.89	1.984	1.86
加固后		46.2	1.20	1.210	0.76
增减率(%)		-46.4	34.8	-39.0	-59.1
加固前	12.0~12.4	70.1	0.99	1.663	1.62
加固后		50.2	1.15	1.297	0.92
增减率(%)		-28.4	16.2	-22.0	-43.2
增减率平均值(%)		-31.8	20.5	-24.9	-41.9

其含水率平均降低了 31.8%，土体重度增加了 20.5%，孔隙比平均降低了 24.9%，压缩系数平均降低了 41.9%，可见地基处理效果十分明显。

2. 实例 2

广珠高速西线软基试验段采用原位静力触探试验反映地基强度，也是常用的一种手段。地基处理前后典型断面的静力触探测试结果见表 10-2，从表中可看出，地基经处理后，其强

度得到较大提高，最大的增长了 3 倍多。因此，从地基处理前后强度增长情况也说明了砂井排水预压处理效果良好。

地基处理前后地基强度对比表　　表 10-2

断面号	K11 + 116			K11 + 166			K11 + 196		
土名	填土前锥尖阻力（MPa）	填土后锥尖阻力（MPa）	填土后与填土前比值	填土前锥尖阻力（MPa）	填土后锥尖阻力（MPa）	填土后与填土前比值	填土前锥尖阻力（MPa）	填土后锥尖阻力（MPa）	填土后与填土前比值
淤泥	0.23	0.58	2.52	0.19	0.66	3.47	0.24	0.39	1.62
粉细砂	0.76	1.39	1.82	1.22	2.13	1.75	0.78	1.76	2.26
淤泥	0.31	0.6	1.93	0.33	0.72	2.18	0.35	0.47	1.34
亚黏土	1.44	4.65	3.23	3.1	7.33	2.36	2.13	1.63	0.76

二、固结效果评价——固结度

1. 方法选取

固结度可选取实测孔压或沉降资料进行计算，由于沉降资料可靠性高，通常采用实测沉降资料计算固结度，即：

$$U = \frac{S_t}{S_\infty}$$

对最终沉降量 S_∞ 的计算，常用的方法有：三点法、双曲线法等。通过试算及以往经验，对于珠江三角洲一带高压缩性的软土，采用双曲线法尤为适宜，具体算法见有关章节。

必要时，可利用实测的孔隙水压力资料推算的固结度与推算的沉降固结度进行对比，与理论固结度也可相互验证。

2. 实例分析

(1) 广东西部沿海高速软基

广东西部沿海高速 K24 +450 断面处于深厚软基段，由于地处沿海，沉积时间较短，物理力学性能差，软土层空间分布不均匀，其厚度 15m 以上。软土呈灰黑色，饱和，软塑—流塑，软土土质较为均匀。地基土体的物理力学性质见表 10-3，沉降监测如图 10-1 所示。该段软土平均含水率达 77% 以上，平均压缩系数 1.98MPa^{-1}，平均孔隙比为 2.16，渗透性极低。十字板剪切试验表明，软土平均抗剪强度小于 10kPa，比贯入阻力平均值小于 0.5MPa。采用堆载排水固结法进行地基处理，以袋装砂井（间距 D = 1.0m，长 L = 15m）作为竖向排水体、砂垫层为横向排水体，利用“薄层轮加法”进行路堤填筑；为确保深厚软基加载的稳定性，采用一层土工布两层土工格栅加筋处理，后期为了确保加载过程中地基的安全，桥头 30m 增加了反压护道的安全措施，双曲线法线性相关分析见图 10-2。

物理力学性质指标表　　表 10-3

取样深度（m）	天然状态性质指标			固结指标		剪切指标		渗透系数
	含水率 ω_0 （%）	密度 ρ_0 （g/cm^3）	孔隙比 e	压缩系数 $a_{1\sim2}$ （MPa^{-1}）	压缩模量 $e_{1\sim2}$ （MPa）	黏聚力 c （kPa）	内摩擦角 φ （°）	K （cm/s）
4.2 ~ 4.4	79.3	1.54	2.19	2.07	1.54	3.4	3.5	4.3×10^{-8}
9.2 ~ 9.4	77.3	1.56	2.25	1.98	1.39	5.3	3.3	

续上表

取样深度 (m)	天然状态性质指标			固结指标		剪切指标		渗透系数
	含水率	密度	孔隙比	压缩系数	压缩模量	黏聚力	内摩擦角	
	ω_0 (%)	ρ_0 (g/cm^3)	e	a_{1-2} (MPa^{-1})	e_{1-2} (MPa)	c (kPa)	φ (°)	K (cm/s)
12.0~12.2	75	1.57	2.032	1.88	1.39	4	3.2	
15.2~15.4	56.2	1.67	1.6	0.43	5.99	44.8	6.6	
19.0~19.2	74.7	1.56	2.091	1.31	2.26	17.6	3.5	

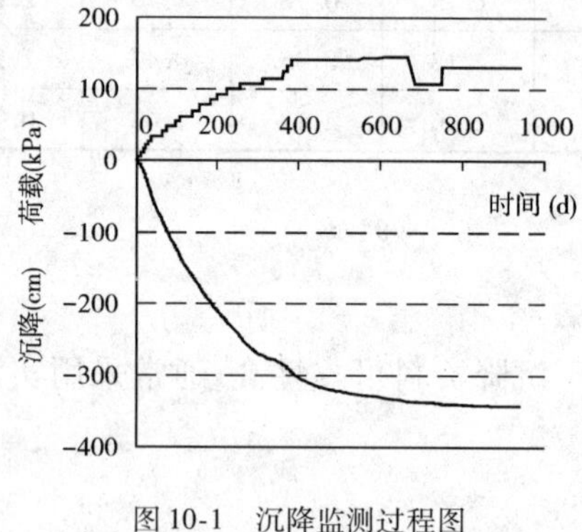

图 10-1　沉降监测过程图

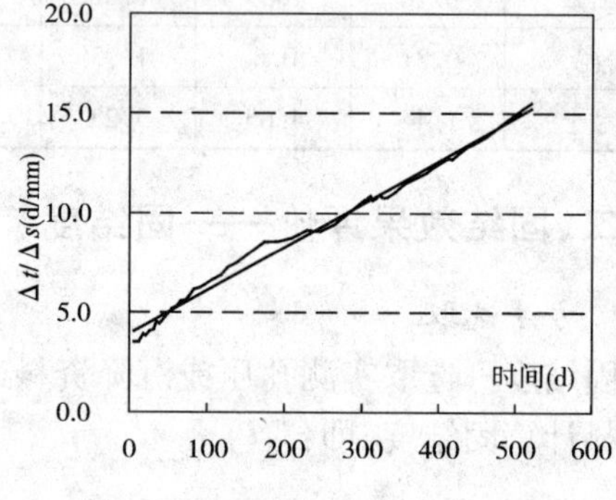

图 10-2　双曲线法线性相关分析图

K24 +450 断面 1999 年 1 月 2 日开始加载，2000 年 1 月 14 日完成加载任务，加载高度 7.45m，累计沉降量 2948mm，如图 10-1 所示，通过双曲线法推算最终沉降量 3726mmm，如图 10-2 所示，加载结束后计算沉降固结度 79.1%；经过 11 个月的预压后，累计沉降量 3368mm，计算沉降固结度 90.4%；地基土体固结度明显增加，地基处理效果明显。但考虑到路面设计使用年限内工后沉降 358mm 不满足容许工后沉降≤300mm 的要求，该段卸载之后进行了二次超载，地基土体经历了一个回弹再压缩的过程。二次超载 2000 年 12 月 22 日开始，1 月 17 日结束，累计加载高度 1.30m，经过 5 个月的预压后，期间发生的沉降量 55mm，结合前期所发生的沉降量，计算沉降固结度 91.9%；2002 年 7 月 28 日开始工后监测，截至 2003 年 3 月 13 日即通车历时 7.5 个月累计沉降量 20.5mm，经计算沉降固结度达 92.4%。

结果验证与对比。通过上述方法计算求得的固结度可利用实测的孔隙水压力资料进行验证。根据埋设在地基某深度处的孔压测头测得超静孔隙水压力的增长和消散力资料，并对整个地基土体固结度作大致评价。由表 10-4 可知：利用孔隙水压力监测资料计算的固结度与利用沉降监测资料计算的固结度相当吻合，可见通过沉降资料计算的固结度是准确的，可以用来检验地基的处理效果。

广东西部沿海高速 K24 +450 固结度计算结果对比表　　表 10-4

项　目	固结度 U(%)		
	加载完成	预压 11 个月	通车后 7.5 个月
孔压计算	81.7	90.6	91.5
沉降计算	79.1	90.4	92.4

(2)广珠高速西线软基试验段

按图 9-9(广珠高速西线软基试验段典型断面理论固结度、孔压固结度、沉降固结度对比)。各断面经堆载预压排水固结后，其固结度无论是理论计算还是按沉降或孔压实测资料计算均在90%以上,说明地基固结较快,处理效果良好。如不采用砂井排水预压方案,要达到90%的固结度至少需要1800d,比现在预压固结期长了近4倍。在同样的堆载预压时间内,如不采用砂井处理,其固结度仅能达到约58%。因此采用砂井排水堆载预压处理地基效果良好,可大大缩短工期,取得较好的社会、经济效益。

第二节　土工合成材料的加固效果分析

一、土工布在高速公路软基加固中的效果

1.概述

合成纤维材料在土工中的应用始于20世纪50年代末期,到20世纪60年代在欧美及日本等地逐渐推广开来。我国在20世纪60年代中期开始在工程中应用,20世纪80年代以后在高速公路软基处理中得到大规模应用。在珠江三角洲高速公路建设中,土工合成材料主要是与堆载预压排水固结法一起应用于软土地基处理,对地基加筋补强以提高软土路堤在填土施工过程中的稳定性,并调整路基不均匀沉降。为探讨其作用机理及应用范围,很多学者和工程技术人员对此进行了大量的实践和研究工作,通过实践,我国已取得许多实践经验,在机理方面也进行了一系列研究,取得了一些成果,为土工合成材料在工程中的应用打下了良好的基础。但是试验条件往往与施工现场有较大差距,如软土厚度不均、不均匀沉降、室内试验中荷载尺寸效应等的影响,因此会导致一些试验结论与实际工程不相符的情况,一方面原因是受试验条件的制约,试验不一定能全面而真实反映实际工程情况,往往会夸大土工布的作用;另一方面原因是实际工程采取的分析方法不妥,有时会得到一些和实验室不相符甚至相反的结论,导致过分弱化土工合成材料的作用,影响土工合成材料在工程中的应用。土工布是土工合成材料的一种,这里结合某高速公路软基试验段的实测资料,引进荷载扩散系数概念,提出侧向位移—沉降曲线分析法,分析探讨土工布在提高地基承载能力、约束侧向位移和侧向挤出量、减小沉降和提高抗滑稳定性等方面的作用。

2.土工布的加筋作用机理

(1)提高地基承载力和地基稳定性

在路堤荷载作用下,土工布与地基土的摩擦力作用使土体中的拉应力传递到筋体上,筋体承受拉力,而筋间土承受压力和剪应力,使加筋土中筋体和土体都能很好地发挥各自的潜能,从而形成了筋体与土体间的黏聚作用和嵌固作用,使土体得以极大的挤密,增强了土体的整体性和连续性,限制了土体的侧向变形,因此可提高地基土承载能力和地基稳定性。

(2)减少不均匀沉降

通常土工织物与砂垫层共同作为一层,这一层具有与路堤本身和软土地基不同的刚度,通过这一垫层将堤身荷载向加筋砂垫层两侧扩散、调整并传到软土地基中去,使得路基中心应力减小,两侧土应力增加,从而减小路基中心沉降而增大两侧沉降,因此土工织物既是软土固结时的排水面,又是路堤的柔性筏基,可使地基变形均匀且路堤中心沉降量比不铺土工织物要小。

(3)减小沉降

一方面由于土工织物的拉应力作用使得加筋垫层具有较大的刚度,可将路堤荷载向两侧扩散导致土工织物界面以下土体附加应力的减小,从而使土体竖向压缩变形减小;另一方

面由于预拉和差异沉降导致土工织物的拉伸变形,这一拉应力需由界面剪应力来平衡,在该界面剪应力的作用下,使得路基沉降区域产生一定大小的隆起变形,从而抵消了路基的部分沉降。

3. 土工布加固软基效果实测分析

(1)某高速公路试验段工程概况

采用砂井排水堆载预压法。从地质勘察结果看,某高速公路试验段软土含水率高、孔隙比大、塑性高、强度低、压缩性大、灵敏度高,软土厚度差别较大。

试验段采用的试验方案如表10-5所示。

试验段实际试验方案 表10-5

桩 号	土工织物	袋装砂井	
		间距	长度
K11+021~K11+070	二层土工布	1.2m	13m
K11+070~K11+166	一层土工布	1.2m	12m
K11+166~K11+196	无	1.2m	12m

试验段采用了SWG50/240—240-4型土工布,经现场送检,实测结果为:纵向抗拉强度51.2kN/m,延伸率22%,横向抗拉强度45.4kN/m,延伸率21%,技术指标均符合设计要求。砂垫层铺设厚度为500mm,铺设宽度伸出路基两侧坡脚各1.0m,以防止填土时砂垫层外缘被土覆盖,堵住排水路径。土工布铺设在砂垫层之上,对双层土工布,两层之间填以细砂,设计厚度为300mm。土工布采用预拉和用锚固沟锚固,锚固沟设在路堤的两侧包边土位置内,以防锚固沟被修坡、开挖排水沟破坏而失去锚固作用,如图10-3所示。

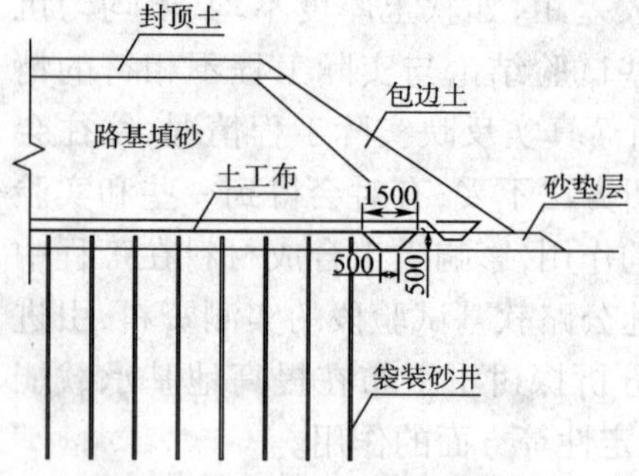

图10-3 土工布施工示意(尺寸单位:mm)

(2)实测土压力分析

为了对比路肩与路中线土压力的关系,从而衡量土工织物对荷载的扩散效应,这里引进一个荷载扩散系数K,即:

$$K = \frac{R_s}{R_m} \tag{10-1}$$

式中:R_s——路肩处的土压力荷载系数,等于路肩土压力与路肩荷载之比;

R_m——路中线处的土压力荷载系数,等于路中线土压力与路中线荷载之比。

设K_l表示路肩左侧荷载扩散系数,K_r表示路肩右侧荷载扩散系数,则有:

$$K_l = \frac{R_{sl}}{R_m}, \quad K_r = \frac{R_{sr}}{R_m} \tag{10-2}$$

式中:R_{sl}(R_{sr})——左(右)路肩处的土压力荷载系数,等于左(右)路肩土压力与左(右)路肩荷载之比。

荷载扩散系数越大,说明土工合成材料对上部荷载扩散效应越明显。图10-4为试验段实测土压力随荷载变化的过程曲线,图10-5为荷载扩散系数—时间曲线。

从图10-4和图10-5看出,在加载期,土压力随时间增大,铺设土工布的路段,路肩处的土压力大于路中线处,这种现象在铺设2层土工布的路段(如K11+045)比铺设一层土工布的路段(如K11+116)更明显(前者荷载扩散效率系数较大,后者较小)。这说明土工布将路

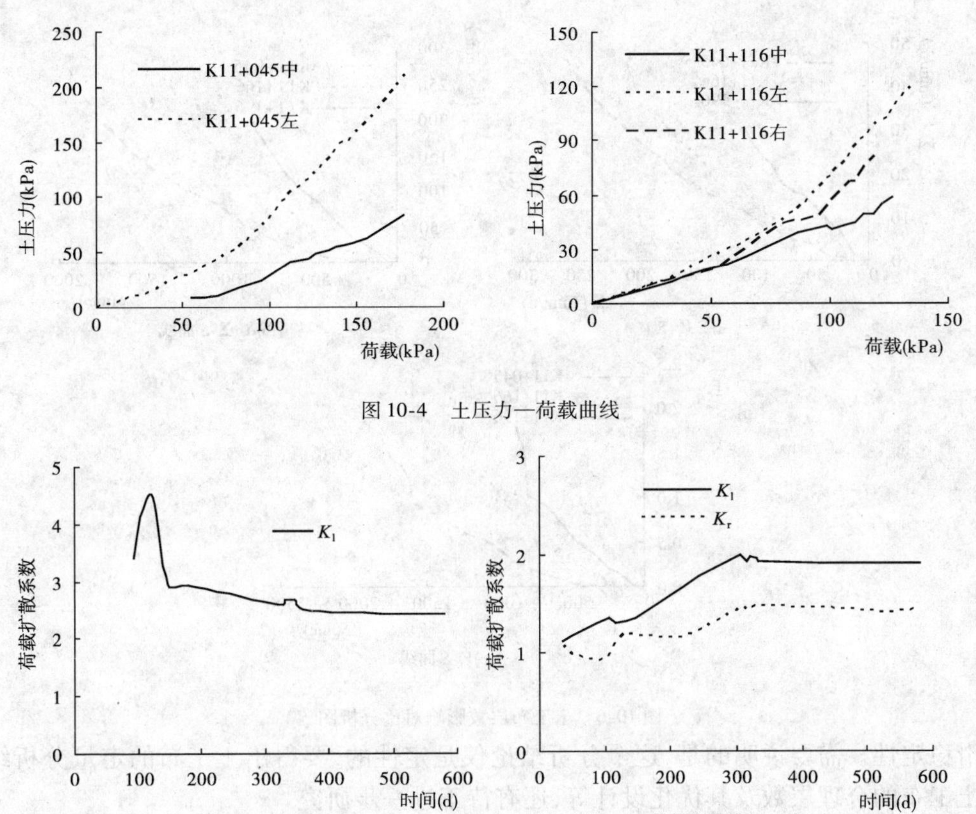

图 10-4　土压力—荷载曲线

图 10-5　荷载扩散系数—时间曲线图

堤荷载扩散到两侧软基土体中，从而有效地减小了路基中心应力，一方面可使路基中心竖向压缩变形变小，另一方面相当于等效提高路基的承载能力。从图 10-5 还可看出，铺设两层土工布的断面在加载前期对荷载的扩散效应很大，到了后期逐步减弱，而铺设一层土工布的断面在加载前期对荷载的扩散效应相对较小，然后随荷载的增加呈上升趋势，停载后趋于稳定并随时间略有下降，到了后期两层土工布荷载扩散系数比一层土工布稍大，这说明增加土工布层数可有效提高加载期的抗滑稳定性，但最终提高地基竖向承载能力（荷载的有效扩散程度）方面并不是与土工布的层数成正比，两层土工布的荷载扩散系数在后期仅比一层土工布大 25% ~40%。

(3)实测沉降与侧向位移及侧向挤出量分析

由于各个断面的土质条件、软土厚度、加载高度等均不相同，因此分析土工布对侧向位移、沉降以及侧向挤出量绝对值的影响将不具备可比性。为了有效对比土工布对限制侧向位移、侧向挤出量以及沉降的影响，现利用实测数据，整理并绘制各个断面 $\sum V_c$-$\sum V$ 比较曲线、$\delta 7.0$-S 比较曲线、V_h-S 比较曲线，如图 10-6 所示。图中 $\delta 7.0$ 表示距地面 7m 深处的累计侧向位移，V_h 表示侧向挤出量，S 表示路中心累计沉降，$\sum V_c$ 表示累计最大侧向位移速率，$\sum V$ 表示累计最大沉降速率。

从图 10-6 中可以看出，K11 + 045 断面（两层土工布）曲线均在最下面，K11 + 196 断面（无土工布）曲线均在最上面，而 K11 + 166 断面（一层土工布）曲线均在中间，就是说在同样的沉降量或沉降速率下，随着土工布层数的增多，侧向位移、侧向挤出量和侧向位移速率均减小。说明土工布能有效地约束侧向位移和侧向挤出量，从而减小地基沉降量和增加地基

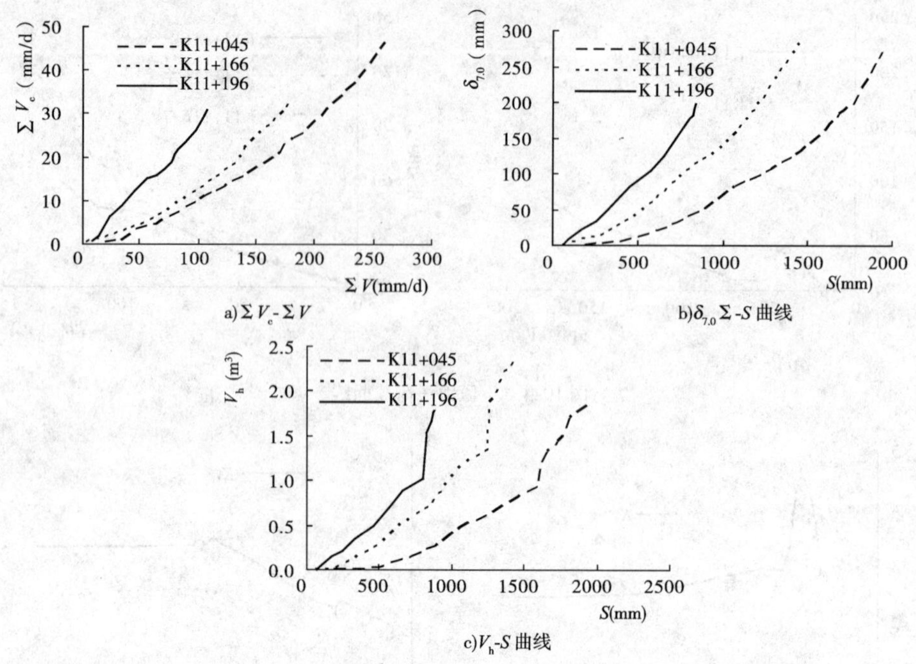

图 10-6 土工布层数影响对比分析图

的抗滑稳定性。需要说明的是,这个分析结论仅是定性的,要得出土工布的定量分析结论,比如土工布的合理层数及其优化设计等,还有待于进一步研究。

(4)提高极限填土高度

土工布可以提高极限填土高度。试验段中一层土工布提高约 0.65m,两层土工布提高约 1.5m。

4. 结论

(1)土工布可通过对砂垫层的加筋作用,有效提高地基承载力和减小竖向压缩变形。

(2)利用荷载扩散系数,可定性分析土工布铺设层数的影响。增加土工布的层数可较大程度提高加载期路基抗滑稳定性,但对最终提高地基竖向承载能力方面并不是与土工布的层数成正比,而是要小得多,两层土工布的荷载扩散系数在后期仅比一层土工布大 25% ~40%。

(3)根据侧向位移—沉降曲线分析法可知,土工布可有效约束侧向位移和侧向挤出量,从而减小地基沉降量和增加抗滑稳定性。相同沉降量下,铺设土工织物的路段的侧向位移、侧向挤出量、侧向挤出量与沉降量的比值均较未铺设土工织物的路段小,铺设二层的路段较铺设一层的小;相同累计沉降速率下,铺设土工织物的路段的累计侧向位移速率较未铺设土织物的路段小,铺设二层的路段较铺设一层的路段的小。

(4)土工布可以提高极限填土高度。试验段中一层土工布提高约 0.65m,两层土工布提高约 1.5m。

二、土工合成材料对路堤长期稳定及工后沉降的负面影响

土工合成材料在地基加固、提高地基承载力和抗滑稳定性等方面具有良好的作用。由于土工合成材料性能优良、价格低廉、使用便利而得到广泛应用。然而土工合成材料的一些负面影响往往被工程界忽视导致未能达到预期设计效果甚至产生工程事故。在高速公路软

基处理施工中，土工合成材料除了要注意防晒防破坏以及防老化以外，还要注意其长期变形和松弛以及长期强度和模量的降低也会对工后沉降以及路基长期稳定性产生负面影响。这里将结合某高速公路软基试验段的实测资料，重点分析这些负面影响，以期引起工程界的重视。

1. 土工合成材料应用概况

某高速公路试验段采用了 SWG50/240—240-4 型土工布，其他信息与上一节相同。

2. 土工合成材料的负面影响机理分析

(1)对路堤长期稳定性的影响机理分析

土工合成材料对路堤稳定性的负面影响主要从以下两个方面进行分析。

①长期强度下降导致稳定性降低

胡利文对深圳河反滤土工布的长期研究结果表明，经过 4 年运行，强度损失约 50%，主要集中在施工期及开始运行期约半年时间，其后强度的长期损失率为 0.26%/月。由路基稳定计算方法可以知道，不论是采用瑞典法还是荷兰法考虑土工布的稳定作用，土工布抗拉强度下降后，路基的稳定安全系数均降低。经验算，按照土工布强度损失 50% 考虑，则上述试验段 K11 +045 断面的路基稳定安全系数将降低 6.5%。

②拉力减小、模量降低，导致稳定性降低、工后沉降加大

有限元计算分析及理论分析均表明，路堤下砂垫层中铺设的土工合成材料对地基产生侧向约束，在地基中产生附加水平应力 $\Delta\sigma_3$，而 $\Delta\sigma_3$ 随土工合成材料拉力增大而增大。这种现象在地基浅层非常明显。小主应力 σ_3 与土体初始模量和抗剪强度之间的关系见式(10-3)和式(10-4)：

$$E_0 = KP_a\left(\frac{\sigma_3}{P_a}\right)^n \tag{10-3}$$

$$\tau_f = \frac{\sin\varphi\cos\varphi}{1-\sin\varphi}\sigma_3 \tag{10-4}$$

式中：K,n——试验常数；

P_a,φ——大气压力和土体有效内摩擦角。

由式(10-3)和式(10-4)可知，土工合成材料会增大地基土体的初始模量和抗剪强度，提高地基稳定性。但是，通车后的长期运营过程中，土工合成材料的长期蠕变将造成土工合成材料拉力减小，对地基侧向约束力减小，附加水平应力 $\Delta\sigma_3$ 减小甚至消失，地基中土体的初始模量和抗剪强度将下降，地基稳定性降低，土工合成材料的长期蠕变使地基土体的抗剪强度减小。另一方面，在长期荷载作用下，土工合成材料的拉伸模量降低，会导致路堤安全系数降低。

本试验段铺设了土工布的断面，在恒载后约半年时间，一场暴风雨过后，坡顶出现了许多垂直于断面的裂缝，其中铺设两层土工布的 K11 +045 断面比铺设一层土工布的 K11 +116 断面更甚，裂缝宽度达 2cm，深度穿透坡顶封顶土，约 2m 深。另外一条高速公路软基处理广泛采用 1 ~3 层土工布，施工期间测试得到土工布的应变为 2% ~7%。通车后 4 年内该条高速公路路面出现 1000 多条裂缝。经分析，其原因之一就是土工布发生蠕变导致侧向约束力降低，产生不均匀沉降，引起路面开裂。

目前有不少高速公路采用桩网复合地基。复合地基桩体顶面设置的土工合成材料可以有效协调桩土受力和变形。某试验工程测试结果表明，砂垫层中设置钢塑土工格栅的搅拌

桩复合地基、预应力管桩复合地基的桩土应力比为 10 ~ 20，搅拌桩、管桩桩顶承受的荷载有 71.5%，其中 23.1% ~ 24.1% 是通过土工合成材料转移到桩顶的。因此，土工合成材料可以充分发挥桩的承载能力。如果土工合成材料发生蠕变，导致拉力减小，则使得向桩体转移的荷载减小，桩间土承受的荷载增大，路堤稳定性将降低、桩间土沉降将增大。

(2) 对工后沉降的影响机理分析

土工合成材料是通过对砂垫层的加筋作用，一方面使得路堤荷载向两侧扩散，减小路基中心应力，另一方面有效约束侧向位移和侧向挤出量，从而减小竖向压缩变形，即土工合成材料减小沉降的主要原因一方面是由于路堤中心的有效设计荷载的降低，另一方面是由于侧向位移和侧向挤出量减少。在工程实践中，工后沉降一般是根据实际沉降—时间过程曲线进行推断的。也就是说，借以推断总沉降或工后沉降的荷载和沉降速率实际上是土工合成材料发生作用后的荷载（比实际使用荷载要小）和沉降速率（土工合成材料的约束作用使得沉降速率收敛较快），因此土工合成材料是否能长期有效工作对工后沉降将会产生影响。实际上，土工合成材料会像钢筋在长期荷载下受力情况一样，产生徐变、松弛、锚固部分失效等以及老化问题。在长期荷载下，一方面土工合成材料本身的强度会产生损失，另一方面土工合成材料及其锚固段也会发生松弛，从而引起土工合成材料所受拉力降低，变形增大。由于土工合成材料的变形增大，一方面使得路基中心应力增大，另一方面侧向位移和侧向挤出量增大，从而增大竖向压缩变形，即产生了新的工后沉降。

3. 实测分析

(1) 土压力实测分析

为了对比路肩与路中线土压力的关系，从而衡量土工合成材料对荷载的扩散效应，这里同样引进一个荷载扩散系数 K。

荷载扩散系数 K 越大，说明土工合成材料对上部荷载扩散效应越明显。图 10-5 为试验段荷载扩散系数—时间曲线。从图 10-5 可看出，铺设土工布的路段，荷载扩散系数均大于 1.0，说明土工布具有荷载扩散效应。土工布将路堤荷载扩散到两侧软基土体中，从而有效地减小了路基中心应力。这种现象在铺设两层土工布的路段比铺设一层土工布的路段更明显，前者荷载扩散系数较大，后者较小。但铺设两层土工布的 K11 + 045 断面在加载前期对荷载的扩散效应很大，到了后期逐步减小，说明路基中线土压力在后期有所增加；而铺设一层土工布的 K11 + 116 断面在加载前期对荷载的扩散效应相对较小，然后随荷载的增加呈上升趋势，停载后趋于稳定并略有下降，下降值可忽略，说明到了后期，路基中线土压力和路肩土压力基本上保持不变。

(2) 沉降实测分析

图 10-7 为本试验段路堤加载和沉降观测过程线。为了对比土工布对后期沉降的影响，现利用该试验段停载 4 个月后的实测沉降资料绘制沉降速率—时间曲线图，如图 10-8 所示，其中 K11 + 196 断面未铺设土工布。

从图 10-8 可看出，铺设一层土工布的 K11 + 116 断面和未铺设土工布的 K11 + 196 断面左、中、右三个测点（左、右代表路肩，中代表路中线）的沉降速率随时间的变动趋势基本一致，沉降速率的量值也很接近，说明铺设一层土工布对工后沉降影响不大；铺设了两层土工布的 K11 + 045 断面路肩的沉降速率基本呈下降趋势，但路中线沉降速率出现了较大反复，主要原因就是路基中线土压力在后期有所增加的缘故，导致路基中线的沉降在后期有所增大，即产生了新的工后沉降，与土压力的实测分析结果相符。

(3)土工布对工后沉降的影响估算

为了估算两层土工布对工后沉降的影响,现假定沉降速率正常情况下是随时间逐步下降的。考虑到分析方便,取路基中线沉降速率在后期维持不变,或取两侧路肩沉降速率梯度的平均值作为路基中线的沉降速率梯度,本文取后者,如图 10-8a)K11 +045 中(推算)即点划线所示。根据图 10-8a)K11 +045 中(估算)和 K11 +045 中(实测)的沉降速率—时间曲线,利用双曲线法推算得到前者的总沉降比后者的总沉降小 4 ~5cm。

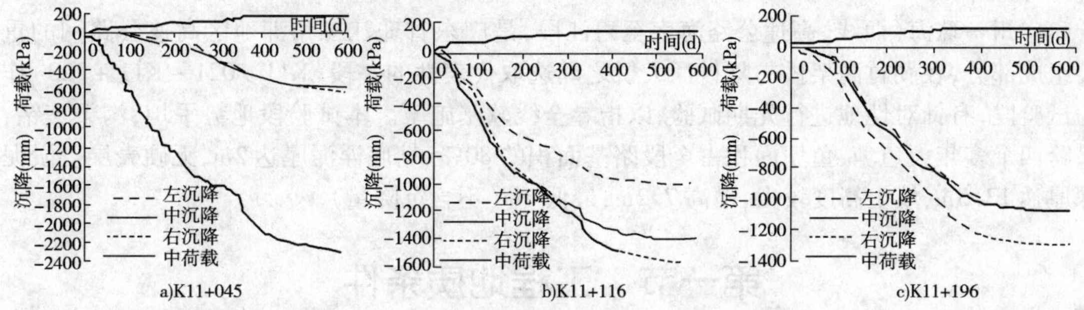

图 10-7 某高速公路试验段路堤加载和沉降过程线

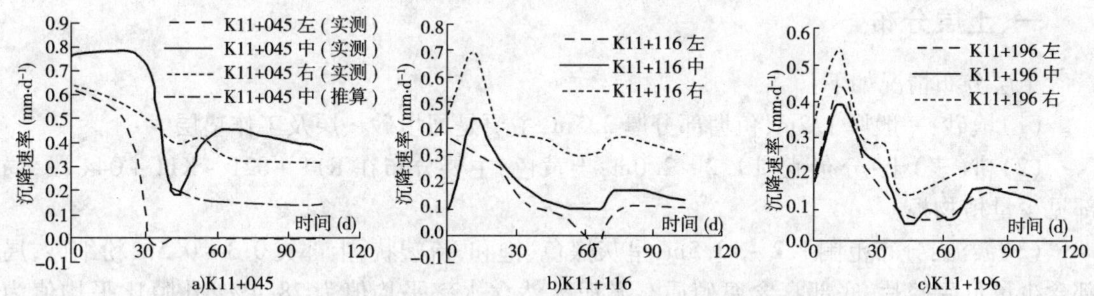

图 10-8 某高速公路试验段停载 4 个月后沉降速率—时间曲线图

综上分析,土工布可有效扩散上部路堤荷载,两层土工布比一层土工布明显,从而减小施工期沉降,但会增加工后沉降,一层土工布对工后沉降的影响可忽略不计,但两层土工布对工后沉降有一定的影响。这是因为两层土工布的初始刚度较大,土工布的部分失效对土压力影响更大所致。这对高速公路尤其桥头路堤有一定的不利影响,在设计和施工中应该加以考虑。

4. 结论

通过分析,可以得到如下一些定性结论和建议:

(1)土工合成材料的长期强度损失及模量的降低,会降低路堤的长期稳定性。

(2)根据土压力和沉降实测分析结果,土工布可有效扩散上部路堤荷载,减小施工期沉降,但土工布的长期变形和松弛对工后沉降会产生一定的不利影响。在本试验段中,一层土工布对工后沉降的影响可忽略不计,两层土工布增加工后沉降 4 ~5cm。工后沉降增加对高速公路尤其桥头路堤来说是不利的,在设计和施工中应加以考虑。

第十一章　堆载预压法工程实例

广州—珠海(西线)高速公路海南至碧江段,是广东省珠江三角洲地区高速公路网的重要组成部分,在勒竹高架桥与陈村涌大桥之间选取代表性的一段(K11+021~K11+220)作为试验段,有针对性地进行先期试验,以指导全线软基施工。本试验段地势平坦,沟渠交错,横跨四个多年大鱼塘,鱼塘面积占全段路基面积的80%,塘底浮泥厚达2m,无硬壳层。淤泥深厚达13.5m,填土高度较大,最高7.2m,最低6m(不含沉降量)。

第一节　工程地质条件

一、土层分布

土层分布情况如下:

(1)填砂:一般厚1.2m,鱼塘部分厚2.5m,主要是回填砂垫层及工作垫层。

(2)耕(表)土:分布范围1.2~2.0m,土黄色,主要分布在K11+021~K11+044段,局部见少量植物根。

(3)淤泥:分布范围1.2~13.5m,呈灰黑色,饱和,流塑状,上部夹0.3~0.5m粉细砂,局部含少量贝壳碎片,底部富含腐殖质。淤泥天然含水率平均值为78.4%,孔隙比平均值为2.088,压缩系数平均值为2.6MPa^{-1},强度低(c=6.67kPa),其物理力学指标详见表11-1;淤泥底部起伏较大,厚度分布不均匀(厚9~13m),淤泥空间分布左浅右深。

试验路段地质资料统计表　　表11-1

断面号	淤泥厚度(m)	含水率(%)	孔隙比	压缩系数(MPa^{-1})	固结系数(10^{-3}cm^2/s)		直接快剪	
					C_v	C_r	c(kPa)	φ(°)
K11+032	9.5~11.0 (10.0)	62.2~77.6 (67.4)	1.62~2.18 (1.92)	1.39~3.16 (2.46)		1.425	6~10.0 (8.7)	7.7~14.6 (11.7)
K11+045	9.3~10.6 (9.9)	49.1~83.2 (67.2)	1.23~2.27 (1.77)	0.8~3.41 (2.05)	8.5	1.25	1.0~9.0 (5.0)	8.3~22.7 (13.3)
K11+084	5.2~9.4 (7.0)	52.9~91.7 (77.3)	1.31~2.49 (2.02)	0.73~3.1 (2.05)		1.15	5.0	3.2~7.7 (5.4)
K11+116	6.0~10.8 (8.1)	73.8	1.86	1.35		1.33	9.0	14.2
K11+166	9.8~12.6 (10.8)	46.3~85.4 (72.1)	1.35~2.23 (1.87)	1.38~2.93 (2.34)	9.0	0.86	5.0~8.0 (6.0)	3.4~20.6 (9.6)
K11+196	7.6~9.6 (8.5)	39.8~81.0 (70.3)	1.15~2.18 (1.89)	0.39~3.34 (2.27)	8.5	1.035	6.0~12.0 (9.5)	3.5~22.4 (8.7)

注:括号内数值为平均值。

(4)粉质土:呈灰白—灰黄、紫红色,主要成分为粉粒及黏粒,含少量粉砂,软塑—可塑。

(5)粉土质砂:紫红色,主要为粉粒,黏粒含量较少,湿,稍密;

淤泥层厚度分布见图11-1。

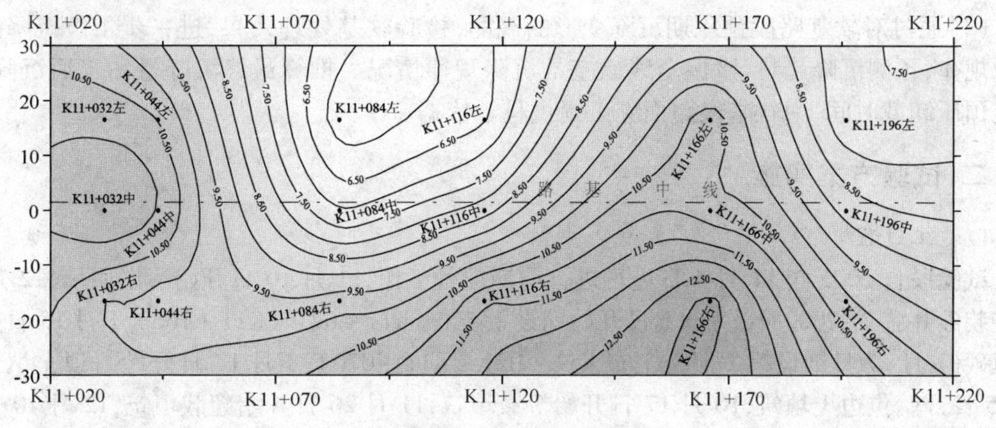

图11-1 淤泥层厚度等值线图

二、软土特性

(1)本试验段软土具有含水率高、孔隙比大、塑性高、强度低、压缩性大、灵敏度高等特点,在全线软土地基中具有一定的代表性。

(2)本段软土渗透性较好(平均渗透系数为2.93×10^{-6}cm/s),固结系数较大(平均$C_v=10.05\times10^{-3}$cm²/s)。通过CPTU(孔压消散试验)求得的软土水平向固结系数为$C_r=0.6\times10^{-3}\sim10.96\times10^{-3}$cm²/s,平均值为$C_r=2.23\times10^{-3}$cm²/s与室内试验结果相近,与其他高速公路软土相比,软土固结系数比较大,采用预压排水固结法,软土的固结速率相对较快,是经济合理的处理方法。

(3)试验还表明,本段软土固结系数随着深度的增加而减小,10m以下软土固结系数降低了一个数量级(10^{-4}cm²/s数量级),说明了随着深度的增加,软土固结变慢,强度增长较慢。

(4)淤泥层上部夹0.3~0.5m粉细砂(埋深4m左右),这对排水固结十分有利。

(5)根据原位测试资料分析发现,本段淤泥力学性质随深度的变化较大。十字板剪切强度C_u与静力触探锥尖阻力q_c之间存在一个线性关系:$C_u=-1.781+0.063q_c$,相关系数为0.9。

第二节 试验目的与试验方案

一、试验目的

为了最大限度探讨和发挥土工织物的实际加筋效果,进一步降低工程造价,本次试验选择在主线上(K11+021~K11+220)约199m的路段进行试验工程,试验采用土工布替代土工格栅,以降低工程造价,为以后全线大规模的施工提供指导,并达到以下主要目的:

(1)对比超载、等载对路堤稳定、变形的影响,定性、定量评价超载在路基变形、工后沉降中所起的作用。

(2)通过室内试验、施工检测及现场原位试验对土工布的拉伸特性、蠕变特性及应力应变特征进行研究,对土工布的加筋补强作用作出定量评价,提出加筋用土工合成材料的计算模式、选择标准及恰当的施工工艺。

(3)通过对软基路段预压期沉降变形的观测,检验软基处理效果,进一步了解沉降速率衰减规律,预测沉降趋势,掌握全线软基的沉降规律情况。推算最终沉降量和工后沉降量,确定预压卸载时间,为软基段路面施工提供科学依据。

二、试验方案实施

1. 施工过程

试验段自2001年11月4日进场进行前期准备工作,11月10日开始清淤回填,12月11日袋装砂井施工,2002年1月11日开始铺设土工布(K11+021~K11+166),1月15日开始吹填砂(1月27日铺设第2层土工布K11+021~K11+070),8月17日开始封顶土填筑,8月25日开始包边土填筑,10月17日开始等载填筑,11月26日开始超载填筑,12月10日完成填筑任务,路基进入预压期监测阶段。试验方案实际施工情况见表11-2和图11-2。

试验方案实际施工情况表 表11-2

桩号	土工织物	袋装砂井		备注
		间距(m)	长度(m)	
K11+021~K11+070	两层土工布	1.2	13	超载1.5m~K11+081
K11+070~K11+166	一层土工布	1.2	12	等载1.0m
K11+166~K11+196	无	1.2	12	等载1.0m

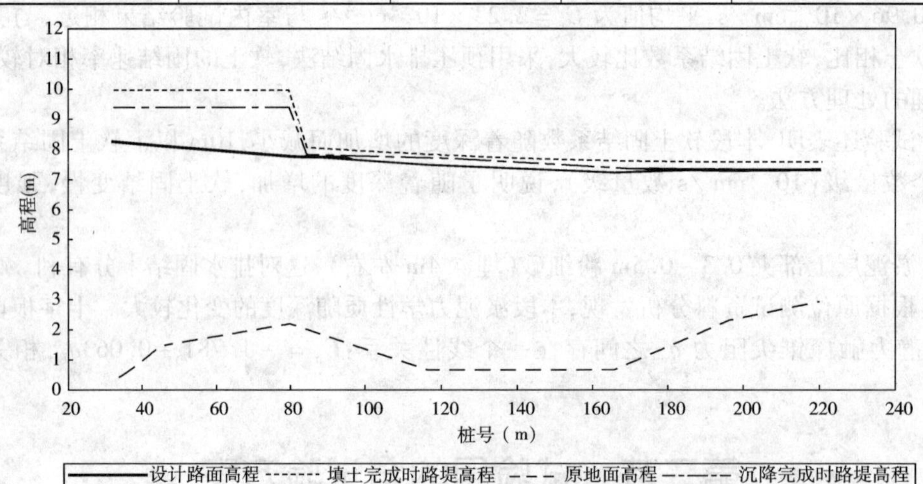

图11-2 试验段路基纵剖面图(路中线)

2. 监测仪器布置

监测仪器布置见表11-3。

3. 监测频率

为了收集到足够多的信息,以便对地基强度增长、变形情况作出比较准确的判断,确保加载过程中路基的稳定,必须保证一定的监测频率。在不同时期,监测需要按照不同频率进行。本试验段各类测点的监测频率见表11-4。

监测仪器布置表　　表 11-3

试验断面	测斜孔（孔）	孔隙水压力（只）	土压力盒（只）	分层沉降（孔）	深层沉降标（只）	表面沉降板（块）
K11+032	1(中)	5(13、10、7、4.5、2.5m)				
K11+045	2(右侧)	6(12、10、7.5、5.5、4、2.5m)	3			5
K11+060	2(右侧)					
K11+084	—	—	—			3
K11+100	3					
K11+116		5(10、8、6.5、5、3.5m)	3	1		5
K11+166	3(右侧)	4(12、9、6、4m)	—			5
K11+196	2(右侧)	5(10、8、6、4.5、3m)	—	1	3	3
合计	13	5孔(25只)	6	2	3	21

注:①孔压栏括号内数值表示孔压计埋设具体深度位置；

②测斜孔、分层沉降孔孔深均为15m。

监测频率表　　表 11-4

监测时间	沉降及侧向位移	孔隙水压力、土压力
加荷期间及加荷7d内	1次/日	4次/日
加荷后一个月内	1次/2日	2次/日
加荷后六个月内	1次/10日	1次/2日
加荷后六个月后	4次/年	1次/月

第三节　主要结论

本试验段可以得到以下结论：

(1)定值稳定判断标准不合理,应根据累计孔压增量—累计荷载、累计沉降速率—累计荷载、累计侧向位移—累计荷载、累计侧向位移速率—累计荷载、累计侧向挤出量—累计荷载等曲线,利用拐点法进行稳定性判断。

(2)实测资料表明,采用薄层轮加法指导填土施工,地基固结快,加载速率快,地基稳定性好。

(3)侧向位移与沉降、累计侧向位移速率与累计沉降速率基本呈线性关系,因此可根据侧向位移速率稳定标准确定沉降速率稳定标准。

(4)土工织物可以提高极限填土高度。本试验段中一层土工布提高约0.65m,两层土工布提高约1.5m。土工织物可以有效限制侧向位移,相同累计沉降速率下,铺设土工织物的路段的累计侧向位移速率较未铺设土织物的路段小,铺设两层的路段较铺设一层的路段的小。

(5)预压荷载下的最终沉降适合用双曲线法推算。

(6)等、超载可按照填土高度与累计填土厚度进行双控,避免因预压期产生的沉降造成实际等、超载荷载不足。

(7)理论计算固结度和实测固结度对比分析表明,固结系数随着时间的增长而减小。

(8)理论计算和实测结果表明,地基经砂井堆载预压排水处理后,大大缩短了地基的固结沉降时间,地基强度也得到较大增长,排水固结法处理效果良好。这同时也验证了勘查结论:软土层上部夹有一层粉细砂层,透水效果好,软土固结系数较大,适合采用砂井堆载预压法。

SHUINITU JIAOBANFA

水泥土搅拌法

第十二章　概　　述

水泥土搅拌法是用于加固软土地基的一种较常用的地基加固方法。它是通过深层搅拌机械的旋转和搅拌,边钻边往软土中喷射以水泥为主要成分的浆体或粉体,使浆液或粉体与原状软土充分拌和在一起,经过一系列的物理、化学反应生成一种具有较高强度、较好变形特性和水稳定性的水泥土柱状体。这里称水泥土柱状体为水泥土搅拌桩。水泥土搅拌桩与桩间土构成复合地基,两者协调变形共同承担上部荷载。

水泥土搅拌法常用于软土地基的加固,如沿海一带的海滨平原、河口三角洲、湖盆地沉积的河海湖相软土。它具有施工速度快、效率高的特点;在施工过程中,振动小、无噪声、无地面隆起、基本无污染及施工机具简单、加固费用低廉等优点;因而具有广泛的适用性,是一种有效的常用地基处理方法。

按水泥掺入的不同,分为浆体水泥土搅拌(湿法)和粉体水泥土喷射搅拌(干法)两种。前者是用水泥浆液和地基土搅拌,后者是用粉体水泥和地基土搅拌。一般认为,土体含水率超过80%左右干法更具有优势。

在公路工程中,水泥土搅拌法主要用于软土地基公路桥头过渡段路基加固、高路堤软土地基加固、箱管涵地基加固、软土地基公路加宽地基加固以及真空预压场地防渗等,以调节和减少沉降、抗滑、防渗密封。喷粉搅拌法因供粉计量、现场搅拌质量等问题较难控制,因此加固形式目前主要采用浆体水泥土搅拌法。

本指南中,只讨论浆体水泥土搅拌法,为解释一些共性问题或者有需要时才提及粉体水泥深层搅拌法。

第一节　水泥土加固机理

水泥加固机理是指将水泥固化剂,石膏、木质素磺酸钙等外加剂与原位软土就地搅拌,水泥和软土之间产生一系列的物理化学反应,改变了原状土的结构,使之硬结成为具有整体性、水稳定性和一定强度的水泥土固化材料。

软土与水泥搅拌加固的基本原理是基于水泥与软土发生的物理化学反应而生成水泥土。由于水泥的掺量很小,一般占被加固土重的7%~20%,水泥的水解和水化反应完全是在土颗粒的围绕下进行,土质条件甚为重要。土质条件对于水泥土搅拌桩桩身质量的影响主要有两方面:一是土体的物理力学性质(如黏粒含量)对桩身水泥土搅拌均匀性的影响;二是土体的物理化学性质对桩身水泥土强度增长的影响。水泥土硬化速度缓慢且作用复杂,强度增长比较缓慢。水泥土硬化反应模式,如图12-1所示。

一、水泥的水解和水化反应

普通硅酸盐水泥主要是由氧化钙、二氧化硅、三氧化二铝、三氧化二铁及三氧化硫等组成,由这些不同的氧化物分别组成了不同的水泥矿物:硅酸三钙、硅酸二钙、铝酸三钙、铁铝酸四钙、硫酸钙等。其中硅酸三钙是决定水泥强度的主要因素,硅酸二钙主要产生后期强度,铁铝酸四钙能促进早期强度。用水泥加固软土时,水泥颗粒表面的矿物很快与软土中的水发生水解和水化反应,生成氢氧化钙、含水铝酸钙、含水硅酸钙及含水铁酸钙等化合物。

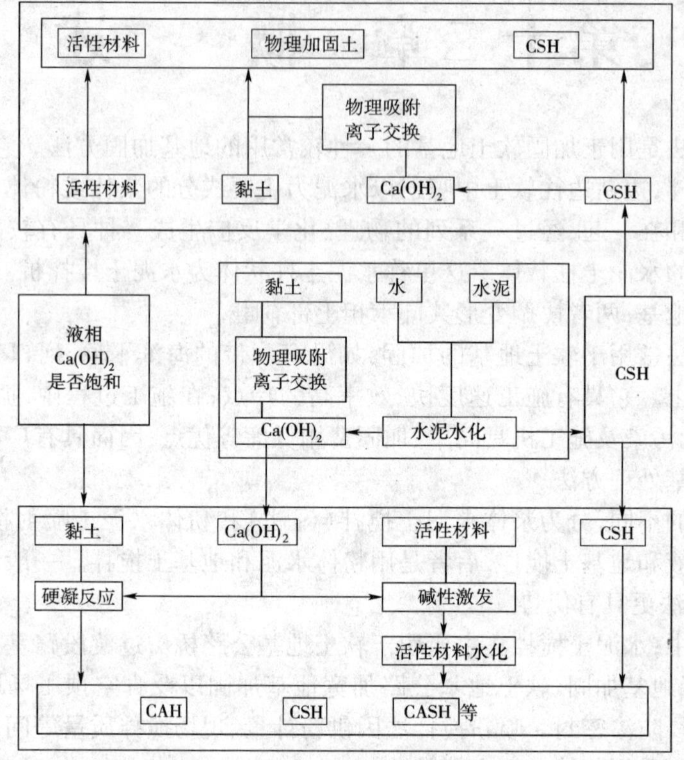

图 12-1 水泥土硬化反应模式示意图

所生成的氢氧化钙、含水硅酸钙能迅速溶于水中,使水泥颗粒表面重新暴露出来,再与水发生反应,这样周围的水溶液就逐渐达到饱和。当溶液达到饱和后,水分子虽继续深入颗粒内部,但新生成物已不能再溶解,只能以细分散状态的胶体析出,悬浮于溶液中,形成胶体。

二、土颗粒与水泥水化物的作用

当水泥的各种水化物生成后,有的自身继续硬化,形成水泥石骨架;有的则与其周围具有一定活性的黏土颗粒发生反应。黏土颗粒具有双重性:一方面具有一定活性;另一方面,含量多的时候,又会使水泥土搅拌不均匀。

1. 离子交换和团粒化作用

黏土颗粒和水结合时表现出一种胶体特性,如黏土颗粒组成成分中含量最高的二氧化硅遇水后,形成硅酸胶体微粒,其表面带有钠离子 Na^+ 或钾离子 K^+,它们能和水泥水化生成的氢氧化钙中钙离子 Ca^{2+} 进行当量吸附交换,使较小的土颗粒形成较大的土团粒,从而使土体强度提高。

水泥水化生成的凝胶粒子的比表面积约比原水泥颗粒大 1000 倍,因而产生很大的比表面能,有强烈的吸附性,能使较大的土团粒进一步结合起来,形成水泥土的团粒结构,并封闭各土团的孔隙,形成坚固的联结,从宏观上看也就使水泥土的强度大大提高。

2. *硬凝反应*

随着水泥水化反应的深入,溶液中析出大量的钙离子,当其数量超过离子交换的需要量后,在碱性环境中,能使组成黏土矿物的二氧化硅及三氧化二铝的一部分或大部分与钙离子进行化学反应,逐渐生成不溶于水、结构致密的稳定结晶化合物,增大了水泥土的强度,使水泥土具有足够的水稳性。

从扫描电子显微镜观察中可见,拌入水泥7天时,土颗粒周围充满了水泥凝胶体,并有少量水泥水化物结晶的萌芽。一个月后水泥土中生成大量纤维状结晶,并不断延伸,产生分叉,并相互联结形成空间网状结构,充填到土颗粒的孔隙中,水泥的形状和土颗粒的形状已不能分辨出来。

三、碳酸化作用

水泥水化物中游离的氢氧化钙能吸收水中和空气中的二氧化碳,发生碳酸化反应,生成不溶于水的碳酸钙,这种反应也能使水泥土增加强度,但增长的速度较慢,幅度也较小。

从水泥土的加固机理分析,要保证水泥土质量的关键,除正确设计计算外,主要还在于施工中的均匀灌浆和充分搅拌。由于搅拌机械的切削搅拌作用,实际上不可避免地会留下一些未被粉碎的大小土团(比如黏粒含量较多时,土团随搅拌叶片旋转,将得不到有效粉碎)。在拌入水泥后将出现水泥浆包裹土团的现象,而土团间的大孔隙基本上已被水泥颗粒填满。所以,加固后的水泥土中形成一些水泥较多的微区,而在大小土团内部则没有水泥。只有经过较长的时间,土团内的土颗粒在水泥水解产物渗透作用下,才逐渐改变其性质。因此在水泥土中不可避免地会产生强度较大和水稳性较好的水泥石区和强度较低的土块区。两者在空间相互交替,从而形成一种独特的水泥土结构。可见,搅拌越充分,土块被粉碎得越小,水泥分布到土中越均匀,则水泥土结构强度的离散性越小,其宏观的总体强度也最高。

四、火山灰反应

以上描述的是普通硅酸盐水泥的固化原理。当除水泥外还加入部分火山灰材料(粉煤灰、高炉矿渣等)及无机化合物(石膏、硫酸钙等),水泥和火山灰材料组成水泥系固化剂混合料,通过火山灰反应可以生成各种水化物(硫酸铝酸钙、钙矾石、碳酸铝酸钙等)。这些水化物有助于水泥土强度的增长。

更重要的是,火山灰材料不同于以往在水泥土中所加入的一些早强剂,它不仅能提高水泥土的早期强度,而且后期强度也同时提高。

(1)粉煤灰主要用于水泥固化效果不好的特殊环境,例如,腐殖土、孔隙水中 CaO、OH^- 浓度较小的土,都需要抵抗硫酸盐腐蚀工程等。

(2)石膏对于部分软黏土来说是一种经济有效的固化剂(熟石膏一般为水泥用量的2%,生石膏为3%~7%)。尤其单用水泥加固效果不好的泥炭土、软黏土效果更佳,但对于高矿化度(SO_4^{2-} 含量高)的软土,应慎用。主要是因为 SO_4^{2-} 与水泥土中的铝酸钙矿物水化生成一种被称为“水泥杆菌”的化合物——$3CaO \cdot Al_2O_3 \cdot 3CaSO_4 \cdot 32H_2O$(或为钙矾石 $3CaO \cdot Al_2O_3 \cdot 3CaSO_4 \cdot 31H_2O$)。这些水泥杆菌(或钙矾石晶体)体积膨胀充填加固及支撑土体孔隙,数量多时则会使水泥土膨胀破坏。石膏的增强效果(尤其前期)影响因素主要有水泥品种、标号、石膏品种以及软土地矿物成分、粒度、有机质等,对于这些复杂因素的研究还不够深入,石膏的较佳掺量与增强效果必须根据经验(一般加入2%的熟石膏的强度比不加入的强度可增长20%)和通过试验确定。

五、其他外加剂的作用

为进一步改善水泥土的性能和提高其强度,根据需要还可选择不同类型的外加剂。早强剂可选用三乙醇胺(一般添加水泥用量的0.02%~0.05%)或氯化钙(一般添加水泥用量的1%~2%),加速水泥水化,提高水泥土的防渗性、早期强度(一般30d龄期增加60%,90d只增强8%);减水剂可选用木质磺酸钙(一般添加水泥用量的0.2%~0.3%),在坍落度不变的情况下能减少用水量或在强度不变的情况下能减少水泥用量。

外加剂作为调节水泥土性能的材料,起到了一定的作用。正确认识水泥土强度的构成及地基土对水泥土强度的影响方式,是进行水泥土外加剂选择首要解决的问题。水泥土强度构成主要是:土的固有结构、物理改良、水泥硬化、硬凝反应等。其中水泥硬化对强度的贡献最大,另外地基土对强度的影响更为复杂(包括很多化学因素)。

水泥土外加剂的选择还受到传统的混凝土外加剂选择的影响,作为早强剂、三乙醇胺、食盐、氯化钙和石膏在普通混凝土中掺加量很小时就会有明显效果,这一点经过了长期的工程实践证明。但是相应地加到水泥土中,是否效果也相同呢?实际上也变成了这样一个问题:外加剂加到水泥浆与加到水泥土中效果是否相同?混凝土的集料与土体的土颗粒(尤其是黏粒)相比,比表面积相差几万倍;土颗粒(尤其黏粒)与水泥胶体颗粒相比,也小几个数量级。在混凝土凝固过程中,水泥胶体颗粒吸附或胶结在集料上;水泥土硬化过程中,一般情况下是土颗粒(尤其黏土颗粒)团聚在水泥胶体颗粒周围。而混凝土凝固时水泥浆中的水基本不被集料吸附;但当水泥浆注入土体后,水泥的水化凝硬环境则很复杂,当地层含水率较少时,水泥浆中的相当水量很快会被土体中的黏粒吸附,外加剂也同时会被吸附,若外加剂对地基土无作用,则外加剂的作用发挥就很有限了;当地层含水率较大时,外加剂则有被水稀释的可能,例如,土体含水率为50%,水泥掺入比15%,水灰比0.5,水泥中加入1%的三乙醇胺,搅拌到地层后三乙醇胺的浓度降为0.016%,此浓度的三乙醇胺对于水泥浆来说已不再是促凝剂(早强剂)了。混凝土中的水泥浆是连续相的,外加剂对水泥的作用与用于搅拌桩的水泥浆的作用是一样的,但掺入地基土中的水泥浆颗粒被土中的黏粒包围而成为不连续相,外加剂的作用发挥则要受到限制。对于添加三乙醇胺的水泥土试块,90d龄期后可以萃取出80%的三乙醇胺。这说明水泥土中三乙醇胺对土颗粒没有发生化学反应,对水泥土凝硬的影响也是有限的。

综上,水泥土外加剂的选择以及作用机理,既要考虑水泥,也要考虑地基土,特别是要考虑水泥的地质水化环境。在特定条件下,需做试验和根据经验确定掺入量及效果。为了使水泥土强度进一步提高,固化剂将从单一组分(如水泥)向多组分发展。但也指出,有些多组分固化剂的各个组分一旦混合或是外加剂中的某些组分与水泥一旦混合,就可能很快发生反应,在较短时间内硬凝或失去固化效果,若分别加入土中,则可以得到强度较高的水泥土。

第二节　水泥土搅拌法适用范围

水泥土搅拌法具有施工方法简单、效率高、造价低、场地污染小、搅拌时无振动、无噪声、最大限度地利用原状土等优点,在水利工程、建筑工程、交通土建工程中得到广泛应用。其应用主要受地质条件、施工机械设备、施工工艺的制约。

一、适用土质

水泥土深层搅拌法最适用于加固各种成因的饱和软黏土，一般适用于正常固结的淤泥与淤泥质土、黏性土、粉土、素填土、饱和黄土、粉砂等软土地基的加固。从施工角度看，黏性土、粉土地基应有较高的含水率且地基承载力不大于120kPa时加固效果较好。当加固粗粒土时，应无明显流动的地下水，以防固化剂未硬结前被冲洗掉，也要考虑钻头所受阻力的增大而引起搅拌机钻进困难。水泥土深层搅拌法不宜用于泥炭土。

根据室内试验，一般认为用水泥作为固化剂时，对含有高岭土、多水高岭土、蒙脱石等黏土矿物的软土加固效果较好；而对含有伊利石、氯化物和水铝石英等矿物的黏性土以及有机质含量高（如泥炭质土）、pH值较小的黏性土加固效果较差；当pH值较小时，可掺入一定量的石灰。

黏土的塑性指数I_p大于25时（DBJ 15-38—2005为I_p大于22），容易在搅拌头叶片上形成泥团，无法完成水泥土的均匀拌和。地下水中含有大量硫酸盐时，如在海水侵入地区，水泥土由于硫酸盐的结晶性侵蚀，会开裂、崩解而丧失强度。为此，应选用抗硫酸盐水泥（如矿渣水泥），或加入粉煤灰或微矿粉以提高水泥土的抗侵蚀性能。

通常对高含水率软土以粉喷为好，低含水率以浆喷较佳，但含水率高低无明确的界限，广东省部分公路以及珠海地区建筑工程的经验表明，含水率超过80%左右干法更具有优势。喷粉搅拌法因供粉计量、现场搅拌质量等问题较难控制，必须采取有效措施保证成桩质量，本技术规程主要介绍湿法工艺。

二、适用加固深度

加固深度与土层分布和性质有关，也与搅拌机械所能达到的最大深度有关。目前水泥土搅拌桩加固深度多数为小于18m，超过18m一般认为质量较难控制。水泥土搅拌桩的施工机械型号很多，表12-1列出了一些搅拌机械加固地基的参数表。

当用于竖向承载时，搅拌桩长度应根据上部结构对承载力和变形要求确定，并宜穿透软弱土层进入承载力相对较高的土层不小于0.5m；湿法加固深度不宜大于20m，干法不宜大于15m；当用作防渗帷幕时，桩长应满足抗渗稳定的要求；当用于提高地基抗滑稳定性时，桩长应超过危险滑动面以下2m。

一些搅拌机械加固地基的参数表 表12-1

机械型号	搅拌轴数	一次处理面积（m^2）	最大加固深度	生产厂家
PH-5A	1	0.196	14.5	武汉中铁工程机械研究设计院
PH-5B	1	0.196	18	武汉中铁工程机械研究设计院
PH-5D	1	0.196	18	武汉中铁工程机械研究设计院
GPP-5C	1	0.196	18	上海金泰工程机械有限公司
GPP-5D	1	0.196	18	上海金泰工程机械有限公司
GZB-600	1	0.283	10~15	天津机械施工公司
DJB-14D	1	0.196	19	浙江有色勘察研究院、浙江大学
SJB-30	2	0.71	10~12	江苏江阴振冲机械厂

续上表

机械型号	搅拌轴数	一次处理面积(m^2)	最大加固深度	生产厂家
SJB-40	2	0.71	15~18	江苏江阴振冲机械厂
SJBF37	2	0.8	18	江苏江阴振冲机械厂
SJBF45	2	0.85	25	江苏江阴振冲机械厂
GDP-72	2	0.71	18	上海探矿机械厂
GDPG-72	2	0.71	18	上海探矿机械厂
ZKD65-3	3	0.87	30	上海探矿机械厂
ZKD85-3	3	1.50	27	上海探矿机械厂

三、公路工程应用情况

在公路工程中,尤其是在珠江三角洲、长江三角洲,水泥土搅拌法主要应用于如图12-2所示的这些工程类型,用于调节和减少沉降、防渗密封、抗滑等。

堆载预压时间长时,涵洞处可不采用水泥土搅拌法,可先预压,再反开挖施工。

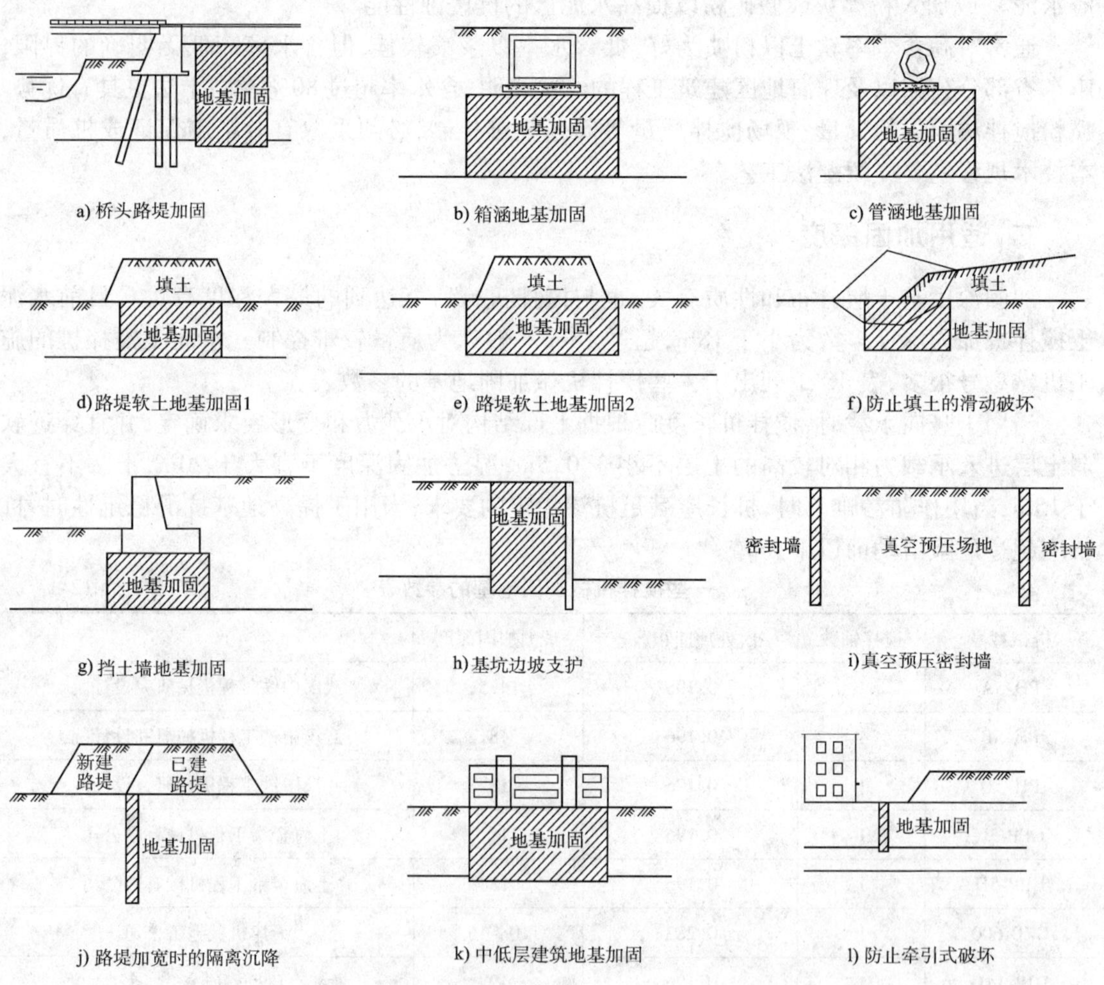

图12-2 公路工程中水泥土搅拌法的主要应用类型

第三节　水泥土搅拌法技术现状及其发展方向

一、技术现状

搅拌桩技术在20世纪50年代初起源于美国；瑞典于1967年开始研制石灰粉喷搅拌法；1953年日本从美国引进水泥土搅拌桩法，后于20世纪70年代初应用于工程实践并取得成功。目前，日本水泥土搅拌桩法已发展到单桩的最大施工直径超过1.8m，一次最大加固面积超过9.5m^2，接钻杆式最大加固深度超过60m的程度，塔架式也可达30m以上。我国于1977年由冶金部建研院和交通部水规院引进开发双轴水泥浆液搅拌技术，1980年应用于工程实践；1982年天津机械化施工公司与交通部一航局开发了单轴搅拌桩机；1983年浙江大学与联营单位开发了DSJ型单轴搅拌桩机。目前，我国的搅拌机械最大施工直径达1.2m，最大加固面积2.1m^2，最多有四轴，加固深度多数为15～18m，少数可达25～30m。

二、发展方向

水泥土搅拌法引入我国后，广泛应用于工程实践，成功地处理了众多软土地基，施工工艺日臻完善。近年来，水泥土深层搅拌法在设计、施工方面有了新的进展。以下几个方面的发展值得引起注意：

1. 超长搅拌桩

随着国内搅拌机械性能的改进，施工的最大深度越来越深，拓宽和推进了深层搅拌法的应用和发展。目前，加固深度一般可以达到12～18m，国内已经有最大加固深度27m获得成功的实例。公路、铁路、港口的地基加固以及高层建筑的基坑支护和地基处理深度常常要达到20～30m，广东省也有很多公路工程的水泥土搅拌桩桩长接近20m。在珠江三角洲部分地区软土深厚，如珠海斗门的软土厚达40m，可以说目前还没有很好的处理方法，研究开发深长(超长)水泥土搅拌桩在软土地基中的应用技术有广阔的前景。

2. 半刚性桩、刚性桩

普通水泥土搅拌桩桩体强度低，限制了其单桩承载力的提高，从而使水泥土搅拌桩复合地基的承载力提高有限。针对水泥土搅拌桩的弱点，国内已经有很多人开展了对水泥土搅拌桩进行改进的研究和工程实践。南京某工程通过改进一般水泥土搅拌桩的施工工艺，桩体水泥土的强度和搅拌均匀程度均有比较大的提高，复合地基承载力可以达到240kPa，桩体向半刚性桩、刚性桩方向发展。另外，水泥土搅拌桩可与其他类型的桩共同组成刚性、半刚性复合地基；水泥土搅拌桩与其他材料组合形成水泥土刚性、半刚性复合结构，如插筋水泥土桩、劲芯水泥土搅拌桩等，以提高水泥土搅拌桩的承载力和抗剪强度。

3. 固化剂材料多样化

目前，在我国的工程实践中，以水泥为固化剂生成水泥土搅拌桩的做法应用较广。在北欧及东南亚各国，石灰也大量使用在搅拌桩处理软土工程中，并出现了采用水泥与石灰的混合料作为固化剂的变化趋势。我国应用石灰作为固化剂的还不多，在广州黄埔开发区曾使用石灰搅拌桩处理含水率达44%～90%的软土地基，十余项工程获得成功。上海市建筑设计院等单位，完全利用地方性工业废料生产的胶结料取代水泥，用于止水帷幕搅拌桩的研究获得成功，通过了上海市市级鉴定。EWEC土壤固化剂深层搅拌桩在河南某工程获得了较高的复合地基承载力。还有使用其他化学材料作为固化剂生成搅拌桩,在此不一一举例。

4. 施工监测自动化

水泥土搅拌法对施工阶段的要求比一般地基处理方法要高,桩体强度受施工工艺、施工管理水平的影响很大。水泥含量、水泥土搅拌的均匀性直接影响水泥土强度。搅拌施工时,水泥浆喷射必须连续,为减少人为误差并对搅拌喷浆进行监控,在喷浆管路上安装自动记录仪监控喷浆量。水泥土搅拌桩喷浆量监测记录仪用于监控搅拌成桩深度、注入浆量、浆量垂直分布均匀性参数,并可同时依据仪器反映的施工实时监控信息调整施工参数。监测记录仪可提供完整的实时数据和最终的数据记录及鲜明直观的桩形曲线,在九江大堤决口处防渗墙重建、乍嘉苏高速公路地基工程、上海地铁地基工程、上海多层住宅工程中使用获得成功。上海已规定搅拌桩机必须安装水泥用量计量装置。

第十三章　水泥土试验

水泥土搅拌法是基于水泥对软土的加固作用。采用这种方法需要了解在不同水泥掺入量下,水泥土的物理、力学性质。显然,这种性质不仅与水泥类别、掺入数量、外加剂等因素有关,而且还与被加固软土的自身性质有关。通过水泥土的室内、室外现场试验,可以定量地反映出水泥土强度的演变规律,为软土地基处理设计提供可靠的依据。

第一节　室内试验

一、试验目的

水泥土室内试验主要是进行配合比试验,其目的是:

(1)分析水泥加固不同种类软土的可能性;

(2)确定加固软土的水泥掺入量、水灰比、外加剂;

(3)通过水泥土的室内试验,可以定量地反映出水泥土强度的演变规律,为软土地基处理设计计算与改进施工工艺提供可靠的参数。

二、试验方法

1. 试验设备与规程

目前水泥土的室内试验还没有形成统一的操作规程,一般利用现有的土工试验仪器和砂浆、混凝土试验仪器,按照土工、砂浆(或混凝土)的试验操作规程进行试验。

2. 土样制备

土样应是工程现场所要加固的土。对饱和软土,常用原状土样,取样后保持天然含水率,开样后立即制备水泥土试样;对于非饱和土也可用风干土样,即将风干后的天然土样碾碎,过 2 ~ 5mm 筛而成。当拟加固的软弱地基为成层土时,宜对各层土进行室内配比试验,最少应选择最软弱的一层土进行室内配比试验。

制备土样还应注意:一是一般土样不宜烘干,而应风干,以免一些有机质组分丢失而影响试验结果;二是特别软弱的土样不宜在空气中暴露的时间过长,以免失去水分,而且土体,尤其是淤泥或淤泥质土常常含有挥发性组分,若土样在空气中暴露时间过长,挥发性组分的部分失去,可能会影响试验结果,这一点最近在华南理工大学得到初步证实,由于机理复杂,有待进一步进行深入的分析。

3. 固化剂

水泥一般采用工程拟采用的水泥,水泥出厂期不应超过 3 个月,试验前重新测定其强度等级(32.5 级,42.5 级)。水泥土搅拌桩常用普通硅酸盐水泥,其凝结硬化快,早期强度高,水化热大,但耐腐蚀性差;矿渣水泥耐腐蚀性好,水化热低,早期强度低,但后期强度增长快。

水泥掺入比一般可根据设计要求选用 7% ~ 20% 的不同掺入比进行试验。水泥掺入比

α_w，指水泥质量与被加固软土质量之比，即：

$$\alpha_w = \frac{\text{掺入的水泥质量}}{\text{被加固软土的湿土质量}} \times 100\% \quad (13\text{-}1)$$

4. 混合料与外加剂

为改善水泥土的性能和提高其强度，根据需要选用外加剂。具体的选用应综合考虑水泥浆和地基土两类因素，并参照本书十二章第一节五中的外加剂与混合料选用注意事项。一般早强剂可选用三乙醇胺（在地层中，浓度太低可能不起作用）、氯化钠（氯化钙）；减水剂可选用木质素碳酸钙；缓凝和增强可选用石膏；另外还可以结合工业废料的利用，掺入不同比例的粉煤灰做外加剂。

5. 试件的制作和养护

试件的制作应按以下步骤进行：

(1)取适量加固工程区各土层的土样，分别搅拌、揉搓均匀；

(2)按选定的水灰比和外加剂掺量，制成水泥浆，搅拌均匀；

(3)根据选定的配合比，将土样与水泥浆混合，并搅拌均匀；

(4)在选定的试模（70.7mm×70.7mm×70.7mm）内装入一半搅拌均匀的拌和土，放在振动台上振动1min后，装入其余的试料后再振动1min；

(5)将试件表面刮平，盖上塑料布防止水分蒸发过快；

(6)试样成型后，根据水泥土强度决定拆模时间，一般为1~2d。拆模编号后，立即将试件放入标准养护室进行潮湿养护，养护室温度应控制在（20±3）℃，湿度大于90%。养护到规定龄期后即可进行各种试验。

三、室内水泥土试验实例

1. 试验数据

为了进行对比分析，了解水泥土强度变化规律和其他物理力学性质，这里选取了京珠高速公路广珠段灵山软基试验段、佛开高速公路第三合同段（广东省南海市九江镇）及深圳市宝安区等三地的原状软土的水泥土室内试验成果。对三地的水泥土在室内分别做了不同配合比、不同龄期的物理、力学性质试验。

2. 原状土、固化剂数据

三地原状土的物理力学性质指标见表13-1，固化剂采用32.5级普通水泥。

三地原状土的物理力学性质指标　　表13-1

工程名称	软土名称	含水率	天然密度	孔隙比	液性指数	压缩系数	固结系数	快剪	
								黏聚力	摩擦角
		W_0	ρ_0	e_0	I_L	a_v	C_v ×10^{-3}	C_u	φ_u
		%	g/cm³	—		MPa^{-1}	cm²/s	kPa	°
京珠高速广珠段（塘坑—新隆）灵山试验段	淤泥	68.3		1.799	2.1	1.86	0.87	7	4
深圳市宝安区	淤泥	75.7	1.61	2.119	1.67	1.914	0.442	8.04	2.675
佛开高速公路	淤泥	87	1.522	1.78	1.58	2.56	0.765	6.51	2.85
佛开高速公路	淤泥质黏土	50.5	1.56	1.24	1.48	1.148	1.05	7.5	7.25

3. 试验成果分析

试样采用原状土样与水泥在容器内拌和均匀装入试模并在振动台上振动一分钟再将试件刮平的方法制备，随后在实验室标准养护条件下养护。

试验结果见表 13-2，图 13-1 和图 13-2。

水泥土物理、力学性质表 表 13-2

工程名称	水泥掺入比（%）	成型时含水率（%）	成型时重度（kN/m³）	龄期	试验时含水率（%）	试验时重度（kN/m³）	相对密度	压缩模量 E_s（MPa）	直剪	
									C（kPa）	φ（°）
灵山试验段	7	48.0	17.2	28	50.2	17.3	2.73	5.16	31.3	26.6
	13	47.6	17.3	28	47.6	17.5	2.73	17.50	61.7	26.8
	15	44.7	17.5	28	44.2	17.6	2.73	22.0	110.0	48.7
	17	43.2	17.6	7	42.8	17.8	2.74	19.8	131.8	13.6
	17	43.2	17.6	14	42.3	17.8	2.75	33.1	151.0	10.8
	17	43.2	17.6	28	41.8	17.8	2.75	35.9	258.5	32.0
	17	43.2	17.6	60	42.6	17.8	2.76	36.0	—	—
宝安	10	—	—	28	85.7	14.9	2.72	20.7		
	15	—	—	28	76.4	15.4	2.73	25.7	105.5	28.2
	20	—	—	28	67.3	15.7	2.73	32.4	—	—

（1）水泥土的重度与天然土的重度相近，随着水泥掺入比的增大重度略有增大，即使掺入比为 17% ~20% 时，重度也仅增加 5% 左右，不会对下卧层产生附加荷载；由于水泥的比重为 3.1，比一般软土的比重大，水泥土的比重也就比天然软土稍大，当水泥掺入比为 15% ~20% 时，比重约增加 2%；

（2）水泥土较天然软土强度有显著的提高。水泥土的变形模量比原状软土增大 10 ~20 倍，黏聚力增长 30 ~50 倍，内摩擦角增长 2 ~5 倍；

（3）水泥土 28d 无侧限抗压强度随掺入比的变化曲线见图 13-1。由图看出：无侧限抗压强度随着水泥掺入比的增大而增大，广珠东线灵山试验段、佛开高速、深圳宝安三条曲线都显示出掺入比 α_w = 13% ~17% 时，水泥土无侧限抗压强度增长最快，低于 13% 或高于 17% 时强度增长变缓。因此，水泥土的最佳掺入比应为 13% ~17%。

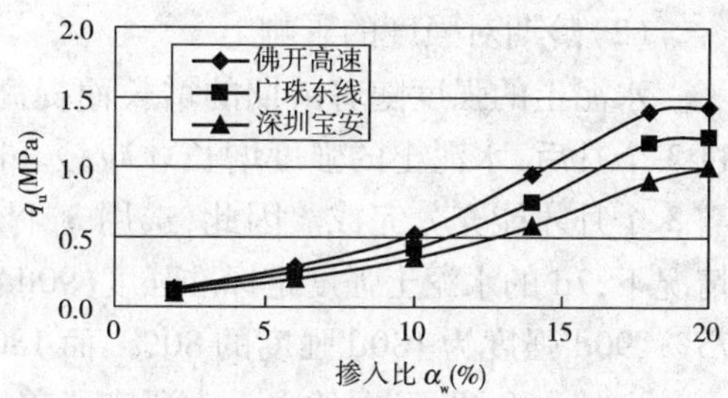

图 13-1 水泥掺入比 α_w 与 28d 龄期无侧限抗压强度 q_u 关系

（4）水泥土无侧限抗压强度随龄期的变化关系曲线见图 13-2。佛开高速、广珠高速东线灵山试验段，深圳宝安第一批土，深圳宝安第二批土的四条曲线都显示：无侧限抗压强度随龄期的增大而增大，强度增长的过程可分为三个阶段：第一阶段，0 ~28d，快速增长期，强度增长最快，至 28d 时可达强度标准值（养护龄期 90d 的强度值）的 70% 左右；第二阶段，28 ~60d，稳定增长期，强度增长变缓，至 60d 时可达强度标准值的 90% 左右；第三阶段，60 ~90d，缓慢增长期，在这 30d 内强度增长仅为标准值的 10% 左右。

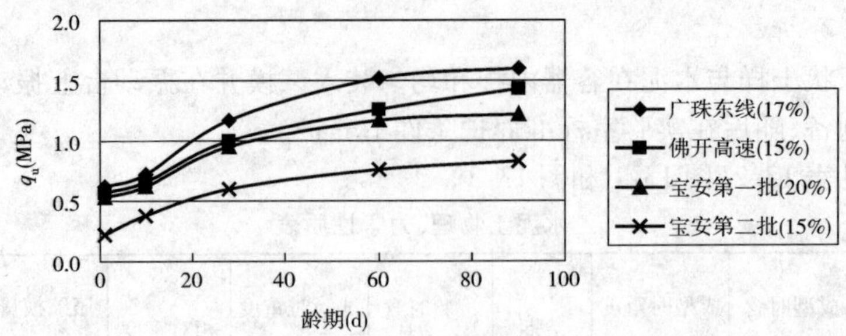

图 13-2　室内水泥土龄期与无侧限抗压强度 q_u 关系

四、水泥土强度与渗透性的影响因素

与水泥有关的因素有：

(1)水泥掺入比 a_w 对强度的影响

水泥土的强度随着水泥掺入比的增大而增大，当 $a_w < 5\%$ 时，由于水泥与土的反应过弱，水泥土固化程度低，强度离散性也较大，故在水泥土搅拌法的实际施工中：

①选用的水泥掺入比必须大于 7%；

②当水泥的掺入比大于 10% 时，水泥土的标准强度可达 1~2MPa 以上，但因场地与施工条件的差异，掺入比的提高与水泥土强度增加的百分比是不完全一致的。

水泥土强度与水泥掺入比有以下经验关系式文献：

$$\frac{q_{u1}}{q_{u2}} = \left[\frac{\alpha_{w1}}{\alpha_{w2}}\right]^{1.6} \tag{13-2}$$

式中：q_{u1}——水泥掺入比为 α_{w1} 的水泥土抗压强度；

q_{u2}——水泥掺入比为 α_{w2} 的水泥土抗压强度。

上式成立的条件是 $\alpha_w = 5\% \sim 20\%$，且是同一龄期下。

(2)龄期对强度的影响

水泥土的强度随着龄期的增长而提高，一般龄期超过 28d 后仍有明显增长。当龄期超过 3 个月后，水泥土的强度增长才减缓。同样，据电子显微镜观察，水泥和土的硬凝反应约需 3 个月才能充分完成。因此，选用 3 个月龄期强度的水泥土的标准强度较为适宜。一般情况下，7d 的水泥土强度是标准强度(90d 强度)的 30%~50%，30d 可达标准强度的 60%~75%，90d 强度为 180d 强度的 80%，而 180d 后强度的增长仍未终止。

文献中介绍，日本竹中土木研究所曾对已施工 4 年的水泥土搅拌桩进行开挖取样试验，以研究水泥土的长期增长强度和稳定性，结果表明：4 年龄期的桩身水泥土无侧限抗压强度均不低于 90d 龄期的室内试块强度，长期强度是有保证的。文献介绍，日本水泥土长期强度与强度标准值(90d 强度)的关系为：

$$f_{cu,1825} = 1.35 f_{cu,90} \quad \text{(普通硅酸盐水泥固化剂)}$$

$$f_{cu,1825} = 1.8 f_{cu,90} \quad \text{(高炉矿渣水泥固化剂)}$$

其他条件相同时，不同龄期的水泥土抗压强度大致成线性关系，有以下经验关系式：

$$f_{cu,7} = (0.47 \sim 0.63) f_{cu,28} \quad \text{(日本为} f_{cu,28} = 1.5 f_{cu,7}\text{)}$$

$$f_{cu,14} = (0.62 \sim 0.80) f_{cu,28}$$

$$f_{cu,60} = (1.15 \sim 1.46) f_{cu,28}$$

$$f_{cu,90} = (1.43 \sim 1.80) f_{cu,28}$$
$$f_{cu,90} = (2.37 \sim 3.73) f_{cu,7}$$
$$f_{cu,90} = (1.73 \sim 2.82) f_{cu,14} \tag{13-3}$$
$$f_{cu,180} = 1.25 f_{cu,90}$$
$$f_{cu,1825} = (1.3 \sim 1.8) f_{cu,90}(\text{日本经验值})$$

上式中f_{cu7}、f_{cu14}、f_{cu28}、f_{cu60}、f_{cu90}、f_{cu1825}分别为7d、14d、28d、60d、90d、1825d龄期的水泥土无侧限抗压强度。

(3)水泥强度等级对强度的影响

水泥土搅拌桩宜选用强度等级为32.5R以上的普通硅酸盐水泥或其他与工程条件相适应的水泥类别。水泥的强度等级对水泥土的强度有一定影响,水泥土的强度随水泥强度等级的提高而增加。一般水泥的强度等级每提高10级,水泥土强度f_{cu}增大20%~30%。

与被加固土工程性质有关的因素有:

地基土的成分(含砂量、黏粒含量)、含水率、有机质含量、可溶盐含量(挥发性组分、矿化度等)。大量的试验资料证明:在水灰比和配比成分相同的情况下,不同土质的水泥土强度是不同的。

(1)土样含水率对强度的影响

水泥土的无侧限抗压强度f_{cu}随着土样含水率降低而增大,例如,对于一般的淤泥质土,水泥的掺入比为10%时,当土的含水率从57%降低至47%时,28d龄期的无侧限抗压强度则从2320kPa增加到2600kPa。一般情况下,土样含水率每降低10%,则强度可增加10%~50%。

这里再看另一个例子来说明软黏土含水率是影响水泥土强度的重要因素。从表13-3的检验结果可看出含水率对水泥土强度的影响。提高水泥强度等级且适当提高水泥掺入比可解决高含水率问题。当含水率$W>60\%$时,应采用高强度等级(如42.5R)水泥。

一些水泥土室内试验指标 表13-3

水泥标号	水泥掺入比(%)	土 名	土的状态	天然含水率(%)	无侧限抗压强度(MPa)
32.5R	20	黏土	可塑	34.49	4.9
		淤泥	流塑	75.71	2.9
		淤泥	流塑	61.43	3.4
	10	淤泥	流塑	61.43	2

(2)土样中有机物含量对强度的影响

有机物含量小的水泥土强度比有机物含量高的水泥土强度大得多。由于有机质使土体具有较大的水溶性和塑性,较大的膨胀性和低渗性,并使土具有酸性,这些因素都阻碍水泥水化反应的进行。因此,有机物含量高的软土,单纯用水泥加固的效果较差。

(3)含砂量

水泥土的室内试验和工程实例都表明,水泥土的强度除了与水泥掺入比、外掺剂、水灰比、原状土含水率、龄期、土性等因素有关,与土中的含砂量也有很大关系,研究这一要素的文献寥寥无几。天然软土往往质地不纯、常常含砂。珠江三角洲的第四纪沉积物淤泥、淤泥质土中普遍都有一定含量的砂或蚝壳,含砂量对这种软土加固后强度的影响分析很有意义。然而,室内试验制样一般采用纯度较高的淤泥、淤泥质土或其他性质的软土,甚至采用烘干后再碾碎过筛所得的试样，忽略了天然地基土常常质地不纯、含砂这一事实。笔者从多个工程的水泥搅拌桩抽芯后发现，含砂多的软土加固后芯样完整、强度高，含砂量对水泥土的强度有很大影响。

水泥土的无侧限抗压强度在0.3～4.0MPa，比天然软土的无侧限抗压强度提高数十倍到数百倍，在含砂量比较多的软土中可高达5.0MPa以上。在水泥强度等级、水泥掺入比一定、养护龄期等外部条件相同时，影响水泥土无侧限抗压强度的因素则取决于软土的性质。软土物理性质中含水率，各粒径颗粒含量等因素中，砂的含量对无侧限抗压强度的影响是很明显的，砂在水泥土中起到类似于混凝土中粗集料的作用。有研究表明，当含砂量为40%～60%时，加固土强度达到最大值。

笔者参与的广东某高速公路桥台过渡段地基土软弱土层由上至下有两层，上部为淤泥层，下部为淤泥质土。两土层的物理性质见表13-4。

广东某高速公路桥台过渡段地基土物理性质指标 表13-4

土名	含水率(%)	湿密度(g/cm^3)	干密度(g/cm^3)	相对密度	孔隙比	液限(%)	塑限(%)	塑性指数	液性指数	砂粒含量(%)	粉黏粒含量(%)
淤泥	55.0	1.56	1.01	2.65	1.633	52.4	28.4	24.0	1.11	6.8	93.2
淤泥质土	42.7	1.80	1.26	2.65	1.109	36.5	22.7	13.8	1.45	23.7	76.3

从颗粒分析可以看出两者区别最主要是下层土含有比较多的砂，由此而引起多项物理指标的差别。软基加固方案为深层搅拌桩，水泥掺入比为15%，水灰比0.5∶1，水泥强度等级32.5级，桩施工后28d龄期进行取芯做无侧限抗压试验。含砂较多的淤泥质土中搅拌形成的水泥土抗压强度为含砂较少的淤泥水泥土抗压强度的1.76倍。试验结果见表13-5。

广东某高速桥台过渡段水泥土无侧限抗压强度(龄期28d) 表13-5

土　名	水泥掺入比(%)	含砂量(%)	平均抗压强度(MPa)
淤泥	15	6.8	1.44
淤泥质土	15	23.7	2.53

可有以下结论：

①在水泥掺入比、龄期等外部条件基本一致时，含砂量是影响水泥土强度的主要内部因素。

②当其他条件相同时，含砂量稍高的软土形成的水泥土强度要高，尤其表现在早期强度上。

③在初步确定用水泥土搅拌法进行地基处理时，工程勘察和室内土性试验也要将含砂量列入一项重点勘察和试验内容。

④考虑不同地层的含砂量，水泥用量也应该做相应的调整。在室内试验确定试验配比时，则应该将含砂作为一项重要内容来考虑，不应该只采用纯度较高的软土试样进行试验，以科学合理配比。

(4)外加剂与其他混合料对强度的影响

不同的外加剂对水泥土强度有着不同的影响。如木质素磺酸钙对水泥土强度增长影响不大，主要起减水作用。石膏、三乙醇胺对水泥土强度有增强作用，其增强效果对不同土样和不同水泥掺入比又有所不同，所以按照外加剂与水泥和地基土的作用机理，选择合适的外加剂可提高水泥土强度和节约水泥用量。

一般早强剂可选用三乙醇胺、氯化钙、碳酸钠或水玻璃等材料，其掺入量宜分别取水泥质量的0.02% ~0.05%，2%，0.5% 和2%；减水剂可选用木质素磺酸钙，其掺入量宜取水泥质量的0.2% ~0.3%；石膏兼有缓凝和早强的双重作用，熟石膏掺入量宜取水泥质量的2%，生石膏取3% ~7%。

掺加粉煤灰的水泥土，其强度一般都比不掺粉煤灰的有所增长。不同水泥掺入比的水泥土，当掺入与水泥等量的粉煤灰后，无论是早期强度还是后期强度均比不掺粉煤灰的提高10%左右。故在加固软土时掺入粉煤灰，不仅可消耗工业废料，减少水泥用量，还可以稍微提高水泥土的强度。

(5)养护方法

养护方法对水泥土的强度影响主要表现在养护环境的湿度和温度。养护方法对短龄期水泥土强度的影响很大，随着时间的增长，不同养护方法下的水泥土无侧限抗压强度趋于一致，说明养护方法对水泥土后期强度的影响较小。

五、水泥土的物理力学性质指标的经验取值

水泥土的物理、力学性质指标，不仅与水泥掺入比 α_w 大小有关，而且还与采集地点原状土的性质、水泥品种和强度等级、养护龄期以及外加剂的掺量等因素有关。即使在同一地区的土样，由于土体性质的离散性以及其他因素，也会得出不同的结果。另外，在工程实践中因施工期限的紧迫往往难以有充分的时间去进行室内的水泥配比试验，因此，在无条件进行室内试验的情况下，参考众多系列室内试验的成果和许多工程实践的经验，提出以下可供选择的水泥土物理力学指标的经验值，作为工程技术人员参考选用。应当指出，下述的经验数值仅用于一般的软黏土，它不适用于高有机物土和泥炭土的情况。

(1)水泥土重度：与天然原状土相比，水泥土重度的增加值很小，因此，在计算复合地基变形量时，可不考虑水泥土本身所增加的这部分附加重量。

(2)当水泥土采用32.5R 普通硅酸盐水泥，掺入比 $\alpha_w = 13\% \sim 17\%$ 时，90d 龄期水泥土无侧限抗压强度 $f_{cu,90}$ 值可取1.0 ~2.0MPa(经验值)；根据日本历时4年的长期强度试验结果，龄期90d 后，强度 f_{cu} 值可提高约1.3 倍。

(3)抗压强度：水泥土的抗压强度随养护龄期的变化，近似有

$$f_{cu,90} : f_{cu,28} : f_{cu,7} = 1 : 0.61 : 0.30 \approx 1 : \frac{2}{3} : \frac{1}{3} \tag{13-4}$$

(4)抗拉强度：水泥土的抗拉强度随抗压强度的增长而提高，变化较大，当水泥土的抗压强度 $f_u = 300\text{:}4000$kPa 时，其抗拉强度 $\sigma_t = 100\text{:}700$kPa，即 $\sigma_k = (0.17\text{:}0.30) f_{cu}$。

也有认为水泥土的抗拉强度 $\sigma_t = \left(\frac{1}{10} \sim \frac{1}{12}\right) f_{cu}$，这与混凝土的试验结果相似。

(5)破坏特征值：水泥土的变形模量 $E_s = (100 \sim 120) f_{cu}$；水泥土变形特征值随强度不同而介于弹性体与弹塑性体之间。在受力开始阶段，符合胡克定理，当外力到达极限强度时，对于强度大于2MPa 的水泥土很快发生脆性破坏，对应的轴应变 ε_f 为0.8% ~2%，对于强度小于2MPa 的水泥土则表现为塑性破坏。

(6)抗剪强度指标：水泥土的黏聚力 $c = (0.2 \sim 0.3) f_{cu}$，而内摩擦角 φ 在20° ~30°变化，但对于含砂量较高的水泥土，其值可能高于30°，甚至可达40°。

(7)渗透性能指标：水泥掺入比 $\alpha_w = 7\% \sim 15\%$ 时，水泥土的渗透参数随其强度的增长

而减小，一般与原状土的渗透系数相差一个数量级。举两个例子：含水率为38.5%的淤泥质粉质黏土，渗透系数为 5.16×10^{-6} cm/s，水泥土渗透系数为 8.9×10^{-7} cm/s；含水率为49.5%的淤泥质黏土，渗透系数为 8.39×10^{-7} cm/s，水泥土渗透系数为 $9.61\times10^{-8}\sim5.46\times10^{-8}$ cm/s，对减小天然土的水平向渗透系数有明显效果。

第二节 现场试验

一、试验内容

现场试验的内容是：

(1)根据水泥土室内配比试验成果，进行现场成桩施工工艺试验；

(2)对比分析现场试验成果和室内试验成果，关键是取得室内试块强度与现场桩身强度的定量关系；

(3)进行桩身承载力试验，结合桩身强度与桩长确定单桩承载力；必要时进行单、多桩复合地基承载力试验；

(4)结合天然地基承载力和单桩承载力，确定桩土共同作用的复合地基承载力。

二、试验方法

(1)在现场制作的水泥土搅拌桩桩身的不同部位切取试件，运回试验室室内分割成与室内试验相同的尺寸的现场试件。在相同龄期时作室内、外试块强度间的关系的比较试验。或者将整段的桩体取回试验室，进行实体的单轴抗压强度试验，真实地反映水泥搅拌桩体的力学性能。

(2)单桩承载力试验。按预先设计的桩长、水泥掺入比、施工工艺施工一定数量的试验桩，28d龄期后进行荷载试验，以测试不同水泥掺入比、不同桩长的单桩承载力。作为研究，可在桩身中埋入应力、应变量测元件，间接测定桩侧各土层的极限承载力。

试验设备由反力装置、加载与量测装置、量测装置等组成。试验通常采用慢速维持荷载法进行，具体做法是按一定要求将荷载分级加到试桩上，每级荷载维持不变直到桩顶下沉量达到某一规定的相对标准，然后再继续加下一级荷载。当达到规定的终止试验条件时，便停止加载，在分级卸载直至零载。

(3)复合地基承载力试验。复合地基荷载试验用于测定承压板下应力主要影响范围内复合土层(水泥土搅拌桩和桩周土层)的承载力和变形参数。在水泥土搅拌桩顶和周围土中埋设应力、应变量测元件即可测得某级荷载下的桩土应力比，了解上部荷载作用下土中应力和桩身受力的转换情况。

复合地基载荷试验的试验设备有加载平台、加载设备、量测装置等。

试验仪表(百分表、压力表或传感器)应安装前进行标定和检查。试验反力按预期破坏荷载的(1.1~1.2)倍进行堆载。加载等级可分为8~12级。荷载施加后的头1h小时内在第5min、10min、15min、30min、60min各测计一次沉降量，以后每隔30min测计一次。当连续2h内，沉降量均小于0.1mm/h时，则认为已达到稳定标准，可以施加下一级荷载。当达到终止试验的标准即结束试验。结束标准：①沉降急剧增大，土被挤出或承压板周围土出现明显的隆起；②承压板的累计沉降量已大于其宽度或直径的6%；③当达不到极限荷载，而最大加载压力已大于设计要求压力值的2倍。

当需要进行回弹观测时,可按加载等级的2倍进行卸载,每卸一级,观测1h,全卸载后间隔3h读记总回弹量。

三、试验结果的取值

1. 桩体的单轴抗压强度试验

选取水泥搅拌桩,人工挖出桩体,切取桩段,运回试验室,进行实体的单轴抗压强度。

在京珠高速公路灵山软基试验段曾从现场工程桩中选取其中三根桩截取其0~1.0m桩段,运回试验室在大型压力机上作无侧限抗压强度试验,试验结果见表13-6。

水泥搅拌桩实体单轴抗压试验成果　　表13-6

编号	试件高度(cm)	试件面积(m^2)	龄期(d)	破坏荷载(kN)	变形量(mm)	相对变相量(%)	抗压强度(MPa)
1	86.0	0.228	140	420	10	1.16	1.841
2	71.4	0.217	140	419.5	6	0.84	1.929
3	48.4	0.225	140	404	7	1.45	1.792

取其抗压强度的最小平均值为1.823MPa,而对应灵山试验段水泥土桩室内90d无侧限抗压强度为1.6MPa,两者比较接近。

2. 单桩承载力和复合地基承载力

(1)资料整理与成果应用。

把试验结果汇总成表,绘制荷载与沉降量关系曲线(Q-S曲线图,S-lg$Q$曲线图)和沉降量与时间关系曲线(S-lg$t$曲线图)。

(2)确定单桩承载力。

确定极限荷载可按以下方法:

①根据沉降随时间的变化特征确定:取S-lg$t$曲线尾部出现明显拐点向下弯曲的前一级荷载为极限荷载;

②根据沉降随荷载的变化特征确定:取Q-S曲线发生明显陡降的起始点(第二拐点)所对应的荷载为极限荷载。或者取S-lg$Q$曲线出现陡降直线段的起始点所对应的荷载为极限荷载。

③根据桩顶沉降量确定:沉降量取值标准可根据地区经验确定。无经验时可取总沉降量s=40mm所对应的荷载值作为单桩竖向极限承载力。

当有多根试桩资料时,当满足其极差不超过平均值的30%时,可取平均值为单桩竖向极限承载力。极差超过平均值的30%时,宜增加试桩数量并分析离差过大的原因。

单桩竖向极限承载力除以安全系数2,即为单桩竖向承载力标准值。

(3)确定复合地基承载力。

根据单桩或多桩复合地基载荷试验的结果,绘制荷载—沉降(Q-S)曲线,可由此曲线来确定复合地基承载力:

①当Q-S曲线上有明显的比例极限时,可取该比例极限所对应的荷载作为承载力。

②当极限荷载能确定,其值又小于对应比例极限荷载值的2.0倍时,可取极限荷载的一半作为承载力。

③按相对变形值确定:可按 S/b 或 $S/d=0.06\sim0.08$(S 为沉降量,b、d 为承压板的宽度或直径)来确定。但是,按本条确定的承载力,不应大于最大加载值的一半。

复合地基荷载试验的数量不应少于3点,当满足其极差不超过平均值的30%时,可取其平均值作为复合地基承载力的标准值。

四、现场桩体强度与室内试块强度的差别

由于室内水泥土的室内配合比试块的制作、养护条件较好,而现场取芯试件的强度受水泥土搅拌桩的施工搅拌的均匀性、地下养护条件、取芯设备、取芯技术的影响十分显著,为施工方便和考虑搅拌均匀,现场水灰比也需稍偏大。因此现场取芯强度一般要低于室内配合比试验的强度。日本CDM工法设计和施工手册中提出,室内试验所得的无侧限抗压强度与现场取样试验得来的无侧限抗压强度的比值,对于海上用大型机械时取1,用小型机械时取0.5;陆地工程约为0.5。

综合文献和广东工程经验,正常情况下,现场水泥土强度 $f_{cu,f}$ 与室内水泥土试块强度 $f_{cu,k}$ 的关系为:

$$f_{cu,f}=\eta f_{cu,k}\quad(\eta=0.4:0.7,\text{广东为}0.5)\tag{13-5}$$

η 为折减系数,目前在设计中偏于保守,一般淤泥(黏质土)取 $\eta=0.2\sim0.3$,粉土取 $0.3\sim0.35$。应当指出的是,《建筑地基处理技术规范》(JGJ 79—2002)的桩身强度折减系数 η 并不是现场水泥土与室内水泥土试块强度的关系系数,而是一个与工程经验以及拟建工程的性质密切相关的参数。工程经验包括对施工队伍素质、施工质量、室内强度试验与实际加固强度比值以及对实际工程加固效果等情况的掌握。拟建工程性质包括工程地质条件、上部结构对地基的要求以及工程性质的重要性等。

五、公路工程与建筑工程中复合地基静载试验的差别

搅拌桩静荷载试验,通常分为两大类,即按复合地基考虑的荷载板试验;按单桩受力模式的桩体单桩静荷载试验。荷载板试验直接模拟了搅拌桩复合地基的实际受荷条件,但存在荷载板的影响深度与实体基础相差较大的局限性;搅拌桩桩体的单桩静荷载试验,则将水泥土桩体视为相对刚度大的普通钢筋混凝土桩,完全按单桩考虑,与复合地基的工作机制上大相径庭。

公路工程与建筑工程的荷载作用形式不同,公路荷载作用面积宽,路堤自身刚度小,垫层厚度大,在荷载作用下,水泥搅拌桩会刺入垫层中,桩与桩间土的沉降是不一致的;建筑工程中荷载作用面积较小,垫层厚度较小,基础刚度大,在基础边界条件下,桩与土基本同步沉降。公路工程中一般桩数很多,在群桩复合地基中,各桩在土中引起的附加应力会互相重叠,使得附加应力要比单桩时的增大很多,这样多桩复合地基荷载试验中各桩的工作状态与单桩复合地基荷载试验时迥然不同,造成多桩复合地基荷载试验中复合地基承载力并不等于单桩复合地基荷载试验中复合地基承载力,对应的沉降量也不同。荷载试验应尽量模拟现场实际受荷条件,在公路工程中与建筑工程中进行水泥土搅拌桩是有所差别的,主要表现在试验面积、垫层设置,见表13-7。

有条件时尽量采用面积较大的多桩复合地基试验，承载板面积与多桩承担的处理面积相一致。搅拌桩桩顶与荷载板之间的垫层，应与实际设计的厚度一致，如果实际设计垫层中设置了土工织物，在荷载试验时也应在相应位置设置。

公路工程与建筑工程中复合地基静载试验的差别 表 13-7

	建筑工程中静载试验	公路工程中静载试验
加载方式	慢速维持荷载法、快速加载法	慢速维持载荷法
试验面积	一般采用单桩或单桩复合	建议采用多桩复合
垫层设置	砂垫层，厚度 5 ~ 15cm	砂垫层（有条件时加土工织物），厚度 30 ~ 50cm

六、路堤大面积荷载下水泥土搅拌桩静载试验的不完备性与改进思路

静荷载试验是对检测承受垂直荷载的水泥搅拌桩复合地基承载力是较可靠的质量检验方法，但是存在荷载板尺寸效应的缺点，致使检测数据偏不安全，过分依靠它是无益的。静荷载试验条件与现场原型受荷条件不一致，路堤荷载作用面积大，影响深，这点是短时间、小面积的荷载试验所无法反映的。

某工程水泥土搅拌桩从钻孔取芯、标贯、无侧强度拭验和开挖检测结果显示：水泥土搅拌桩桩身中下都存在严重的水泥浆富集块和搅拌不均匀现象，桩身强度远低于 800kPa 的最低值，为不合格桩。但是，16 根作单桩、二桩承台的静荷载试验，从试验曲线上按拐点法得出单桩和复合地基的承载力基本满足设计要求的地基承载力。

以上结果充分说明了短时间、小面积的荷载试验用于检测大面积的长期荷载作用下的水泥土搅拌桩工程具有不完备性，同时该检测方法费用高，检测时间长，不能过分依靠它对工程质量进行评价。对于静荷载试验的不足，除了改进其试验方法，应与其他检测手段相结合对水泥土搅拌桩质量进行综合评定。

宜采用大荷载板下的多桩复合地基进行试验，尽可能减少尺寸效应的不利影响。试验加载方式应采用慢速维持荷载法，每级荷载沉降稳定后方加下一级荷载。钻孔取芯、标贯和无侧限强度试验能较全面反映全桩体质量，建立以现场取芯观察、标准贯入试验为主，无侧限抗压试验、荷载试验为辅的综合水泥土搅拌桩质量检测体系可以对全桩体作出客观的评定。

第十四章　水泥土搅拌桩复合地基设计计算

第一节　设计前应收集的资料

设计人员应了解路基基本资料(荷载分布特点、路堤堆载高度、路基沉降要求等),根据路基工程地质、岩土工程勘察报告,进行水泥土搅拌桩复合地基的设计计算,给出桩径、桩长、桩土置换率、桩的布置形式等内容。公路工程中,水泥土搅拌桩复合地基承载力要大于上覆的面荷载外,更重要的是进行变形计算,严格按照要求控制沉降和不均匀沉降。

一、工程勘察及特殊要求的资料

在拟处理的路段进行水泥土搅拌桩设计前,除应按常规收集场地的水文地质和工程地质资料外,还应特别注意以下要求:

1. 软土层的分布及物理力学性质指标

由于水泥土搅拌法主要是用于加固软土,因此要特别搞清楚软土层在处理路段的平面分布范围、厚度;软土层是否均匀、有无砂质土夹层(砂质土可大幅度提高水泥土强度)、有无大石块、树根等异物;分层土的物理、力学性质指标。

2. 地下水调查

了解其埋藏深度,当为承压水或局部承压水时,还应了解其水头线高程。

3. 土质、地下水水质分析

与现场勘察相配合,室内的土质、地下水水质分析应着重:

(1)黏土矿物成分分析,必要时确定黏粒含量;

(2)土的有机质含量:有机质含量较高会阻碍水泥水化反应,影响水泥土的强度增长。有机质含量越高,水泥加固效果越差。一般水泥土搅拌法在有机质含量 >5% 时慎用,使用水泥土搅拌法应通过试验确定。有机质含量的测定可采用重铬酸钾定性分析或烧失量法定性分析;

(3)地下水的酸碱度(pH 值)、可溶盐(尤其是硫酸盐)含量等。

二、水泥土试验资料

对于不同成因的软土,土类不同、含水率不同、有机质含量不同、水泥品种和掺入量不同、龄期不同,水泥土的强度相差悬殊,因此在进行水泥土搅拌加固设计前,应进行水泥土的室内配合比试验,以取得水泥掺量—龄期—外加剂品种及用量与水泥土强度的定量关系等资料。

三、路基初步设计与沉降要求资料

路基宽度、设计路堤的堆载高度、堆载材料、沉降要求等。另外还应有路线纵断面图、横断面图、桥涵通道表、挡土墙结构表等。

四、施工机械资料

至少应对当地主要水泥土搅拌桩施工单位具有主流施工机械资料要有所了解。

(1)搅拌机架平面尺寸和高度、运行形式(步履式或滚管式)和最大钻进搅拌深度。

(2)搅拌轴数量、搅拌翼直径、搅拌轴转速、搅拌头的叶片个数和提升速度。

(3)水泥浆液输送设备的输送压力和单位输送量,浆液自动监测记录仪配置情况等。

第二节　设计的一般原则

一、桩位布置

软土地基路堤水泥土搅拌桩桩位采用等边三角形或正方形布置,桩的间距一般为1.0~2.0m。在公路桥头路基常采用变桩距或变桩长的方案,以减少桥台和一般路基的差异沉降。

二、桩径

水泥土搅拌桩桩径根据加固面积置换率和施工机械性能确定,常用的桩体直径有500mm、600mm、700mm,一般采用500mm。

三、加固深度

加固深度应根据软弱土层的性质、厚度或工程要求按下列原则确定:

(1)当相对硬层埋藏深度不大时,桩应打到相对硬层;

(2)当相对硬层埋藏深度较大时,应经变形(沉降)验算、稳定性验算确定。对沉降计算,加固深度应满足水泥土搅拌桩复合地基沉降量小于工后沉降允许值的要求;对稳定性计算,加固深度应超过最危险滑动面深度2m;桩长超过18m时应通过试验确定。

四、加固范围

水泥土搅拌桩按其强度和刚度区分,它是介于刚性桩和柔性桩间的一种桩型,但其承载性能又与刚性桩相近。公路路基设计时可以采用以下原则考虑加固范围:

(1)一般路堤地基:可仅在路基范围内布桩,不必设置保护桩;

(2)桥头路基:在桥头过渡段路基、桥台锥坡、反压护道范围内都应布桩;

(3)箱涵、管涵地基:考虑涵洞两侧路基填土沉降对结构产生的负摩擦影响,基础外应增设2~3排沉降隔离桩;

(4)房屋地基:在基础范围内布桩。

第三节　设计步骤

工程设计步骤见图14-1,设计时考虑的主要问题一般有三个因素:

(1)物理力学设计参数的可行性或说满足工程要求;

(2)工程费用经济合理;

(3)工程施工可行性。

下面的设计步骤便同时考虑到这些问题。

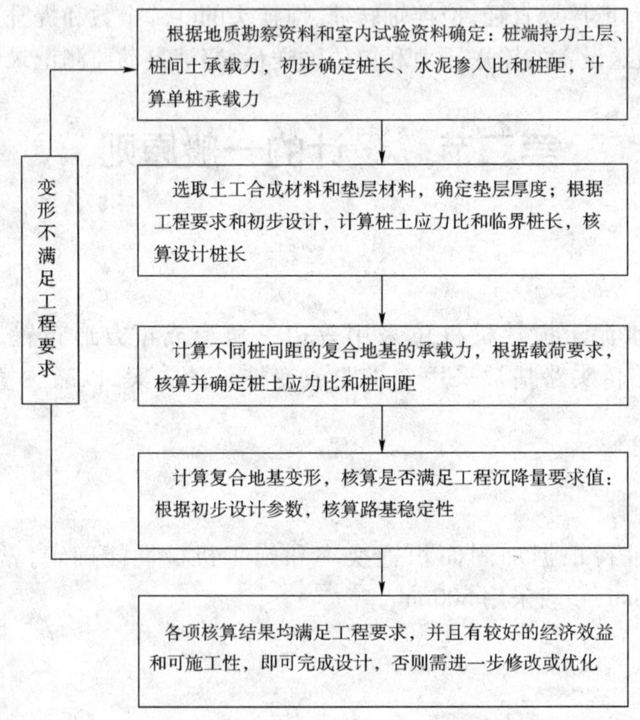

图14-1　水泥搅拌桩设计一般步骤

水泥土搅拌桩复合地基旨在利用原状土承载作用,使桩土共同承载,比刚性桩更为经济。公路工程的荷载多为荷载强度不是很大的面荷载,水泥土搅拌桩就是作为减少沉降、压缩工期的措施和构件来考虑的,所以公路工程水泥土搅拌桩复合地基的设计就是要将路基变形控制在允许的范围内,并使承载力(强度)和变形达到完全一致。

第四节　复合地基设计与承载力计算

水泥土搅拌桩是介于刚性桩和柔性桩之间有一定压缩性的半刚性桩,桩身强度越高,其特性越接近刚性桩;反之则越接近柔性桩。柔性桩和刚性桩在荷载作用下,都依靠桩侧摩阻力和桩端阻力把作用在桩体上的荷载传递给地基土,并且桩侧摩阻力先于桩端阻力发挥。对柔性桩,当桩上部侧摩阻力达到极限,而桩下部某点以下侧摩阻力还等于零,此零点以上的桩身长度称为临界桩长。

文献介绍,根据现场直径 500mm、长 12 ~ 15m 的两根桩和一根单桩承台桩身埋设应变片测试,分析了水泥土搅拌桩的承载性质。单桩和单桩复合地基桩身应力及应变沿深度的变化见图 14-2、图 14-3:

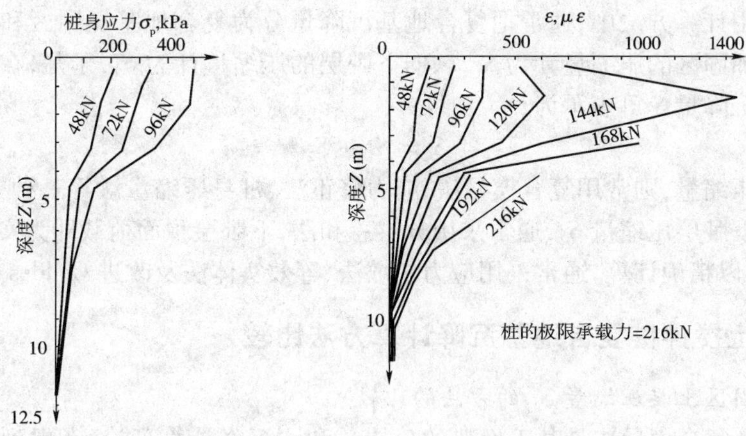

图 14-2　单桩应力、应变与深度的关系

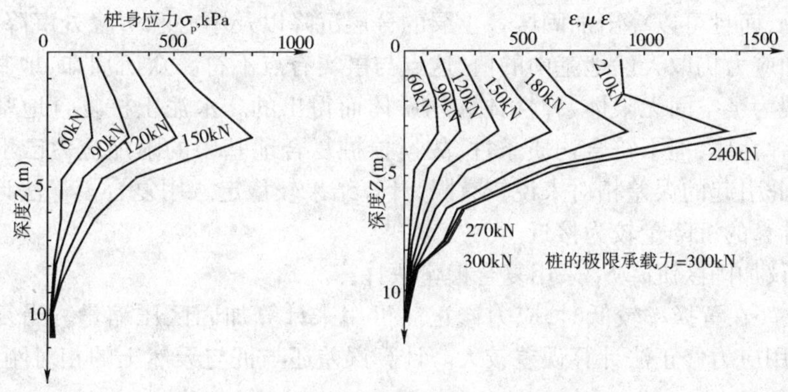

图 14-3　单桩复合地基应力、应变与深度的关系

由图可见,与刚性桩不同的是,水泥土搅拌桩在桩顶荷载作用下,会产生较大的压缩变形,荷载沿深度的传递是急剧减少。桩身的受力与变形主要发生在桩体上部,桩体下部的受力及变形均较小,单桩承载力在一定程度上并不随桩长的增加而增大,水泥土搅拌桩存在一"临界桩长"。

水泥土搅拌桩这种荷载传递规律,与桩体强度密切相关。当桩体强度低时,水泥土搅拌桩表现出这种承载性质;而桩体均匀、强度较高时,水泥土搅拌桩的荷载传递越接近表现出一定的刚性桩的性质。对某一地区的水泥土搅拌桩,其桩身强度是有一定限制的,也就是说,水泥土搅拌桩从承载力发挥角度,存在一临界桩长。

目前对水泥土搅拌桩承载性状的认识仍然存在一定分歧,比较统一的认识是桩身应力的传递深度随着桩土模量比的增大而增大,即与桩体相对刚度密切相关。国内现有的施工机械水平、施工方法下,软土地区的水泥土搅拌桩临界桩长可以达到 12 ~ 15m;在桩体质量有保证的情况下,荷载还可以传递到更深。

当软土较厚时,从减少地基的变形方面考虑,应尽量使用长桩,且穿透软弱土层到达承载力较高的下卧硬土层,应尽量避免使用"悬桩"。

第五节 复合地基沉降计算

在各类实用计算方法中，通常把复合地基沉降量分为复合地基加固区和加固区下卧层两部分。其中加固区的压缩量计为 S_1，软弱下卧层的压缩量计为 S_2，于是，在载荷的作用下复合地基的总沉降量 S 可表示为：

$$S = S_1 + S_2$$

对加固区压缩量，则常用复合模量法、应力修正法、桩身压缩量法等三种方法进行计算。对加固区软弱下卧层压缩量 S_2，通常采用分层总和法，下卧层顶面荷载即为实体深基础底面的平均压力，难以精确计算，通常采用应力扩散法、等效实体法及改进 Geddes 法。

一、水泥土搅拌桩复合地基沉降计算方法比较

1. 计算加固区土层压缩量 S_1 的方法的比较

(1)E_c 法。复合模量法是基于经典的分层总和法沉降计算理论，考虑到水泥土搅拌桩的改良作用，用加固土层的桩土复合变形模量来代替天然地基土变形模量。这种方法不仅理论基础充分，而且可以算出加固区各土层的分层沉降以及中心和边缘处沉降。但是，它在加固区的附加应力仍取天然地基中的值，这点与事实有点不符。众所周知，地基中的附加应力是将地基视为半空间无限体、弹性体和均质体而得出的。水泥土桩复合地基符合半空间无限体，近似弹性体，但不符合均质条件，故搅拌桩复合地基中的附加应力已不同于天然均质地基，但由此引起的误差相对来说较有限，计算结果较稳定。用复合模量法计算的沉降与按双曲线法计算的沉降量较为接近。

因此，建议加固区沉降 S_1 采用复合模量法计算。

(2)E_s 法。在置换率较低时，应力修正法可用来计算加固区压缩量。当复合地基置换率较高时，采用应力修正法计算误差较大。计算误差还与桩与天然土的相对刚度有关，相对刚度愈小，误差愈大。

通常认为，在荷载作用下桩端能发生较大刺入沉降时，采用该法可取得较好的效果。

(3)E_p 法。桩身压缩量法适用于当桩端刺入沉降很小，则加固区压缩量近似等于桩体竖向压缩量，采用该法计算加固区压缩量可以取得较好的效果。

2. 计算软弱下卧层土层压缩量 S_2 的方法的比较

桩体以下部分采用单向压缩分层总和法计算。当复合地基置换率较高，桩、天然土的复合压缩模量与周围土体压缩模量相差较大时，采用等效实体法计算下卧层附加应力较为合适；而当复合地基置换率较小，复合压缩模量和周围土体压缩模量相差较小时，则采用应力扩散法计算误差较小。

二、沉降量计算误差分析

在水泥土搅拌桩复合地基承载力和沉降计算中，一般将其视作双层地基。采用压力扩散法计算加固区下卧层中应力时扩散角采用双层地基中建议的扩散角等。研究表明，将复合地基视作双层地基可能带来较大误差。采用双层地基理论计算复合地基加固区下卧层中的附加应力值偏小，下卧层沉降计算值也会偏小，是偏于不安全的。

数值分析表明，双层地基扩散角大于复合地基扩散角。在水泥土搅拌桩复合地基中采

用双层地基扩散角计算下卧层附加应力,得出下卧层沉降是偏小的,偏于不安全。

因此,建议采用等效实体法计算下卧层附加应力,从而得出下卧层沉降;当复合土模量与周围土模量相差较小时,可采用应力扩散法,但应慎重。

第六节 水泥土搅拌桩复合地基路堤稳定计算

水泥土搅拌桩为半刚性桩,竖向承载性能与刚性桩类似,但其桩体水泥抗剪强度较低,仍需进行路堤的稳定验算。水泥土搅拌桩复合地基一般不会出现路堤的失稳,广佛高速公路扩建工程软基试验段的经验是水泥土搅拌桩在施工 28d 龄期后,水泥土搅拌桩复合地基能承受较大的加荷速率。但江苏省连徐高速公路在某标段出现了两处粉体搅拌桩处理路段路基滑移,此外还出现多处路堤开裂问题。所以,水泥土搅拌桩复合地基的路堤稳定计算仍然需引起高度重视。

一、总应力法计算水泥土搅拌桩复合地基路堤稳定

地基的抗剪强度 τ 可采用天然十字板抗剪强度,或采用直剪快剪强度指标,路堤填料抗剪强度采用直剪快剪指标 c_q、φ_q。

$$F=\frac{\sum S_i+\sum(S_j+p_j)}{p_T} \tag{14-1}$$

式中:i、j——如图 14-4 所示,下标 i、j 是区分土条底部的滑裂面是在地基土层内(AB 弧)或在路堤填料内的分条编号,即按地基滑裂面及路堤滑裂面分两大段分别编土条顺序号;

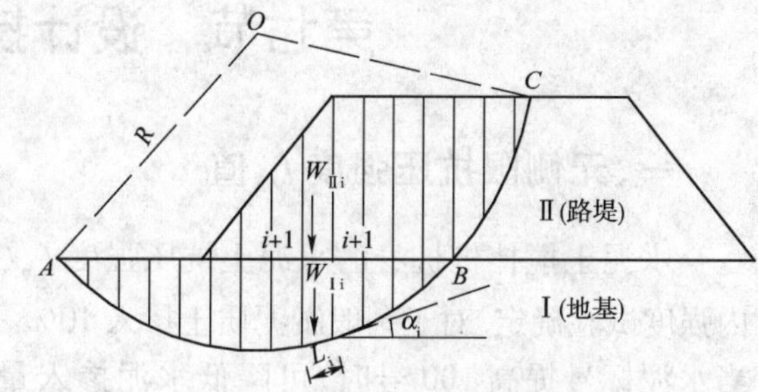

图 14-4 安全系数计算简图

p_T——各土条在滑弧切线方向的下滑力总和,$p_T=\sum(W_i\sin\alpha_i)+\sum(W_j\sin\alpha_j)+\frac{M}{R}$;

S_i——地基土内(AB 弧)抗剪力,$S_i=\tau_i L_i$(不考虑固结作用时),或 $S_i=W_i\cos\alpha_i\tan\varphi_{qi}+c_{qi}L_i$;

S_j——路堤内(BC 弧)抗剪力,$S_j=W_j\cos\alpha_j\tan\varphi_{qj}+c_{qj}L_j$;

W——滑裂体某一土条(下标可为 i 或 j)的总重力,$W_1=W_{oi}+W_{\mathrm{I}i}$(kN);

W_{oi},$W_{\mathrm{I}i}$——当第 i 土条的滑裂面处于地基内(AB 弧)时,滑裂面以上该土条中的地基自重力及路堤自重力(kN);

α——土条底部滑裂面对水平面的夹角;

L——土条底部滑弧长(m);

R——滑裂面半径(m);

c_{qi},φ_{qi}——当第 i 土条的滑裂面处于地基内(AB 弧)时,该土条所在土层的快剪(直剪)黏聚力 c_q(kPa)及快剪内摩擦角 φ_q;

c_{qj},φ_{qj}——当第 j 土条的滑裂面在路堤填料内(BC 弧)时,该土条滑裂面所处路堤填料黏聚

力 c(kPa)及内摩擦角 φ；

p_j——当第 j 土条的滑裂面在路堤填料内时，若该土条滑裂面与设置的土工织物相交，则 P 为该层土工织物每平方米宽（顺路线方向）的设计拉力；

M——某些外力（如水平向地震力产生的对滑裂面圆心的滑动力矩）；

τ_i——当第 i 土条的滑裂面处于地基土层内时，该土条滑裂面所处地基土层的天然十字板抗剪强度；当第 i 土条的滑裂面处于地面以下复合地基区区域深度内时，式中复合地基的抗剪强度（τ_i）应考虑桩体对土的置换率计桩土应力比，按下式计算：

$$\tau_i = (1 - \eta)(c_{ui} + \mu_s U_i r_{1i} h_{1i} m_i) + \eta\tau_c \tag{14-2}$$

式中：τ_c——复合地基区域内水泥土的抗剪强度，按第十四章第六节二中取值；

其他符号意义同前。

二、水泥土搅拌桩抗剪强度参数的选取

水泥土桩的抗剪强度以总强度 τ_c 表示，可钻取试验路段水泥土桩龄期为 90d 的原状试件测无侧限抗压强度，按其无侧限抗压强度 q_u 的一半计算；也可按设计配合比由室内制备的水泥土试件测得的无侧限抗压强度乘以 0.3 折减系数求得，即

$$\tau_c = 0.3q_u \tag{14-3}$$

第七节　设计技术参数的选取

一、无侧限抗压强度 f_{cu} 值

水泥土搅拌桩桩身的水泥土抗压强度 f_{cu}（一般采用 90d 龄期的强度标准值）主要根据室内强度试验确定，对于一般淤泥质土掺入 10% ~20% 的水泥，其强度的标准值可达 1 ~2MPa，当水泥标号提高 100 号时，可降低水泥掺入量 2%。但由于影响水泥土强度的因素比较复杂，被加固软土中的有机质、可溶盐含量，软土中水的酸碱度（pH 值）和硫酸盐的含量都将影响水泥土的强度，因此搅拌桩设计前必须进行室内配比试验，选择合理的水泥品种、掺入比和适宜的外加剂。

二、桩身强度折减系数 η

桩身强度折减系数是一个与工程经验以及拟建工程的性质密切相关的参数。工程经验包括对施工队伍素质、施工质量、室内强度试验与实际加固强度比值以及对实际加固效果等情况的掌握。拟建工程性质包括工程地质条件、上部结构对地基的要求以及工程的重要性等。目前设计偏于保守，湿法时对淤泥（黏质土）取 0.2 ~0.3，对粉土取 0.3 ~0.35。

三、桩端地基土承载力折减系数 α

桩端地基土承载力折减系数 α 的取值与施工时桩端施工质量及桩端土质等条件有关，取 0.4 ~0.6（广东省 DBJ15-38—2005 取 0.6 ~0.8）。当桩较短且桩端为较硬土层时取高值。如果桩端施工质量不好，水泥土桩没能真正支承在硬土层上，桩端地基承载力不能发挥，且由于机械搅拌破坏了桩端土的天然结构时，α 取低值；反之，桩底质量可靠时，则可取

较高值。

广东地区(尤其珠江三角洲一带)的水泥土搅拌桩一般较长且桩端无较好土层,所以一般 α 取低值。

四、桩土应力比 n''

桩土应力比对地基稳定性验算和承载力计算(应力比法)十分重要。宜用当地试验工程或类似工程的试验确定。无资料时,可取用3~6,当桩底土质好,桩间土质差取高值;否则取低值。

广东地区的三项工程中,桩土应力比的变化范围是3.25~8.18,建议类似工程计算时采用桩土应力比 $n''=3\sim5$。

五、桩长 L 的确定

桩长的选择是水泥土搅拌复合地基设计中重要问题之一。通常而言,短桩承载力受桩侧、桩端土的阻力所控制,而对较长的桩,往往受桩身材料强度的控制。

(1)考虑承载力的临界有效桩长 l_c

水泥土搅拌桩的桩身强度一般是有一定限度的,所以在荷载作用下,桩体的变形、轴力和侧摩擦阻力主要集中在深度 $0\sim l_c$ 这部分桩体上,对大于 l_c 的那部分桩体,它的变形、轴力和侧摩擦阻力发挥较小。不难看出,从搅拌桩承载力角度来说,存在着一个临界有效桩长 l_c,当桩长超过此长度时,单桩的竖向承载力就不会再因此而有所提高。水泥土搅拌桩桩身强度一般为1.0~1.2MPa(水泥掺入比为12%左右时),根据式(14-1)计算,直径 ϕ500mm 的单头搅拌桩的有效长度为7m左右,而直径 ϕ700m 双头搅拌桩的有效桩长为10m左右。当然,可以增大水泥掺入量提高水泥土搅拌桩的刚度来使有效桩长 l_c 增加,但是这种增加量是很有限的。另外,过高的桩身强度对复合地基承载力的提高以及桩间土承载力的发挥是不利的。因此,单从满足地基设计承载力要求角度考虑,在选定桩长时,应依从于按式(14-1)得到的地基对桩的支承力,与按式(14-2)桩身强度所确定的单桩承载力相近为原则,通常使后者计算的值略大于前者较安全和经济。

(2)桩长还要通过地基变形计算予以确定(即变形控制桩长)

对于软土地基,水泥土搅拌桩复合地基的设计,除了满足地基承载力的要求外,还要解决和控制地基的变形问题。因此,上述以地基对桩的支承力和以桩身强度确定单桩承载力相同为原则所定出的桩长,还不一定能控制地基变形值在许可的范围,尚需进行地基的变形计算,以最终确定设计桩长。地基内的竖向应力随着深度而逐渐减少,荷载分布面积越宽,则向下传递荷载的深度也就越深,也即是竖向应力随深度的减少程度越不明显。

荷载宽度对地基内的附加应力的大小影响很大。有人比较过相同荷载密度 p_0,不同宽度 B 地基下附加应力大小。结果是荷载宽度 $B=2$m 时,地表下深度6m处的附加竖向应力很小,$\sigma_z=0.05p_0$;当荷载宽度扩大10倍($B=20$m)时,同一深度6m处的附加竖向应力却依然很大($\sigma_z=0.89p_0$),因而其下卧软土层内较高的竖向附加应力将会引起较大的地基变形。

所以,在深厚的软土地基中,路堤基础下选用的设计桩长,要比相同荷载,狭窄条形基础下的桩要长,方可达到减小地基变形的目的。由此说明,在选定设计桩长时要考虑荷载分布面积大小的因素。公路工程实践表明,当软土层较厚时,从减小地基变形量方面考虑,桩就得设计长些,原则上,桩应穿透软土层达到下卧强度较高的土层为好。

六、桩间土的承载力折减系数β

桩间土承载力折减系数β是反映桩土共同作用的一个参数,与桩的绝对沉降值有关,桩的沉降越大,桩周软土承载力越能发挥。因此对于桩端未达硬土的摩擦桩,一般取$\beta=0.5\sim0.9$;对于桩端为硬土的摩擦支承桩则取$\beta=0.1\sim0.4$;当不能考虑桩周软土作用时,$\beta=0$,这种状态与刚性桩的单桩承载力计算方法相类似。

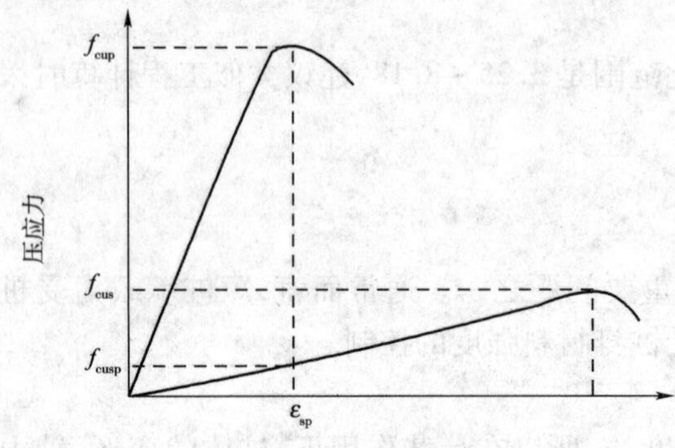

图 14-5 水泥土和天然土的应力—应变关系

从水泥土和天然土的应力—应变关系曲线(图 14-5)可见,在发生与水泥土极限应力值(f_{cup})相对应的应变值(ε_{sp})时,天然地基土所能提供的应力值却远小与于其极限应力值(f_{cus})。所以,考虑水泥土搅拌桩复合地基的变形协调,引入折减系数β无疑是必要的。它的取值与桩间土和桩端土的性质,搅拌桩的桩身强度和承载力、养护龄期等因素有关。桩间土较好,桩端土较弱、桩身强度低、养护龄期较短,则β值取高值;反之,则β值取低值。

地基刚度不同也会影响桩间土承载力的发挥。在工业与民用建筑中,水泥土桩顶一般都有刚性的混凝土承台,由于桩间土的变形模量远小于桩的变形模量,桩间土强度得不到充分的发挥。而在高速公路中,水泥土桩顶有刚度较低的砂垫层,在荷载作用下,桩必然要向垫层刺入,致使桩间土的利用程度得到很大的提高。所以,在选取值时要考虑基础刚度和桩间土强度可以发挥这个因素。

确定β值还应根据路基对沉降要求有所不同。当工程对沉降要求控制较严时,即使桩端为软土,β也应取小值,这样较为安全;当工程对沉降要求控制较低时,即使桩端为硬土,β也可以取大值,这样较为经济。

第八节　沉降控制设计理论

一、水泥土搅拌桩复合地基优化设计

1. 水泥土搅拌桩复合地基的选择

公路工程采用水泥土搅拌桩复合地基主要是为了减少沉降量。当软弱土层较厚时,采用复合地基往往是为了控制沉降,复合地基在这方面有较大的优点。若软土层很薄,基岩又很浅,采用桩基础可能优于复合地基。由于水泥土搅拌桩复合地基需要通过一定的沉降量来协调发挥桩土共同承担荷载,对沉降量控制非常严格的公路地段不宜采用水泥土搅拌桩复合地基技术。

2. 水泥土搅拌桩复合地基的应力场、位移场特点

将水泥土搅拌桩复合地基加固区视为一复合土体,有限元分析表明,在上覆路堤荷载作用下,与均质地基相比,复合地基中高应力区往地基深部下移,而且高应力值减小,附加应力

影响范围加深。

上述这一水泥土搅拌桩复合地基的应力场特征也决定了复合地基的位移场特性。这里举一例子，水泥土搅拌桩复合地基设计参数为：水泥掺入量15%，桩直径500mm，桩长15.0m，复合地基面积置换率18.0%，水泥土桩体模量取120MPa。图14-6是表示均质地基与水泥土桩加固地基沉降量的对比。1c、2c、3c表示复合地基加固区压缩量、复合地基加固区下卧层压缩量和复合地基总沉降量，1、2、3则分别表示地基不加固情况下相应土层的压缩量。

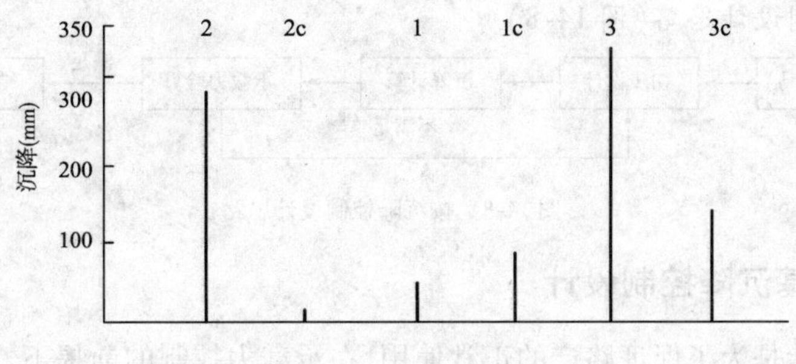

图14-6 加固效果比较图

从图14-6可看出复合地基沉降量3c比天然地基沉降量3大为减小。但同时加固区土层压缩量1c大于相应天然土层压缩量1，因为深部附加应力大。这说明，要减小复合地基沉降量，依靠提高复合地基面积置换率，或提高桩体模量来减小加固区压缩量1c是有限的。

因此进一步减小水泥土搅拌桩复合地基沉降量的关键是减小复合地基加固区下卧层的压缩量，减小下卧层部分的压缩量最有效的办法是增加加固区厚度，减小下卧层中软弱土层的厚度。

3. 水泥土搅拌桩优化设计的思路

公路工程中采用水泥土搅拌桩复合地基主要是为了减少沉降，优化设计非常重要。

从水泥土搅拌桩复合地基位移场特性可知，复合地基加固区的存在使附加应力高应力区向下伸展，附加应力影响深度变深。当软土层较厚，且软弱下卧层也较厚时，下卧层压缩量所占复合地基总比例是很大的。因此，为减少总沉降，最有效的方法是减小下卧层压缩量，减小下卧层压缩量最有效的方法是加深复合地基加固区深度，从而减小软弱下卧层厚度。增加复合地基面积置换率和增加桩体刚度可使加固区压缩量减小，但因其本身压缩量已很小（所占总沉降量比例也很小），进一步减小的比例不是很大。值得注意的是，增加桩刚度和面积置换率则可能加大下卧层附加应力，反而会使下卧层压缩量增大。

从上面分析可以得出如下水泥土搅拌桩优化设计思路：

(1)置换率和桩体强度必须满足复合地基承载力设计要求，满足承载力前提下，增加加固区深度可有效减小地基沉降。但满足承载力前提下，继续增大面积置换率和桩体刚度，对减小复合地基沉降效果不明显，反而有害。

(2)水泥土搅拌桩复合地基的附加应力分布，加固区按深度可采用变刚度分布，以减小压缩量。一是桩体用变刚度设计，浅部用较大刚度，深部用较小刚度。施工方便时，水泥土搅拌桩浅部可加大水泥掺量，深部用较低掺量（一般情况下上部多喷搅一次或几次）。二是沿深度采用不同的面积置换率，即采用长短桩水泥土搅拌桩复合地基。

二、两种设计思路

1. 按承载力控制设计思路(图 14-7)

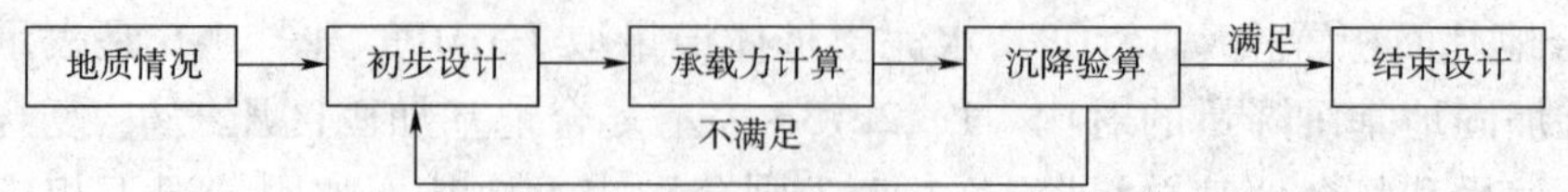

图 14-7 按承载力控制设计思路

2. 按沉降控制设计思路(图 14-8)

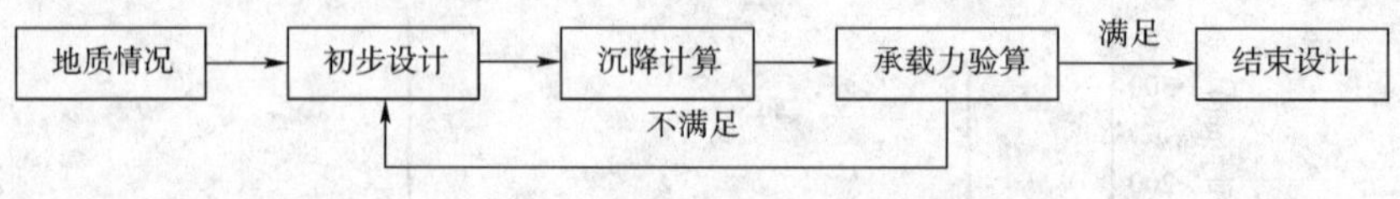

图 14-8 按沉降控制设计思路

三、复合地基沉降控制设计

沉降控制设计是为了保证路产的正常使用,在承载力控制的前提下,强调沉降控制在一定的允许范围内。按沉降控制设计思路特别适用于复合地基设计。下面介绍复合地基沉降控制设计思路。

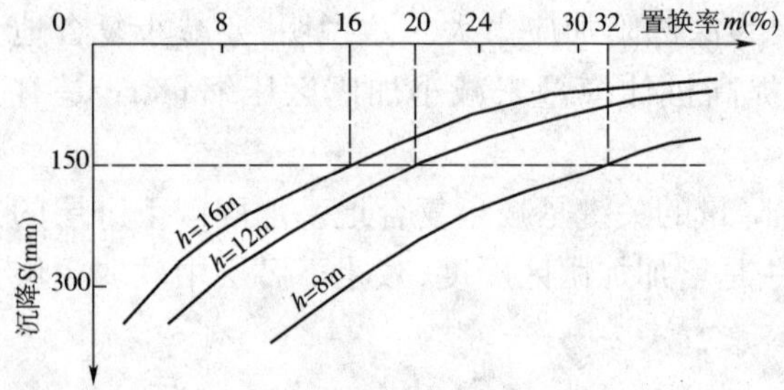

图 14-9 复合地基置换率与沉降关系曲线示意图

复合地基沉降控制设计可以这样进行。对一具体工程可以按不同的加固区深度计算复合地基面积置换率与复合地基沉降的关系曲线,如采用三种不同深度,则不同加固区深度情况下复合地基面积置换率与复合地基沉降关系曲线如图 14-9 所示。由图可知,当沉降量控制值为 150mm 时,加固区深度取 16m 时,面积置换率可取 16%,加固区深度取 12m 时,面积置换率可取 20%,加固区深度取 8m 时,置换率高达 30% 时还不能满足要求。通过经济比较取某一技术可行方案时,再验算复合地基承载力,满足要求即可。如不能满足要求,可通过提高置换率来达到满足地基承载力要求。

第九节 公路工程中水泥土搅拌桩复合地基设计中值得关注的问题

一、泥炭质土、有机质土地基加固设计问题

一般认为,水泥土搅拌法不宜在泥炭土中适用,除非有令人信服的试验结果。

根据灼失量试验所得到的有机质含量 W_u 值,可对有机质土进行区分(表 14-1)。

土按有机质含量分类 表 14-1

分类名称	无机土	有机质土	泥炭质土	泥炭
有机质含量 W_u(%)	$W_u<5$	$5\leqslant W_u\leqslant 10$	$10\leqslant W_u\leqslant 60$	$W_u\geqslant 60$

注:当 $\omega>\omega_L$,$1.0\leqslant e\leqslant 1.5$ 时称淤泥质土;当 $\omega>\omega_L$,$e\geqslant 1.5$ 时称为淤泥。

泥炭的特征是:黑色,味臭,结构松散,土质很轻,暗无光泽,干缩现象极为明显。有机质土、泥炭土的特征是:呈深灰色或黑色,有臭味,能看到未完全分解的动植物残体,浸水体胀易崩解,干燥后体积收缩明显。这里给出若干有机质土、泥炭质土的一些主要物理、力性质指标的典型值(表 14-2)。

有机质土、泥炭土的一些主要物理、力学性质指标的典型值 表 14-2

土 名	泥炭质土	有机质土	泥炭化黏土
重度 γ(kN/m^3)	14.4	15.7	12.3
孔隙比 e	1.71	1.72	4.62
含水率 ω(%)	62	67	216
压缩模量 E_S(MPa)	1.92	1.9	1.1

这类土的特点是含水率高,孔隙比大和压缩模量很低。所以在采用水泥土搅拌桩时,提高水泥的强度是个关键问题。在我国西南地区采用水泥土搅拌法时曾遇到一个沼泽泥炭质土地基加固工程,该泥炭质土如单用水泥加固,即使掺入比达 30%,加固土的强度也难以达到 300kPa,使水泥加固泥炭质土技术经济效益较差。但后来发现制造磷酸时的废渣—磷石膏对泥炭质土加固有特殊效果。掺加一定数量的磷石膏的水泥土强度比不掺加磷石膏的强度增加数倍。能有这样的加固效果主要是因为水泥—磷石膏除了与水泥有相同的胶结作用外,还能与水泥水化物反应产生大量钙矾石。钙矾石一方面因膨胀填充于水泥土部分孔隙,另一方面其针刺状或柱状晶体在孔隙中相互交叉,和水化硅酸钙共同组成空间结构,起到支撑孔隙的作用,因而提高了水泥土的强度。

磷石膏对泥炭质土、淤泥、淤泥质土以至粉土等大多数轻黏土均有增强效果,尤其是对土质越差的泥炭质土、有机质土,越能取得明显的增强效果,磷石膏增强试验结果见表 14-3。

磷石膏增强试验 表 14-3

加固土样	主要物理指标			加固配方	磷石膏掺量(占水泥%)	无侧限抗压强度 f_{cu}(kPa)			磷石膏增强效果(与不掺加磷石膏强度的倍数)		
	γ(kN/m^3)	ω(%)	e			7d	30d	90d	7d	30d	90d
云南淤泥质土	13.7	142	3.31	H_{25}		114	134	182			
				$H_{25}g_5$	20	360	687	900	3.2	51	5.0
				$H_{25}g_{10}$	40	222	840	1100	1.9	6.3	6.0
				$H_{25}g_{15}$	60	238	1054	1380	2.1	7.9	7.6
云南淤泥质粉质黏土	17.2	47	1.28	H_{10}		321	440	667			
				$H_{10}g_2$	20	400	1320	1780	1.3	3.0	2.7
				$H_{10}g_4$	40	262	600	1120	0.8	1.4	1.7
福建淤泥	16.1	70	1.77	H_{18}		379	761	1107			
				$H_{18}g_{36}$	20	1170	2695	3857	3.1	3.5	3.5
				$H_{18}g_{72}$	40	480	1003	2318	1.3	1.3	2.1

杭州市园林局管理局在西湖边建设一多层建筑物时遇到泥炭质土,基础正好位于该层层面。泥炭质土层厚 0.7 ~ 1.5m,ω = 175%,重度 γ = 12.5kN/m^3,孔隙比 e = 4 ~ 6,有机质含

量18.2%，pH=5.6，地基加固选用水泥土搅拌法。

常规水泥土配合比室内试验结果见表14-4，显然不能满足工程要求。

水泥土配合比室内试验结果 表14-4

水泥掺入比	水泥土试块强度f_{cu}(kPa)			
	7d	30d	60d	90d
15%	151	225	287	330
20%	288	326	411	574

经试验，采用17%的水泥掺入比，加入3%的石膏粉，52d龄期其无侧限抗压强度f_{cu}=1.3~1.4MPa。

桩机测试情况为：

(1)7d的N_{10}较同层位高3~10倍；

(2)90d的f_{cu}=1.8~3.8MPa，平均为2.3MPa；

(3)复合地基静载试验取得的平均复合地基承载力=103kPa=2.45天然地基承载力。

有人对昆明的若干典型土层(包括泥炭土)进行水泥配合比的试验，结果(表14-5)表明，水泥中加入磷石膏5%后可以使水泥土强度提高2~4倍，对泥炭土和淤泥则更显著。桩径ϕ500mm，桩长7m的单桩承载力标准值在120kN左右。

各类软土的水泥土试块强度 表14-5

加固土体	水泥掺入比(%)	磷石膏掺入比(%)	试块无侧限抗压强度f_{cu}(kPa)		
			7d	60d	90d
泥炭质土	15	0	102~200	142~600	155~780
	15	5	219~520	604~840	1007~1540
淤泥	15	5	170~645	318~1210	1145~1700
轻亚黏土	15	5	(15d) 560~660		
亚黏土	15	5	(15d) 1100~1215	(30d) 3380~3480	

综上所述，在遇到有机质土、泥炭土时，除了在设计前要进行室内水泥土配合比试验外，在水泥中掺入一定剂量的磷石膏可以提高水泥土的抗压强度。

在水泥掺入量不变的情况下，加大磷石膏的掺量对于泥炭质土来说，可以取得明显的效果，一般磷石膏的掺量应为水泥量的20%以上，可根据工程要求具体选择掺入量。但广东省标准DBJ 15-38—2005规定水泥土搅拌法不得在泥炭土中使用。

二、风化残积黏土地基加固设计问题

广东省地处亚热带潮湿地区，区内基岩广泛出露，经长期的风化作用，形成具一定厚度的残积、坡积黏土、粉质黏土，局部为红黏土和粉土。总体上，这些残积、坡积土具有下列特点：

(1)具有风化土的“上硬下软”典型特征，即上部含水率低、承载力高，构成上部硬土层，下部含水率高、承载力低，构成下部软土层。在基岩岩面上2~3m范围，特别是在地势低洼和基岩面凹陷地带，由于处于汇水地带，地下水水位高，土体中富含水分，导致土体软化，承载力降低，压缩系数a_{1-2}=0.6~0.9MPa^{-1}，地基土压缩模量E_s=2.4~3.9MPa，构成相对的低承载力、中高压缩性的“软弱”地基土。

(2)土层结构复杂:由于受基底原岩化学成分、地下水活动方式和堆积地貌环境的影响,土层类别复杂,黏土、粉质黏土、红黏土、粉土混杂产出,特别是沿水平方向多呈交替出现。

(3)这些黏土和粉质黏土失水硬化,吸水软化,其自由膨胀率17%~22%,具一定的膨胀性,但达不到国家现行规范确定的膨胀土类别(膨胀土的自由膨胀率一般大于40%)。

(4)均具有较强的黏韧性,土的密实度较大,孔隙比多介于0.6~0.9。

此类土与水泥搅拌均匀时形成水泥土的强度较高,然而由于此类土黏性强搅拌施工时常出现搅拌不均匀的现象。在风化残积黏性土场地施工深层搅拌桩,因土体黏韧性强、含水率较高、土体较密实等特点,水泥土深层搅拌桩体常存在下列质量问题:

(1)桩身上存在泥片或泥快,构成“夹芯饼”,在桩中心形成直径110~180mm的水泥柱,其他部位水泥含量则很低;

(2)土体包裹搅拌头,提升、下钻时产生侧向挤压力,经常出现卡钻现象;

(3)水泥浆与土粒搅拌往往不均匀,在桩的边缘形成3~6mm厚的水泥外壳。

所以设计时对此类土应有专门的施工要求,水灰比宜使用0.4~0.5:1的浓水泥浆,以减少浆液流动性、控制地面返浆量。工艺上宜使用“四搅四喷”,增加对黏土的搅拌次数。施工机械上宜对钻头加工,使其切割、扰动土体更充分。具体的施工参数应由试桩工艺确定,试桩后14d取芯检查桩身水泥土的搅拌均匀程度。

三、暗浜区(池塘区)的地基加固设计

珠三角河网密布,高速公路工程所经过的路线长,不少场地分布着暗浜和池塘。池塘通常在“三通一平”时填平,而回填的土一般未经过或作轻微的压碾,非常松散,在池塘底夹有淤泥。在暗浜内,分散含有腐殖质和生活垃圾等,上覆路堤一部分坐落在浜(塘)区,一部分处在好土层上。设计人员常规做法是,清淤后回填土,并经压路机碾压。通常由于回填土的来源不足,或回填土的土质各异,再加上压路机碾压很难做到规范所要求的密实度等原因,这种常规的“清淤后回填”的处理措施难以达到预期效果。鉴于搅拌桩上部(5~8)倍桩径(d)范围内桩身受力较大,而池塘底部,暗浜的埋深大体上也在此范围内。因此如果对池塘、暗浜区的水泥土搅拌桩不作另外处理,则塘(浜)区的水泥土搅拌桩复合地基承载力要低于非池塘(暗浜)区,而且池塘(暗浜)区内的沉降量也要比非池塘(暗浜)区大。所以,设计时可采用以下两种措施:

(1)通常增加短桩,同时提高桩的面积置换率。可在原布桩的间隔内加插短桩,短桩的长度根据池塘(暗浜)区的池塘底部或暗浜的埋深和分布范围而定,但长度宜超过1~2m。

(2)另外,根据需要增加池塘(暗浜)区内搅拌桩上段的水泥掺入量,提高桩身无侧限抗压强度,也是一种较好的辅助措施。

实践经验表明,增加短桩、提高面积置换率可取得很好的效果。

四、布桩的原则

1.桥台过渡段的布桩

通过求解车辆在高速公路上高速行驶的运动轨迹方程,可以得出路基路面不均匀沉降引起的车辆跳动的最大高度和水平运动距离。一般路堤沉降允许值为30cm(公路软土地基路堤设计施工规范),从这里进入过渡路段,当车速为大于80km/h,过渡长度分别为5m,

10m,15m 时,计算结果见表 14-6。

车辆在过渡路段行驶时的最大跳动距离　　表 14-6

过渡段长度(m)	最大跳动距离	车速(km/h)		
		80	100	120
$L=5$m	水平(m)	5.84	9.12	13.10
	垂直(cm)	9	14	20
$L=10$m	水平(m)	2.95	4.60	6.61
	垂直(cm)	2	4	5
$L=15$m	水平(m)	1.97	3.07	4.42
	垂直(cm)	1	2	2

由上述计算可知,当车速为 120km/h,过渡段为 15m 时,水平跳动的最大距离为 4.42m,车辆跳高为 2cm。如果过渡段为 20m,车辆跳动的水平距离为 3.30m,跳高小于 2cm;如果过渡段设计为 30m 时,跳动的最大水平距离为 2.20m,跳高小于 1.5cm。

必须指出,用车辆行驶的轨迹方程来计算过渡路段的长度仅是一种理论方法,考虑的因素比较单一,对于软土地基的厚度、土质、加固方法、路堤填土、容许纵坡差等因素也应充分重视。

为协调桥台、过渡段、一般路堤三者的沉降变形,使路线纵坡平顺。水泥搅拌桩沿路线方向常设计为变间距的形式。在桩端没有硬持力层时,宜使用变间距的方式,以免出现"悬桩"而产生过大的沉降。在桥台处设有反压护道防止桥台沿路线方向滑塌时,其下也应布桩。变桩长一般不采用,因为施工较难控制。

广东省佛开高速公路有桥台、涵洞、通道共 61 座,需处理的过渡段有 122 个,均为 20~30m 长,地基处理效果比较理想。广东省佛开高速公路软基桥台,涵洞、通道等过渡段加固长度由 20m、22m、24~30m 不等。京珠高速公路广珠东线灵山试验路段横历桥头过渡段的加固长度为 25m。以上加固方法均为水泥土搅拌法,桩径 50cm,桩间距为 1.1m、1.4m、1.8m,将过渡段均分为三段,靠桥段 1.1m,中间段 1.4m,远离段为 1.8m,所有的桩端均搁置在硬土层上,桩长有 12~15m 不等。水泥掺入比 17%,两次搅拌,加固后采用 N_{10} 动力触探,抽芯,荷载试验检验。目前公路已运营多年,情况良好。

2. 通道及涵洞下的布桩

通道及涵洞地基使用水泥土搅拌桩加固时,若周围路段使用其他地基加固方式,两者的差异沉降会在水泥土搅拌桩复合地基界面处产生负摩擦,有可能加大水泥土搅拌桩复合地基的沉降。为减少这种影响,一般在通道、涵洞基础外增设一定数量的隔离桩,加大处理宽度。广东省佛开高速公路管涵基底及基础边缘外延 3m 左右,箱涵、盖板涵及箱形通道基础外缘外延 5m 左右。

3. 暗浜(池塘)区水泥土搅拌桩的布置

由于暗浜内填充物性质不一、松硬不匀的缘故,所以在暗浜区内应加密布桩,一部分的桩要以穿透暗浜深度为宜;一部分宜为短桩,以增加面积置换率。

五、路堤基础下的水泥土搅拌桩复合地基性状的探讨

工程理论和实践分析表明基础刚度大小对荷载作用下复合地基性状有重要的影响。在

公路工程中,路堤自身刚度小,在荷载作用下,水泥土搅拌桩可能会刺入填方路堤中,桩与桩间土的沉降是不一致的。在路堤这种柔性荷载作用下水泥土搅拌桩复合地基性状的研究开展的还不太充分。马时冬(2001 年)在泉(州)厦(门)高速公路软基试验段进行了水泥土搅拌桩桩土应力比和复合地基变形规律的现场试验。杨少华等在沪杭高速公路浙江段某桥头路堤进行了水泥土搅拌桩复合地基的现场和室内试验研究。广东省在京珠高速公路广珠段灵山软基试验段、广佛高速公路扩建工程软基试验段、西部沿海高速公路阳江段和珠海软基试验段等工程中都开展了路堤下水泥土搅拌桩复合地基性状的试验研究。

广东省广佛高速公路扩建工程软基试验段(K7 +916.568 ~ K8 +160)主要地层岩性为素填土(厚 1.3 ~2.9m)、淤泥(厚 3.2 ~5.9m)和亚黏土(厚约 3.3m)。采用水泥土搅拌桩对地基进行加固,试验区各断面地基处理设计见表 14-7。

广佛高速扩建工程软基试验段各断面地基处理设计一览表 表 14-7

断面号	水泥土搅拌桩			土工织物	垫层 50cm	超载(m)
	桩间距	布桩形式	桩长			
A 断面	1.2	正三角形	7.0 ~8.0m,打穿淤泥层	一层土工格栅 + 一层土工布	砂性土	1.5
B 断面	1.0	正三角形		两层土工格栅	砂性土	1.5
C 断面	1.2	正三角形		两层土工格栅	碎石	1.5

下面结合多条高速公路中关于水泥土搅拌桩的试验成果对路堤基础下的水泥搅拌桩复合地基性状进行探讨。

1. 路堤荷载下水泥土搅拌桩复合地基的桩土应力比

(1)桩土应力比的范围

桩土应力比是反映水泥土搅拌桩复合地基中桩体与桩间土协同工作的重要指标。桩土应力比大小的影响因素很多。桩、土相对刚度、荷载水平、复合地基面积置换率、荷载作用时间、垫层厚度、加固区下卧层土的刚度、桩间土的工程性质等因素对桩土应力比的大小都将产生影响。公路工程中路堤基础刚度小,其水泥土搅拌桩复合地基中桩土性状与刚性基础有明显的不同。软土地区的桩土应力比宜用当地工程试验或类似工程的试验确定。

以下是一些工程实测填土完工后,土压力趋于稳定时的桩土应力比,实测的桩土应力比见表 14-8。

一些工程实测的桩土应力比 表 14-8

序号	工程名称	路堤高度(m)	桩土应力比
1	广佛高速公路扩建工程试验段	6.2 左右	3.25 ~4.88
2	广珠准高速铁路	6.8	4 ~5
3	佛山环城快速路软基试验段	4	8.18
4	泉厦高速公路软基试验段	5 ~6	5 ~6
5	沪杭高速公路浙江段粉喷桩试验段	5 ~6	1.2 ~1.4

广东地区的三项工程中,桩土应力比的变化范围为 3.25 ~8.18,建议类似工程计算时采用桩土应力比 $n' = 3 \sim 6$,当桩底土质好,桩周土质差时取高值,否则取低值。

(2)桩土应力比随荷载及时间的变化

影响桩土应力比 n 的因素很多,n 的变化范围比较大。以下结合广东省广佛高速公路扩建工程软基试验段水泥土搅拌桩的试验成果,对桩土应力比随荷载及时间的变化规律进行分析。

实测桩土应力比见图 14-10、图 14-11 与图 14-12。

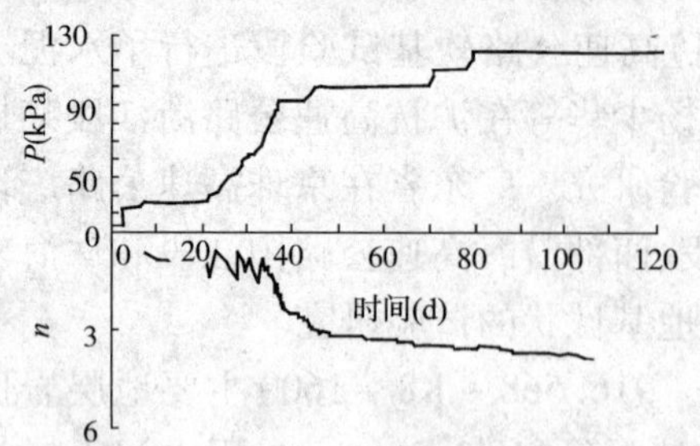

图 14-10 A 断面填土荷载—实测桩、土应力比关系曲线

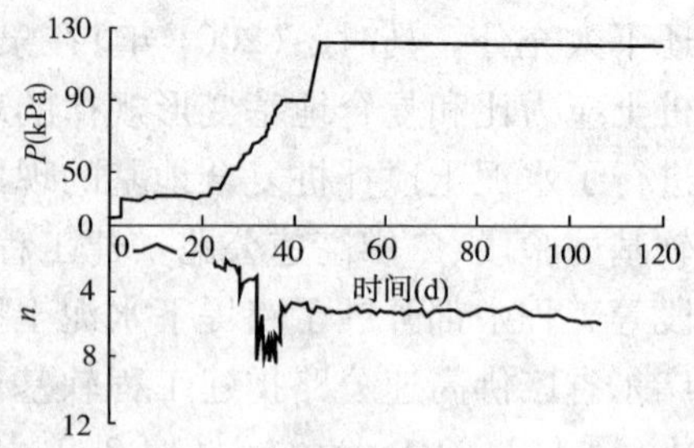

图 14-11 B 断面填土荷载—实测桩、土应力比关系曲线

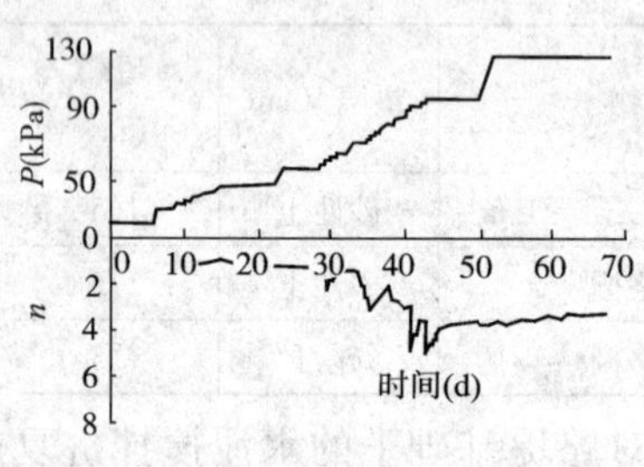

图 14-12 C 断面填土荷载—实测桩、土应力比关系曲线

总体上桩土应力比随荷载的增大而增大，荷载水平较低（路堤高度 <2m）时，桩土应力比较小接近 1，此时土承担大部分上部荷载；随着荷载的增加（路堤高度 2 ~ 4.5m），桩顶应力逐渐增大，而此时桩间土的应力反而减少，增加的荷载基本由桩体承担，桩土应力比急剧增大；荷载进一步增加（路堤高度 >4.5m）后，桩顶应力继续增加，桩间土应力也逐渐增加到低荷载时的应力值，桩土应力比有所降低并趋于稳定。桩间土的应力值的变化，可能与土工织物的作用有关。

桩土应力比在加载时间段内变化较大，在加载过程中，桩土应力比变化幅度大，反映了桩和土应力和变形不断调整的过程，在荷载稳定后，桩土应力比趋于稳定。随时间的增加桩土应力比略有增加，反映了荷载向桩体集中的现象，这可能是由于沉降的增大，土工织物的"兜体作用"的原因。

（3）基础刚度对桩土应力比的影响

基础刚度对桩土应力比的大小有一定影响，在其他条件相同下，桩土应力比随基础刚度增大而增大。刚性基础下，桩和土沉降比较一致，桩身应力集中，一般桩先于土进入极限状态；柔性基础下，桩与土之间会产生不协调的沉降，土首先承担较大荷载，正常情况下先于桩进入极限状态。刚性基础下水泥搅拌桩复合地基的桩土应力比一般较大，为 5 ~ 20；柔性地基的桩土应力比较小，一般为 3 ~ 6。所以，在水泥土搅拌桩复合地基设计时，在刚性基础下，一般在水泥土搅拌桩复合地基与基础底面之间设置一层柔性垫层以使应力分布均匀，减少桩顶应力集中现象，从而减小桩土应力比；在柔性基础下，一般桩顶设置土工织物复合垫层以更好地发挥桩体的承载作用，减少总体沉降和不均匀沉降。

马时冬（2001 年）对比了桥台、通道和路堤下的桩土应力比，也得出桥台与通道墙体基础下桩土应力比非常接近，且大于填土路堤下的桩土应力比的结论。

2. 路堤荷载下水泥土搅拌桩复合地基桩、土沉降的不协调性问题

刚性基础下的水泥土搅拌桩复合地基由于基础的刚度远比桩、土大，桩、土受基础边界条件的约束，桩、土的沉降是基本一致的。路堤刚度与桩、土的刚度基本相同，对桩土的约束不明显，路堤荷载下桩体有可能向路堤反向刺入，桩、土沉降并不一致。

广东省西部沿海高速公路阳江段和广佛高速公路扩建工程试验段沉降实测资料表明，桩顶沉降比桩间土沉降分别小 40% 和 27%。

表 14-9 为广佛高速公路扩建工程软基试验段 3 个断面的桩、桩间土沉降。

广佛高速软基试验段的水泥搅拌桩复合地基桩、桩间土沉降对比 表 14-9

断面 观测沉降	断面 A	断面 B	断面 C
桩间土沉降(mm)	43	33	45
桩顶沉降(mm)	39	28	38
桩间土沉降/桩顶沉降	1.10	1.18	1.18

由此可见,路堤荷载下桩土沉降是不协调的,桩间土的沉降为桩顶沉降的 1.1 ~1.5 倍。为使桩土变形协调,在桩顶铺设刚度较大的土工织物复合垫层是有必要的。

3.路堤荷载下水泥土搅拌桩复合地基的侧向位移

软土路基经水泥土搅拌桩加固处理后,加固区复合土体抗侧向变形的能力较大,一般不会发生较大的侧向变形。广佛高速公路扩建工程软基试验段的资料表明,三个断面中无论内侧、外侧侧向水平位移均较小,最大值为 30 ~50mm,这与较小的沉降量是相对应的。发生最大侧向位移的分别为路堤与淤泥交界面及边坡开挖坡脚处,与水泥土桩顶面组成最危险滑动面。水平位移统计表见表 14-10。

路堤侧向位移 表 14-10

观测断面		填土过程中			填土后		总位移(mm)
		最大速率(mm/d)	平均速率(mm/d)	累计位移(mm)	最大速率(mm/d)	平均速率(mm/d)	
A	内侧	4.3	1.16	29.0	—	—	—
	外侧	2.1	0.51	12.2	0	-0.2	12
B	内侧	2.8	1.4	33.9	0.10	2.3	36.2
	外侧	2.0	0.7	16.8	0.31	6.8	23.6
C	内侧	5.6	0.55	13.3	0.12	2.7	16.0
	外侧	10.7	2.0	48.1	0.22	4.9	53

六、垫层设置

水泥土搅拌桩复合地基中由粒状材料和土工织物(一般为土工格栅)组成的散体垫层的设置有利于桩、土共同承担荷载,调整桩、土荷载分担和减少桩顶水平应力集中,调整不均匀沉降,同时,还可以使桩的最大轴力由桩顶往下移。

桩的刚度和承载力分别高于桩间土的刚度和承载力,桩顶会刺入路堤这种相对柔性的基础(垫层也视为基础的一部分)。随着桩的相对向上刺入,桩顶上的垫层材料在受压缩的同时,会向周围流动,直到平衡。正由于桩向垫层的刺入及垫层向桩间土范围内的流动补偿,可减少桩和桩间土的相对变形量,从而延缓塑性区的开展。垫层的设置使桩、土的应力发生再分配,从而提高复合地基的承载性能,调整地基变形。

垫层作用使桩身最大轴力下移,对水泥土搅拌桩的承载力发挥有利。三轴试验表明,水泥土这类半刚性桩的强度随围压增大而增大。随着深度的增加,桩周土的围护作用增加,桩身强度也相应有所增大,这一点与桩身最大应力下移相适应,有利于复合地基承载力的提高。

垫层的作用对水泥土搅拌桩复合地基具有普遍意义,只要运用得当可取得意想不到的效果。垫层的设置应与充分考虑增强体和基体共同承担荷载。垫层可根据地基土承载力、桩的刚度、荷载的大小与作用形式综合考虑,选择合适的材料,确定合适的厚度。垫层刚度的大小会影响到桩与桩间土的不均匀沉降,如果垫层的刚度太低,则路堤下桩及桩间土的沉降差异将变得很大,形成一种桩是桩、土是土,桩与土互无影响的现象。公路工程中常用的水泥土搅拌桩桩顶垫层布置见图 14-13,垫层的厚度一般为 50 ~ 80cm。当地基土软弱、承载力低时应采用刚度较高的垫层[b)、c)、d)型],以增加桩顶应力集中,提高桩分担的荷载,减少桩土之间的差异沉降。当地基土承载力高时,垫层可适当减少厚度和降低刚度[a)型],充分发挥地基土的承载作用。

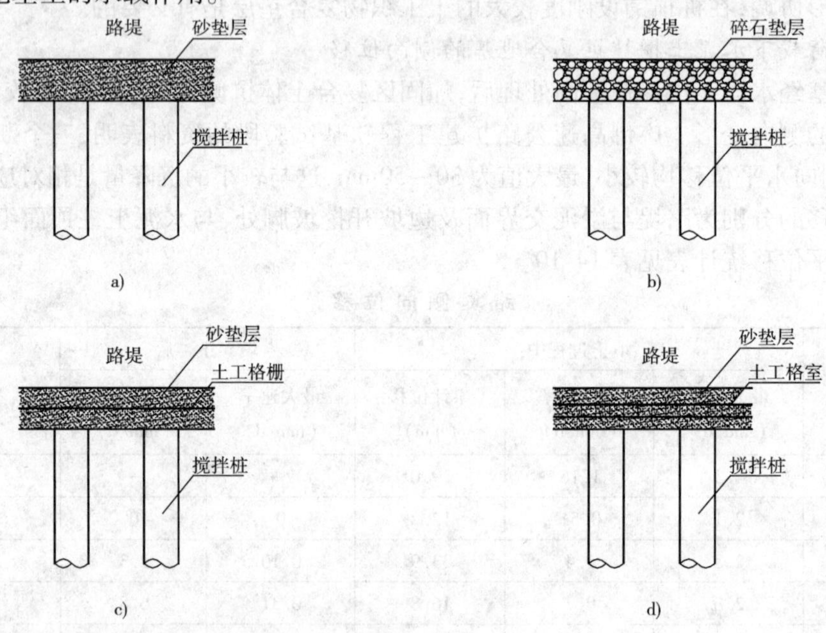

图 14-13　常用的垫层布置形式

第十节　水泥土搅拌桩造价预算

一、公路工程造价的构成

公路工程造价是指从公路建设项目的筹建到竣工、验收交付使用全过程中所需的建设费用,其构成由三部分(建筑安装工程费用、设备器具、工具购买费、其他费用等)组成。

公路工程建设项目概算、预算应分别以《公路工程概算定额》、《公路工程预算定额》、《机械台班费用定额》等为依据。编制概、预算时应根据概、预算定额规定的各工程项目的人工、材料、机械台班消耗量和规定的概、预算编制年工程所在地的人工费工日单价、材料预算单价和机械台班单价计算出各工程项目的工、料、机费用,并按规定计算各项费用。概、预算的材料、机械台班单价及各项费用的计算都应按国家的统一表格填写与反映。

概、预算文件由封面及目录,概、预算编制说明及全部概、预算计算表格组成。

建筑安装工程费包括直接工程费、间接费、施工技术装备费、计划利润及税金。

人工费、材料费、机械使用费按工程所在地的实际价格计算,为了使以费率计算的各项费用不受各地价格波动的影响，除税金外，均以概、预算定额基价为计算基数。为了区别不同的计算基数，采用以下名称：

定额直接费——即定额基价，指按《公路工程概算定额》、《公路工程预算定额》基价表计算的费用。定额直接费是计算其他直接费和现场经费的基数。

直接费——即工、料、机费，指按规定计算的工程所在地的人工费、材料费、机械使用费之和。

定额直接工程费——指定额直接费与其他直接费、现场经费之和，是计算间接费的基数。

直接工程费——指直接费与其他直接费、现场经费之和。

1. 直接工程费

直接工程费由直接费、其他直接费、现场经费组成。

(1)直接费

直接费是指施工过程中耗费的构成工程实体和有助于工程形成的各项费用，包括人工费、材料费、施工机械使用费。

①人工费：人工费系指列入概、预算定额的直接从事建筑安装工程施工的生产工人开支的各项费用，内容包括：基本工资、流动施工津贴和生产工人劳动保护费。

②材料费：材料费系指施工过程中耗用的构成工程实体的原材料、辅助材料、构(配)件、零件、半成品、成品的用量和周转材料的摊销量，按工程所在地的材料预算价格计算的费用。材料预算价格由材料原价、运杂费、场外运输损耗、采购及仓库保管费组成。

③施工机械使用费：施工机械使用费系指列入概、预算定额的施工机械台班数量，按相应的机械台班费用定额计算的施工机械使用费和小型机具使用费。

(2)其他直接费

其他直接费系指直接费以外施工过程中发生的直接用于工程的费用。内容包括冬季施工增加费、雨季施工增加费、夜间施工增加费、高原地区施工增加费、沿海地区工程施工增加费、行车干扰工程施工增加费、施工辅助费等七项。公路工程中的水、电费及因场地狭小等特殊情况而发生的材料二次搬运等其他直接费已包括在概、预算定额中，不再另计。

(3)现场经费

现场经费系指为施工准备、组织施工生产和管理所需的费用，内容包括：

①临时设施费：包括临时设施费是指施工企业为进行建筑安装工程施工所必需的生活和生产用的临时建筑物、构筑物和其他临时设施的费用等，但不包括概、预算定额中临时工程在内。

②现场管理费：现场管理费是指企业在现场为组织和管理工程施工所需的费用，包括基本管理费用和其他单项费用。单项费用为主副食运费补贴、职工探亲路费、职工取暖补贴、工地转移费四项。

2. 间接费

间接费由企业管理费、财务费用两项组成。

(1)企业管理费

企业管理系指施工企业为组织施工生产经营活动所发生的管理费用。内容包括：

①管理人员的基本工资、工资性津贴及按规定标准计提的职工福利费；

②差旅交通费；

③办公费；

④固定资产折旧；

⑤工具用具使用费；

⑥工会经费；

⑦职工教育经费；

⑧劳动保险费；

⑨职工养老保险及待业保险费；

⑩保险费；

⑪税金；

⑫其他费用。

(2)财务费用

财务费用系指企业为筹集资金而发生的各项费用,包括企业经营期间发生的短期贷款利润净支出、汇率净损失、调济外汇手续费、金融机构手续费,以及企业筹集资金发生的其他财务费用。

3. 施工技术装备费

施工技术装备费系指为施工企业逐步扩大施工技术装备的费用。施工技术装备费按定额直接工程费与间接费之和的3%计算。该项费用直接列入企业资本公积金。

4. 计划利润

计划利润系指按照国家有关规定的施工企业应取得的计划利润。计划利润按定额直接工程费与间接费之和的4%计算。

5. 税金

税金系指按国家税法规定应计入工程造价内的营业税、城市维护建设税及教育费附加。

二、计算实例

工程名称:广东省西部沿海高速公路珠海段软基试验段搅拌桩工程。

水泥搅拌桩配合比设计:32.5R 普通硅酸盐水泥,水泥掺入比 50kg/m(水泥掺入比约15%),桩径50cm,桩长14m,总长27720m,根数1980,3台机械单轴搅拌机械施工。预算算表见表14-11。

建筑工程预算表 表14-11

工程名称:广东省西部沿海高速公路珠海段软基试验段搅拌桩工程 金额单位:元

序号	编制依据	工程项目名称	单位	工程量	单价		合价	
					小计	人工费	合计	人工费
一		直接工程费	元				921656	
1		定额直接费	元				807129	91107
1)	2-81	深层搅拌桩 水泥掺入量12% 单轴	$10m^3$	544.28	1302.06	167.39	708685	91107
2)	2-82×3	水泥掺入量增加3%	$10m^3$	544.28	180.87	0.00	98444	0
2		其他直接费	%	3.07	807129		24779	
3		现场经费	元				72965	

续上表

序号	编制依据	工程项目名称	单位	工程量	单价		合价	
					小计	人工费	合计	人工费
1)		现场管理费	%	5.38	807129		43424	
2)		临时设施费	%	3.66	807129		29541	
4		流动施工津贴	工日	4795.11	3.50		16783	
5		价差	元				0	
二		间接费	%	7.93	904873		71756	
三		利润	%	6.50	976629		63481	
四		规费	元				6478	
1		上级(行业)管理费	%	0.60	831908		4991	
2		工程定额测定费	%	0.14	1061884		1487	
五		税金	%	3.413	1063371		36293	
六		工程费用	元				1099664	
		单方造价	元/m^3				202.04	

第十五章　水泥土搅拌桩的施工

水泥土搅拌法按固化剂掺入时的状态和施工方法不同可以分为两种，即湿法（水泥浆喷射搅拌法）和干法（粉体喷射搅拌法）。湿法是目前在软基处理工程中使用较多的方法，它比干法的桩体搅拌更均匀、计量较准确、加入外加剂方便，因而适用范围更广。在此以湿法（水泥浆喷射搅拌法）为主总结水泥土搅拌法的施工经验。

第一节　施工机械设备及其主要性能

一、施工机械的类别

目前，水泥浆喷射搅拌的施工机械种类繁多。按机械传动方式可分为动力头式及转盘式；按喷射方式有中心管喷浆和叶片喷浆方式。

不同形式的机械有它的优点和缺点。

转盘式深层搅拌桩机多采用大口径转盘，配置步履式底盘，主机安装在底盘上，安有链轮、链条加压装置。动力头式深层搅拌桩机可采用液压马达或机械式电动机——减速器作为动力装置。这类搅拌桩机主电机与搅拌钻具连成一体，重量较大，因此可以不必配置加压装置。两者对比见表15-1。

转盘式搅拌桩机与动力头式搅拌桩机对比　　表15-1

机械类别	优　点	缺　点
转盘式	重心低、比较稳定、钻进及提升速度易控制	不易组成多轴搅拌
动力头式	重力较大，不必配置加压装置，容易组成多轴搅拌	重心高，须配足够重力的底盘

叶片喷浆式搅拌桩机浆液通过叶片上的若干个小孔喷出，使水泥浆与土体混合均匀，对大直径叶片和连续搅拌是合适的，但喷浆孔小易被浆液堵塞，且加工制造较为复杂。中心管喷浆方式中的水泥浆是从两根搅拌轴之间的另一中心管输出，它适用于多种固化剂，除水泥浆外，还可以用水泥砂浆，甚至工业废料等粗粒固化剂。

二、公路工程施工中常用的深层搅拌桩机

公路工程处理面积大，一般采用有一定自行能力的步履式或滚管式的单轴搅拌桩机，喷浆方式为叶片喷浆方式。

1. pH-5 系列深层搅拌桩机

pH-5 系列深层搅拌桩机是一种适应多种地基加固的桩体施工机械，产地武汉，其特点是：喷入土中的水泥与原位土搅拌成桩，不需取土，桩位不起拱。广泛用于各类建筑物的基础施工及铁路、公路的路基加固和港口、码头、料场地基加固。该机装有电子喷粉记录仪，能对喷入土中的水泥进行动态实时监测，确保每根桩水泥含量准确、分布均匀。此外，该机改

装后还可进行高压旋喷法施工。

主机机具组成和作用：

(1)步履机构。由支承底盘，上、下底架及滑枕组成。上底架装有4只伸缩支腿，可以横向拉伸，扩大底面积，增加整机稳定性。上、下底架之间可以纵向移动，横向步履与下底架相连，可以左右相对滑动。桩机通过滑枕及上、下底架之间的相互运动实现整机移位。

(2)动力机构。主要指主电动机，功率为37kW或45kW。

(3)传动机构。由变速器，蜗杆箱、传输带、链轮、链条等组成。它是桩机运行过程的动力传送系统，实现钻头的正反向转动。

(4)操作机构。是操作指令发送机构。在操作台上，由液压操纵台、主机操纵台、离合器和操纵手柄组成，通过它实现制桩过程。

(5)机架。安装有异向加减压机构，由上下链轮、同步轴、链条、钻具组成。通过链条输入动力，实现钻具上下起落。

(6)钻进机构。它包括钻杆和钻头，可通过空心钻杆向土层中喷浆。钻头为叶片式，通过起落钻杆进行钻孔，一般成孔直径为500mm。

该机型主要性能参数见表15-2，pH-5B型搅拌桩机，如图15-1所示。

pH-5系列深层搅拌桩机技术参数 表15-2

项目名称		单位	pH-5A	pH-5B	pH-5D
地基加固深度		m	14.5	18	18
成桩直径		mm	500	500	500~1000
钻机转速	正	r/min	15、25、44、70、108	15、25、44、70、108	7、12、21、34、52
	反	r/min	17、29、52、82、126	17、29、52、82、126	8、14、25、40、62
最大扭矩		kN·m	21	21	55
提升速度	正	m/min	0.228、0.386、0.679、1.081、1.665		0.116~1.497
	反	m/min	0.268、0.455、0.800、1.272、1.960		0.137~1.761
钻杆规格		mm	$\phi125\times125$	$\phi125\times125$	$\phi125\times125$
纵向单步行程		m	1.2	1.2	1.2
横向单步行程		m	0.5	0.5	0.5
灰罐容量		m^3	1.3	1.3	1.3
空气机排量		m^3/min	1.6	1.6	1.6
主电机功率		kW	37	37	45
整机重量	喷浆	kg	7500	1000	12000
	喷粉	kg	9500	12000	14000
灰浆泵量		L/min	50	50	50
灰浆泵工作压力		kPa	1500	1500	1500

2. GPP-5系列深层搅拌桩机

GPP-5系列搅拌桩机是一种适应多种地基加固的桩体施工机械，产地上海，广泛用于各类建筑物的基础施工及铁路、公路的路基加固和港口、码头、料场地基加固，如图15-2所示。

主机结构与pH-5系列桩机相似，该机型主要性能参数表15-3。

图 15-1　pH-5B 型搅拌桩机

图 15-2　GPP-5E 型搅拌桩机

GPP-5 系列深层搅拌桩机技术参数　表 15-3

钻机类型		单位	GPP-5C	GPP-5E
地基加固深度		m	12.5、15、18	12.5、15、18
标准搅拌直径		mm	500	500
转盘转速	正	r/min	15、25、44、70、108	15、25、44、70、108
	反	r/min	17、29、52、82、126	17、29、52、82、126
最大扭矩		kN·m	23.5	28
提升速度	正	m/min	0.23、0.39、0.68、1.08、1.66	0.23、0.39、0.68、1.08、1.66
	反	m/min	0.27、0.45、0.80、1.27、1.96	0.27、0.45、0.80、1.27、1.96
提升能力		kN	30	30
井架结构与高度		m	14、17、20	14、17、20
纵向单步行程		m	1.2	1.2
横向单步行程		m	0.5	0.5
接地压力		kPa	24	24
功率		kW	37	45
质量		kg	11200	11400
外形尺寸（长×宽×高）		m×m×m	6.25×5.21×14.55 6.25×5.21×17.05 6.25×5.12×20.05	同左
灰浆泵量		L/min	50	50
灰浆泵工作压力		kPa	1500	1500

三、搅拌钻头的形式

深层搅拌桩机依其处理地层情况不同，可采用不同形式的搅拌头。

(1)翼片式搅拌头。

搅拌叶片一般设置两层(也可设计为 3～4 层)，每层 2～3 片。

(2)螺旋叶片式搅拌头。

短螺旋叶片式、断续螺旋叶片式及长螺旋叶片式。用于大浆量水泥土搅拌桩施工。

(3)断续叶片与搅拌翼结合式搅拌头。

有利于增加桩的搅拌均匀度及施工深度。

图 15-3 是三种搅拌钻头的形式。

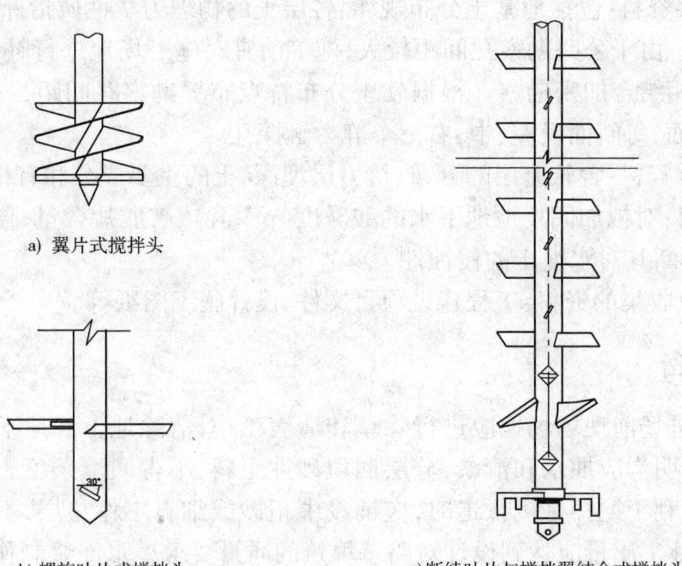

图 15-3　搅拌钻头示意图

四、水泥浆量监测自动记录仪

水泥土搅拌桩浆量监测记录仪用于对水泥土搅拌桩地下成桩深度、注入浆量、浆量垂直分布均匀性参数的监控,可以减少人为误差并对搅拌喷浆进行监控,有利于提高施工质量。以下是上海生产的 SJC 型水泥土搅拌桩浆量监测记录仪(图 15-4)的主要功能:

图 15-4　SJC 型水泥浆量监测自动记录仪

(1)自动记录注入土中的全部水泥浆的浆量、打桩开始与结束时间、搅拌次数、单位长度桩体所含水泥浆的浆量。

(2)自动记录沿桩身不同深度处的实际水泥注入量。给出水泥浆沿桩身分布的均匀性的数据,以及打桩过程中的实际操作方式,并将这记录打印出来作为水泥土搅拌桩施工的现场记录。

(3)在施工过程中,通过仪器面板上的光柱和显示屏,随时显示出钻头所在的深度和所在的位置的注浆量。当在某一深度处的浆量不足时,仪器会自动发出声、光报警信号,使操作工人及时修改施工工艺,保证施工质量。

目前广东高速公路工程中的水泥土搅拌桩施工一般没有采用这种监测设备仪,从提高质量角度来看,建议采用水泥浆量监测自动记录仪。

第二节 施工准备

一、施工前应收集资料

(1)工程勘察资料:包括地基土分布规律、各层土的物理力学性质指标、软土分布范围和厚度变化情况等。由于公路勘察孔间距较大,施工前宜对施工场地进行补充勘察,可以采用静力触探与钻探相结合加密勘察。根据软土分布特点布置勘察孔间距,一般沿路线方向每 50m 布置一个断面,每断面设左、中、右三个静力触探孔。

(2)土层土质资料:含软土层的分布、持力层埋深、土的主要成分和有机质含量。

(3)水质资料:对拟加固场地地下水的酸碱度(pH 值)、硫酸盐含量、侵蚀性二氧化碳含量进行分析,以判断其对水泥土的侵蚀性。

(4)此外还应收集的资料:工程建设项目文件、设计施工图纸等。

二、场地准备

在机械设备进场前现场场地应进行除草和清表工作,清除地上和地下一切障碍物后再予以平整。水塘、明沟应抽水和清淤,分层回填砂性土料,不得回填杂填土和生活垃圾。当场地过于软弱,不利于搅拌桩机行走时,应铺设中粗砂或细石工作垫层,不得用碎石垫层铺填。工作垫层的施工质量应达到设计对路基填筑的质量要求。水泥浆制作棚应有足够的面积,并应使灰浆的水平泵送距离控制在 50m 以内。

三、施工备料

水泥土搅拌桩中固化剂的主要材料为水泥,按设计规定标号的袋装水泥以便于计量。使用前,承包人应将水泥的样品送有资质的中心试验室或监理工程师指定的试验室检验。水泥试验的项目应包括水泥强度(3d、7d)、水泥体积的安定性、初终凝时间、比重等试验。严禁使用过期、受潮、结块、变质的劣质水泥。

搅拌水泥浆液的水应符合混凝土拌合用水的标准。如果使用外加剂,外加剂的质量也应送检合格。

原材料质量检验合格后才可以使用。

四、施工机械准备

(1)机具组装:机具就位;安装水泥浆液制备(或粉喷输送)系统;管线连接,用压力胶管连接灰浆泵出口与搅拌桩机的输浆(灰)管进口。

(2)试运转:检查输送浆液管路和供水水路通畅性;各种仪表应能正确显示、检测数据准确;电机工作电流不得超过额定值,电网电压应保持在额定工作电压;确保机械状态良好,施工前检查搅拌头直径,磨耗量不大于 10mm。

(3)所有桩机开钻之前应由监理工程师和项目经理部组织检查验收合格后方可开钻。

五、作业指导文件的编制

施工前应编写施工组织设计,并报监理审查批准。

施工组织设计的内容一般包括：

(1)工程概况；

(2)施工准备(包括材料供应、供水、供电)；

(3)施工布置(含布置图)；

(4)施工设备(包括设备型号、技术性能、生产率及使用说明)；

(5)组织管理体系(包括组织机构和职责说明)；

(6)施工工艺；

(7)质量检查措施(包括检查措施和质量管理体系)；

(8)安全文明生产、事故处理方法；

(9)施工进度、机械、材料计划；

(10)其他。

六、施工人员的培训

对施工人员进行的技术、安全交底，将设计图纸及要求、施工中可能出现的问题等，都详细介绍给施工操作人员。

不经培训，不能开工。

第三节　施 工 技 术

一、工艺试桩

在工程桩施工前必须按施工组织设计进行工艺性试桩，公路工程每个标段的试桩不少于5根。工艺性试桩的目的是：

(1)检验室内试验的水泥土配合比，是否适用于现场；

(2)提供满足设计喷入量的各种工艺技术参数，如钻进速度、提升速度、搅拌速度、喷浆压力、单位时间注入量等；

(3)验证搅拌的均匀程度及成桩直径；

(4)检验单桩允许承载力、复合地基承载力标准值(28d)能否大于设计值；

(5)掌握下钻和提升的阻力情况，并采取相应的措施。

试桩成功后方可进行水泥搅拌桩的大面积施工。试桩检验可采取7d后直接开挖取出，或至少14d后取芯，以检验水泥搅拌桩的搅拌均匀程度和水泥土强度。

按一般经验，主要施工工艺参数为：

(1)水灰比：一般0.45～0.5，根据情况可适当调高，工程界推荐为0.55～0.65，以提高水泥浆穿透性；

(2)搅拌提升速度：<1.0m/min；

(3)复搅次数：两次，局部段可增加；

(4)原则：控制水泥总量，反复少量多次喷浆。

二、施工工艺

施工工艺按喷浆和搅拌的次数可以分为“一喷二搅”、“二喷四搅”、“三喷四搅”、“四喷四搅”等。钻头提升或下沉全桩搅拌一次称为“一搅”，提升或下沉时全桩喷水泥浆一次称为“一喷”。以下介绍公路工程中两种常用的施工工艺。

1. “二喷四搅”施工工艺

“二喷四搅”施工工艺仅在第一次搅拌提升和第二次搅拌下沉时喷水泥浆，全桩喷浆二次、搅拌四次。这种工艺优点是水灰比小(一般为0.5:1)，水泥浆较浓，对水泥土强度有利。缺点是第一次搅拌下沉时如果地层中有硬夹层时，阻力较大。

图15-5是“二喷四搅”施工工艺流程。

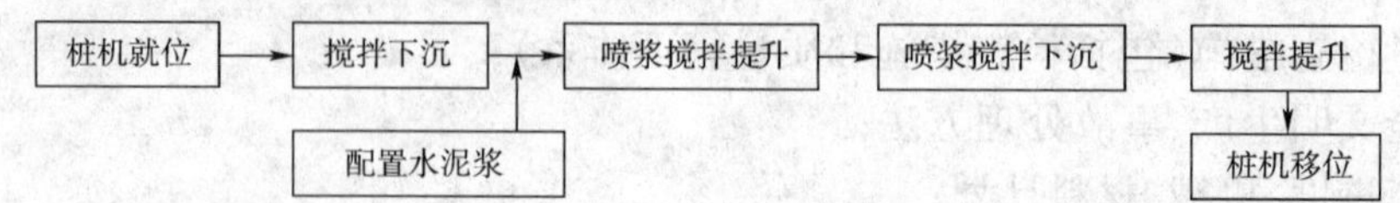

图15-5 “二喷四搅”施工工艺流程图

(1)桩机就位。

按照桩位平面布置图，将深层搅拌桩机移动到指定位置，调整钻机使底盘水平、导向架垂直并使搅拌轴钻头对准设计桩位。桩机桩位必须对中，对中偏差不得大于5cm，桩位垂直度偏差不得大于1%。

(2)搅拌下沉。

启动桩机搅拌钻进到设计桩长或层位，若桩端进入持力层则须确保桩体进入持力层不小于0.5m，最大电流不小于60～70A。

(3)制备水泥浆。

按选定的配合比拌制水泥浆，配置好的浆液必须过筛，水泥浆存放时间不得超过3h，以免水泥浆出现离析现象。若停置时间过长，不得使用。

(4)喷浆搅拌提升。

启动送浆泵，核实浆液从喷嘴喷出后在桩底应原地喷搅30s，然后向上边搅拌边喷浆。提升速度、旋转速度、喷浆压力根据工艺成桩时确定的参数操作。搅拌头自桩底均匀喷浆搅拌提升，直到地面。

在桩头部位也应原地搅拌30s，提高桩头质量。如果发现搅拌头被软黏土包裹应及时清理。

(5)喷浆搅拌下沉。

重复搅拌钻进，同时喷浆，下沉速度与喷浆搅拌时相同，直至桩底。

(6)搅拌提升。

关闭灰浆泵，反转搅拌提升。

(7)移位。

搅拌桩机移位到下一桩位，重复(1)～(6)工序。

2. “四喷四搅”施工工艺

“四喷四搅”施工工艺在搅拌下沉与搅拌提升时均喷水泥浆，全桩喷浆和搅拌四次。这种工艺优点是喷浆孔不易被黏土堵住且施工操作更简单，喷浆连续；缺点是由于喷浆时间长，水泥浆量需较大，在设计水泥掺量下，水灰比较大(一般用0.8～1:1)，往软土中注入水量较多，可能对水泥土强度有一定影响。

“四喷四搅”施工工艺流程见图15-6。

三、施工注意事项

(1)开机前检查导向架的垂直度,开机后随时观察控制其垂直度满足规范要求(搅拌桩垂直度偏差不得超过1%,桩位偏差不大于50mm,成桩直径和桩长不得小于设计值)。垂直度可以通过桩机钻架上的吊锤来控制。

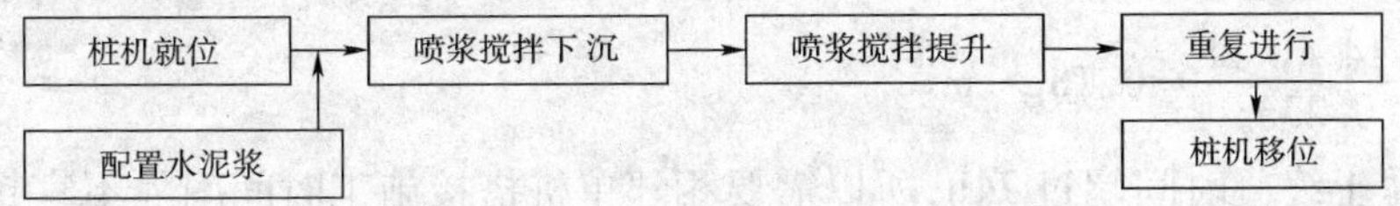

图15-6 “四喷四搅”施工工艺流程图

(2)水泥浆液须按确定的配合比拌制,拌均匀后应有防止离析的措施。水灰比必须认真控制,可采用泥浆比重计每台班随机检查4次。

(3)搅拌杆下沉、提升速度、旋转速度、复搅次数应严格按照工艺性试桩确定的参数,确保加固范围内任一点的水泥土每点经过不少于20次的搅拌。注浆泵出口压力0.4~0.6MPa,并应使提升速度与输浆速度同步。搅拌头提升速度应小于1m/min。

(4)为保证桩头、桩端质量,当喷浆至设计桩顶或桩端,应原位搅拌30s。

(5)打桩过程因故中断而续打时,为防止断桩或缺浆,应使搅拌轴下沉至停浆面以下0.5m,待恢复供浆后再继续喷浆提升。停机3h以上,应拆洗管路,正常后重新施工。

(6)搅拌机设计桩长是平均桩长,施工桩长由每台桩机确定的电流来控制(电流值$I=60\sim70\text{A}$),确保桩体穿透软土层进入持力层50cm。

(7)预搅下沉时不宜注水,当遇到较硬土层下沉太慢时,方可适当注水,但应考虑注水成桩对桩身强度的影响。

(8)现场施工人员如实及时填写施工原始记录,记录内容应包括:①施工桩号、施工日期;②喷浆深度、停浆深度、喷浆压力;③钻进速度、提升速度、钻机转速、施工电流;④浆液流量、每米喷浆量和外加剂用量、水灰比;⑤复搅深度等。

(9)施工的钻机上,应配置和安装经有关部门认可的水泥浆量计量装置,自动记录每根桩各次钻头下钻深度、提升高度和水泥浆液用量的整个过程,最大限度地降低人为干扰施工质量。

(10)每点的搅拌次数N和喷浆提升速度v理论计算:

$$N=\frac{hg\cos\beta\sum z}{V}n \tag{15-1}$$

式中:h——搅拌叶片宽度(m),应不小于100mm,尽量采用宽度大的叶片;

β——搅拌叶片与搅拌轴的垂直夹角(°);

$\sum z$——搅拌叶片总枚数(不少于2层,不得少于4片);

n——搅拌头回转数(r/min);

v——搅拌头提升速度(m/min)。

$$v=\frac{r_{\mathrm{d}}Q}{Fr\alpha_{\mathrm{w}}(1+\alpha_{\mathrm{c}})} \tag{15-2}$$

式中:r_{d}、r——水泥浆、水的重度(kN/m^3);

Q——灰浆泵的排量(m^3/min);

F——搅拌桩截面积(m^2);

α_w——水泥掺入比；

α_c——水泥浆水灰比。

(11)水泥浆液密度(重度)计算举例说明：水灰比0.5,水泥掺入比14%,$1m^3$水泥土中耗用的水泥量为$14\% \times 2000kg = 6.28(t)$,水密度为$1g/cm^3$,水泥的密度为$3.0g/cm^3$,$1m^3$水泥土中应注入浆量体积$V = 0.28 \times 0.5 + 0.28/3 = 0.14 + 0.093 = 0.233m^3$,则水泥浆液密度$\rho$为：$\rho = \frac{0.14 + 0.28}{0.233} = 0.18g/cm^3$。

(12)水泥土终凝时间超过24h,所以需要相邻单桩搭接施工时间间隔不宜超过24h。如由于特殊原因(如停电)使间歇时间超长,则应局部补桩或注浆处理。

四、施工中可能遇见的问题及处理办法

1.施工中可能遇到的问题及处理办法

施工中可能遇到的问题及处理办法见表15-4。

施工中可能遇到的问题及处理办法　　表15-4

可能遇见的问题	产生原因	处理办法
预搅下沉困难,电流值高,电机跳闸	1.电压偏低; 2.土质硬,阻力太大; 3.遇大石块,树根等障碍物	1.调高电压; 2.适量冲水或浆液后下沉; 3.挖除障碍物
搅拌机下不到预定深度,但电流不高	土质黏性大,搅拌机自重不够	增加搅拌机自重或开动加压装置
喷浆未到设计桩顶面(或底部桩端)高程,集料斗浆液已排空	1.投料不准确; 2.灰浆泵磨损漏浆; 3.灰浆泵输浆量偏大	1.重新标定投料量; 2.检修灰浆泵; 3.重新标定灰浆输浆量
喷浆到设计位置集料斗中剩浆液过多	1.搅拌加水过量; 2.输浆管路部分阻塞	1.重新标定搅拌用水量; 2.清洗输浆管路
输浆管堵塞爆裂	1.输浆管内有水泥结块; 2.喷浆口球阀间隙太小	1.拆洗输浆管; 2.使喷浆口球阀间隙适当
搅拌钻头和混合土同步旋转	1.灰浆浓度过大; 2.搅拌叶片角度不适宜	1.重新标定浆液水灰比; 2.调整叶片角度或更换钻头
地面冒浆	上覆土压力较小	桩顶应位于上部增加复喷次数

2.在黏性土层中水泥土搅拌桩的成桩质量及改进措施

在珠三角地区,区内的软土层中常有一定厚度的原岩风化后的残积、坡积的黏土层,这种土体呈硬塑—软塑状,黏粒含量高,黏韧性强、含水率较低、土体较密实。在西部高速公路珠海段和京珠高速公路广珠北段均有这种黏土分布。在这种黏土层中进行深层搅拌桩时常存在下列质量问题:

(1)对土体搅拌不均匀,在桩身上存在泥片或泥块,构成“夹芯饼”;

(2)土体包裹搅拌头,经常出现卡钻现象;

(3)水泥浆与土搅拌不均匀,水泥块呈脉状、团状填充在黏土中。

某工地的黏土中的搅拌桩抽芯照片见图15-7,水泥块呈脉状、团状填充在黏土中,而同样施工工艺的淤泥、淤泥混砂层水泥土搅拌均匀。这层黏土层后经标贯试验,击数平均达30

击，认为可以满足桩承载力要求，不进行处理。然而，从桩荷载传递的连续性来看，整个桩体应连续、均匀为好。

为确保在此类黏性土中的成桩质量，可以进行如下改进：

(1)调整水泥浆的水灰比：由于这种黏土较密实、持浆率较差，宜使用水灰比0.5:1的浓水泥浆，以减少浆液流动性、增加浆液的吸附力，确保水泥的掺入比。

(2)改进搅拌钻头：在搅拌钻头的十字形叶片前沿均匀错位焊接$\phi16$或$\phi18$的钢筋头，形成耙齿状，以增加水泥与土体的拌和。

(3)改进施工工艺：为减少卡钻现象，第一次在黏土层位置可以采用慢速喷浆下沉，喷浆搅拌时控制提升速度不大于0.6m/min，转速不小于50r/min，必要时还应增加喷搅次数。

在风化黏性土层中进行深层搅拌桩施工，由于土的物理力学性质比较特殊，其施工工艺控制要点与一般的淤泥类软土中的水泥搅拌桩施工工艺有较大区别。在施工前，必须详细了解设计的技术要求和桩体的受力特点，制定行之有效的施工工艺。施工时要掌握好水泥浆液的浓度、成桩速度、喷搅次数等参数。

3.地表冒浆对桩体质量的影响

深层搅拌法加固软弱地基，是将水泥浆在一定压力下注入土中，经过搅拌均匀后形成加固固结体。在施工过程中，主要靠被搅动土体的覆盖压力密封阻止浆液的上返。当覆盖压力较小时，浆液不能充分渗入土体中，在浆液压力作用下将沿着搅动土体与搅拌轴之间的间隙返回地面，从而产生冒浆现象。图15-8是某工地搅拌桩施工后的地表情况，地面普遍有一层0.3~0.5m的水泥浆与淤泥返出地面硬结的“硬壳层”。经人工挖探该层水泥含量较高，质硬。地表冒浆现象在搅拌桩施工中比较常见，由于冒浆，桩体的水泥实际掺入比小于室内试验中的水泥掺入比，桩体强度因而降低。

图15-7 黏性土中搅拌不均匀现象

图15-8 地表冒浆形成的“硬壳层”

据已有经验，地表冒浆主要发生在桩体上部1/3内，为减少冒浆引起的桩体强度减少，建议在桩体上部加大水泥掺量，实际操作时可以增加复喷一次，同时在地表时水泥浆宜用水灰比0.5:1的浓浆，减少其流动性。

“硬壳层”对调整桩土应力比，减少沉降有利，搅拌桩施工后不宜挖除，可直接在其上铺设垫层。

第四节 施工质量控制

公路软基处理属于隐蔽工程，如施工质量不好，一旦被路堤等构筑物所覆盖，便构成隐患且难检查及补救。因此,严格施工过程的管理非常重要,只有在施工过程中严格控制才能确保工程质量。

一、施工前的质量控制

1. 严格审查施工组织设计

施工组织设计是控制工程质量的关键,对其审查的核心是针对具体设计要求和本工程地质条件,形成一个操作性强的质量保证体系,使其真正成为确保工程质量、指导生产的操作规程。

2. 做好开工前的各项准备

(1)检查进场桩机的型号、铭牌、主要技术性能指标、年检时间及有效期等,不合格者不得使用;

(2)检查施工单位的场地平整情况,复测桩位的标签及桩机定位情况,确保桩位误差≤50mm;

(3)检查桩机上控制桩长的标记;

(4)检查水泥浆水灰比、喷浆压力、桩长、钻进速度、钻进工艺、喷浆时间等技术参数挂牌上机情况;

(5)检查所选用的水泥品种、标号、出厂合格证及检验报告,合格后方可使用;

(6)检查水泥浆集料桶体积,每次拌浆量的水和水泥的标记,实测输浆管长度、计算管内余浆量,确保注浆量准确;

(7)旋喷浆液前应做压气、压水、压浆试验,检查各部件各部位的密封性,一切正常后方可配浆,准备搅拌,保证连续施工。

3. 严格执行工艺性试桩

由于场地位置的不同,工程地质条件与搅拌桩的质量要求和施工工艺技术参数也不尽相同。因此,各机组均应根据初期工艺性试桩结果检验施工组织设计的内容是否与实际情况相符,并根据不同地质条件制定泵送时间、搅拌提升速度、复搅深度、喷浆压力、搅拌次数等指标,水灰比、水泥掺量及外加剂掺量应通过加固土室内试验进行检验。

二、施工过程中质量控制的重点

质量控制应贯穿在施工的全过程,并应当对施工全过程进行监理。施工过程中必须随时检查施工记录和计量记录,并对照规定的施工工艺对每根桩进行质量评定。检查重点是:水泥用量、桩长、搅拌头转速和提升速度、复搅次数和复搅深度、停浆处理办法等。

1. 控制喷浆量和搅拌均匀度

施工时应保持水泥浆定量不间断连续供应,控制好浆液的水灰比及稠度,搅拌池槽的浆液要经常搅动,不得出现沉淀;根据试桩确定的施工参数,调整旋转速度、提升速度、喷射压力和喷浆量;若因故停浆,则在搅拌机重新启动时将其下沉 0.5m 再继续制桩,以防止出现断桩。

为防止漏搅现象的发生,应建立班组自控制度,如实认真地填写班报表和施工记录表。施工原始报表应详尽完善、如实记录施工时间和工艺参数,完整反映施工全过程。各类原始报表均应由甲方和监理人员签证,质监部门予以复查认可后方可作为交工资料。

2. 控制合理桩长

深层搅拌桩施工中的最大难点是桩长的合理控制。高速公路勘察钻孔间距过大，持力层表面可能起伏较大，勘察设计资料无法完全控制持力层与淤泥层的界面变化，因此全凭机手操作时的手感来控制会带有很大的随意性。

施工中可以通过电流强度、下沉速度两个指标来指导和判断进入硬土层或持力层的深度。淤泥层内预搅所耗电流较小，一般为 30～40A，进入硬土层或持力层后阻力增大，电流强度可增至 60～70A；二是下沉速度，搅拌机具在硬土层或持力层内的下沉速度通常比淤泥层慢。

在施工过程中还应收集勘察资料及已完工的搅拌桩长度、进入黏土层深度等资料，编制淤泥层底板等高线图，预定并检查每根桩的合理桩长；在班报表中及时准确地记录电流强度突变时的孔深及安培表读数，并自此孔深处向下继续搅拌 1min 即可终搅，也可得到此次的合理桩长。

工程监督人员可按班报表记载的搅拌下沉速度，根据下沉速度由快变慢的深度，检验终搅孔深和桩长是否满足入土要求。

3. 保证桩机平整，控制桩身垂直度

施工场地应力求平整，对悬挂在起吊设备上的搅拌机械，控制其两条轨道或链轮的高差≤150mm；对转盘式搅拌机械，控制其底盘四边高差＜80mm。上述工作均应由班组自检后填入班报表中，监督员及现场监理人员不定时抽查后予以确认签字。

三、施工引起的可能发生的质量缺陷与原因分析

水泥土搅拌桩施工引起可能发生的质量缺陷与原因分析见表 15-5。

水泥土搅拌桩施工可能发生的质量缺陷与原因分析　　表 15-5

序　号	质 量 缺 陷	发 生 原 因
1	桩头硬芯	桩头喷浆时压力过低
2	水泥土强度不均	搅拌不均匀
3	桩位偏差过大	桩位偏差或没有对准桩位
4	桩身倾斜	施工时垂直度偏差过大
5	断桩	喷浆不连续
6	水泥土强度过低	水泥掺量不足或土质原因
7	悬浮桩	未钻进持力层或搅拌提升太快未喷入水泥
8	漏打桩	施工记录不清楚

第十六章　水泥土搅拌桩施工质量的检验与检测

现场检验与检测是岩土工程中的一个重要环节，它与勘察、设计、施工一起构成岩土工程工作不可分割的完整系统。该工作的目的在于保证工程质量和安全，提高工程效益。

水泥土搅拌桩属隐蔽工程，应特别重视搅拌桩的质量检验与检测工作。

目前，通过检查施工记录、轻便触探、钻孔抽芯、强度试验和荷载试验等多种方法综合进行检验与检测，一般能得出比较客观的质量评定。施工期间的检验内容与注意事项与前面的施工技术章节类似，此章不再赘述。

对每根单桩，按照施工工艺都应进行质量评定。检验与检测的工作和内容分为施工期间的检验和施工结束后的质量检测。施工期间的检查重点是水泥用量、桩长、搅拌头转数和提升速度、复搅次数和复搅深度等。施工成桩后的质量检测方法主要有 N_{10} 检测、外观开挖、抽芯、动测、静荷载试验等方法。

第一节　质量检验与检测方法

目前国内对水泥土搅拌桩的质量检测方法还没有形成统一的认识。水泥土搅拌桩的质量检验主要反映在三个方面：水泥土的强度（包括复合地基强度）、水泥土搅拌的均匀性和桩身长度。对目前公路工程上所用的水泥土搅拌桩的检测方法及检测成果分析简要叙述如下：

一、检查施工记录

施工记录是现场隐蔽工程施工的实录，反映了施工工艺执行情况和施工中发生的各种问题。质量检验时，一般重点检查以下几点：

(1)施工记录上的桩数、桩长与施工图要求是否相符；

(2)工程桩材料用量、总喷浆时间、每米喷浆提升时间以及等待水泥浆到达喷浆口的时间是否符合预定工艺要求。一般总喷浆时间和每米喷浆提升时间与预定工艺误差不超过3%；

(3)前台施工记录与后台供灰记录的总喷浆时间是否一致；

(4)喷浆提升过程中发生故障的工程桩经处理有无断桩的可能性；

(5)特殊地质条件如河塘湖沟或分布有特殊土质的区段，是否采取了相应的工艺措施。

二、桩头开挖

成桩7d后，采用浅部开挖桩头（深度宜超过停浆面下0.5m），目测检查搅拌的均匀性，量测成桩直径和桩位偏差等。检查量一般为总桩数的5%。

三、轻便动力触探试验

成桩 7d 内进行搅拌桩体的轻便触探（N_{10}）检测，主要看是否击数大于原状土 1 倍以上以及桩体的均匀程度，检测频率为总桩数的 2%。轻便触探试验深度一般不超过 4m，如与钻机配合可以对全桩进行检验。广东省标准 DBJ 15-38—2005 认为此法作用不大，予以取消，广东交通系统仍在使用。

1. 原理

轻便动力触探是对工程桩上部范围内的桩身进行短龄期强度的检验方法。它利用自由落锤碰撞探杆，并通过探杆将能量传递到触探头，使探头向下贯入土中。通过贯入阻抗的大小，可以估算水泥土桩体强度的变化和桩体的均匀性。轻便动力触探试验的结果是以锤击数（N_{10}）的大小来对桩体强度做出评价的。

2. 测试方法

轻便动力触探检验设备主要有圆锥头、触探杆、穿心锤三部分组成，见图 16-1。

检验时间在成桩后 7d 内。先用轻便钻具在桩截面的中心处钻一直径 50mm 的孔，至深度 0.7m，放入轻型动力触探器后，保持探杆垂直，将重 10kg 的穿心锤提起 0.5m 后自由落下，将标准规格的圆锥形探头打入桩身，记录每打入 30cm 的锤击数计为"N_{10}"。锤击贯入应连续进行，不宜间断，锤击频率一般为每分钟 15 ~ 30 击。每贯入 1m，应将探杆转动约一圈半，使触探杆能保持垂直贯入，并减少探杆的侧阻力。静力触探试验深度一般不超过 4m，如与钻机配合可以对全桩进行检验。

3. 检验成果的表述与分析

（1）绘制轻便动力触探贯入曲线。

可用锤击数 N_{10} 随深度的变化曲线表示，从曲线可以看出桩强度沿深度的变化和均匀性。某高速公路搅拌桩工地的一根桩及该场地的轻便动力触探检测结果如图 16-2 所示。

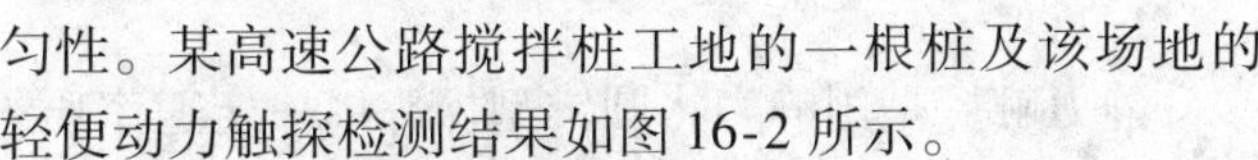

图 16-1　轻型动力触探试验设备

1-空心锤；2-锤垫；3-触探杆

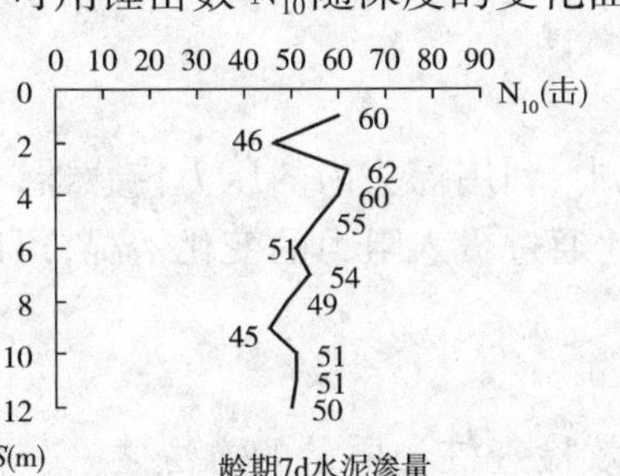

图 16-2　7d 龄期某桩轻便动力触探检测结果

为了比较处理前后的强度变化，在天然地基土也应进行一些轻便触探试验。

（2）N_{10} 与无侧限抗压强度 f_{cu} 的关系。

根据大量的现场轻便触探检测结果，龄期 7d 以内的 N_{10} 和相应的室内试验同龄期试块的无侧限抗压强度的相关关系如表 16-1 所示。

N_{10} 与水泥土无侧限抗压强度的相关关系　　表 16-1

N_{10}（击数/每贯入 30cm）	15	20 ~ 25	30 ~ 35	>40
水泥土抗压强度 $f_{cu,7}$（kPa）	200	300	400	>500

注：表中数据来源：《软土地基深层搅拌加固法技术规程》（YBJ 225—1991）。

不同龄期的水泥土抗压强度之间有如下经验关系式：

$$f_{cu7} = (0.47 \sim 0.63) f_{cu28}$$

$$f_{cu90} = (2.37 \sim 3.73) f_{cu7}$$

则根据轻便触探的锤击数就可以粗略估计出龄期28d和90d的强度。

由于轻便触探击数 N_{10} 是桩身强度的直接反映。因此，桩身水泥土强度与 N_{10} 之间必然有一定的相关关系，从上海、浙江、福建、天津等地区的统计结果来看，桩身90d龄期无侧限抗压强度 $f_{cu,90}$（kPa）与7d龄期 N_{10} 的近似关系：

$$f_{cu,90} = (120 \sim 180) N_{10}$$

当向水泥土中贯入30cm有难度时，可以根据表16-1计算出平均每一击的贯入深度与相应的无侧限抗压强度 $f_{cu,7}$ 的关系曲线。在实践中，便可使用它来估测水泥土强度。

（3）桩身均匀性评价。

对同一场地各桩身的 N_{10} 值进行统计分析，可以对整个场地的桩身均匀程度做出评判，而桩身的均匀程度可以由桩 N_{10} 的变异系数 δ 来体现。施工质量较好的桩体，δ 较小（一般<20%），且分布集中；而施工质量较差的桩体，δ 变化范围较大且分布离散。由于水泥土强度与土质有关，地层变化较大时，均匀性评价宜按土层进行统计分析。以下是深圳某市政公路搅拌桩桩身 N_{10} 变异系数 δ 统计如表16-2所示。

桩身 N_{10} 变异系数 δ 统计表 表16-2

土　　层	均匀 （$\delta<0.2$）	均匀性一般 （$\delta\leqslant0.2\leqslant0.4$）	不均匀 （$\delta>0.4$）	δ 平均值
填土层	15.5%	32.0%	52.5%	0.43
淤泥层Ⅰ	52.8%	35.7%	11.5%	0.23
淤泥层Ⅱ	47.9%	39.1%	13.0%	0.25

四、静力触探试验（CPT）

静力触探试验亦为成桩7d内进行，检测点连续，容易进行全桩长检测。检测频率为总桩数的5%～10%。

1.原理

静力触探是用静力将圆锥型探头以一定速率压入土中，利用探头内的压力传感器，量测其贯入阻力。由于贯入阻力的大小与土的性质有关，因此通过贯入阻力的变化情况，可以了解桩身强度和均匀性。

2.测试方法

静力触探可以严格检验桩身质量和加固深度，是有效检查桩身质量的方法之一。但从理论上和实践上还需要进行大量的工作，以积累经验；同时在测试设备上还需要进一步改进和完善，以保证该法的可行性。

根据上海地区的经验，采用轻便触探和静力触探检验水泥浆搅拌桩是可行的，且取得一定效果。但由于桩的直径只有50cm，检验时很难保证触探点在深度内一直位于桩身范围上，触探杆不易保证垂直，且容易偏移至中心强度较低部位，造成测试数据的不可靠性。

3.成果分析

水泥土搅拌桩制桩后用静力触探探测得到桩身强度沿深度的分布图，与原始地基的静力触探曲线相比较，得出桩身强度的增长幅度，并能测得断浆、少浆的位置和长度，桩长范围内的桩身质量情况都可了解清楚。

静力触探可以连续检查桩体长度内的强度变化，用比贯入阻力 p_s 估算桩体强度，估算桩体强度需要有足够的工程试验资料，在目前积累资料不够的情况下，估算桩体无侧限抗压强度可以借鉴同类工程经验或以下公式：

$$f_{cu}=\frac{1}{10}p_s \tag{16-1}$$

五、钻孔取芯法（抽芯法）

成桩后 28d 后进行。取芯钻探检测桩的数量，应根据总的成桩数量、检测目的及其他检测需要等具体情况确定，一般不宜小于总桩数的 0.5%，且不少于 3 根。

在取桩芯过程中，均匀性不好的水泥土易产生破碎，强度试验结果难以保证真实性。进行芯样无侧限抗压强度试验时，可视桩芯损坏程度，应将设计强度指标乘以 0.7 ~ 0.9 的折减系数。

1. 原理

钻孔抽芯法采用岩芯钻探技术和施工工艺，在桩身上沿长度方向钻取水泥土桩身芯样及桩端岩土芯样，通过对芯样的观察和测试，用以品加成桩质量的检测方法称为钻孔取芯法。钻孔取芯法是一种直观准确的水泥土搅拌桩施工质量的检测方法。该法可根据芯样直接检验桩的连续性、均匀性、密实度、桩长、端承条件等，也可以将芯样制成试块进行强度测试，还可以通过对芯样、相应位置原状土采用 X 射线、化学分析法等方法测定水泥土中的水泥含量，必要时还可以采用扫描电镜等物相分析方法研究水泥土的微观结构、水化水解程度。

2. 选桩原则

检测桩的选择既要有一定的代表性，又同时满足针对性检测的需要，原则如下：

(1) 对于正常施工的桩，应按统一等级水泥土及原材料、配合比和生产工艺基本一致的条件，有代表性地分别进行随机选择；

(2) 对在施工中出现异常或存在某些质量问题的桩，可根据情况取芯检验桩的质量和影响程度；

(3) 对经轻便动力触探或其他检测方法推测桩身局部可能存在缺陷的桩，可通过取芯进一步验证其缺陷部位或程度，以确定处理措施；

(4) 对室内水泥土试块力学试验结果有怀疑时，可取芯样进行抗压强度试验，以相互验证；

(5) 取芯检测应在成桩 28d 以后进行。

3. 主要设备

取芯检测所用的钻机、钻具及芯样加工、试验等主要设备的技术性能，将直接影响到检测效果。因此，取芯监测所用的设备、机具均应满足水泥土搅拌桩检测目的需要。

(1) 钻芯设备。

钻机：应具有稳固、运转平稳、操作灵活及移动方便的特点，并应有循环水冷却系统。目前工程中使用较多的地质勘探岩石钻机基本能满足水泥土桩芯取样钻探要求。

钻头：宜采用金刚石或人造金刚石薄壁钻头。在钻进中为使钻头与水泥土面均匀接触，受力均匀、钻进平稳、保证取芯质量，转头胎体不得有裂缝、缺边、少角、倾斜或变形。

钻头直径应根据检测目的确定,常用 ϕ108mm。

钻具:为保证芯样采取率和完整性,以及桩身局部含泥或夹泥处不至于被循环水冲洗掉,应采用双管单动岩芯管。岩芯管内应有卡簧,防止岩芯脱落。岩芯管应至少有一长一短两根,保证从桩顶开始到桩底均能采样。钻杆必须平直无弯曲。

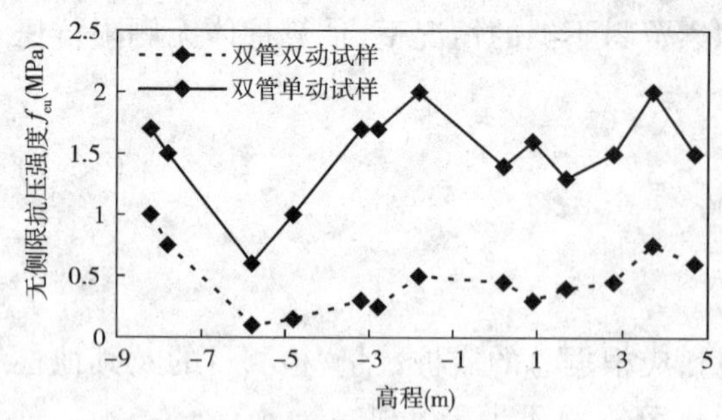

图 16-3　两种取芯方法所取芯样强度对比

取芯设备对岩芯强度影响很大,有人对比了双管单动岩芯管、双管双动岩芯管所采取水泥土芯样的无侧限抗压强度,两者相差至少 30% 左右,见图 16-3。

(2)芯样加工设备。

对采取的芯样进行加工,可按表 16-3 选用设备和仪器。

芯样加工设备　　表 16-3

设　　备	功能与作用
切样机	为了把长芯样加工成符合试验要求的试件,宜采用锯切方法。所用锯切机必须有夹紧装置,以保证锯切质量。锯片应采用人造金刚石圆锯片
填补、磨平装置	由于无侧限抗压强度试验对芯样试件端面平整度和垂直度的要求很高,而锯切下来的芯样往往不能满足试验要求。为此,还需要采用专用的设备对芯样断面局部填补、磨平

4. 取芯工艺及技术要求

取芯钻进应满足水泥土搅拌桩质量检测目的和要求,应根据不同的检测目的采用合理的钻探方法和钻进工艺,应满足下列要求:

(1)桩位确定:开钻前,挖出桩头,确定桩的位置。由于水泥土搅拌桩的截面积比较小,因此除在钻探中必须保持钻孔垂直外,钻孔对准检测桩中心部位也非常重要。有经验证明,钻探偏出桩外导致检测失败的原因多数是由于钻孔没有对准桩截面中心位置。

(2)钻机安装:钻机安装应稳固、机座水平、立轴垂直。开钻前应检查安装质量,必须满足岩芯钻探要求。

(3)钻进过程中应随时注意进尺速度、操作感觉等,并注意孔口回水颜色和岩粉的变化,以便间接判断桩的质量情况。钻探循环用水尽量少,减少水对岩芯的冲洗。成桩质量良好的桩,在同一转速和压力下,进尺速度平稳,回水颜色为灰白色。当进尺速度突然加快或钻具突然下落,以及回水颜色变化,说明该深度处桩身水泥土疏松或存在孔洞,以及含泥、夹泥等质量缺陷。

(4)根据施工记录或轻便动力触探资料推测在桩身某深度范围内可能存在的断桩、孔洞等质量问题,在钻进接近该深度时,应改用适当的钻探方法和工艺,控制转速和减少循环水量,限制回次进尺,必要时可采用干钻,并随时观察钻进速度和回水颜色等变化,以便综合检验和判断缺陷的位置和程度。

(5)在桩身质量正常情况下,钻进回次进尺不得超过岩芯管净空长度。当桩身水泥土质量和完整性较差,或对重点检测部位进行检测时,为避免芯样破碎和磨耗,应适当控制回次进尺和回次时间,并采取相应的措施保证芯样采取率和芯样完整性。

(6)取芯时,应确认芯样卡牢后再提钻,不要盲目提钻,尽量避免芯样脱落。芯样脱落后应及时捞起再钻进。

(7)芯样取出后，应及时用清水洗净，稍晾干后按顺序整齐放入芯样盒内，以便长期保存、核验。用岩芯牌记录桩号、回次、段数、长度及钻进起止深度。芯样应避免暴晒和雨淋。

(8)芯样拍照与描述。

全桩取样出来后，应进行拍照和描述。

通过对水泥土芯样外观的检查、鉴定、描述，为评价水泥土搅拌桩的施工质量提供可靠的原始依据。芯样描述的主要内容包括：颜色、硬度、孔隙度、结构完整性和有否水泥富集区和原状土等，分析判定桩的施工质量及质量缺陷产生原因和对工程使用的影响程度。同时，对钻取的芯样完整或破碎程度，以及芯样断口特征也应详细描述，以判断是由于成桩质量原因造成，还是由于钻探原因造成的损坏。

芯样描述应与钻探密切配合，随时观察检测、详细记录、描述。

(9)钻孔回填。

取芯钻探检测是一种半破损检测方法，为保证水泥土搅拌桩的原有工作性能，对钻孔取芯样后留下的钻孔应进行填补。填补钻孔可采用水泥浆或水泥砂浆，必须填满。

5. 芯样抗压强度试验与强度计算

(1)芯样加工要求。

芯样试件的高度和直径之比应在 1～2 之间。

锯切后的芯样，当不满足平整度要求时，宜用磨平机磨平或用水泥砂浆(或水泥浆)材料补平；水泥砂浆(或水泥浆)补平厚度不宜大于 5mm。

芯样试件在试验前应对其尺寸和外观质量进行检测。当芯样尺寸或质量不符合表 16-4 的质量要求时，不能用作无侧限抗压强度试件。

无侧限抗压强度试验岩芯试样质量要求 表 16-4

岩芯试样	质量要求
端面整平后的芯样高度	0.95～2.05d(d 为芯样的平均直径)
芯样任一直径与平均直径相差	≤2mm
芯样端面的不平整度	在 100mm 长度内≤0.1mm
芯样端面与轴线的不垂直度	≤2°
芯样外观质量	无裂缝和较大缺陷

(2)抗压强度试验。

芯样试件的抗压强度试验应按现行国家标准《普通混凝土力学性能试验方法标准》(GB/T 50081—2002)的规定进行；试验宜在潮湿状态下进行，试验前可将芯样试件在清水中浸泡 4h，从水中取出后立即进行试验。

(3)强度计算。

水泥土芯样试件的强度，可按下式计算：

$$f_{cu}^{c} = \alpha \frac{4F}{\pi d^2} \tag{16-2}$$

式中：f_{cu}^{c}——水泥土芯样试件的强度值(MPa)，精确至 0.1MPa；

F——无侧限抗压强度试验测得的最大压力(N)；

d——芯样试件平均直径(mm)；

α——不同高径比芯样的换算系数，按表 16-5 选用(考虑尺寸效应)。

六、标准贯入试验(SPT)

可在成桩后不同龄期时进行。

1. 原理

标准贯入试验也是通过贯入阻力的大小,来估算不同龄期水泥土桩体强度的变化和桩体的均匀性。试验时,以锤重63.5kg、落距76cm,贯入深度30cm时的击数$N_{63.5}$来反映水泥土特性。标准贯入试验与钻孔取芯(抽芯法)相结合,可利用它来检验水泥搅拌桩桩身强度、桩的均匀性和桩的长度。

芯样试件水泥土强度换算系数　　表16-5

高径比(h/d)	1.0	1.1	1.2	1.3	1.4	1.5	1.6	1.7	1.8	1.9	2.0
系数α	1.00	1.04	1.07	1.10	1.13	1.15	1.17	1.19	1.21	1.22	1.24

2. 试验设备

标准贯入试验设备主要由标准贯入器、探杆、穿心锤、钻机组成。

3. 测试方法

标准贯入试验可以结合钻芯法进行,每1~2m进行一次,试验方法按《岩土工程勘察规范》(DGJ 08-37—2002)要求。

4. 资料整理与分析

在目前,用锤击数$N_{63.5}$值估算桩体强度尚无规范可作为依据,可以借鉴同类工程。这里给出南京炼油厂油罐地基水泥土加固的试验成果,供技术人员参考。

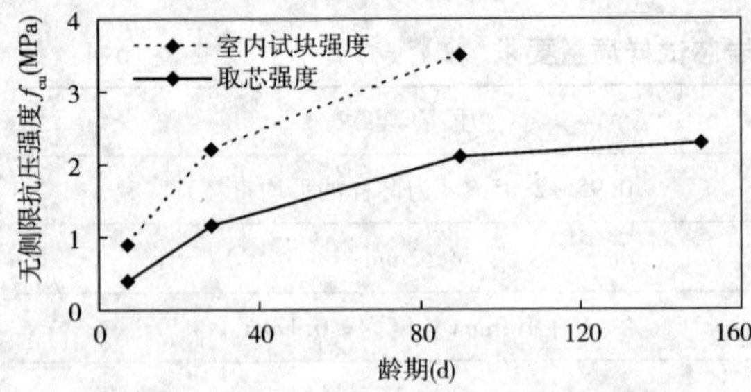

图16-4　搅拌桩取芯强度f_{cu}与龄期的关系

南京炼油厂5万m^3油罐下采用水泥土搅拌桩加固地基,桩长16~26.3m,525#矿渣水泥的掺入比为15%(按天然土重度18.5kN/m^3计),在现场标贯试验的同时,进行桩内取芯并作芯样抗压强度试验见图16-4。不同龄期标贯平均击数$N_{63.5}$与取芯无侧限抗压强度f_{cu}平均值之间的相互关系见表16-6和图16-5。

标贯击数N与同点取芯无侧限抗压强度f_{cu}的关系　　表16-6

龄期(d)	10	30	150	备　注
标贯击数平均值$N_{63.5}$	22.3	32.9	>60	天然地基(淤泥质黏土)的标贯击数$N_{63.5}=2.8$
与龄期10d击数$N_{63.5}$之比值	1	1.48	>2.69	
试验点数	172	14	12	
取芯无侧限抗压强度f_{cu}(kPa)	480	1138	2522	

七、静荷载试验

1. 原理

对承受垂直荷载的水泥土搅拌桩,竖向静力荷载试验可以很好地模拟桩身实际受荷条件,是检测水泥土搅拌桩承载能力最直观的方法。竖向静力荷载试验包括单桩载荷试验和单桩复合地基试验或多桩复合地基荷载试验。

2. 测试时间

荷载试验应在28d龄期后进行，检验数量为总桩数的0.5%～1%，且每项单体工程不应少于3点。

3. 单桩静荷载试验

(1)试验目的。

作为水泥土搅拌桩的竣工验收的一种手段，单桩竖向静荷载试验的目的是检测单桩承载力是否达到设计要求。

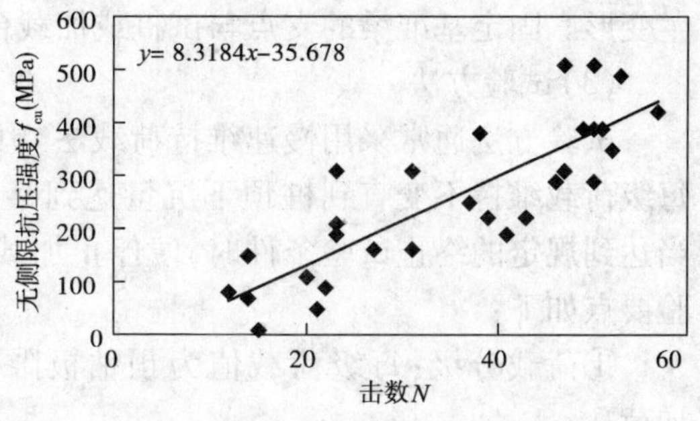

图16-5 搅拌桩取芯强度f_{cu}与标贯击数N的关系

作为研究，可在桩身中埋入应力、应变两侧元件，间接测定桩侧各土层的极限承载力。

(2)试验设备，如图16-6所示。

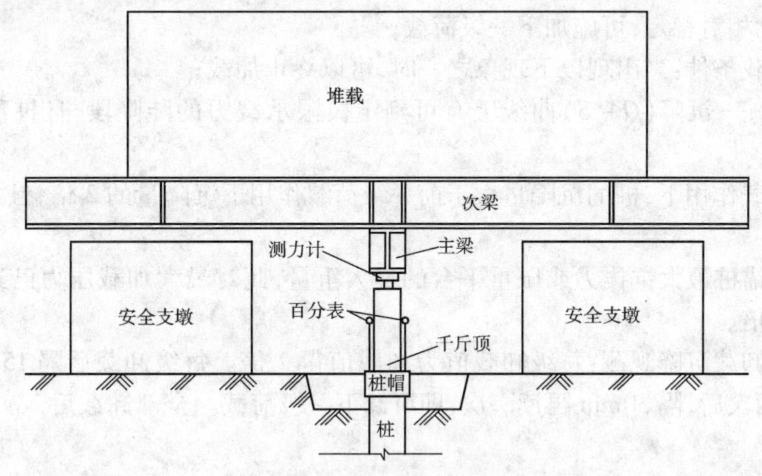

图16-6 荷载试验设备图

①反力装置：根据试验要求的最大试验荷载和现场条件，试桩的反力装置一般可分为堆重平台和锚桩两种。

水泥桩单桩承载力较低，在现场打设锚桩的成本较高，所以搅拌桩的单桩荷载试验通常采用堆重平台试验装置。作为堆重可选用钢锭、混凝土预制块等。为了降低试验成本，也有工地采用沙子、碎石装入聚乙烯编织袋（每袋40～50kg），用人工整齐码放在由型钢搭成的家和平台上，作为反力装置。堆重应为估算的最大加荷量的1.2倍。

加荷平台的两侧应搁置在稳定的支座上。支座的最内边和被试验桩的净距离不应小于1.5m。

②加载与量测装置：加载装置：对桩顶施加荷载的加载装置宜选用油压千斤顶，其额定的加载量应大于估算试桩加荷量的1.2倍。

承压板：被试验桩顶应铺垫1～2cm的薄层细砂以达到找平的目的，然后在桩顶与油压千斤顶之间放置一块圆形的承压钢垫板，其直径大小等于试验桩的直径大小。厚度不小于25mm。

③量测装置：荷载与沉降量的量测仪表应符合计量精度要求，荷载大小可由放置于千斤顶上的应力环、压力传感器直接测定，也可以采用连接与千斤顶的压力表测定油压，根据千斤顶率定曲线换算荷载。沉降一般采用百分表或位移传感器测量，一般可安放3～4个位移测试仪表。固定和支承沉降观测装置的夹具和基准梁旨在构造上应确保不受气温影响而发

生变形。固定基准梁的支点与试桩或加载台支座的净距离不小于2.0m。

(3)试验方法

试验方法通常采用慢速维持荷载法。具体做法是按一定要求将荷载分级加到试桩上，每级荷载维持不变直到桩顶下沉量达到某一规定的相对标准，然后再继续加下一级荷载。当达到规定的终止试验条件时，便停止加载，在分级卸载直至零载。该法试验周期长，其试验要点如下：

①荷载分级：每级荷载值为预估极限荷载的1/10 ~ 1/12，第一级可按2倍分级荷载加荷；

②读数时间：每加一级荷载后，第5min、10min、15min时隔测读一次，以后每隔30min测读一次。

③相对稳定标准：在每级荷载作用下，桩的沉降量在每小时小于0.1mm，并连续出现两次，可视为达到相对稳定，可施加下一级荷载；

④终止加载条件：当出现以下现象之一时，可以终止加载；

a. 当荷载——沉降($Q-S$)曲线上有可判定极限承载力的陡降段，且桩顶中沉降量超过40mm；

b. 某级荷载作用下，桩的沉降量大于前一级荷载作用下沉降量的2倍，且经24h尚未达到相对稳定；

c. 已达到锚桩最大抗拔力或压重平台的最大重量，此时最大加载压力已经大于设计要求压力值的2倍。

⑤卸载与卸载沉降观测：每级卸载值为加载值得2倍。每级卸载后隔15min测读一次参与沉降，读两次后，隔30min再读一次，即可卸下一级荷载。全部卸载后，隔3 ~4h再测读一次。

4. 资料整理与成果应用

把试验结果汇总成表；

绘制荷载与沉降量关系曲线(Q-S曲线图，S-lg$Q$曲线图)和沉降量与时间关系曲线(S-lg$t$曲线图)；

确定极限荷载：

(1)根据沉降随时间的变化特征确定：取S-lg$t$曲线尾部出现明显拐点向下弯曲的前一级荷载为极限荷载；

(2)根据沉降随荷载的变化特征确定；

取Q-S曲线(采用Q轴与S轴成2:3比例绘制)发生明显陡降的起始点(第二拐点)所对应的荷载为极限荷载。

取S-lg$Q$曲线出现陡降直线段的起始点所对应的荷载为极限荷载。

取lg$S$-lg$S$曲线第二直线与第三直线的交点所对应的荷载为极限荷载。

(3)根据桩顶沉降量确定：沉降量取值标准可根据地区经验确定。《建筑地基基础设计规范》(GB 50007—2011)中规定取总沉降量$S=40$mm所对应的荷载值作为单桩竖向极限承载力。

(4)当有多根试桩资料时，当满足其极差不超过平均值的30%时，可取平均值为单桩竖向限承载力。极差超过平均值的30%时，宜增加试桩数量并分析离差过大的原因。

单桩竖向承载力的确定：单桩竖向极限承载力除以安全系数2，即为单桩竖向承载力标准值。

5. 复合地基荷载试验

水泥搅拌桩与地基土组成复合地基,在外荷载作用下协同变形,共同承载。因此监测复合地基的承载力是水泥土搅拌桩监测的重点之一。

复合地基载荷试验包括单桩复合地基载荷试验和多桩荷载试验。复合地基的荷载试验与单桩荷载试验大致相同,但复合地基荷载试验时桩周地基土也参与承载,所以与单桩荷载试验仍有所区别。

(1)试验目的

复合地基荷载试验用于测定承压板下应力主要影响范围内复合土层(水泥土搅拌桩和桩周土层)的承载力和变形参数。

在水泥土搅拌桩顶和周围土中埋设应力、应变量测元件即可测得某级荷载下的桩土应力比,了解上部荷载作用下土中应力和桩身受力的转换情况。

(2)试验设备

复合地基荷载试验的试验设备中的加载平台、加载设备、两侧装置等与单桩竖向荷载试验设备基本一样,只是前者的试验总荷载一般会大于后者,因此堆载量、千斤顶容量都要考虑加大。

单桩复合地基的形状可为圆形或方形,其面积为一根桩所承担的处理面积。即由设计桩径和桩土置换率 m 来确定承压板面积,由桩的布桩形式来确定压板的形状;正三角形布桩应为圆形,矩形布桩时压板应为矩形。而对不同设计条件下的水泥土多桩复合地基荷载试验,应采用相应的压板形状和面积。

压板应有足够的刚度,例如,增加压力肋板。对于多桩复合地基荷载试验的承压板也可采用现浇筑预制钢筋混凝土板。

安装试验设备时应特别注意承压板的中心(或形心)应与桩中心保持一致,且与荷载作用点重合。

(3)复合地基荷载试验要点

试验仪表(百分表、压力表或传感器)应安装前进行标定和检查。

试坑底边最小宽度不小于3倍压板宽度,坑壁距压板边缘距离最小宽度不小于1倍压板宽度。有地下水是,坑壁四周应挖排水坑和抽水坑,及时抽排。雨天试验时,试坑地面四周亦挖排水沟,防止雨水流入试坑。防止试坑被暴晒或雨淋引起表土含水率变化,导致试验结果偏差。

安装压板部位应预留10~20cm厚度保护层,待安装压板前用工具轻轻削平,用水平尺检查平整度。铺设1~2cm的中粗砂,然后安置或浇筑压板。支撑基准梁的支点应距压板边缘1倍压板宽度以上,并确保其试验期间的稳定性。

试验反力按预期破坏荷载的(1.1~1.2)倍进行堆载。

加载等级可分为8~12级。第1级加荷应计入设备自重。荷载施加后的头1h内在第5min、10min、15min、30min、60min各测计一次沉降量,以后每隔30min测计一次。当连续2h内,沉降量均小于0.1mm/h时,则认为已达到稳定标准,可以施加下一级荷载。

终止试验的标准:

①沉降急剧增大,土被挤出或承压板周围土出现明显的隆起;

②承压板的累计沉降量已大于其宽度或直径的6%;

③当达不到极限荷载，而最大加载压力已大于设计要求压力值的2倍。

当需要进行回弹观测时，可按加载等级的2倍进行卸载，每卸一级，观测1h，全卸载后间隔3h读记总回弹量。

(4)资料整理与应用

根据单桩或多桩复合地基荷载试验的结果，绘制荷载——沉降($Q-S$)曲线，可由此曲线来确定复合地基承载力；

①当Q-S曲线上有明显的比例极限时，可取该比例极限所对应的荷载作为承载力；

②当极限荷载能确定，其值又小于对应比例极限荷载值的2.0倍时，可取极限荷载的一般作为承载力；

③按相对变形值确定：

由于复合地基荷载试验的Q-S曲线大多数是非线性的，同时桩与土在复合地基中的工作要满足等变形的条件，所以Q-S曲线坡度随着荷载的增加而渐增，曲线无明显拐点，因此通常可按照相对变形字来确定承载力。该相对变形可按地区经验来确定；当缺乏经验时，也可按S/b或$S/d=0.06\sim0.08$(S沉降量，b、d——承压板的宽度或直径)来确定。但是，按本条确定的承载力，不应大于最大加载值的一半。

④复合地基荷载试验的数量不应少于3点，当满足其极差不超过平均值的30%时，可取其平均值作为复合地基承载力的标准值。

八、化学分析法

结合钻孔取芯，可在各龄期进行。

1. 原理

水泥土深层搅拌法的加固效果主要取决于软土中的水泥含量、水泥与土搅拌的均匀程度。水泥含量化学分析法从定量检测水泥土搅拌桩的水泥掺入比来研究水泥土深层搅拌桩的质量。通过分析被加固土经深层搅拌处理前后物质成分的变化，来计算水泥含量的多少。

2. 测试方法

化学分析检测方法计算水泥土搅拌桩土中的水泥含量的具体做法是：在桩长范围内钻孔取芯分段取样，测定其CaO含量，并同时对用作固化剂的水泥和加固对象——原状土的样本进行CaO含量测定。

水泥土中的水泥掺入比定义为：

$$\alpha_w=\frac{\text{掺入的水泥重量}}{\text{被加固软土的湿土重量}}\times100\%$$

水泥含量定义为：

$$\text{水泥含量(干加固土)}=\frac{\text{水泥土 CaO 含量}-\text{原状土 CaO 含量}}{\text{水泥 CaO 含量}}\times100\%$$

而

$$\text{水泥掺入比}=\text{湿加固土水泥含量}=\frac{\text{干加固土水泥含量}}{1+\text{原土含水率}}$$

在对若干组在室内按不同原土、不同掺入比配制的不同龄期水泥土样进行化学分析实验，检测结果与配制水泥含量基本一致，误差须小于10%。

九、低应变动测法

低应变应在28d龄期后进行，对桩身水泥土均匀，桩长与直径比不大时，效果较好，其他情况可靠性较差。

1. 测试原理

低应变测试方法采用反射波法技术，它是以一维波动理论为基础的。这一理论表述为：激振波在桩身中向下传播时，桩身的广义波阻抗是桩横截面积、桩身材料密度和弹性模量的函数，当桩顶在一锤击力作用下产生压缩波向下传播时，波阻抗的任何变化都使入射波产生反射；当桩身均匀时，桩阻抗不变，入射波传播的波速、应力幅值和方向不变，不产生反射波；桩身截面缩小或质量密度变化处，波阻抗变小，会出现一个与入射波同极性的反射信号传回桩顶；当桩截面变大使波阻抗增大时，在桩顶会出现与入射信号极性相反的反射波速度信号。

通过设在桩顶的传感器，检出入射波和反射波的幅值、相位以及反射时间间隔等参数，经计算机处理后，可以判断出波在桩身中的传播速度、波阻抗的变化特点和变化的位置，从而判断出桩身中存在的缺陷类型、位置和桩体的平均强度等。

2. 测试方法

水泥土搅拌桩的低应变动测检测方法基本上与混凝土桩动测方法相同，测试步骤如下：

(1)选择测试参数：根据水泥土搅拌桩的特点选择适合的测试参数、频带宽度；

(2)桩头处理：清除表面搅拌不均匀的水泥，土凿平桩头；

(3)安装传感器及激振：水泥土搅拌桩因为有软芯现象，激振点宜选择在距桩边缘约100mm处，传感器粘贴在与激振点同一圆周上，两者与桩中心连线的夹角约90°；

(4)测试与信号收集：用小锤击打激振点，反射波信号由动测仪收集。

低应变动力测桩法是一种桩基无损检测新技术，已在预制桩、混凝土灌注桩等刚性很大的桩的桩身质量检测中得到广泛应用，如图16-7所示。用这种方法检测水泥土搅拌桩目前处于探索研究阶段，从已有的测试资料来分析，对于桩身材料强度高，且桩身水泥土均匀，桩长和直径比不大时，低应变动测法检测可以获得较好的效果；其他情况时可靠性较差。

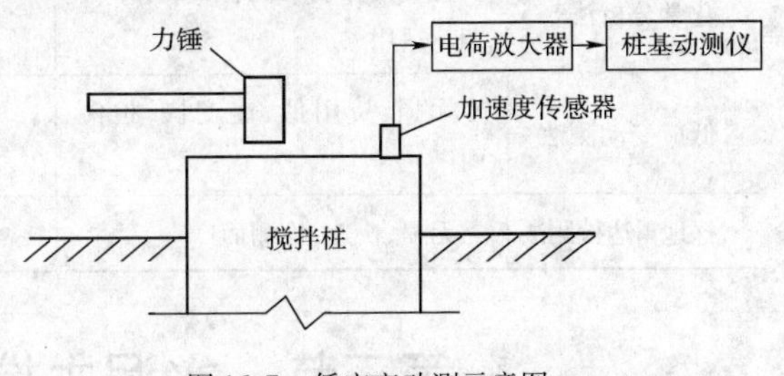

图16-7 低应变动测示意图

十、探地雷达检测法

探地雷达检测法应在水泥土搅拌桩14d龄期以后进行。

适用范围是：可对间距较小的搅拌桩完整性、均匀性做定性分析。

探地雷达是以地下不同介质的介电常数差异为基础的一种物探方法。它通过发射天线向地下发射高频电磁脉冲，此脉冲在向地下传播过程中，遇到地层的变化界面（搅拌桩与地层的界面）会产生反射波，反射波反射回地表后被接收天线所接收，并将其传入主机进行记录和显示，再经过资料的后处理，进行反演解释便可得到地下土层内的水泥搅拌桩的分布范围、埋深等参数，结合雷达波形特征，施工纪录，可对密排搅拌桩的完整性、均匀性作出定性判断。

第二节　各种检测方法的对比

水泥土搅拌桩的各种检测方法都有其优缺点，对各种检测方法对比见表16-7。

各种检测方法的对比　　表16-7

检测方法	优　点	缺　点	应用情况
检查施工纪录	全面、真实	间接检查，不直观	广泛应用，成桩7d后实施
桩头开挖	直观、简单	只能浅部检查	广泛应用，成桩7d后实施
轻型动力触探试验(N_{10})	设备简单，操作易行，经验性强，测试数量不受限制	深度一般不超过4m	广泛应用，主要用于自检，成桩7d以内实施
钻孔抽芯法	直接观察桩身成形和搅拌的均匀性，可取芯进行强度试验	设备较笨重，工效低，对长径比大于30的桩体下部易偏出	广泛应用，成桩28d后实施
标准贯入试验	与钻芯法结合使用，原位测试桩身强度	测试点不连续，设备较笨重	应用较多，成桩后不同龄期实施
静力触探试验	检测速度快，操作简便，费用低	只能检测7d龄期以内的强度，检测易偏出桩体	应用较少，成桩后7d以内实施
静荷载试验	可直接判定单桩或复合地基的承载力和变形	试验设备繁重，历时长，费用较多，测试数量相对较少，不能大面积检测，存在荷载板尺寸效应	广泛应用，成桩28d后实施
化学分析法	可直接分析水泥含量，各个龄期均适用	分析较复杂，不易推广，经验少	很少使用
低应变动测法	无损、费用低、速度快、检测面广	对强度低、长桩可靠性差	很少使用
探地雷达检测法	无损，快速，检测面广	费用昂贵，长桩可靠性差	很少使用

第三节　水泥土搅拌桩质量检测体系

质量检测是施工质量控制的重要保证。目前国内对水泥土搅拌桩的质量检测方法尚未形成统一认识，对水泥土搅拌桩的检验一般由质量监督、业主、设计等有关单位商讨后制定检验方法和要求。各种检验方法有其各自的特点，使用范围和条件也不同。

高速公路水泥土搅拌桩工程具有数量大，施工强度高的特点，非常需要建立一个统一的质量检测体系，来提高整体的施工质量。

一、有关规范规定的质量检验内容

1.《建筑地基处理技术规范》(JGJ 79—2012)规定内容

(1)成桩7d后，采用浅部开挖的桩头(深度宜超过停浆(灰)面下0.5m)，目测检查搅拌的均匀性，量测成桩直径。检查量为总桩数的5%。

(2)成桩后3d内,可用轻型动力触探(N_{10})检查每米桩身的均匀性。检测数量为施工总桩数的1%,且不少于3根。

(3)地基竣工验收时,承载力检验应采用复合地基荷载试验和单桩荷载试验。荷载试验必须在桩身强度满足试验荷载条件时,并宜在成桩28d后进行。检验数量为桩总数的0.5%~1%,且每项单体工程不应少于3点。

(4)经触探和荷载试验检验后对桩身质量有怀疑时,应在成桩28d后,用双管单动取样器钻取芯样作抗压强度试验,检验数量为总桩数的0.5%,且不少于3根。

2.《公路工程质量检验评定标准　第一册 土建工程》(JTG F80/1—2004)规定内容

无浆喷水泥土搅拌桩标准,可参考粉喷桩标准。

粉喷桩:水泥标号应符合设计要求,根据成桩试验确定的技术参数进行施工;严格控制喷粉时间、停粉时间和水泥喷入量,不得中断喷粉,确保粉喷桩长度;桩身上部范围内必须进行二次搅拌,确保桩身质量;发现喷粉量不足时,应整桩复打;喷粉中断时,复打重叠孔段应大于1m。

实测项目见表16-8。

粉喷桩实测项目(浆喷也可参考)　　表16-8

项　次	检查项目	规定值或允许偏差	检查方法和频率	权　值
1	桩距(mm)	±100	抽查2%	1
2	桩径(mm)	不小于设计	抽查2%	2
3	桩长(m)	不小于设计	查施工记录	3
4	竖直度(%)	1.5	查施工记录	1
5	单桩喷粉量	符合设计	查施工记录	3
6	强度(kPa)	不小于设计	抽查5%	3

3.《公路软土地基路堤设计与施工技术规范》(JTJ 017—96)(已废止)规定内容

JTJ 017—96虽已废止,一些内容仍有参考价值,如表16-9所示,浆喷水泥土搅拌桩标准,可参考粉喷桩标准。

粉喷桩施工允许偏差应符合表16-9要求。

粉喷桩施工允许偏差(浆喷也可参考)　　表16-9

项　次	项　目	单　位	规定值或允许偏差	检查方法和频率
1	桩　距	cm	±10	抽查2%
2	桩　径	mm	不小于设计	抽查2%
3	桩　长	cm	不小于设计	查施工记录
4	竖直度	%	1.5	查施工记录
5	单桩喷粉量	%	不小于设计	查施工记录
6	强　度	MPa	不小于设计	抽查5%

注:应在桩体三等分段个钻取芯样一个,一根桩取三个试块进行强度试验。

二、《江苏省高速公路粉喷桩检测工作细则》中的检测方法

1.检测方法

(1)时间:对粉(湿)喷桩的施工质量进行的检测,成桩龄期一般大于28d。

(2)检测频率:按照7‰的频率对已完工的粉(湿)喷桩进行随机抽检,其中建设单位检

测频率0.5%,施工单位检测频率0.2%。

(3)检测桩位在力争覆盖每个施工机组的前提下,由检测人员随机指定。

(4)桩体质量评价根据钻孔取芯芯样的硬度或状态检验、现场标准贯入试验和室内芯样的无侧限抗压强度试验3个方面的指标进行。

2.粉(湿)喷桩质量判定的先决条件

当存在以下情况时,粉(湿)喷桩为不合格桩:

(1)存在断桩(桩身沿深度方向连续30cm长度无水泥可判为断桩)、倾斜桩、桩长不足而又未进入持力层的现象,如检测中遇到时判定为不合格桩;

(2)桩体沿深度方向,0m以下的标贯击数$N_{63.5}$小于4击时,若取芯无侧限抗压强度$f_{cu} < 0.03MPa$;

(3)桩身标贯击数$N_{63.5}$低于相应软土层(桩间土)标贯击数$N_{63.5}$的1.5倍的桩。

3.粉(湿)喷桩质量的计分方法

(1)以深度6m为划分桩体上、下部分的界线,如实际检测时分层不是恰好为6m,则在具体计算时按标贯击数$N_{63.5}$进行插值。

(2)对桩每层钻芯试样检验成果,按深度6m以上、6m以下分别查表16-10、表16-11得出相应指标的分数,按照标贯击数的70%、无侧限抗压强度占20%、硬度或状态描述占10%的比例权重计算各层得分,再用层厚加权,分别计算出该桩上部和下部得分。

(3)当某层缺无侧限抗压强度的检测数据时,则不计该检测项目,按标贯击数占70%,硬度或状态描述占30%计算该层分数。

(4)对被检测桩进行综合质量打分时,上部得分和下部得分各占50%,两者之和为被检测桩的综合得分,以此作为对该桩进行总体评价时最终的分级依据。

上部(6.0m以上)　　表16-10

土名	硬度或状态		标准贯入试验		无侧限抗压强度	
	硬度	记分	击数	记分	强度(MPa)	记分
桩体土	坚硬—稍硬	100	>20	100	>0.45	100
	硬塑	75	10~20	75~100	0.15~0.45	75
	可塑—软塑	50	5~9	50~75	0.05~0.15	50
	流塑	0	<5	0	<0.05	0

下部(6.0m以下)　　表16-11

土名	硬度或状态		标准贯入试验		无侧限抗压强度	
	硬度	记分	击数	记分	强度(MPa)	记分
桩体土	坚硬—稍硬	100	>15	100	>0.45	100
	硬塑	75	9~15	75~100	0.15~0.45	75
	可塑—软塑	50	4~8	50~75	0.03~0.15	50
	流塑	0	<4	0	<0.03	0

4.粉(湿)喷桩的桩体综合质量评价方法

在对被检测桩进行综合质量打分前,首先对该桩的上部、下部分别打分。上部得分须达到75分以上,下部得分须达到60分以上,这两个条件如有一条不符合,就可判定该桩为不合格桩,见表16-12。

鉴于实际工作中,检测工作会受到施工进展及工期因素的限制,被检测桩的成桩龄期往往不足或超过28d,而龄期是影响桩身质量的重要因素,对超过28d龄期的粉(湿)喷桩检测,龄期每增加1d,质量检测的强度标准需提高1%,对不到28d龄期的粉(湿)喷桩检测,龄期每减少1d,质量检测的强度标准则要降低1%。

粉(湿)喷桩的桩体综合质量等级 表16-12

总体评分	100~85	84~75	74~6.75	<67.5
质量等级	优	良	合格	不合格

此检测体系的特点为:

(1)检测方法的综合性:按钻孔取芯芯样的硬度或状态、均匀性检验、现场标准贯入试验和室内芯样的无侧限抗压强度试验3个方面的指标进行综合评价,既有现场检测与检验,又有室内试验;既有定量指标,又有定性的鉴别与描述。可以说该方法对粉(湿)喷桩质量的检测与评价是全面的。

(2)在桩身质量评价中,考虑了粉(湿)喷桩的受力机理。在粉(湿)喷桩处理后的复合地基受荷载后,在粉(湿)喷桩上有一定的应力集中,在荷载沿桩身向下传递的同时,由于受桩侧土体摩擦阻力的作用而不断衰减,因此桩身上部断面受到的应力大于下部。该检测方法给予桩体6m以上较大的权重,是符合上述应力传递机理的。

(3)在桩身质量评价中,考虑了龄期的因素。众所周知,水泥土的强度随着龄期的增长而增大。该检测方法采用提高或降低检测评价标准的办法来考虑桩身强度随龄期的变化,虽然考虑的时间跨度以及评价标准提高或减低的量有待商榷,但趋势上是合理的,也有利于促使施工单位及时报验。

三、《沪宁高速公路江苏段扩建工程水泥土搅拌桩检测工作规程》的检测方法

1. 28d龄期水泥土搅拌桩成桩质量检验评判方法

28d龄期水泥土搅拌桩成桩质量检验评判方法见表16-13。

水泥搅拌桩成桩质量检验评判方法(28d龄期) 表16-13

水泥土硬度		SPT试验 /5m以浅		SPT试验 /5m以深		无侧限抗压强度 /5m以浅		无侧限抗压强度 /5m以深	
目测	标准分	N/击	标准分	N/击	标准分	f_{cu}/kPa	标准分	f_{cu}/kPa	标准分
稍硬以上	100	>19	100	>14	100	>450	100	>400	100
硬塑	75	14	75	10	75	240	75	200	75
可塑	50	6	50	5	50	60	50	40	50
软塑	0	<6	0	<5	0	<60	0	<40	0

注:①计算各层的分数时,SPT试验按占70%记分,抗压强度按占15%记分,硬度按占15%记分;

②5m以浅和5m以深桩体各占50分计,且5m以浅不低于75分,5m以深不低于60分为合格;

③根据分层得分,采用层厚加权平均分分别得出上、下部得分;

④当某层缺无侧限抗压强度的检测数据时,则不计该检测项目,按标贯击数占80%,硬度或状态描述20%计算该层分数;

⑤上、下部的平均值为该桩综合得分。

2. 14d龄期水泥土搅拌桩成桩质量检验评判方法

14d龄期水泥土搅拌桩成桩质量检验评判方法见表16-14。

水泥土搅拌桩成桩质量检验评判方法(14d 龄期)　　表 16-14

水泥土硬度		SPT 试验/5m 以浅		SPT 试验/5m 以深		无侧限抗压强度/5m 以浅		无侧限抗压强度/5m 以深	
目测	标准分	N/击	标准分	N/击	标准分	f_{cu}/kPa	标准分	f_{cu}/kPa	标准分
稍硬以上	100	>19	100	>14	100	>450	100	>400	100
硬塑	75	14	75	10	75	240	75	200	75
可塑	50	6	50	5	50	60	50	40	50
软塑	0	<6	0	<5	0	<60	0	<40	0

注:要求与28d 龄期相同。

四、广东省两条高速公路的水泥土搅拌桩检测要求

1. 西部沿海高速公路珠海试验段

(1)概述

西部沿海高速公路为双向四车道高速公路,其位于普遍分布有软土的珠江三角洲地区,试验段桩号 K38 +360 ~ K38 +435 间的地基处理方法为深层搅拌法。搅拌桩直径为 0.5m,桩位呈等边三角形布置,桩间距离为 1.3m,置换率为 13%,桩长为 12.5m,水泥采用 32.5R 普通硅酸盐水泥,水泥用量为 50kg/m,水泥浆的水灰比为 0.5:1。

试验段各土层的物理力学特性指标如表 16-15 所示。

试验段土层的物理力学特性指标　　表 16-15

土层编号	土层名称	土层厚度	天然重度	含水率	孔隙比	压缩系数	压缩模量	直接快剪	
								黏聚力	内摩擦角
		(m)	(kN/m^3)	(%)	—	(MPa^{-1})	(MPa)	c(kPa)	(°)
1	亚黏土	0.7 ~ 1.2	18.0	40.0	1.026	0.38	4.34	9.1	15.3
2	淤泥	5.8 ~ 6.5	17.2	57.7	1.697	0.87	1.60	5.2	4.4
3	淤泥质黏土	4.8 ~ 6.2	17.8	41.4	1.133	0.64	2.60	6.5	15.8
4	粉砂	8.3 ~ 10.2	19.2	31.0	0.864	0.36	9.10	5.4	28.4

试验段地下水的补给主要来自河流补给和大气降雨补给。地下水水位较高,受河道潮汐的影响较大。地下水对水泥土无腐蚀性。

(2)检测要求。

a. 桩体垂直度不得超过 1.5%,桩位偏差小于 5cm;

b. N_{10}轻便触探:桩身 1d 龄期的击数 N_{10}大于 15 击或 7d 龄期的击数 N_{10}大于 40,检测频率 2%;

c. 桩身取样强度检验:随机选桩进行外观和取芯制成试块进行桩身抗压强度试验,28d 龄期无侧限抗压强度大于 0.8MPa;

d. 荷载试验:随机选择 2 ~4 根桩进行单桩和复合地基荷载试验,龄期 30d 单桩承载力大于 110kN。

2. 京珠高速广珠北段

(1)概述。

场地地质条件为珠江三角洲海陆交互相的冲积平原地貌,地层主要为淤泥、淤泥质黏

土、黏土，地下水含率中等，水位接近地表，经查明该场地的地层条件如表16-16所示。

京珠高速广珠北段某桥头段地质条件 表16-16

土层编号	土层深度(m)	土层名称	土层描述
①	0~1.2	耕植土	黄褐色，由黏性土夹少量植物根茎组成，软塑
②	1.2~7.4	淤泥	深灰色，黏粒为主，局部含少量粉细砂和蚝壳，流塑
③	7.2~12.0	黏土	棕红、灰黄色，可塑—软塑，黏粒为主，含少量粉细砂
④	12.2~14.3	淤泥质黏土	深灰色，软塑，含腐木
⑤	14.3~16.5	黏土	灰白色、肉红色，软塑，质地较纯
⑥	16.5~17.5	亚黏土	灰色、灰黄色，硬塑，为泥质粉砂岩风化而成，黏粒为主
⑦	17.5~	泥质粉砂岩	青灰色，强风化，岩石破碎，裂隙发育，岩心呈碎块状，岩质软

各层土的物理力学指标见表16-17。

土的物理、力学指标 表16-17

土层编号	土层名称	含水率	湿密度	孔隙比	饱和度	液限	塑限	塑性指数	液性指数	压缩系数	压缩模量	直剪试验		无侧限抗压强度
												黏聚力	摩擦角	
		w	ρ	e	S_r	W_L	W_p	I_p	I_L	α_{1-2}	E_s	c	φ	q_u
		%	g/cm^3	—	%	%	%	—	—	MPa^{-1}	MPa	kPa	°	kPa
①	黏土	58.2	1.65	1.57	99.4	63.8	25.4	38.4	0.85	1.32	1.94	5.91	17	
②	淤泥	79.1	1.56	2.019	100	57.9	37.3	20.6	2.03	1.60	1.53	2.17	3.27	19.1
③	黏土	36.8	1.86	0.986	100	45.3	23.8	21.5	0.71	0.59	3.34	6.58	16.4	
④	淤泥质黏土	41.2	1.83	1.11	97.0	39.3	23.2	16.1	1.11	0.43	2.68	22.3	2.3	
⑤	黏土	30.4	1.92	0.813	99.8	35.2	20.8	14.4	0.67	0.41	4.25	18.0	10.2	
⑥	亚黏土	27.1	1.93	0.765	95.8	35.5	22.9	12.6	0.33	0.28	6.11	40.7	23.7	

水泥土搅拌桩直径0.5m，桩距1.4m，桩位梅花形布置，桩顶位置为现地面，桩长8m。水泥采用32.5R普通硅酸盐水泥，水泥用量50kg/m(水泥掺入比α_ω约为16%)，水泥浆的水灰比0.75:1。

(2)检测要求。

①成桩7d内，由施工单位开挖自检、观察桩体成型情况及搅拌均匀程度，检查频率为2%，开挖深度1.5m，如发现桩体不良等情况，应报废补桩。

②成桩10d内(N_{10})，根据轻便动力触探击数用对比法判断桩身强度，检验频率不少于2%。

③成桩28d后由监理工程师随机指定桩位，钻孔取芯检查并且每根桩取3个试块抗压，钻孔抽检频率2%且不少于5根。

④28d后随机抽查工程桩进行单桩荷载试验及复合地基荷载试验，抽检频率0.5%~1%且不少于3根。

⑤水泥搅拌桩施工允许偏差见表16-18。

京珠高速广珠北段水泥搅拌桩施工允许偏差 表16-18

项次	项目	单位	规定值或允许偏差	检查方法和频率
1	桩距	cm	±5	抽查2%
2	桩径	mm	不小于设计	抽查2%

续上表

项次	项目	单位	规定值或允许偏差	检查方法和频率
3	桩长	cm	不小于设计	查施工记录
4	竖直度	%	1	查施工记录
5	单桩水泥用量	%	不小于设计	查施工记录
6	单桩承载力	kN	不小于设计	抽查0.5%~1%

五、建议采用的水泥土搅拌桩质量检测体系

通过总结对广东省及江苏省及其他地区对水泥土搅拌桩检测体系方法的经验以及有关规范的要求，建议对水泥土搅拌桩工程实行两阶段（早期龄期1~7d，中期龄期28d）检验。以现场取芯观察、标准贯入试验为主，以无侧限抗压试验、荷载试验为辅的综合水泥土搅拌桩质量检测体系。有条件时宜采用以多种检测方法相结合的水泥土搅拌桩质量检测体系进行检验。具体做法如下：

1.早期龄期（1~7d）检测阶段

本阶段质量检测以施工单位自检为主，监理旁站监督。

成桩7d内，开挖桩头并进行N_{10}轻便动力触探，检查频率为2%。

开挖深度1m，观察桩体成型情况及搅拌均匀程度，如发现桩体不良等情况，应报废补桩。

桩身1d龄期的击数N_{10}不小于15击或3d龄期的击数不小于25。

2.中期龄期（28d）检测阶段

本阶段由第三方检测单位检查，监理旁站监督。

(1)钻孔取芯：随机选桩进行桩头部位外观检查和全桩取芯，对水泥土芯样描述，判断其均匀性，对桩长及桩端持力层检查，等分三段分别取一个样制成试块进行无侧限抗压强度试验。

(2)标准贯入试验：与钻孔取芯相结合进行，每隔1.5m进行一次试验，桩端土也宜进行一次试验。

(3)荷载试验：随机选取一定数量的搅拌桩进行单桩和荷载试验。为减少荷载试验尺寸效应的影响，大于10m的桩宜进行单桩荷载试验。

3.检测频率

公路工程中工程量一般较大，工期较紧，确定检测频率也应和实际工程相一致。检测频率的确定应既能达到检查施工质量的目的，又不至于费用过高和时间过长，检测频率宜在一定范围内变动。建议水泥土搅拌桩总延米数进行分类，表16-19为检测频率的建议值。

检测频率的建议值 表16-19

序号	检测项目	建议频率	说明
1	开挖桩头轻型动力触探N_{10}	2%且不少于3根	5万延米以内的工程取大值，5~25万延米内的工程取中值，大于25万延米的工程取小值
2	钻探取芯抗压及标准贯入试验	1%~2%且不少于3根	
3	荷载试验	0.5%~1%且不少于3点	

六、建议采用的水泥土搅拌桩质量评定标准

1. 单桩评定标准

评定初始条件：当存在以下情况时，搅拌桩判为不合格桩，不进行下一步的评分：

(1)桩位偏差大于10cm；

(2)桩径小于设计值1cm；

(3)倾斜桩(倾斜度大于1%)；

(4)桩长不足而又未进入持力层；

(5)桩身沿深度方向连续30cm长度无水泥(或水泥量很少)；

(6)桩体沿深度方向，当28d龄期的标贯击数小于4击时；

(7)双管单动岩芯管取芯无侧限抗压强度$f_{cu}<0.03\text{MPa}$；

(8)桩身28d龄期标贯击数低于相应软土层(桩间土)标贯击数的1.5倍的桩；

(9)荷载试验承载力没有达到设计要求的桩。

28d龄期水泥土搅拌桩成桩质量检验评判方法如表16-20所示。

水泥搅拌桩成桩质量检验评判方法(28d龄期) 表16-20

水泥土硬度		SPT试验/6m以浅		SPT试验/6m以深		无侧限抗压强度/6m以浅		无侧限抗压强度/6m以深	
目测	标准分	N/击	标准分	N/击	标准分	f_{cu}/kPa	标准分	f_{cu}/kPa	标准分
稍硬以上	100	>19	100	>14	100	>450	100	>400	100
硬塑	75	14	75	10	75	240	75	200	75
可塑	50	7	50	6	50	60	50	40	50
软塑	0	<7	0	<6	0	<60	0	<40	0

注：①计算各土层的分数时，SPT试验按占70%记分，抗压强度按占15%记分，硬度按占15%记分；

②5m以浅和5m以深桩体各占50分计，且6m以浅不低于75分，6m以深不低于60分为合格；

③根据分层得分，采用层厚加权平均分分别得出上、下部得分；

④当某层缺无侧限抗压强度的检测数据时，则不计该检测项目，按标贯击数占80%，硬度或状态描述占20%计算该层分数；

⑤上、下部的平均值为该桩综合得分。

在对被检测桩进行综合质量打分前，首先对该桩的上部、下部分别打分。上部得分须达到75分以上，下部得分须达到60分以上，这两个条件如有一条不符合，就可判定该桩为不合格桩，如表16-21所示。

水泥土搅拌桩单桩评定质量等级 表16-21

总体评分	100~85	84~75	74~67.5	<67.5
质量等级	优	良	合格	不合格

鉴于实际工作中，检测工作会受到施工进展及工期因素的限制，被检测桩的成桩龄期往往不足或超过28d，而龄期是影响桩身质量的重要因素，对超过28d龄期的搅拌桩检测，龄期每增加1d，质量检测的强度标准需提高1%，对不到28d龄期的搅拌桩检测，龄期每减少1d，质量检测的强度标准则要降低1%。

2. 分项工程评定标准

对抽查的水泥土搅拌桩进行质量等级评定后，可以对水泥土搅拌桩分项工程质量进行

评定。评定标准宜按表16-22确定。

分项工程验收标准 表16-22

单桩质量评定分布	合格率 >85%	合格率 75% ~85%	合格率 <75%
分项工程质量等级	合格	基本合格	不合格

验收合格的分项工程,可以进行下一项工序;对基本合格的分项工程,应补打相应不合格桩数,达到龄期并验收合格后,方以进行下一项工序;对验收不合格分项工程,应扩大检测范围,如仍然检验不合格,则必须经加固、补强或返工,达到设计要求。

值得欣喜的是,近年来全国范围内的水泥土搅拌桩施工基本配有水泥自动计量装置,可正确记录桩身各点喷入的水泥浆液量,一定程度上保证了桩身均匀性和桩体强度。但目前广东省高速公路工程中的水泥土搅拌桩施工中一般还未普及采用这种自动记录装置,从进一步提高质量的角度看,建议采用这种自动监测记录装置。

第十七章　超长水泥土搅拌桩加固软基若干问题的探讨

深厚软土地基的处理一直是工程界关心的问题，如珠海斗门的软土厚度局部达 40m，如何在这种软土地区修建高速公路？现在使用的真空预压技术和堆（超）载预压技术，在深厚软土地区使用存在工后沉降较大的问题。堆（超）载预压法往往时间长，难以满足高速公路较快修筑的需要。随着国内搅拌机械性能的改进，施工的最大深度越来越深，拓宽和推进了水泥土深层搅拌法的应用和发展。目前，水泥土搅拌桩加固深度一般可以达到 12 ~ 18m，广东省公路工程中也有桩长接近 20m 的例子（如京珠高速公路广珠北段），国内已经有最大加固深度 27m 获得成功的实例。

目前水泥土搅拌桩桩长小于 15m 时，设计、施工与检测有比较成熟的方法，超过 15m 的超长水泥土搅拌桩如何进行设计、施工和检测？国内这方面的研究很少，以下以南京某大型油罐地基加固的工程实例探讨超长水泥土搅拌桩技术。广东省内的广珠北高速公路所使用的部分水泥土搅拌桩桩长接近 20m，其中也不同程度开展了一些试验研究。

但在广东省内超长水泥土搅拌桩处理深厚软土地基的研究开展得还很不足，必须进行试验研究，以掌握超长水泥土搅拌桩的机理、设计方法、施工工艺等。

第一节　工 程 概 况

南京金陵石化公司炼油厂石埠桥原油中转库二期扩建工程，拟建 4 台 5 万立方米的大型油罐。油罐区所处场地地质情况复杂，在勘探深度 50m 范围内有 8 个土层（图 17-1）。其

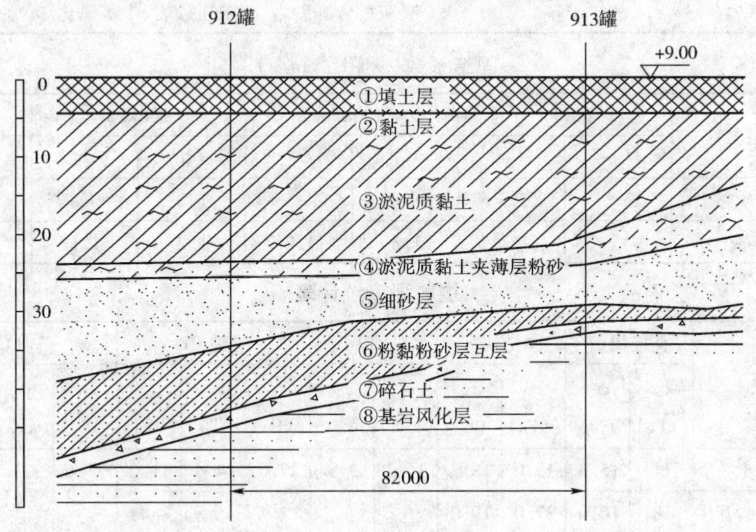

图 17-1　地层剖面图

中,淤泥质黏土层(土层③)是本场地地基的中最软弱的土层,是油罐地基的主要受压层。这层饱和软黏土层的存在,构成了本场地地基最不利的工程地质条件。各土层的物理力学指标见表 17-1 ~ 表 17-5。由于大型油罐对地基沉降要求很严,沉降差不得超过 0.4%(罐径 60m,沉降差容许值为 240mm),而且 90% 以上的软土沉降须在施工期完成,所以该场地地基必须进行加固处理。

土层分布及其岩性特征土层号 表 17-1

土层号	土层名称	底面埋深(m)	层厚(m)	岩性描述
①	表层土	1.7 ~ 3.0	1.7 ~ 3.0	填土,含植物根系
②	黏土	3.0 ~ 3.9	0.0 ~ 0.9	可塑—流塑,分布不均
③	淤泥质黏土	20.5 ~ 22.9	17.5 ~ 19.0	流塑,饱和,含腐殖质,具千层饼状结构,夹 1 ~ 2mm 厚的粉砂
④	淤泥质黏土夹粉砂	21.3 ~ 23.8	0.8 ~ 1.5	流塑,饱和,互层结构,厚度变化大
⑤	细砂	30.5 ~ 37.5	6.3 ~ 12.2	饱和,稍密—中密
⑥	粉质黏土与粉砂互层	37.3 ~ 46.5	6.8 ~ 9.0	软—流塑,饱和,水平层理发育
⑦	碎石土	39.0 ~ 47.0	0.5 ~ 1.3	砂岩、碎石与黏土夹层,中密—密实
⑧	基岩	—	—	侏罗系象山组石英砂

主要土层的物理力学性质指标 表 17-2

土层号	土层名称	ω (%)	γ (kN/m^3)	S_r (%)	e	W_L (%)	W_p	I_p	I_L	α_{1-2} (MPa^{-1})	E_{s1-2} (MPa)	承载力标准值 f_k(kPa)
②	黏土	35.5	18.5	98	1.00	39.6	22.1	17.5	0.89	0.49	4.7	100
③	淤泥质黏土	47.3	17.2	96	1.34	43.6	25.6	18.0	1.27	0.83	2.8	70
④	淤泥质黏土夹粉砂	42.7	17.5	94	1.18	41.5	24.2	17.3	1.07	0.60	3.9	80
⑤	细砂	29.8	18.3		0.91						14.7	150
⑥	粉质黏土与粉砂互层	34.1	18.1	93	1.00	34.1	23.6	10.5	1.01	0.29	6.9	100
⑦	碎石土	25.7	19.8	96	0.73	31.5	18.5	13.0	0.50	0.20	9.2	150
⑧	基岩	凝灰质含砾砂岩、凝灰质砂岩、中等风化										

固结系数($\times 10^{-2}$cm/s) 表 17-3

土层号	土层名称	50kPa		100kPa		200kPa		400kPa	
		C_H	C_V	C_H	C_V	C_H	C_V	C_H	C_V
③	淤泥质黏土	3.1	2.4	1.8	1.5	1.2	0.8	0.9	0.7
⑦	碎石土			1.3	1.2	1.2	1.1	1.2	1.0

抗剪强度统计表 表 17-4

土层号	土层名称	直接快剪		固结快剪		三轴 UU		三轴 CU			三轴 CD			无侧限	
		c_k (kPa)	φ_k (°)	c_k (kPa)	φ_k (°)	c_k (kPa)	φ_k (°)	c_k (kPa)	φ_k (°)	c_k (kPa)	φ_k (°)	c_k (kPa)	φ_k (°)	q_u	S_t
③	淤泥质黏土	11	15.3	13.0	18.3	13 ~ 28	3.9	27.0	14.4	11.0	33.6	21	32.0	40.3	3.2
⑥	粉质黏土与粉砂互层	18	16.0	27.0	19.0										
⑦	碎石土	21	20.5	30.0	25.0										

渗透系数统计表（$\times 10^{-6}$cm/s）　　表 17-5

土层号	土层名称	0kPa		50kPa		100kPa		200kPa		400kPa	
		K_H	K_V	K_H	K_V	K_H	K_V	K_H	K_V	K_H	K_V
③	淤泥质黏土	4.00	1.47	1.48	1.31	0.85	0.60	0.45	0.31	0.30	0.23
⑤	细砂		5400								
⑦	碎石土					1.7	1.6	1.2	1.1	0.66	0.58

根据场地资料适合本场地地基加固的方法主要有四种：①钢筋混凝土预制桩或钢筋混凝土钻孔灌注桩。②振冲碎石桩或挤密碎石桩。③堆土预压排水固结法。④水泥土搅拌桩复合地基。

按照符合场地实情，技术达标，造价经济，施工可行的要求，对这四种方案进行了对比。终因水泥土搅拌桩可充分利用原土自然性能，形成复合地基，桩长可随软土的深度而变化，能有效解决淤泥质黏土层的沉降差的问题，且造价适宜，故两台油灌（No. 912 和 No. 193）软基决定选用水泥土搅拌桩处理。

整个过程从设计到竣工投入使用，历时 2 年半，分成四个阶段：

(1)方案论证和初步设计阶段：1994 年 7～12 月；

(2)室内水泥土优化配比试验阶段：1995 年 1～4 月；

(3)工艺试桩和搅拌桩施工阶段：1995 年 5～1996 年 3 月；

(4)罐体安装和充水试压阶段：1996 年 4～11 月。

第二节　超长水泥土搅拌桩复合地基的设计

一、超长水泥土搅拌桩复合地基的设计

1. 荷载计算

油罐壁高 $H = 19.35$m，罐体自重 $Q = 12000$kN，充水高度 $H = 17.5$m，设计场地地面高程 10.50m，自然地面高程 9.0m。算得设计地面以上荷载 217kPa，自然地面（即水泥土搅拌桩顶面）高程 9.0m 处平均压力 244kPa。

2. 复合地基承载力计算

桩径取 ϕ700mm，桩中心距 1200mm，置换率 $m = 0.267$。根据规范公式：$f_{spk} = m\frac{R_a}{A_p} + \beta(1 - m)f_{sk}$ 算得水泥土搅拌桩复合地基承载力标准值 $f_{sp,k} = 236$kPa，与试桩所得的 231kPa 很接近。

3. 搅拌桩复合地基沉降计算

根据《建筑地基处理技术规范》（JGJ 79—2012）规范第 9.2.5 条水泥土搅拌桩复合地基的变形包括复合土层的压缩变形 S_1 和桩端以下未处理土层的压缩变形（即 S_2，下卧层压缩变形）。水泥土搅拌桩压缩模量 E_p 取 $120f_{cu,90}$，群桩体顶面平均压力为 244kPa。S_1 按复合模量法计算。下卧层顶面附加应力按应力扩散法取一扩散角计算。桩群体下卧层压缩变形 S_2 按《建筑地基基础设计规范》（GB 50007—2011）规范 5.2.5 公式计算，最后结果如表 17-6 所示。

油罐沉降的计算值　表 17-6

方位	912 罐			193 罐		
	S_1	S_2	S	S_1	S_2	S
东	58	166	224	54	19	73
南	57	131	188	38	43	81
西	54	169	233	56	21	77
北	57	144	201	56	61	117
中	60	281	341	53	83	136

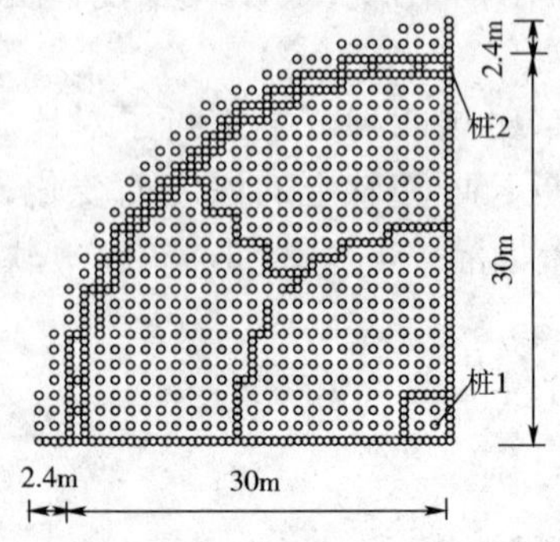

图 17-2　桩位布置图(1/4 油罐地基)

4. 工程桩布置形式

搅拌桩布桩有环形、正三角形及正方形等形式。考虑到施工方便,定位准确,选用正方形布桩。油罐直径为 60m,沉降影响深度 30m,罐中心处和罐壁处应力相差 1 倍,地层剖面倾斜度大,若平面布桩全是单个地均匀布置,则加固后地基整体刚度差。为此在夹角 45°方向和沿半径为 3.6m、16.8m 及 30m 圆环上的桩间各加一根桩,形成三圆环壁,环墙下为双层壁,这样使整座罐基平面形成网络状,大大加强了复合地基的整体刚度,把原先的软土层加固处理成一个刚度很大的封闭圆筒形实体,桩位布置见图 17-2。

5. 设计对施工的要求

根据第一次试桩的试验,规定搅拌电机功率必须是 55kW,搅拌轴转速不小于 60r/min,提升速度不大于 1m/min,搅拌叶片 3 层每层 2 片共 6 片,各层叶片径向水平投影夹角 60°,层距 300mm,每片叶宽 100mm,水平夹角 30°,桩身内每点搅拌不少于 30 次。

二、超长水泥土搅拌桩的荷载传递性质

1. 桩身应力仪器埋设

桩身应力计采用特制的应变式土压力盒,埋设方法如图 17-3 所示。

(1)在施工成桩 10d 后的桩中心钻出直径 ϕ100mm 圆孔,直至桩底以上 0.3m 处;

(2)填入少许与该段桩身材料配比相同的人工拌和水泥土样并用钻杆压密;

(3)用铅丝吊放与钢底座连在一起的土压力计、砂垫层和人工拌和水泥土样在钻孔中就位;

(4)分层(30cm)投入并压密拌制的水泥土球至下一设计压力盒位置,继续进行以上埋设。

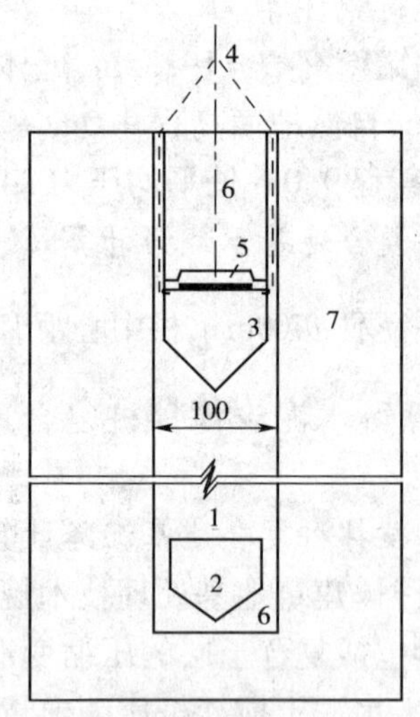

图 17-3　桩身应力计埋设

1-桩身应力计;2-导向钢底座;3-固定铅丝的螺丝;4-铅丝;5-砂垫层;6-回填拌制的水泥土;7-原桩身水泥土

2. 桩身应力分布

油罐充水的过程中水泥土搅拌桩桩身应力沿深度的分布见图 17-4。当充水 17.5m,恒压 20d 时,桩顶轴向应力在罐中和罐壁处分别为 602kPa 和

324kPa,在桩底以上0.3m处桩身应力分别为12kPa和29kPa,桩顶下4.5~5m黏性填土层中的桩段分担了桩顶荷载的32%,下部淤泥质黏土中的桩段又分担近2/3的桩顶荷载,桩底实测应力很小。

从油罐下水泥土搅拌桩桩身应力分布可见:

(1)水泥土搅拌桩的有效作用深度可以达到25m以上,只要施工的桩身中下部水泥土强度好,桩顶荷载能传递到很深的部位,其有效作用桩长会远大于当前认为的15m;

(2)桩身质量很好的水泥土搅拌桩呈现出接近刚性摩擦桩的荷载传递特性。

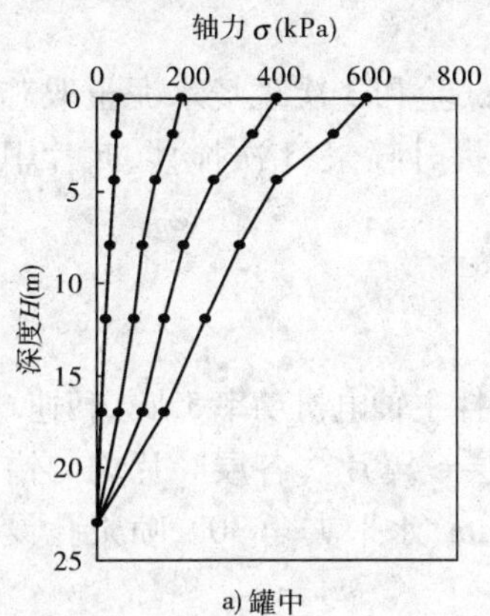

a) 罐中

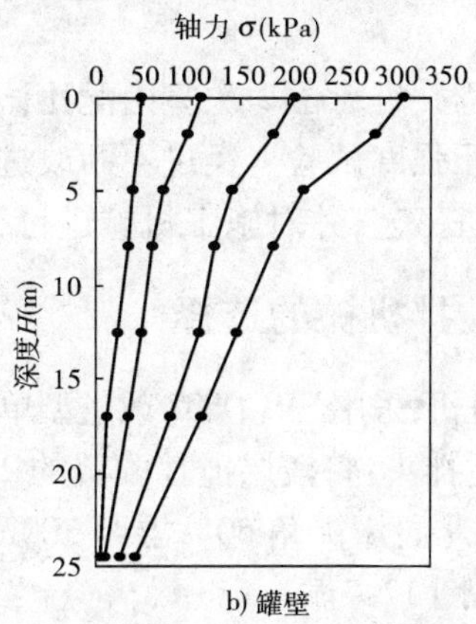

b) 罐壁

图17-4 工程桩桩身应力图

3. 桩侧摩阻力

充水至17.5m最大高度再恒压20d,由桩顶应力、桩身应力计算出罐中心和罐壁处的桩侧摩阻力见图17-5。

4. 桩土应力比

油罐充水过程中的桩土应力比变化见图17-6。

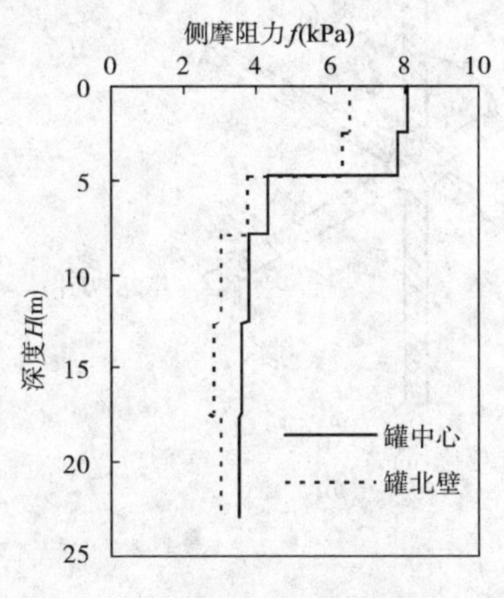

图17-5 桩侧摩阻力分布图

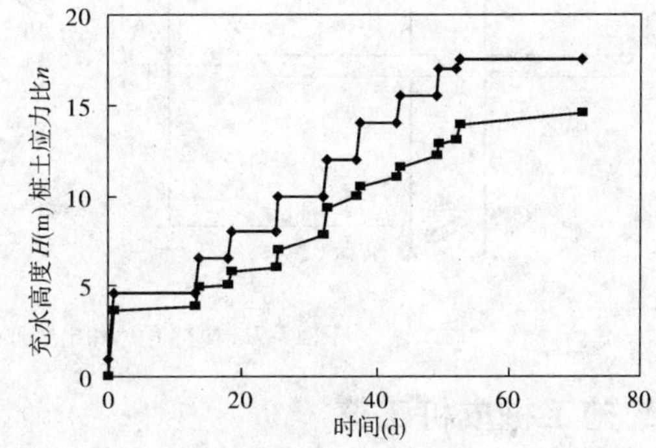

图17-6 罐体充水过程中桩土应力比变化

桩间土土压力在整个充水过程中变化不大,基本维持在一个稳定值。由于桩体较深,水泥土均匀连续,桩体变形模量高出软土近百倍,加上土工布垫层对桩和土顶面位移及荷载的重分配。每级充水荷载几乎都缓慢集中于桩体上,使建筑物下的桩呈现出较高的桩身应力和桩土应力比。

每级充水刚到位时的初始桩土应力比小于恒压结束时的桩土应力比,说明随着时间的增加,桩顶应力逐渐增大,桩间土的荷载向桩体转移。反映了在大面积长期荷载作用下,深厚的淤泥质黏土作为桩间土只能承担一定水平的外荷载,超过部分将逐渐转移到水泥土搅拌桩上,从而产生较大的应力集中和桩土应力比。

长期荷载作用下建筑物的原位观测结果显示,桩身质量良好的水泥土搅拌桩呈现出接近刚性摩擦桩的荷载传递特性、较高的桩身应力和桩土应力比。

只要桩身中下部水泥土强度有保证,群桩中的桩身轴力有效传递深度可达25m以上。

第三节　超长水泥土搅拌桩的成桩工艺

本工程共进行了2次室内配比试验,3次成桩工艺试验和3次现场水泥土取芯及芯样的无侧限抗压强度试验。经过不断改进,最终提出了2次提升喷浆、3次搅拌、叶片中部出浆的水泥土成桩工艺,并对施工机械进行了改进。

一、搅拌机械的选择

(1)桩机:采用SJB-DS37改进型单轴深层搅拌机。搅拌主轴电机功率55kw,转速60r/min。

(2)搅拌头:将浅层搅拌配置的2层4翼片改为3层6翼片。各层叶片均匀错开交叉布置,径向水平投影夹角60°,层距300mm,每片叶宽100mm,水平夹角30°,喷浆孔设在第2层刀片处,见图17-7。

(3)配套桩架:ZH17型改装轨道式塔式起重机,机高33m,电机功率21kW。

(4)灰浆搅拌器:HB6-3型,拌和容量400L,泵出口压力0.3~0.5MPa,输浆管直径为2英寸(5.08cm)。

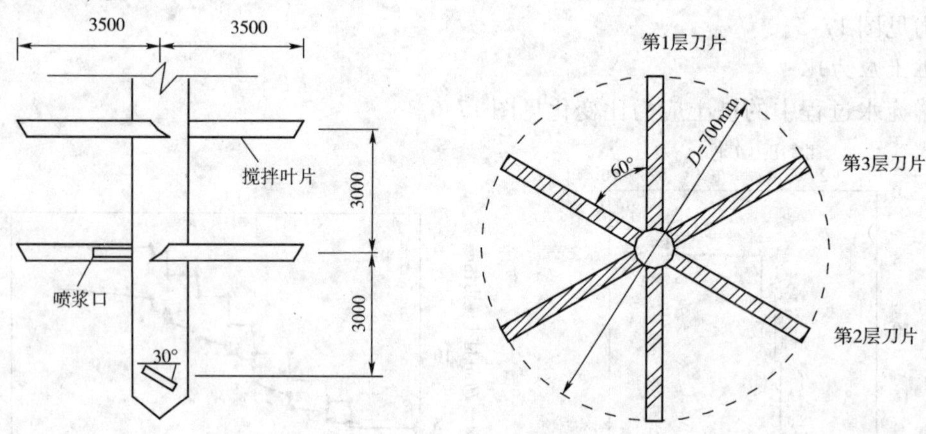

图17-7　搅拌叶片和出浆口位置(尺寸单位:mm)

二、施工桩成桩工艺

1. 基本参数

水泥土搅拌桩直径0.7m,水泥掺入比为15%,每立方米水泥土水泥含量270kg/m^3,单位桩长水泥掺量为103.91kg/m。水灰比为0.5:1,喷浆压力0.3~0.5MPa。

2. 工艺标定

为了能够控制搅拌桩掺入比,通过随班记录下搅拌桩完整的操作过程,来标定不同搅拌桩机在单位时间内喷出的实际水泥量,进而得到单位桩长所需的喷浆时间并最终以搅拌主轴提升速度进行控制。按照标定结果,水泥掺入比为15%时1号搅拌桩机、2号搅拌桩机单位桩长喷浆时间分别取值77.88s。

3. 施工工艺

根据地层土质情况，确定工程桩配比和成桩工艺见表17-7，施工工艺流程见图17-8、图17-9。

工程桩配比和成桩工艺 表17-7

水泥掺量		外加剂	成桩工艺	其他
初期 15%	0～5m:13% ～5+0.4H:18% ～H:13%	石膏:2% 木钙:0.2%	二次喷浆，三次搅拌： 预搅至桩底，喷搅提到5m(中下部喷浆)； 复搅至桩底，喷搅提升，中上部喷浆； 再复搅桩中上部(或全桩)一次	全部机械均采用调速电机，通过调整提升速度和喷浆次数来达到变配比
后期 15.2%	0～5m:13% ～5+0.4H:18% ～20m:15% ～H:13%			

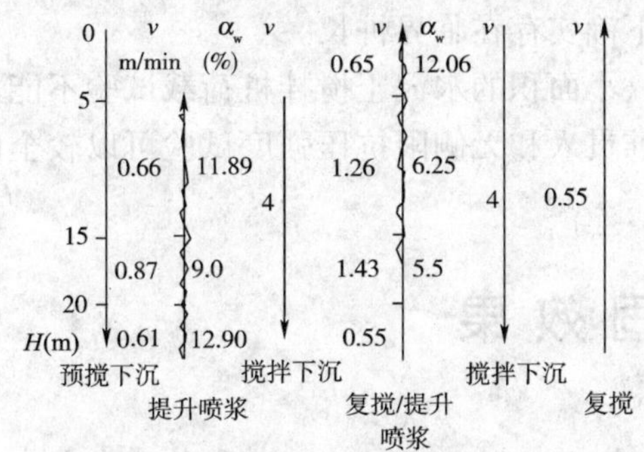

图17-8 初期工程桩施工工艺

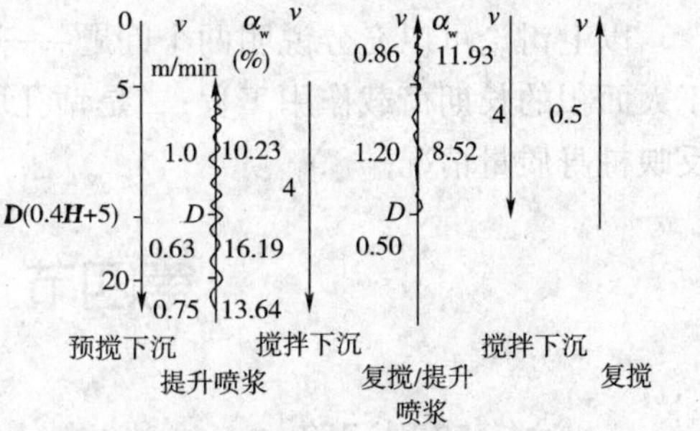

图17-9 后期工程桩施工工艺

由于目前国产的深层搅拌机械大都采用定量输送水泥浆，灌入地基中的水泥量完全取决于搅拌轴的提升速度和喷浆次数。工程桩施工初期，按照表17-7规定的水泥3段变化配比施工，并详细记录了成桩过程中的主机电流变化。一批桩施工后，跟踪检测，找出水泥土搅拌不均匀的部位。施工后期将桩的水泥掺入量由3段变化改为4段变化，这种调整优化使搅拌桩的水泥掺入量沿桩身各土层趋于合理，使桩身各段的强度都均匀连续，并与桩身应力分布大致协调。

4. 不同土质对水泥掺量的要求

施工工艺中对水泥掺量的不断调整的实质是寻找适合各土层不同土质的最佳水泥配合比，以达到所期望的水泥土无侧限抗压强度。前期试桩与工程桩检验结果均表明：

(1)桩上部以亚黏土、轻亚黏土为主的素填土、粉质黏土其水泥掺入量要比淤泥质黏土小得多，填土层中水泥掺入比在12%左右时其90d水泥土无侧限抗压强度可达3000kPa以上，完全满足设计要求；

(2)淤泥质黏土层中则随着土含水率的增大应相应提高其水泥掺入量，当含水率超过50%时掺入比在18%～19%可获得较为理想的桩身质量效果，一般90d无侧限抗压强度能达到2000kPa以上；

(3)当淤泥质粉质黏土中粉细砂含量较大时，在同等水泥掺量的条件下，水泥土强度较高，在调整水泥掺量时要充分考虑这一有利因素。

三、大面积荷载下超长水泥土搅拌桩的静载试验的不完备性

静荷载试验是桩基检测的传统方法，也是最可靠的方法，但是它也有局限性，过分依靠

它是无益的。其原因既有人们对 $Q-S$ 曲线的判断差异,也有静荷载试验条件与现场原型受荷条件的不一致性,而后者往往为人们所忽略。

如一大型油罐区,罐直径 60m,用夯扩桩加固,单桩静载试验合格,但罐体充水预压却出现了较大倾斜。其原因就与大型罐基础荷载作用面积大,影响深度可达 0.6 倍罐径(约 36m),这是短时间、小面积的荷载试验所无法反映的。

在同一罐区,一油罐使用超长水泥土搅拌桩加固中,也存在上面的问题。在第一次现场 25 根试验桩中,分别做了钻孔取芯、标准贯入、无侧限抗压强度试验和开挖检测,结果显示:桩身中下部存在严重的水泥浆富集块和搅拌不均匀现象,桩身强度远低于设计要求,为不合格桩。但对大部分桩进行静荷载试验,所得到的结论却与钻孔取芯、标准贯入、无侧限抗压强度试验结论迥然不同,都满足设计要求的承载力,基本为合格桩。

大量的单桩静荷载试验表明,桩身应力主要集中在桩顶下 5m 以内,到 10m 左右已基本消失。这也说明水泥土搅拌桩在小面积荷载试验下确实存在临界桩长。

以上讨论可以充分说明两个问题:一是短时间、小面积的水泥土搅拌桩荷载试验不能用于大面积的长期荷载作用工程;二是钻孔取芯、标准贯入和无侧限抗压强度试验可以较全面反映桩身质量情况。

第四节　加 固 效 果

一、油罐实测沉降

天然地基在油罐荷载作用下沉降最大达 270mm,水泥土搅拌桩加固后沉降小于 200mm,施工期地基沉降消除了 90%。对两台罐基都进行了环墙周边沉降、底板沉降、桩身应力、地基孔隙水压力、地基侧向变形等项目的测试。测试结果如表 17-8 和图 17-10 ~ 图 17-12。

油罐沉降实测值　　表 17-8

部位 \ 时间		罐体竣工充水 15d 沉降值(mm)	使用 7 个月沉降值(mm)
912 罐环墙	东	104	135
	南	140	184
	西	149	186
	北	152	192
913 罐环墙	东	33	43
	南	30	39
	西	45	59
	北	67	88

二、经济效益

该工程用 27m 超长水泥土搅拌桩加固的 5 万立方米的油罐软土地基现已经竣工投产,在 240kPa 的设计荷载作用下,地基沉降量仅为 29 ~ 67mm,南北径向倾斜率只有 0.06%,远低于规范容许值 0.4%。工程获得成功,并取得了一系列超长水泥土搅拌桩的配方、设计、施工检测方法的实践经验，证明了用水泥土搅拌桩处理深厚软弱地基是一种可行的方法。经工程造价决算，两罐体的地基加固费用与若采用钢筋混凝土桩基的预算对比节省约 1000 万元(仅水泥用量就节省 350 万元)。

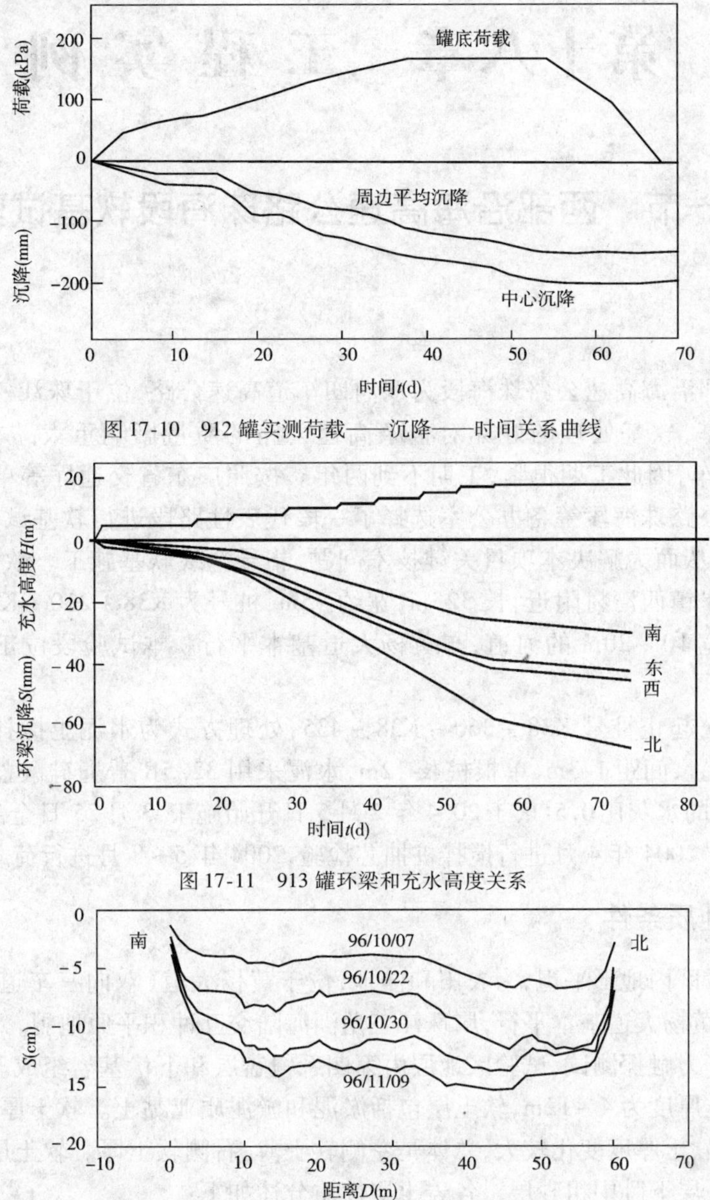

图 17-10　912 罐实测荷载——沉降——时间关系曲线

图 17-11　913 罐环梁和充水高度关系

图 17-12　913 罐底板实测沉降曲线

三、超长水泥土搅拌桩仍值得研究的问题

一是在面积荷载下超长水泥土搅拌桩的桩身应力的传递规律，为超长水泥土搅拌桩在处理高速公路深厚软基作好机理研究。

二是严格控制施工质量，大力推广施工机械的自动控制及材料的准确计量的施工手段。

三是变参数设计，主要是考虑控制好不同土质土层的水泥掺入比，以符合超长水泥土搅拌桩荷载传递特性和不同深度的应力变化。

第十八章　工 程 实 例

第一节　西部沿海高速公路珠海段软基试验段

一、概述

广东省西部沿海高速公路珠海段为双向四车道高速公路,位于珠江三角洲地区,普遍分布有软土地基,软基处理的好坏对整条高速公路的质量影响重大。本高速公路力争2005年底前通车,因此工期很紧,工期不到两年。按照广东省交通厅等单位要求,广东省西部沿海高速公路珠海段筹备办公室选择了一段代表性路段进行软基试验研究。以获得试验监测资料,从而为解决本项目关键技术问题、指导全线软基施工。软基试验段位于珠海市斗门区井岸镇西湾村附近,长325m,宽约45m,桩号为K38 +210 ~ K38 +535,位于黄杨大道与一条宽10 ~ 20m的河道,与黄杨大道基本平行。本试验段位于直线路段,填土高度在4 ~6m。

试验段 *C* 区起止桩号 K38 +360 ~ K38 +435,处理方式为水泥土搅拌桩,搅拌桩直径50cm,梅花形布置,间距1.3m,单根桩长12m,水泥采用32.5R普通硅酸盐水泥,水泥用量50kg/m,水泥浆的水灰比0.5:1,于2004年2月5日开始施工,3月25日全部完成,共计施工1980根搅拌桩。2004年4月进行搅拌桩抽芯检验,2004年5 ~8月进行荷载试验。

二、工程地质条件

软基试验段区内地形平坦,为农田和洼地,位于黄杨大道(双向三车道)与一条宽10 ~ 20m的河道,与黄杨大道基本平行,属珠江三角洲海陆交互冲积平原地貌。

据钻探和静力触探测试,试验区地层由第四系覆盖层和下伏基岩组成。勘察资料表明,本试验段的软土厚度为4 ~12m,软土层包括淤泥和淤泥质亚黏土。软土厚度沿纵向变化较小,沿路基横向软土厚度变化较大,总体是左侧软土薄、右侧软土厚。软土层夹砂层较多,软土层普遍存在一层下卧中粗砂层。各岩土层性质分述如下:

(1)填筑土:0 ~1.2m,黄棕色,为黏性土,含砂,较密实,硬塑;

(2)种植土:1.2 ~2.0m,灰褐色,由黏性土、少量植物根组成,可塑;

(3)淤泥:2.0 ~7.5m,灰褐色,含少量粉细砂、蚝壳,局部含较多砂,软塑。本层中常夹有薄层砂层;

(4)黏土:7.5 ~11.4m,棕红、灰黄色,黏粒为主,含少量粉细砂,黏性较强,可塑—软塑;

(5)粗砂:11.4 ~13.2m,灰黄色,石英砂粒为主,级配一般,饱和,中密;

(6)残积土:13.2 ~15.8m,灰黄色,含较多中粗砂,硬塑。

该试验段各土层的物理力学特性指标如表18-1所示。

试验区地下水主要是孔隙水，砂层为主要含水层，地下水的补给主要受河流补给和大气降雨补给。地下水水位较高，受河道潮汐影响较大，地下水对水泥土无腐蚀性。

试验段土层的物理力学特性指标　表 18-1

土层编号	土层厚度 (m)	土层名称	天然重度 (kN/m³)	含水率 (%)	孔隙比	压缩系数 (MPa⁻¹)	压缩模量 (MPa)	直接快剪	
								黏聚力 c (kPa)	内摩擦角 (°)
②	1.2~2.0	亚黏土	18.0	40.0	1.026	0.38	4.34	9.1	15.3
③	2.0~7.5	淤泥	17.2	57.7	1.697	0.87	1.60	5.2	4.4
④	7.5~11.4	黏土	17.8	31.4	0.983	0.64	2.60	10.5	15.8
⑤	11.4~13.2	粗砂	19.2	31.0	0.864	0.36	9.10	5.4	28.4

三、施工工艺与参数

试验段桩号 K38+360~K38+435 间的地基处理方法为水泥土搅拌法。搅拌桩直径为 0.5m，桩位呈等边三角形布置，桩间距离为 1.3m，置换率为 13%，桩长为 12.5m，水泥采用 32.5R 普通硅酸盐水泥，水泥用量为 50kg/m，水泥浆的水灰比为 0.5:1。

搅拌桩采用“4 喷 4 搅”的施工工艺，具体为：

(1)平整场地至设计高程，按施工图设计桩位放样后，调整钻杆对准桩位；下钻，启动搅拌钻机，边喷浆边钻直至设计深度。注意须进入持力层 0.5m，提升钻至设计加固深度后，反向旋转，边提边喷水泥浆液，钻机提升速度小于 1m /min；钻头提升至桩顶高程，再次下钻重复上述步骤直至完成该桩的施工，之后进行下一根桩的施工。

(2)搅拌桩的垂直度不得超过 1%，桩位偏差小于 5cm。

(3) N_{10} 轻便触探，当桩身 1d 龄期的击数 N_{10} 大于 15 击或 7d 龈期的击数大于 40 即为合格，否则为不合格。检测步骤：取总桩数的 2%。

(4)桩身取样强度检验：随机取 2% 根进行外观和裁取芯构制成试块，进行桩身抗压强度测定。28d 标准无侧限抗压强度为 0.8MPa。

荷载试验：随机选择 2~4 处做单桩和复合地基荷载试验，龄期为 30d；单桩容许承载力满足 110kN。

(5)正式施工前，每台桩机必须根据设计要求的水灰比进行深层提升速度施工工艺试验，一旦确定提升速度，喷浆压力和搅拌转机不能随意变动。

(6)搅拌桩设计桩长是平均桩长，对于地基情况变化较大地段，实际施工桩长可由每台桩机确定的电流来控制(电流值 I=60~70A)，设计桩长为参考。

四、静荷载试验

1. 试验目的

为了对荷载作用下的深层搅拌桩复合地基的受力特性有进一步的认识，在试验区进行了包括单桩复合地基、两桩复合地基和四桩复合地基荷载试验的静荷载试验，试验主要包括以下观测内容：

(1)荷载试验中水泥土搅拌桩复合地基的承载力和变形的观测；

(2)水泥土搅拌桩复合地基垫层底面处的桩土应力的观测。

2. 试验装置

本试验的荷载来源于反力系统和千斤顶所提供的压力。反力系统由反力墙(砂袋堆成)、钢梁和堆载(砂袋)组成。所用千斤顶为一台顶升力可达1200kN 的油压千斤顶。在千斤顶上部放置的一直径为0.5m 的圆形钢板,用于托起2 根钢梁,两根钢梁上放置用于承受上部荷载的20 根钢梁,千斤顶下部放置刚性承压板(承压板的形状和面积分别根据桩位和置换面积来确定),承压板均采用加肋钢板,确保承压板无挠度。沿承压板的周边均匀放置4 只位移计,用从其所读取的稳定数值的平均值来确定沉降值。两根基准梁分别置于千斤顶的两侧,其在试验过程中不发生竖向位移。

垫层采用粗砂垫层(分层压实并进行预压以减少变形带来的误差),厚度是根据试验段工程实际厚度来确定的,均为0.3m。为铺设砂垫层开挖的试坑的形状和对应试验中的承压板的形状相同,且试坑的形心和承压板放置后的形心相重合。

荷载试验数据采集使用自动数据采集仪。试验中的读数时间和终止加载条件按照复合地基荷载试验规定进行。

五、现场荷载试验结果及分析

本试验共完成了3 组单桩复合地基荷载试验、3 组两桩复合地基荷载试验和3 组四桩复合地基荷载试验,其中1 组4 桩复合地基由于千斤顶出故障,最终没有加载至破坏。试验测得的复合地基极限承载力见表18-2。极限承载力取破坏时的前一级荷载。此处中的承载力均指极限承载力。

载荷试验测得的复合地基极限承载力(单位:kPa)　　表18-2

试验类型 / 试验值	单桩复合地基	两桩复合地基	四桩复合地基
1号	184.5	150.2	153.7
2号	190.2	150.2	145.2
3号	178.2	163.9	—
平均值	184.3	154.8	149.4

单桩复合地基承载力的平均值为184.3kPa;两桩复合地基承载力的平均值为154.8kPa;四桩复合地基承载力的平均值为149.4kPa。由此可知两桩和四桩复合地基的承载力并不等于单桩复合地基承载力,而等于单桩承载力上乘以一个折减系数。单桩复合地基、两桩复合地基和四桩复合地基之间的承载力关系如表18-3 所示。

单桩、两桩和四桩复合地基的承载力关系　　表18-3

对比项目	两桩复合地基/单桩复合地基	四桩复合地基/单桩复合地基	四桩复合地基/两桩复合地基
承载力比值	0.84	0.81	0.97

因此,在工程实践中,采用单桩(带承压板)复合地基(改变板的大小来获得相应的置换率)的荷载试验,能否代表群桩的实际工作状态,是值得探讨的。单桩复合地基的荷载试验获得的承载力不能代表群桩复合地基的承载力,不能反映群桩效应,从而得到了较高的承载力,这对复合地基安全储备是不利的。因此,在采用单桩复合地基荷载试验确定的复合地基承载力值时,应予折减。

通过文献中给出的计算荷载试验中地基的变形模量公式可算得单桩复合地基的平均变

形模量为36.2MPa,两桩复合地基的平均变形模量为14.8MPa,四桩复合地基的平均变形模量为10.9MPa。由此可知两桩和四桩复合地基的变形模量并不等于单桩复合地基的变形模量,在单桩复合地基变形模量上乘以一个模量折减系数。单桩复合地基、两桩复合地基和四桩复合地基之间的变形模量关系如表18-4所示。

单桩、两桩和四桩复合地基的变形模量关系 表18-4

对比项目	两桩复合地基/单桩复合地基	四桩复合地基/单桩复合地基	四桩复合地基/两桩复合地基
变形模量比值	0.41	0.30	0.74

从四桩和单桩复合地基间的承载力和变形模量折减系数可以得出,在路堤下水泥土搅拌桩复合地基中存在"群桩效应",即桩数多的复合地基的承载力和变形模量比桩数少的复合地基有所下降,在本试验中通过折减系数来反映"群桩效应"。"群桩效应"的存在的原因:在多桩复合地基中,各桩在土中引起的附加应力会互相重叠,使得附加应力要比单桩时的增大很多,这样多桩复合地基荷载试验中各桩的工作状态与单桩复合地基荷载试验时迥然不同,造成多桩复合地基荷载试验中复合地基承载力并不等于单桩复合地基荷载试验中复合地基承载力,对应的沉降量也不同。

六、复合地基桩土应力比及分析

桩土应力比是反映复合地基工作状态的一个重要参数,是指桩顶与桩间土平均应力之比,对地基承载力和变形计算都十分重要。影响桩土应力比的因素很多,如荷载水平、桩土模量比、置换率、基础刚度等,各种影响因素之间不是彼此独立的,对桩土应力比的影响是综合结果。由于桩和土的应力应变关系是非线性的,至今尚无能精确计算桩土应力比的公式,因此桩土应力比的确定要依赖现场测试。根据本试验的实测压力数据整理得到了桩顶压力、桩间土压力及桩土应力比。

1.单桩复合地基荷载—桩土应力比

桩顶应力为桩顶压力盒测得的平均应力,桩间土应力为桩间土压力盒测得的平均应力。

由图18-1~图18-3中可以得出,DF1的桩土应力比在加载时达到最大值,DF2的桩土应力比在加载到200kN时达到最大,DF3的桩土应力比在加载到200kN时达到最大。由于压力盒的埋设是局部埋设的,因此造成应力比变化规律不太一致,但总体上,桩土应力比呈减小的趋势,说明桩间土承担的荷载比越来越大。

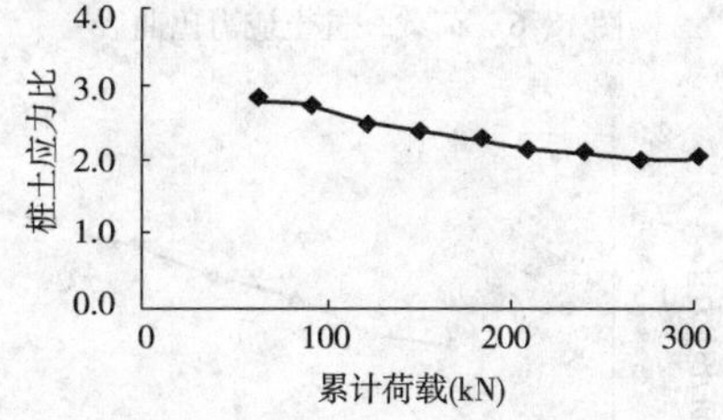

图18-1 DF1荷载—桩土应力比曲线

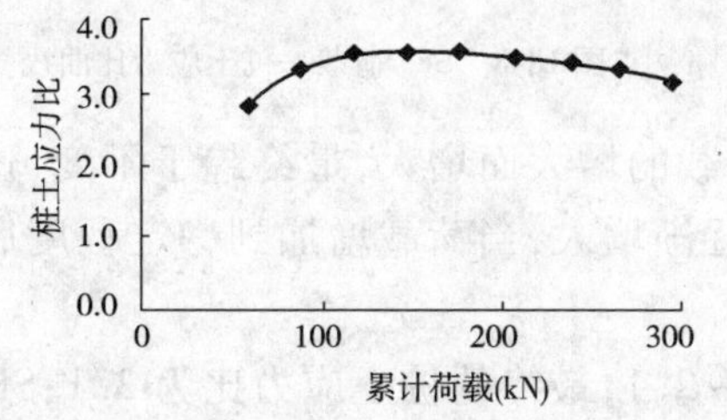

图18-2 DF2荷载—桩土应力比曲线

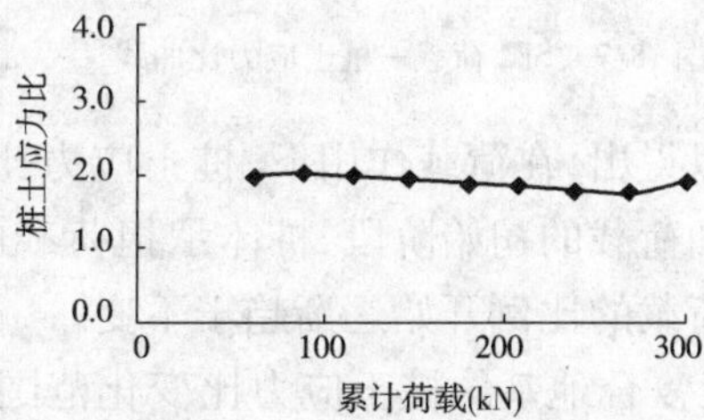

图18-3 DF3荷载—桩土应力比曲线图

DF1 复合地基的桩土应力比变化范围为 2.0～2.8，DF2 复合地基的桩土应力比变化范围为 2.8～3.5，DF3 复合地基的桩土应力比变化范围为 1.7～2.0。DF1、DF2 和 DF3 复合地基试验的最终桩土应力比分别为 2.0、3.1 和 1.9。

2. 两桩复合地基荷载—桩土应力比

桩顶应力为桩顶压力盒测得的平均应力，桩间土应力为桩间土压力盒测得的平均应力。

从图 18-4～图 18-6 中可以得出：LF1 和 LF3 的桩土应力比在加载到 200kN 时达到最大，LF2 桩土应力比在加载到 450kN 时达到最大。由于压力盒的埋设是局部埋设的，因此造成应力比变化规律不太一致，但总体上，桩土应力比随着荷载不断变化，桩土应力比随荷载呈先增大后减小的趋势。

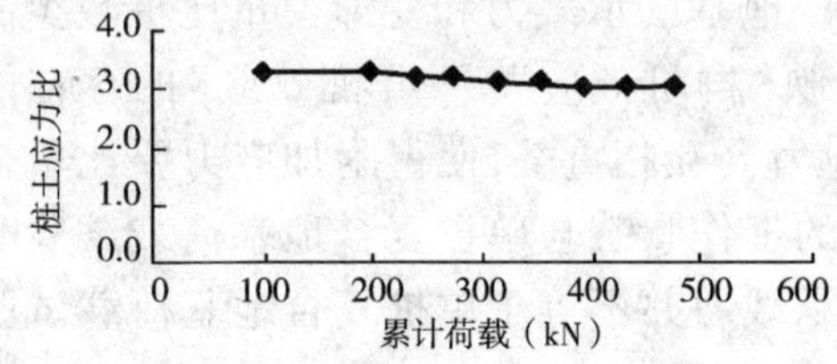

图 18-4　荷载—桩土应力比曲线

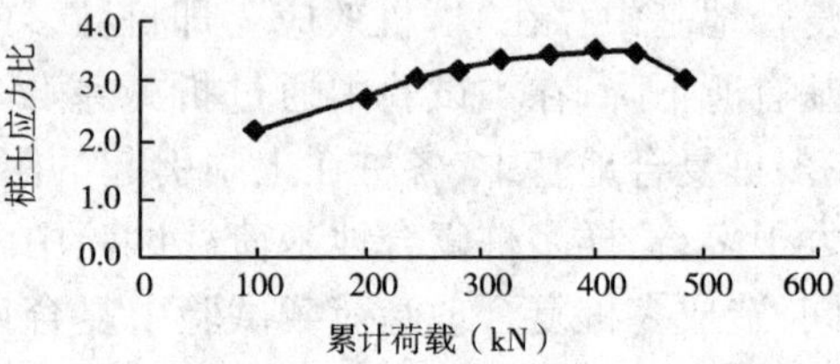

图 18-5　荷载—桩土应力比曲线

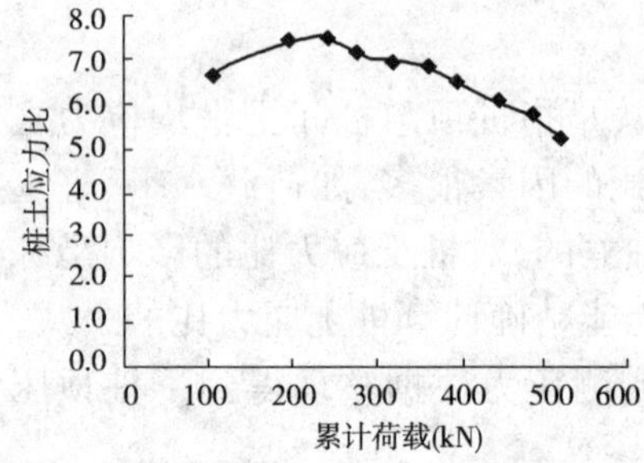

图 18-6　荷载—桩土应力比曲线

LF1 复合地基的桩土应力比变化范围为 2.8～3.2，LF2 复合地基的桩土应力比变化范围为 2.0～3.3，LF3 复合地基桩土应力比变化范围为 2.8～5.2。LF1 和 LF2 复合地基试验的最终桩土应力比比较接近，大小分别为 2.9 和 3.0，而 LF3 复合地基试验的最终桩土应力比为 5.2。

3. 四桩复合地基荷载—桩土应力比

四桩复合地基荷载—桩土应力比曲线见图 18-7 和图 18-8。

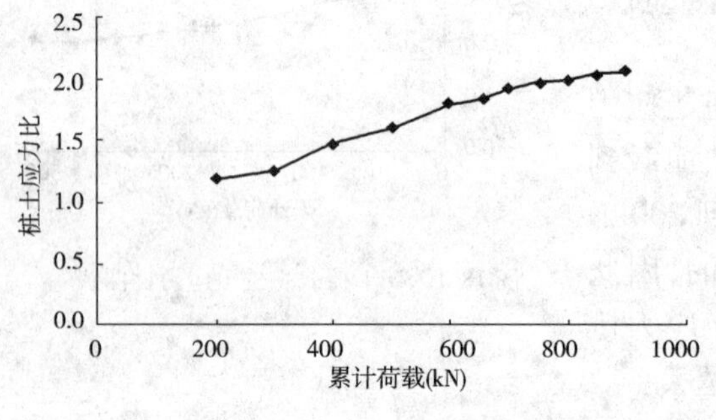

图 18-7　SF2 荷载—桩土应力比曲线

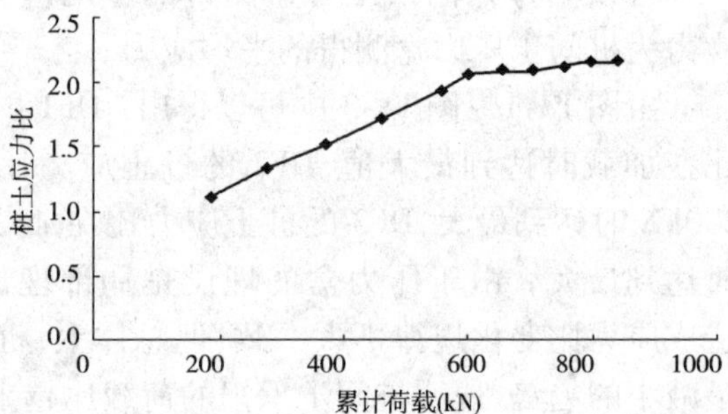

图 18-8　SF3 荷载—桩土应力比曲线

可以得出，在荷载作用下，桩土应力比随着荷载的增大而增大，最终趋于不变，这表明，在刚施加荷载的初始阶段，桩体承担荷载的比例逐渐增大，当荷载增加到一定程度后，桩土承担的荷载的比例开始逐渐趋于不变。

SF2 复合地基的桩土应力比变化范围为 1.2～2.1，最终的桩土应力比为 2.1；SF3 复合地基的桩土应力比变化范围 1.1～2.2，最终的桩土应力比为 2.2。SF2 和 SF3 复合地基的桩土应力比范围和最终桩土应力比都很接近。

4. 单桩、两桩和四桩复合地基压力数据对比和分析

单桩、两桩和四桩复合地基荷载试验的桩土应力比的比较结果如表18-5所示。从表中可以得出,不同桩数的复合地基的最终桩土应力大部分在2.0~3.0。通过表18-5中的比较结果可以得出,本试验所有的复合地基荷载试验的桩土应力比的变化范围不大,最大值和最小值相差不超过3,且桩土应力比值不大,大部分桩土应力比不超过3.0。

单桩、两桩和四桩复合地基荷载试验中桩土应力比的比较 表18-5

试验项目	单桩复合地基	两桩复合地基	四桩复合地基
桩土应力变化范围	2.0~2.8,2.8~3.5,1.7~2.0	2.8~3.2,2.0~3.3,2.8~5.2	1.2~2.1,1.1~2.2
最终桩土应力比	2.0、2.0、2.8	2.9、3.0、5.2	2.1、2.2

出现这种结果的原因分析如下:关于垫层对桩土应力比影响的研究表明,垫层可以有效地调整复合地基的桩土荷载分配,充分发挥土体的承载能力特别是发挥浅层土体的承载作用。桩在荷载作用下产生的应力集中使垫层发生侧向流动而产生向上刺入,通过垫层的流动补偿,使桩间土和基础始终保持接触,并使桩上荷载向桩间土转移,结果让桩土间的荷载重新分配,从而减少了桩身的应力集中。其他条件相同的情况下,垫层越厚,桩身的应力集中效应越小,桩体发挥的承载作用越小。本试验中的砂垫层较厚(0.3m),因此桩身的应力集中效应不明显,即桩土应力比较小。

为了有效地发挥水泥土搅拌桩在复合地基中作用,建议在砂垫层中采取有效的措施(如设置土工格栅、土工格室)增大垫层的刚度。

由于现场仪器埋设和测试手段的限制,在此只对深层搅拌桩复合地基的整体沉降规律和垫层底面处的桩土应力做了分析,只能反映出垫层下一定深度范围内的情况,因此还有很多方面有待于进一步研究,如桩身和土层的分层沉降、桩身、桩侧和土层深处的应力分布等方面都需要深入研究探讨。

第二节 广东省佛开高速公路水泥土搅拌法加固桥涵过渡段地基

一、工程概况

佛开高速公路全长80km,位于珠江三角洲河网地区,沿线地质条件复杂,软土地基分布范围广、软土深厚,含水率高。强度低,压缩系数大。全线软土路基扣除桥长后长16.839km,约占路线长的1/4。其中90%分布在佛山至九江镇的 第一、二、三标段。由地质钻探揭入的资料来看,淤泥和淤泥质土的厚度变化在2~20m范围,埋藏深度较浅。淤泥和淤泥质土的典型的物理力学性质指标统计见表18-6。从表18-6中指标可见,土的最高含水率为106.7%,孔隙比2.41,压缩系数1.71MPa^{-1},压缩模量5.70MPa,快剪最小凝聚力为1.0kPa,摩擦角为3.04°。在这样的超软弱地基上修建高速公路,将会带来一系列难于处理的工程问题。

佛开高速公路的软土地基设计采用堆载预压,塑料板排水固结法,但该工法的固结时间较长,难以满足要求,尤其是桥路交接处所产生的差异沉降,不能满足要求,为此决定采用粉喷水泥土搅拌桩加固桥头过渡段,用水泥土桩复合地基将桥台与软土地基路段衔接起来,以解决两者的差异沉降。

佛开高速公路一、二、三标软基路段共有桥、涵洞和通道 61 座，需加固 122 处过渡地段，设计量为 593682 延米的水泥粉喷桩，从 1994 年 12 月开工至 1995 年 5 月施工结束，共计 6 个月的施工检查期。自 1995 年 8 月进入工后监测期，至 1997 年 10 月观测结束，历时 27 个月的监测。路堤填筑期每月三次观测，竣工通车前每月观测两次，竣工通车后每三个月观测一次。

软土物理力学性质主要指标统计表 表 18-6

土层名称		物理性指标								快剪强度		压缩性	
		含水率（%）	孔隙比	重度 湿（kN/m³）	重度 干（kN/m³）	饱和度（%）	密度（g/cm³）	液限（%）	塑限（%）	c（kPa）	φ（°）	压缩系数（MPa^{-1}）	压缩模量（MPa）
淤泥	最大	106.7	1.680	21.3	12.7	100.0	2.78	60.8	41.8	33.0	33.57	1.71	5.70
	最小	15.77	0.414	16.3	11.2	78.0	2.48	23.5	13.7	1.0	3.04	0.26	0.82
	平均	89.56	1.903	18.4	11.8	90.5	2.59	42.7	27.8	17.8	20.50	0.98	3.72
淤泥质土	最大	79.23	2.410	19.6	15.1	100.0	2.72	71.1	33.5	39.0	44.32	3.80	9.03
	最小	20.50	0.642	13.9	6.5	60.3	2.54	29.0	13.5	0.0	0.00	0.18	0.80
	平均	58.60	1.558	17.8	10.2	83.7	2.68	45.9	23.0	28.0	12.30	1.78	4.50

二、设计计算

佛开高速公路与其他建在软土地基上的高速公路相似，桥台基础通常采用桩基，路堤软基采用排水固结法。由于桥台桩基的总沉降量为几毫米，且在较短时间内完成，而路堤城将均超过 1.5m，有的超过 2m。完成沉降的时间较长，造成公路投产运营后桥台与路堤之间有较大的差异沉降，这个沉降给行车带来桥头跳车问题，是目前软基上建造高速公路的通病之一。当前解决桥头跳车的方法有几类：方法之一是等待地基沉降稳定，这是在软基不厚，路堤不高的条件可以考虑；方法之二是桥头设置刚性踏板，将路堤与桥台之间的差异沉降通过踏板来协调，据以往使用经验当差异沉降较大时并不理想。目前日本正在使用可以将踏板抬高，然后在板下喷砂，将差异沉降分次消除；方法之三是在桥头过渡路段改填轻质材料，例如，EPS 材料，这种方法造价昂贵，在重型车辆行驶后材料发生疲劳而失去部分弹性；此外，尚有用各种快速加固法将软基改造成复合地基，这里有碎石桩复合地基、水泥土搅拌桩复合地基、真空预压联合堆载预压加固地基等。佛开高速公路 122 个桥台过渡段采用水泥土搅拌桩加固。水泥土搅拌桩设计采用桩径 50cm，桩长 7～14m，除个别桥头因软土深厚，无法将水泥土桩支撑在硬土层，绝大部分搅拌桩为支承桩。水泥掺入比为 17%，桩间距按过渡段纵向分为 2～3 个区间，分别为 0.9m，1.1m 和 1.3m 三种。过渡区布桩见图 18-9。

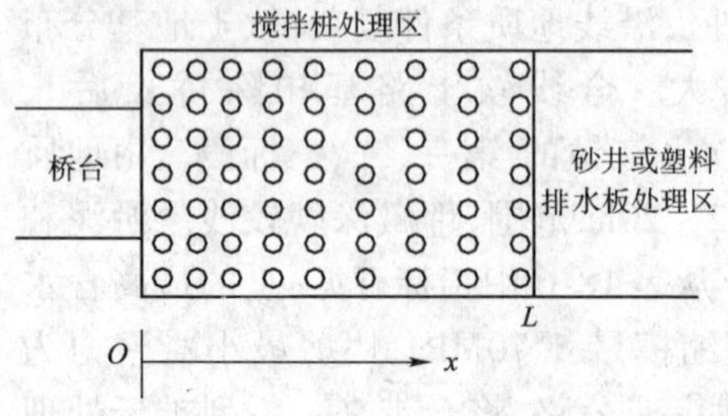

图 18-9 佛开高速公路桥头加固区示意图

三、施工和检验

122 个过渡加固路段约 60 万延米桩长分为五家施工，从 1994 年 12 月开始，历时 6 个月完成。

施工方法采用两次搅拌法，每个加固段完成搅拌桩施工后开始检验。方法如下：

①施工完成1～2d内用N_{10}轻型动力触探，检查施工质量，及时纠正部分不合理的施工工艺；施工后将场地开挖桩头露出50cm，检查桩头质量和数量；

②钻孔抽芯并结合标准贯入试验，检查桩长、桩身质量；

③单桩和单桩复合地基荷载试验检查复合地基和单桩承载力；

④进行工后沉降和侧向位移观测，检查加固效果。

全线共完成抽芯360根桩，总进尺4421.10m，取芯率超过80%，取芯时间为龄期30d，芯样作抗压试验。取芯时结合做标贯试验，建立标贯击数与强度的关系。

荷载试验选取六个工点，做复合地基荷载试验6组，单桩试验3组。

四、加固效果

工程在结束后，从122个桥头加固段选取有代表性的地段共15个，进行长达27个月的沉降和侧向位移观测，观测结果汇总见表18-7。

佛开高速公路深层搅拌桩复合地基沉降观测点基本情况一览表　　表18-7

序号	地　点	桩长（m）	处理范围 $L\times B$（m）	桩距（m）	填土高度（m）	施工期间沉降（mm）	一年工后沉降（mm）	预估工后沉降（mm）	备注
1	K4+224.24 汾江大桥开台	10.0	20×42	0.95～1.40	5.4	154	27	60	支承桩
2	K5+445.83 张槎跨线桥佛台	10.5	20×42	0.95～1.40	4.6	61	14	34	支承桩
3	K7+680 季华路立交桥开台	8.0	20×39	1.05～2.40					支承桩
4	K8+1138.9 潭州大桥佛台	8.0	20×42	0.95～1.40	6.2	232	172	356	悬浮桩
5	K8+601.1 潭州大桥开台	10.0	20×42	0.95～1.40	4.6	63	32	74	支承桩
6	K10+430 通道	7.5	16.1×26.8	1.15～1.35	0.7	66	16	35	支承桩
7	K12+770 通道	8.0	12×54.4	1.0	1.7	231	15	36	支承桩
8	K14+594 新基田立交桥开台	10.0	20×66	1.0～1.5	4.7	276	40	127	支承桩
9	K21+781 小桥佛台	14.0	20×42	1.0～1.5	5.2				支承桩
10	K24+157 小桥开台	10.0	20×42	1.0～1.5	5.0	187	12	19	支承桩
11	K26+850 圆管涵	10.5	7.2×39	1.2～1.6	2.9	101	8	23	支承桩

续上表

序号	地　点	桩长(m)	处理范围 $L \times B$ (m)	桩距(m)	填土高度(m)	施工期间沉降(mm)	一年工后沉降(mm)	预估工后沉降(mm)	备注
12	K28 +065 箱涵	14.0	16.8×44.4	1.05~1.5	0.8	75	18	45	支承桩
13	K28 +959.4 九江涌大桥开台	10.0	50×55.5	0.9~2.0	5.9	377	47	102	支承桩
14	K29 +770 通道	18.0	21.6×45	1.35~1.5	1.3	237	66	110	悬浮桩
15	K29 +856 小桥开台	10.0	20×56	1.1~1.2	4.8	195	19	38	支承桩

观测结果如下：

(1)路堤填土期发生的最大沉降量为377mm,最小沉降量为61mm；

(2)二个悬桩地段的沉降为232mm和237mm,一般均大于支承桩加固地段；

(3)一年期工后沉降量最大为172mm,发生在潭州大桥佛台段的悬桩地段。最小为8mm,大部分在30mm以内；

(4)用双曲线推算最终沉降量,由此得到以后可能发生的工后沉降在60mm以内；

(5)填筑期间测得的沉降速率为0.25~5.77mm/d,通车一年后测得最大沉降速率为0.31mm/d,发生在潭州大桥佛台段的悬桩加固区；

(6)几处设有测斜管监测深层土侧向位移曾在汾江大桥两端地面下16m和9m深处测得最大测向位移点,分别为68.2mm和15.7mm,而它们的水泥土桩加固深度仅10m。可见最大侧向位移发生在桩体以下的未加固区。

从以上工程实录资料来看,佛开高速公路在122个桥、涵、通道过渡段用水泥土桩加固是成功的,无论从工后沉降、沉降速率、位移速率等方面均能满足工程要求,过渡段用15~25m长,采用变桩距衔接沉降是可行的,目前公路运营良好。

第三节　广佛高速公路拓宽工程

一、工程概况

广佛高速公路是连接广州与佛山两大城市,十年前建成的四车道高速公路。近年来随着经济发展,交通运输量急剧增加,四个车道已不能适应,为此决定拓宽成八车道。线路上经过有4km软基路段,原路段采用砂井排水固结法处理软基,经十年运营后地基早已稳定,拓宽工程的主要技术难点是新拓宽路堤的稳定控制,新老路堤的差异沉降和施工期确保原道路能正常通车运营。

二、地基土质情况

软基路段内自上而下主要土层情况如下：

(1)素填土,厚度1.3~2.9m,土质情况良好;

(2)淤泥,厚3.2~6m,灰黑色,流塑,含少量腐殖质,夹薄层粉砂层,含水率高,压缩性大,强度低;

(3)亚黏土,厚3.5m,部分地段夹砂,为中等压缩性土;

(4)全风化砂岩,厚2.5m,可作为持力层。

典型的土质物理、力学指标列入表18-8。

各主要土层物理、力学性质指标统计 表18-8

层号	土类	含水率(%)	密度(g/cm^3)	孔隙比	塑限(%)	液限(%)	塑性指数(%)	压缩系数(MPa^{-1})	固结系数($10^{-3}cm/s$)	渗透系数($10^{-6}cm/s$)	快剪		无侧限抗压强度 q_u(kPa)
											c(kPa)	φ(°)	
②	淤泥及淤泥质土	57.7	1.62	1.54	27.69	44.05	16.36	1.157	3.55	6.74	17	10.7	61.5
③	亚黏土	22.2	2.09	0.57	13.02	24.68	11.7	0.282	1.36		28.7	19.1	204.7

三、试验路段的设计

施工前选取200m做工程试验,分成三种情况,设计方案见图18-10、图18-11。三个断面的地基处理技术参数汇集于表18-9。此外,各断面中埋设了监测仪器,仪器数量列入表18-10。

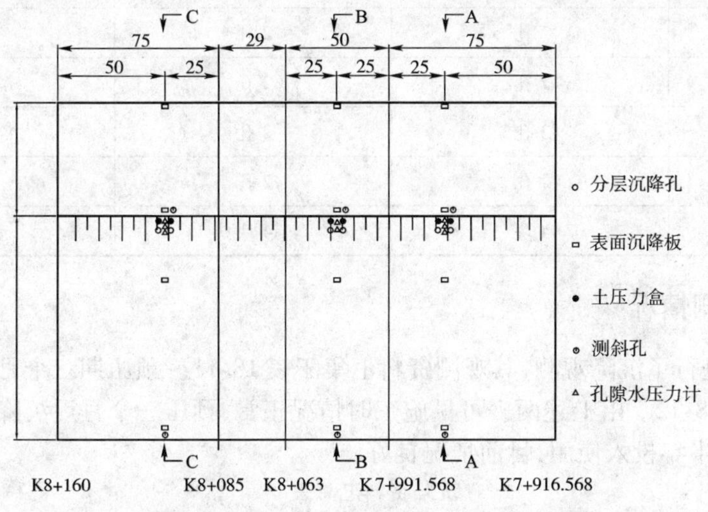

图18-10 试验段仪器埋设平面图(尺寸单位:m)

四、施工情况

1997年7月15日进场施工,11月1日完成水泥土搅拌桩复合地基处理,12月15日填土结束,其中包括超载1.5m。地基处理共设计8排水泥土桩,先做外侧4排,待外侧完成后,再开挖内侧并施工内侧4排,这样可以确保道路在施工期安全通车。各阶段施工程序为:

1997年7月25日~8月26日,外侧边坡开挖;

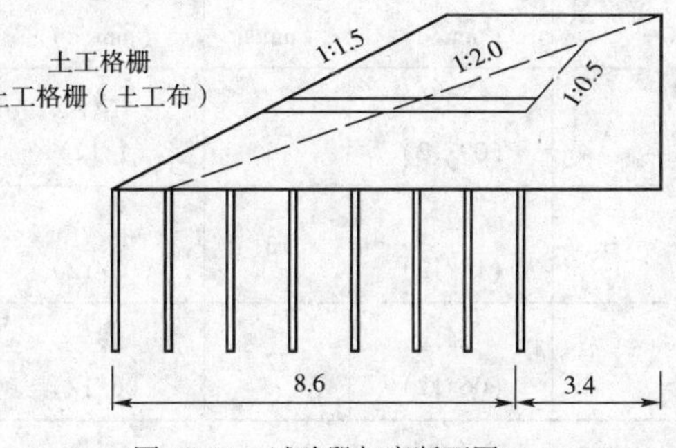

图18-11 试验段加宽断面图

8 月 26 日 ~9 月 12 日,水泥土桩施工;

9 月 27 日 ~10 月 12 日内侧边坡开挖;

10 月 12 日 ~11 月 1 日完成内侧水泥土桩施工;

11 月 1 日 ~12 月 15 日开始铺设土工织物及路堤填筑,超载 1.5m;

1998 年 2 月修理边坡完毕,移交给路面施工。

各断面地基处理设计一览表 表 18-9

试验区	起止桩号	控制断面	水泥土桩			土工织物	垫层 50cm	超载(m)
			桩间距(m)	布置形式	桩长(m)			
一区	K7 +916.568 ~ K7 +991.568	(A) K7 +966.568	1.2	正三角形	7.0 ~ 8.0m(打穿淤泥层)	一层土工格栅 + 一层土工布	砂性土	1.5
二区	K7 +991.568 ~ K8 +063	(B) K8 +016.568	1.0	正三角形		两层土工格栅	砂性土	1.5
三区	K8 +085 ~ K8 +160	(C) K8 +110	1.2	正三角形		两层土工格栅	碎石	1.5

埋设仪器统计 表 18-10

	A	B	C
分层沉降仪	2 孔	2 孔	2 孔
测斜	2 孔	2 孔	2 孔
孔隙水压力计	3 孔	2 孔	3 孔
土压力盒	2 孔	2 孔	2 孔
表面沉降板	4 块	4 块	4 块

五、沉降观测情况

加载施工中进行了沉降观测,其观测资料汇集于表 18-11。预压期三个月的沉降量和沉降速率汇集于表 18-12。由上述两表可见施工时情况正常,预压三个月后沉降基本稳定。该工程于 1999 年下半年投入使用,目前情况良好。

沉降资料汇总表 表 18-11

板号	1		2		3		4	
沉降量	最大沉降速率(mm/d)	累计沉降(mm)	最大沉降速率(mm/d)	累计沉降(mm)	最大沉降速率(mm/d)	累计沉降(mm)	最大沉降速率(mm/d)	累计沉降(mm)
A	2 (09/12)	20	5 (1/12)	48	6 (29/11)	46	4 (08/12)	35
B	2 (18/12)	13	4 (03/12)	24	7 (08/12)	40	3 (29/11)	20
C	4 (06/12)	22	8 (06/12)	52	5 (06/12)	35	3 (06/12)	23

注:观测截止日期为 98/03/09。

沉降速率统计表　　表18-12

沉降板 \ 时期		填土过程		预压1个月		预压2个月		预压3个月	
		沉降量（mm）	速率（mm/d）	沉降量（mm）	速率（mm/d）	沉降量（mm）	速率（mm/d）	沉降量（mm）	速率（mm/d）
A	1	5	0.5	8	0.27	4	0.13	3	0.10
	2	32	1.33	10	0.33	3	0.10	3	0.10
	3	33	1.38	7	0.23	6	0.20	0	0.0
	4	24	1.2	7	0.23	4	0.13	0	0.0
B	1	3	0.5	6	0.20	3	0.10	1	0.03
	2	15	0.65	6	0.20	3	0.10	1	0.03
	3	33	1.43	4	0.13	3	0.10	0	0.0
	4	13	0.68	3	0.10	2	0.07	2	0.07
C	1	15	0.37	5	0.17	1	0.03	1	0.03
	2	48	1.17	3	0.10	1	0.03	0	0.0
	3	29	0.71	3	0.10	0	0.0	2	0.07
	4	18	0.45	3	0.10	1	0.03	1	0.03

RUANTU LUDI SHIGONG JIANCE JISHU

软土路堤施工监测技术

第十九章　软土路堤施工监测技术概述

软土地基路堤的施工应注意监测填筑过程或以后的地基变形动态，对路堤施工实行动态观测。高速公路、一级公路及二级公路工程在路堤施工中必须进行沉降和稳定的动态监测。其他等级的公路可以相应参考高速公路的监测技术选择与公路等级相适应的方法进行。本篇主要总结了高速公路工程的软土路堤监测技术，包括监测原则、主要监测方法、监测仪器埋设与监测细则、监测资料的整理和分析等。

近年来，广东省高等级公路建设以前所未有的速度迅速发展。而广东省，尤其珠江三角洲一带软土分布广泛，大量的公路要穿越软土地区。软土地区地质条件复杂，路堤的沉降和稳定是一个突出的问题。因此，在施工过程中以及施工结束后的一定时间内，对其不同要素实行动态监测，对于确保施工质量和公路正常使用的意义十分重要。

软基的变形及稳定是软基路堤填筑的两个关键，而它又与加载速率紧密相关。对路堤填筑各阶段进行动态跟踪观测，收集地基应力、变形等原始数据资料，分析地基强度增长情况，充分利用地基强度增长快速加载(即薄层轮加法)，通过监测指标控制和对监测数据的综合分析控制路堤填筑速率，指导路堤填筑施工，确保路堤填筑快速安全。

根据现场监测资料分析软土地基在堆载预压、真空预压排水固结过程中和竣工后的固结、强度和沉降的动态变化，不仅是发展软土工程理论和评价软基处理效果的依据，同时也可及时防止因设计和施工不完善而引起的意外工程事故。

第一节　监测一般原则

监测的一般原则如下：

(1)监测点应设置在观测数据容易收集和反馈的部位。地基条件差、地形变化大和有关设计的问题多的部位应设置观测点，桥头纵向坡脚、填挖交界处的填方端、临河、临空等特殊路段应酌情增加观测点。

(2)监测点的数量应满足监测需要与施工便利性。一般路段沿路线纵向每隔 100 ~ 200m 设置一个观测断面，桥头路段应设置 2 ~ 3 个观测断面。

(3)对于软基较长的路段，应每隔 1 ~ 2km 选择 1 个断面作为重点监控断面，对地表沉降、地基土的分层沉降、深层侧向位移、孔隙水压力进行监测；对于一般监控断面，可只埋设表面沉降板进行地表沉降监测，但应以重点监控断面的监测数据指导一般监控断面。

(4)当路堤稳定出现异常情况而可能失稳时，应立即停止加载并采取措施，待路堤变形恢复稳定后，方可继续填筑。

(5)路基监测成果的分析是实体试验最主要的内容之一。应及时分析整理监测资料，一般要求资料不过夜。全面收集整理埋设的多种监测仪器所反馈的数据，严密监测地基土体的应力应变状态，了解地基土体的固结状态，从而动态控制施工填土速率，确保路堤安全稳定、变形控制在允许范围内。

第二节　监测内容与目的

软土地区高等级公路施工监测的主要内容涉及路堤的沉降、水平位移、应力等几个方面，详见表19-1。

软基路堤监测项目与目的列表　　表19-1

监测项目		观测仪器	监测目的
位移	地表沉降	沉降板、水准仪	监测沉降板以下土层的沉降量及其随时间的发展过程。一方面可用来评价填土加载速率的安全合理性，确定合理的卸载时间；另一方面可通过对监测结果的分析，计算出软基的实际固结度，推算出地基工后沉降值等
	地基深层沉降	深层沉降标	监测地基深处土层的沉降量及其随时间的发展过程
	地基分层沉降	分层沉降标及观测仪	通过监测软基中不同土层的压缩量随时间的发展过程，推算不同深度范围内软基的竖向压缩量以及固结度随深度的变化情况，分析排水固结效果
	地面水平位移	水平位移边桩、经纬仪、水准仪	根据监测的地表水平位移速率，提供施工过程中合理的加载速率，还可分析路基整体稳定性
	地基土深层水平位移	测斜管、测斜仪	根据沿软基深度方向的水平位移速率提供合理的加载速率、推算土体剪切破坏位置、分析路基整体稳定性
应力	地基孔隙水压力	孔隙水压力计及读数仪	主要是用来测量软土地基排水固结过程中超静孔隙水压力的上升、消散过程，推算固结系数和固结度，以指导施工
	土压力	土压力盒及读数仪	测定监测点位置的土应力及其分布情况，了解地基应力状态
其他	地下水位（辅助观测）	地下水位观测仪	其主要目的是配合孔隙水压力监测，评价软土的固结状态
	出水量（辅助观测）	单孔出水量计	监测单个竖向排水井排水量，了解软土地基排水情况，评价排水系统的有效性

第三节　监测的作用

一般说来，软土地区高等级公路软基施工监测主要有以下几方面的作用：

(1)保证路堤在施工过程中的安全和稳定；

(2)为准确预测工后沉降提供依据，使工后沉降控制在设计允许的范围内；

(3)为解决工程设计和施工中的疑难问题提供第一手资料，为新技术、新材料、新工艺、新设备的引进、推广积累经验和资料。

第四节　监控工作程序

公路软基监控的工作程序可按图19-1进行。

监控工作由于线路长、工作面广、涉及单位多，为保证监控工作顺利开展，应成立由业主、监理、监控单位和施工单位组成的“软基监控工作小组”，在业主直接领导下，专门负责公路全线软基监控相关事宜。

软基监控小组的工作内容为：

一是必须进行工程地质补勘，在探明工程地质情况、了解施工要求、理解设计意图后，制订监测方案，待业主审批后，按方案要求进行准备工作。仪器埋设就绪后，监控单位严格按制订的方案进行监测。监测项目主要分为两大类：应力监测、变形监测。

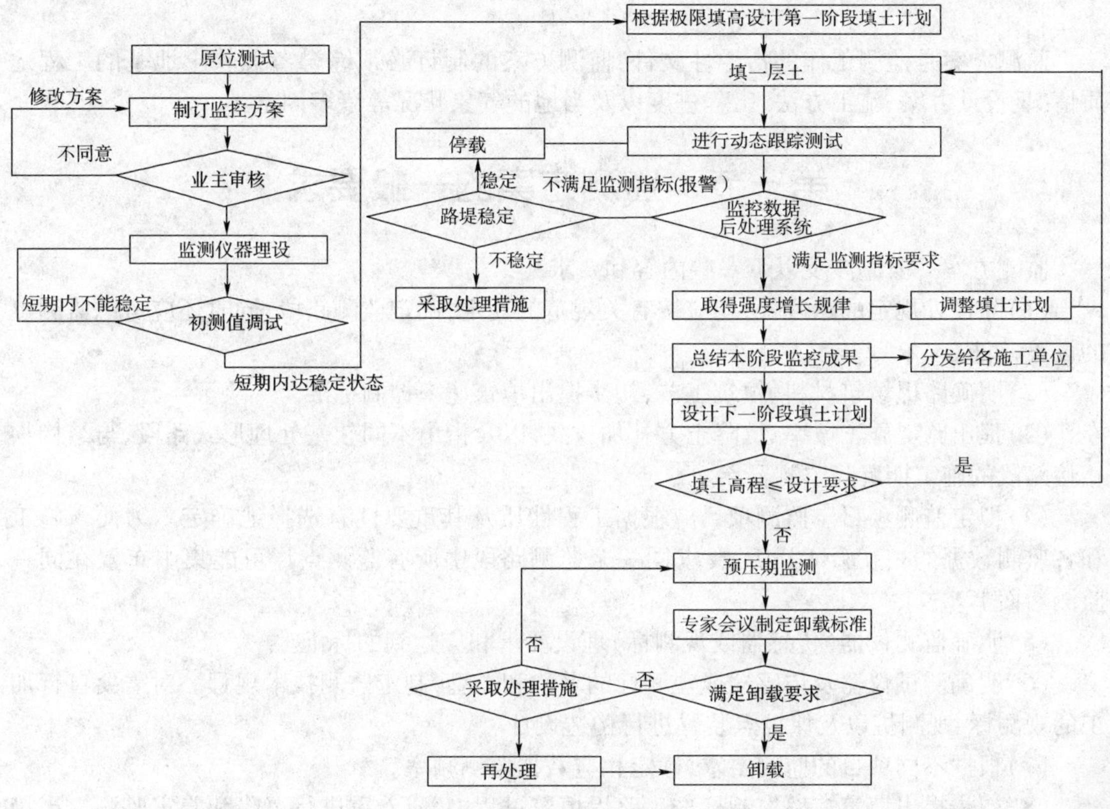

图 19-1　监控工作程序图

二是在监测仪器调试正常后，由监控单位提供极限填土高度，施工单位按“薄层轮加法”进行填土施工。填土后，立即进行动态跟踪监测，反馈路堤稳定和变形信息，若监测指标超标，应及时报监控小组领导。在取得强度增长规律后及时调整填土计划，总结本阶段监控成果，分发给施工单位，并实施下一阶段施工计划，直至填到设计要求高程。

应引起重视的是，监测工作是指导路基安全稳定填筑到设计高度的基础，监测设施的保护就显得尤为重要。施工单位务必做好现场指挥管理工作，发现仪器损坏及时通知监控单位，并协助其进行仪器的恢复和复测工作。

第二十章　监测方案设计

监测方案是监测工作的指导性文件,监测方案的制订必须综合考虑软土地基的工程地质情况、设计方案、施工方法、工程进度以及当地的气象状况等诸多因素。

第一节　监测方案的一般要求

监测方案一般应涉及以下一些内容和要求:

(1)除设计规定的路段外,均应按有关规范的规定,确定监测路段,同时还应考虑监测点的设置条件。

(2)明确路堤填筑材料、填筑工艺,初步提出填筑速率控制标准。

(3)提出路堤施工坡率、沉降土方补加方式,以及指出不同软基处理形式路段、与结构物相接路段的施工期沉降监测要点。

(4)拟定监测项目。监测项目应根据工程性质及其重要性有选择地确定。为便于施工和各监测数据的相互验证分析,要求同一个监测路段中所有监测点尽可能集中布置在同一监测断面上。

(5)明确监测仪器(传感器或观测标)埋设要求和应达到的标准。

(6)明确测试仪器及传感器或观测标的名称和类型,制定监测技术规程。对需要自行加工的观测标、观测桩以及保护点装置进行构造设计。

(7)根据不同项目的监测要求,确定相应数据监测频率。

(8)初步提出填筑速率控制标准。路堤填筑过程中,应着重进行沉降和稳定监测。当接近或达到路堤的极限填土高度时,要严格控制填土速率,以免由于填土过快导致地基失稳。一般每填一层应进行一次监测。观测结果应结合沉降和位移发展趋势进行综合分析,如超过限度应停止填筑或加强监测并及时做进一步分析。

(9)在设计图纸和设计资料中应提供监测路段的监测项目平面布置图及监测仪器(观测标或传感器)埋设位置图,并明确监测项目、观测仪器型号、监测方法、监测频率和施工、监测人员的职责。

(10)所有观测标或传感器都应在地基处理之后、路堤填筑前埋设完毕;路堤填筑必须在所有观测标或传感器完成初读数后进行。

第二节　监测点的布置

1. 监测断面布置

软土地基的路堤监测断面设置,可按以下要求进行:

(1)一般软土地基路堤:每隔 100 ~ 200m 布设一个监测断面,桥头引道路段应设置 2 ~ 3 个监测断面。

(2)桥头纵向坡脚、填挖交界的填方端、沿河等特殊路段均应酌情增加监测点。

(3)对于软基较长的路段,应每隔 1 ~ 2km 选择 1 个断面作为重点监控断面,对地表沉降、地基土的分层沉降、深层侧向位移、孔隙水压力进行监测;对于一般监控断面,可只埋设表面沉降板进行地表沉降监测,但应以重点监控断面的监测数据指导一般监控断面。

2. 平面布置

一个监测断面中,各种监测点宜集中布设在垂直于路堤中线的横轴线上。当测点较多而在一根横轴线上布设不下时,应紧靠横轴线两侧布设;当路基设中央分隔带时,路中的测点应布设在中央分隔带中;当路基不设中央分隔带时,外露测点应采取妥善的保护措施,以免碰撞损坏。监测仪器的平面布置位置见表 20-1。

监测仪器的平面布置位置 表 20-1

监测仪器	平面布置位置
表面沉降板	路中、左右路肩
孔隙水压力计	路中
土压力盒	路中、左右路肩
测斜管	左右边坡坡脚
边桩(广东少用)	左右边坡坡脚至边沟外线 10m 以外(3 ~ 4 个)
分层沉降管	路中
地下水位观测管	路中、左右路肩(设多点时)

第三节 监测频率

监测频率应根据地质情况、设计施工图要求和有关规范、规程及监测建议确定。施工期间各监测项目的监测频率可参考表 20-2。

监测频率表 表 20-2

时　　间	表面沉降	孔隙水压力	侧向位移(测斜)	土　压　力	分层沉降
加载期间	1 次/d	2 次/d	1 次/d	1 次/d	1 次/2d
加载后 7d 内	1 次/2d	1 次/d	1 次/d	1 次/2d	1 次/3d
加载一个月内	1 次/2d	1 ~ 2 次/d	1 次/2d	1 次/3d	1 次/7d
加载六个月内	1 次/10d	1 次/2d	1 次/10d	1 次/10d	1 次/10d
加载六个月后	1 次/月	1 次/月	1 次/月	1 次/月	

监测频率应与变形速率相适应,变形速率小,监测频率可适当减小;反之,变形速率大,监测频率应适当增加。当变形曲线突然变陡时,要跟踪加密监测,分析原因,并考虑是否需要采取措施。加荷期间分为极限填土高度前、极限填土高度至填土设计高度两个阶段,极限填土高度至填土设计高度阶段宜在表 20-2 基础上适当增加监控频率。若超载填土应在表 20-2基础上根据实际情况增加监测频率。

第四节 施工控制标准

施工控制包括两部分:施工期的稳定控制、预压期控制。

一、施工控制方法

软土的施工控制方法还没有公认的成熟方法，目前施工控制方法主要有三种，见表20-3。表20-3中的经验值法、曲线法是在监测工作中较为常用的，理论计算法一般用于设计计算。

经验值法较为直观而简便，但缺少理论依据，有可能对工程判断偏于保守或不安全。由于地质情况、地基处理方法、加载方法均对软土稳定与变形有很大影响，因而，软土监测的控制方法应反映这些因素。根据经验值确定的标准不能完全反映这些影响因素，导致偏于保守或不安全。如深汕高速公路某段的沉降、侧向位移、孔隙水压力等监测指标均大大超过了规范允许值（垂直沉降≤1cm/d，水平位移≥0.5cm/d），地基土并没有出现破坏现象。偏保守导致工期加长，不安全损失更大。

曲线法通过绘制变形随时间的变化，通过分析曲线的变化来对施工进行控制，体现了"动态控制"的思想，当监测队伍理论分析水平较强时，建议软土地基监测采用这种控制方法。

施工控制的主要方法 表20-3

施工控制方法	方法说明	典型方法
经验值法	通过控制侧向位移速率、地面沉降速率、孔隙水压力消散程度来监测施工期的稳定	《公路路基施工技术规范》（JTG F10—2006）
曲线法	1.通过绘制观测数据相互关系曲线，来分析路堤的稳定，如绘制侧向位移速率—时间、沉降速率—时间曲线等； 2.绘制沉降速率—时间曲线，分析其剩余沉降	"拐点法"（施工常用）
理论计算法	通过软土地基的承载力计算、稳定计算，验算施工期的稳定性；通过固结计算估计预压期	承载力计算校核法、稳定计算校核法、固结理论计算法（设计计算时采用）

二、施工期的稳定控制标准

施工期的稳定控制标准可采用经验值法和曲线法，建议使用曲线法（拐点法或双曲线法）。

1.经验值法稳定控制标准

监控标准宜采用孔压、沉降、侧向位移三项指标综合控制，其中侧向位移为主要控制指标。综合广东多条高速公路经验，提出以下参考标准：

加载期间：沉降速率 $v>15$mm/d（无土工合成材料的普通路段），20mm/d（有土工合成材料路段），20~40mm/d（真空联合堆载路段）；

侧向位移速率 $v_c>5.0$mm/d，10mm/d（有土工合成材料路段）；

单级孔压系数 $B>0.6\sim1.0$，$B>0.5$（真空联合堆载路段）。

停载期间：沉降速率 $v>6$mm/d（无土工合成材料普通路段），8~10mm/d（有土工合成材料路段），收敛不明显，趋于不稳定状态；

侧向位移速率 $v_c>1.0$mm/d，3.0mm/d（土工合成材料路段）；

单级孔压系数 $B>0.4$，0.3（真空联合堆载路段）；

综合孔压系数 >0.6。

停载期间,一般要求各项指标必须满足要求,方可加下一级荷载。

根据上述标准综合判断路基是否处于危险状态,出现异常应立即通知各有关单位采取相应处理措施。

2.“拐点法”稳定控制标准

根据深汕高速公路、广珠东线灵山试验段的监测经验,软土地基在各项监测指标均大大超过了规范允许值下,地基土并没有发生隆起、破坏的现象,因而在近年的软土地基施工中开始使用“拐点法”来控制,并在多条公路上成功使用。

所谓“拐点法”,是指对监测指标的变化量或变化速率进行数据处理,绘制一些观测曲线,在曲线上不出现突然增大的“拐点”即视为稳定,出现“拐点”即认为是地基土接近破坏,应立即停止加载,待地基土强度增长。

监控标准宜采用孔压、沉降、侧向位移三项指标综合控制,常绘制的曲线主要有以下几种:

(1)荷载—孔压增量曲线($\sum\Delta p-\sum\Delta u$ 曲线)

$\sum\Delta p$ 为累计填土荷载(横坐标),$\sum\Delta u$ 为累计孔隙水压力增量(纵坐标)。当 $\sum\Delta p-\sum\Delta u$ 曲线出现明显拐点时,意味着该点附近的土体出现塑性破坏,地基存在失稳的可能性,应立即停止加载,视变形发展情况采取应急措施,如卸载、反压护道等。

(2)荷载—沉降速率增量 $\sum\Delta p-\sum\Delta v_{umax}$ 曲线

$\sum\Delta p$ 为累计荷载(横坐标),v_{umax} 为某级荷载下出现的最大不排水固结沉降速率,等于最大沉降速率与该级荷载加载前的沉降速率之差。当 $\sum\Delta p-\sum\Delta v_{umax}$ 曲线出现拐点时,地基存在失稳的可能性,此时应停止加载,视情况采取应急措施,如卸载、反压护道等。

(3) $\sum\Delta p-\sum\Delta\delta$ 曲线

$\sum\Delta p$ 为累计填土荷载(横坐标),$\sum\Delta\delta$ 为累计侧向位移(纵坐标)。当 $\sum\Delta p-\sum\Delta\delta$ 曲线出现明显向上的拐点时,应减缓加载速率,确保地基的稳定性。

用“拐点法”控制施工,与之对应的路堤加载方法为“薄层轮加法”,在加载期间尽量加密观测。

三、预压期的控制

软土地基设计中,必须对施工规定沉降预压期,由于地基土的不均匀性、试验数据的误差、计算理论的不完善等原因,预压期只是个粗略的估计值。实际施工中不能用设计图纸中规定的预压期,而应通过沉降观测判断是否达到标准。

沉降达标的判定可以通过两种方法:一是用沉降观测资料推算剩余沉降,如果剩余沉降小于规定的允许工后沉降值,则可以卸载或开始铺路面;二是当沉降速率小于某一数值时,可以卸载或开始铺路面。以下介绍这两种方法:

1.用推算剩余沉降确定卸载时机

根据沉降监测资料推算的剩余沉降小于表 20-4 中的工后沉降允许值或由设计单位、专家小组根据地区经验和高速公路的具体情况提出的允许值时,可以卸载。

剩余沉降法适用于连续观测时间较长(半年以上),剩余沉降推算方法可采用双曲线法、三点法、Asaoka 法等,广东常用双曲线法。

规范容许工后沉降　表20-4

道路等级 \ 容许工后沉降	工程位置		
	桥台与路堤相邻处	涵洞或箱形通道处	一般路堤
高速公路、一级公路	≤0.10m	≤0.20m	≤0.30m
二级公路(采用高等级路面)	≤0.20m	≤0.30m	≤0.50m

2.用沉降速率确定卸载时机

广佛高速公路采用沉降速率卸载标准:沉降速率连续2个月小于5mm/月。该标准在深(圳)汕(头)高速公路、(北)京珠(海)高速公路等多条高速公路上得到广泛应用。

广东省总的经验是:地面总沉降量大于预压荷载下最终计算沉降量的90%;根据预压期实测数据推算工后沉降量小于10(桥头)~30(一般路基)cm;表面沉降速率连续两个月每月小于5~6mm,沉降变化曲线趋于平缓。

《公路路基设计规范》(JTG D30—2004)则规定路面铺筑时间(卸载时间)为:路面铺筑应在沉降稳定后进行,采用双控标准,即要求推算的工后沉降量小于设计容许值,同时要求连续2个月观测的沉降量每月不超过5mm,方可开挖路槽并开始路面铺筑。

当沉降监测资料系统性较差或预压时间较短时,剩余沉降推算可靠性较差,而采用沉降速率法可靠性更高,而且应用方便。

第二十一章　监测仪器埋设及监测要点

第一节　基准点的设置

一、监测基准点控制网的设置

利用施工控制点作为位移监测控制点。鉴于监测控制基点对监测结果的重要性，有必要定期校核控制点的坐标和高程。施工期每月校核一次，坐标校核采用控制网的方法。控制点标高校核采用与国家二等以上水准点闭合水准测量的方法，精度二等。在校核中如发现所设置引用的控制点有变化，应及时予以更正，避免引起监测数据的偏差。

二、基准点设置使用的仪器

基准点设置建议使用以下测量仪器：

(1)全站仪：一级精度全站仪，测角中误差 ±1″，测距中误差 $\pm 1 \times 10^{-6} D$(mm)；

(2)水准仪：高精度电子水准仪，配合精码因瓦标尺，精度 0.4mm/km。

第二节　表面沉降监测

表面沉降监测是最基本、最重要的观测内容之一，它是地基变形和固结的直观反映，因此，利用它可以判断地基是否稳定，控制填土速率，以及预测地基的固结情况等。

施工路段的地表沉降监测常用的方法是在原地面上埋设沉降板进行高程观测。但另一方面，测点越多，无论是费用还是测试工作量、测点保护工作量和测点对施工的影响等方面的因素就会增加。综合测量需要、施工方便和费用等因素，一般路段沉降板设置在路中心，桥头引道段增设路肩或坡脚测点。

沉降板观测应采用 S1、S3 型水准仪。S1 水准仪做二等水准测量之用，主要用于工作基桩和校准基桩高程检测，以二等中等精度要求的几何水准测量高程，观测精度应小于 1mm；S3 水准仪作三等水准测量，主要用于做填筑工程中的沉降测量。

一、基准点设置

基准点应设置在变形影响范围以外，一个或一组相邻监测断面至少应设置 2 ~ 3 个基准点，并应妥善保护。基准点可以是以下 3 种类型：

(1)已有参照物。直接利用已有的不再发生沉降参照物，如桥台、矮的建筑(构造)物。

(2)人工混凝土桩、钢桩或木桩。可在变形影响范围外大于 20m 处人工打设或埋设 1 ~ 2m 长的混凝土桩、钢桩或木桩。

(3)钢筋或钢管。可在变形影响范围以内以钻机成孔深埋直径 20 ~ 50mm 钢管或钢筋，钢管或钢筋应深入到基岩或地基有效压缩层以下。

一般以第(2)类在变形影响范围以外埋设材料桩为宜。

二、沉降板制作

沉降板主要由底板、测杆、塑料套管和护筒组成。

(1)底板:采用500mm×500mm×5mm的钢板。

(2)测杆:选用6″的水管,测杆与底板之间采用3根ϕ8钢筋焊接连接,连接方式采用双面侧焊,每根测杆长50cm或1m,接长采用管箍连接。

(3)塑料套管:可选用ϕ75~ϕ90PVC管材。

(4)护筒:用直径0.6m、高0.8m的钢筋笼外裹彩条布制作,设于测杆周围保护测杆,也可采用水泥预制排水管作护筒。

三、沉降板埋设

沉降板底板设置于砂垫层正中间,埋设及安置要点如下(图21-1):

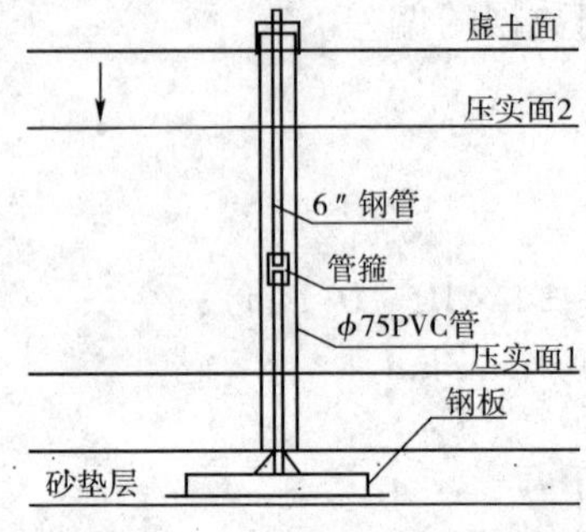

图21-1 沉降板制作及埋设图

(1)埋设时间:砂垫层和塑料排水板打设完成之后,第一层地基土填筑以前。

(2)放线定位:采用全站仪测放点位。埋设的位置偏差控制在20cm以内。

(3)基槽开挖:在砂垫层中挖一个底面积为0.6m×0.6m×0.3m的基槽,坑内铺设5cm的砂。

(4)安放就位:整平压实基槽底面,安放沉降板,用水平尺校正保证底板处于水平状态,测杆倾斜度≤0.5%。

(5)回填固定:将塑料套管套住测杆,并尽量保证测杆位于套管中央,立即回填基槽并压实。为了避免填土对沉降板移位的影响,基槽回填后,在砂垫层顶面,大面积填方前,应先对沉降板周边3m范围用人工或小型机械填筑第一层土,土中石块的大小应控制在15cm以内。

(6)保护:测杆顶应高出填土面≥1.0m,高出塑料套管0.1m。在每次填筑新一层土之前,均需按(5)款要求,先在沉降板周边3m范围内用人工或小型机械填筑第一层土。然后在测杆周边设置护筒,护筒外表面应选用醒目的反光彩条布,防止夜间施工破坏沉降板。

(7)初始读数:基槽回填后,立即测读原始高程,24h后复核,并确定初始高程。

(8)测杆的接长:随着填土的进展,沉降板测杆应及时接长,同时应接长塑料套管。

四、沉降观测

沉降观测应采用S1、S3型水准仪,以二等中等精度要求的几何水准测量高程,观测精度应小于1mm,测量应严格按测量规范及设计要求进行。

为了提高沉降的观测精度必须做到"三同一固定":即采用相同的观测路线和监测方法,使用同一仪器(S1、S3型水准仪),在基本相同的环境和条件下工作,固定测站、转点和监测人员。如果完毕应计算闭和差,如果闭和差超出要求或数据有误应立即重测。

五、沉降测量记录

沉降测量记录见表 21-1。

表面沉降观测成果表　　表 21-1

工程名称：　　监测断面编号：

观 测 点	年　月　日		
	实测高程(mm)	沉降量(mm)	
		本次	累计

测量：　　复核：　　技术负责：

第三节　分层沉降的埋设与观测

分层沉降是不同深度处地基土体变形和固结的直观反映。通过它可以分析不同深度处地基土体变形趋势。

一、分层沉降仪构造

分层沉降仪由两部分组成：埋入地下的分层沉降标和地面的量测仪器。

(1)分层沉降标由导管及磁环构成：

①导管：采用硬质塑料管，管外径 50mm，壁厚 3mm；

②磁环：由磁性圆环及 3 根弹性支撑组成，弹性支撑的作用是将磁环固定在被测试的土层中。磁环的内径为 50mm，其作用是通过与电磁式分层沉降仪的测头发生电磁感应确定磁环的位置，磁环的位置反映了被测试土层的沉降变形。

(2)地面的量测仪器由测头、测量电缆、接收系统和绕线盘组成，如图 21-2 所示。

图 21-2　分层沉降仪

二、分层沉降仪埋设

分层沉降采用钻孔埋设，埋设及安置要点如下(图 21-3)：

(1)埋设时间：砂垫层和塑料排水板打设完成之后，第一层地基土填筑以前。

(2)放线定位：测放点位，位置偏差控制在 20cm 以内。

(3)造孔：在点位上安放带套管钻机，倾斜度小于 0.5%。钻进到位后清理残留淤泥。

(4)安置磁环：

方法一：居中放入端部封闭的塑料测管，提起钻孔套管，使其下端位于需布设磁环的位置。将磁环的弹性支撑方向向上套在塑料测管上，用特制的工具将磁环由上向下推入钻孔套管的下端时弹性支撑自动张开，将磁环固定在设计位置上。按此法依次埋设各磁环。

方法二：按监测方案，在沉降导管上设置卡环，卡环间距应大于预估该分层沉降量，然后将沉降磁环依次套入,慢慢将导管和磁环一起放入孔内。

(5)堵孔固定:投入黏土球将保持竖直的塑料导管与钻孔之间的孔隙堵住并固定测管。严禁回填砂土。在真空预压区设置分层沉降时,如果是填砂,为避免膜破影响真空,应在分层沉降管周围1.5m范围内填黏土2~3m高。

(6)保护:测管顶应高出填土面≥0.5m,测管周边设护筒保护。护筒用直径0.6m、高0.8m的钢筋笼外裹彩条布制作,也可用预制混凝土水管制作。

(7)初始读数:基槽回填后,立即测读初始读数,24h后再复核,并确定初始读数。

(8)填写埋设考证表。考证表包括埋设位置、沉降环个数与位置、孔口高程、埋设人、埋设日期等内容。

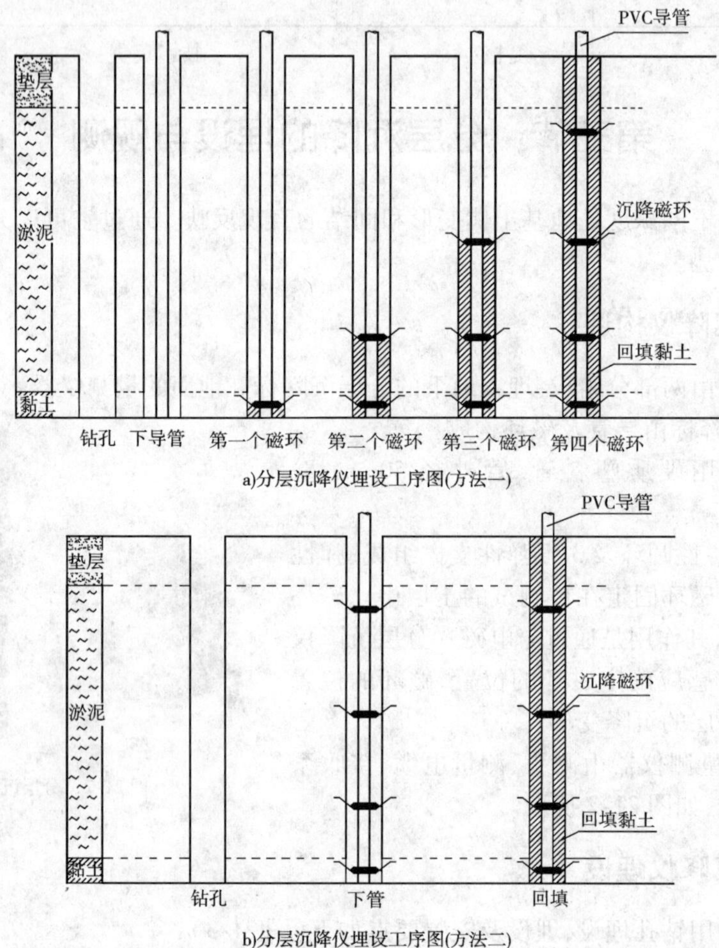

a)分层沉降仪埋设工序图(方法一)

b)分层沉降仪埋设工序图(方法二)

图21-3 分层沉降仪埋设工序图

三、分层沉降观测

1.步骤

根据孔口的高程及测出的各磁环至塑料导管孔口的距离,推算各磁环的实际位置的高程并计算沉降量。在观测过程中,分层沉降管应随填土的加高而不断接长。观测时采用上述二级水准测量控制点作为基准点,同时记录附近填土面高程。在整个工程范围内,作四等

闭合水准测量,测量过程应严格按测量规范、设计要求及下述步骤进行:

(1)将测头轻轻放入管中,避免激烈冲击,测头应在孔底静置5min,待测头温度与孔内温度相同时才开始测读,每测点应测两次,误差不能超过1mm;

(2)测量塑料导管孔口的高程;

(3)测量孔口地面高程;

(4)当测头进入到土层中磁环时,音响器会立即发出声音或电压表会有指示,此时应缓慢收、放电缆线,以便准确找到声音或指示的确切位置。

用水准仪测出孔口高程,测得测点(即铁环)在孔内的深度 L,即可换算出观测点的高程 H_t。观测点的沉降量 S_t 等于测点初设时的高程 H_o 与 t 时测点观测得到的高程 H_t 之差,即:

$$S_t = (H_o - H_t) \times 1000 \tag{21-1}$$

式中:S_t——观测点的沉降量(m);

H_o、H_t——测点初设时的高程和观测点的高程(mm)。

2. 平时注意维护好仪器

平时应注意好仪器维护:测头工作时要求密封,绝对禁止拆卸,以免损坏;测量电缆切忌弯折,特别是靠近测头部位,以免损坏断裂;测头应轻拿轻放,切忌剧烈振动;仪器应存放在温度 -10 ~40℃、无腐蚀性气体的、干燥通风的库房内。

四、分层沉降测量记录

分层沉降测量的记录见表21-2。

分层沉降观测记录表 表21-2

测孔编号: 测头常数:

沉降环编号	年 月 日				管口高程(m)		
	沉降环初始高程(m)	钢卷尺读数			沉降环实测高程(m)	本次沉降(mm)	累计沉降(mm)
		第一次	第二次	平均			
备注	填土高程: (m)						

记录: 计算: 技术负责:

第四节 地面水平位移监测

说明:由于最大水平位移一般发生在地表下一定深度处,地表要比最大点小得多,故广东地区公路工程较少使用位移边桩来监测地面水平位移。

工程实践中,可以通过观测地面边桩的水平位移和垂向隆起量来对地基稳定性进行监测。

1. 位移观测边桩制作

边桩一般采用钢筋混凝土预制,混凝土强度等级不低于C25,长度应不小于1.5m;断面可采用正方形或圆形,其边长或直径以10 ~20cm为宜,桩顶预埋不易磨损的测头,桩顶露出地面的高度不应大于10cm。

2. 位移观测边桩的埋设

(1)边桩设置的个数是以控制稳定为目的。如果地基失稳,地基两侧一定范围内的土体必定有隆起现象,因此,边桩应布设在最有可能隆起的布设。边桩需埋设在路堤两侧趾部以及边沟外线以远10m的地方,并结合稳定分析在预测可能的滑动面与地面相切的位置布设测点。一般在趾部以外设置3~4个边桩,同一观测断面的边桩应埋设在同一横轴线上。

(2)边桩埋设方式可采用打入式埋设或开挖式埋设,埋设必须保证桩周围土回填密实,桩周上部50cm的范围内用混凝土固定,确保边桩埋设稳定。

(3)为了解路堤位移情况,又不至于带来过大的工作量,水平位移观测断面应与沉降观测断面位置吻合,即观测断面设于与路线相垂直的横轴线上。

3. 水平位移观测

在地势平坦、通视条件好的平原地区,水平位移观测可采用视准线法;在地势起伏较大或水网地区以采用单三角前方交会法观测为宜;地表隆起可采用高程观测法。

地面水平观测仪器与精度:当采用视准线法观测时,观测仪器采用光电测距仪,当采用单三角前方交会法观测时,可采用J1型或J2型经纬仪。观测精度允许误差±5mm;方向观测水平角允许误差±2.5°。

第五节　土层深层侧向位移监测

高速公路软基试验监测资料均证实:地基在路堤荷载作用下,土体的最大水平位移一般发生在地面以下5~8m的范围,而地面的位移要比最大点的位移小得多。由此可知,土体的破坏不是从地表开始向下发展的,而是从地面以下5~8m的范围逐渐向上发展的,根据这一情况,公路路堤范围内的水平位移观测一般要求采用测斜管法,测量仪器为测斜仪。

一、测斜仪的构造

测斜仪大致可分为四部分,见图21-4。

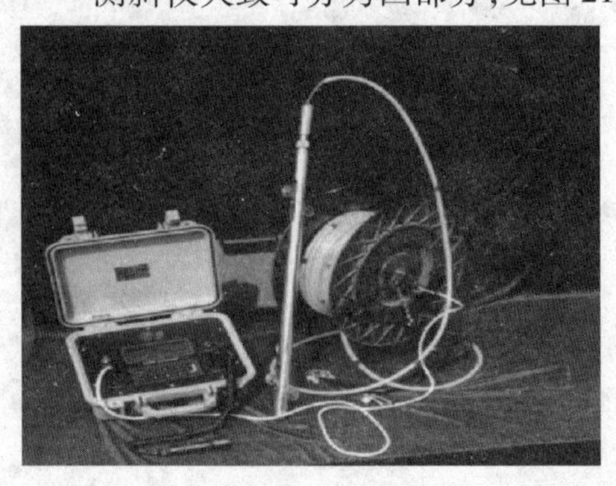

图21-4　测斜仪

(1)测头:目前常用的测头是伺服加速度计式和电阻应变计式。

伺服加速度计式测头是在测头内感应轴上安装有两个互成90°的加速度计,可测量最大倾角±53°,在±7°范围内精度较高。

电阻应变计式测头额定量程为±10°,稳定性不如伺服加速度式测头。测头和测读仪配套选择与使用。

(2)测读仪:在现场条件下,测斜仪测量结果的重复性,一般应等于或优于±0.01°。

(3)电缆:用于把测头和读数仪连接起来的传输线。电缆有很高的防水性能,且芯线中有一根加强钢芯线防止有较大的长度变化;电缆上标有刻度可同时起传输信号和测量深度的作用。

(4)测斜管:测斜管一般由塑料或铝合金制成。测斜管内有两对互成正交的纵向导槽,测量时测头导轮坐落在一对导槽内并可上、下自由滑动。测斜管的质量直接影响测试的精度。测量时,将测头按一定的方向导入被测土体或结构物内的预测深度处,两段测斜管的连接处应对准导槽,使测头的导入平稳。

(5)伺服加速度式测读仪性能指标:参见所购买的测读仪使用说明。

二、测斜管的安装、埋设

(1)定位:测斜管的孔位要按设计的监测断面进行定位,孔位偏差不大于20cm。

(2)钻孔:在定位点用钻机钻孔,孔径146mm,孔深以钻入硬土层2m或弱风化岩层,且超过潜在的滑动面5m以上为准。孔斜不大于0.5%或1°。

(3)下管:将测斜管逐节组装并放入钻孔内,测斜管底部装有底盖或管帽,管内注满清水辅助下沉。下管过程中,要扶正整个管身,导槽的方向应与需测量的位移方向一致,即垂直填土边线或开挖边线。测斜管尽量减少接头,需接管时,导向槽方位应对正,注意螺丝不能拧过紧,而使管身变形导致测量仪器放不下去。如遇塌孔,需清孔后方可再下管。

(4)回填:测斜管下入钻孔内预定深度后,投入泥球或用砂填实,固定测斜管,不允许架空。

(5)初测:测斜管固定完毕,用清水将测斜管内冲洗干净,用测头模型放入测斜管内,沿导槽上下滑行一遍。由于测头是贵重仪器,在未确认测斜管导槽畅通时,不得放入真实的测头。确定上下畅通后,量测测斜管导槽方位、管口坐标及高程,及时做好孔口保护装置,做好记录。

(6)填写埋设考证记录表:每根测斜管均应有埋设考证记录表,内容包括现场负责人、埋设位置(段面编号、与填土边线距离等)、埋设时间、地质描述、埋设深度、接管深度、导槽方向测量等。

三、侧向位移的观测

根据工程情况的分析,确定要测试的方向数,一般要测试一个方向或两个方向,一个方向测试正反两次目的是消除零位偏差。测试方向确定后,将导轮对准可能倾斜的方向,以便绘图时,符合一般的坐标习惯,以后每次测量时都应遵循第一次测试的先后方向。

测量时将测头对准测斜管导槽,放置测斜管底部,静置几分钟,待读数稳定后开始测读(每提升0.5m测读一次),再将测头旋转180°按上述方法进行测量(两次测读的位置应相同),将同一深度处两次读数相减以消除测斜仪本身的系统误差。

四、测斜仪的保养维护

要注意以下事项:

(1)测头的保养:测头应肩背或手提,防止振坏;测试时,测头应轻拿轻放,避免冲击损坏传感器。

(2)轮轴的保养:使用完测斜仪后,应清洁并上润滑油,但不能给传输信号的接头针或接头孔涂油,以免影响导电性能。

(3)电池的保养:首次使用,应充放电2~3次;长期不使用电池时,应隔半个月进行一次充电,长期不充电可能造成电池损坏,侧向位移观测记录表如表21-3所示。

侧向位移观测记录表 表 21-3

工程名称：

日期： 年 月 日 位置： 仪器型号： 管口高程：

高程（m）	初测值	观测值		差值	变化值 D	$\sum D$	累计位移（mm）	本次位移（mm）
		正向	负向					

测量： 复核： 技术负责：

第六节 孔隙水压力监测

孔隙水压力是地基土体应力变化的重要指标，通过孔隙水压力变化的观测，可以了解地基土体内应力的转化情况，反映地基土体的固结快慢，判断地基强度增长情况及地基处理效果。因此掌握孔压变化规律对指导路堤填筑速率有着十分重要的意义，为了更充分地了解孔压的变化规律，孔压观测应连续进行，以便能测出孔压变化的最大值。

孔隙水压力计的平面布设宜集中在路中心，并与沉降、水平位移观测点位于同一监测断面。从目前的施工经验来看，一孔多只的埋设方法难以保证每只都成活，也难以保证上下测点不穿孔。因此，埋设时，以采用一孔单只孔压计埋设为宜。

一、孔隙水压力计构造与工作原理

目前采用的孔压测头主要有两种：钢铉式的孔压测头和直读式的孔压测头。现以钢铉式孔压计为例介绍其构造、埋设及观测方法。

钢弦孔隙水压力计由透水石（体）、承压膜、钢弦、支架、线圈、壳体和传输电缆等构成。基本结构见图 21-5、图 21-6。

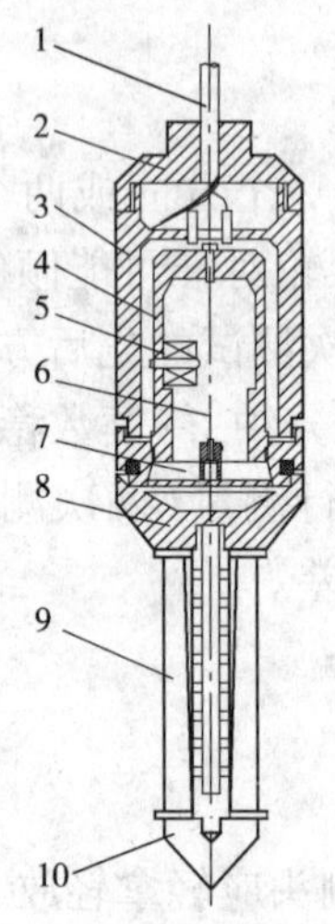

图 21-5 孔压测头结构示意图

1-屏蔽电缆；2-盖帽；3-壳体；4-支架；5-线圈；6-钢弦；7-承压膜；8-底盖；9-透水体；10-锥头

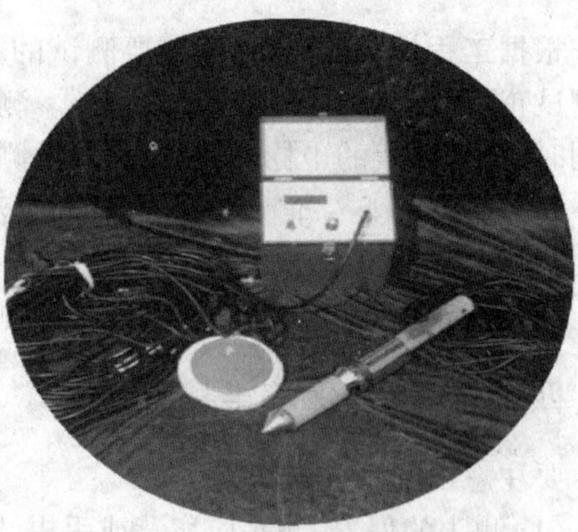

图 21-6 孔隙水压力计观测仪

（1）透水石：圆锥形和圆板形两种，以氧化硅烧结，起透水隔离的作用。

（2）承压膜：是传感器的受力元件，采用小直径受压膜片结构，膜片厚度取决于量程大小。

(3)线圈:为间隙激振型。

(4)电缆:通常采用氯丁橡胶护套屏蔽电缆。

其工作原理是:钢弦式孔隙水压力计将一根振动弦与一灵敏受压膜片相连,当孔隙水压力经透水板传递至仪器内腔作用到承压膜上,承压膜连带钢弦一同变形,测定钢弦自振频率的变化可把液体压力转化为等同的频率信号测量出来,根据事先标定的"压力—频率"关系曲线,得到压力值。

二、孔隙水压力计的埋设

孔隙水压力计采用钻孔、一孔单只埋设法,一般不宜采用一孔多只埋设法,埋设要点如下:

(1)埋设时间:砂垫层和塑料排水板打设完成后,第一层地基土填筑以前。

(2)埋设前的准备工作:

①埋设前首先将透水石放入纯净的清水中煮沸约2h,排除其表面油污和孔隙内气泡,使其充分饱和,以免影响测量精度。透水石在埋入地下之前不得露出水面。

②准备封孔、回填材料,如干净的中粗砂、黏土泥球,中粗砂作为传感器周围的过滤层,泥球作封孔之用。

③准备埋设的用具,如塑料桶、塑料袋、测绳、钻杆连接杆等。

(3)放线定位:测放点位,位置偏差控制在20cm以内。

(4)钻孔:在点位上安放带套管钻机,孔径ϕ91mm或ϕ110mm,钻孔倾斜度小于0.5%,钻进到位后清理残留钻渣。原则上不得采用泥浆护壁工艺成孔,若采用则必须用清水清孔。

(5)埋设:钻孔后先在孔内投入少许纯净砂,然后将孔压计送达设计位置(注意应从水桶中取出孔压计,并装入盛满水的塑料袋内,一起移至孔口,当塑料袋淹入水中后将其撕破,应避免塑料袋压入到淤泥中),再用中粗砂封埋测头。

测头上未装透水石前,应在大气中测量初始频率,同时记录现场温度和大气压力值,初始频率不稳定的测头不得使用。

如果土质较软,也可采用压入法。先钻孔至预定埋设高程以上0.5~1m处,然后用钻杆将测头缓慢匀速压入预定高程。

(6)封孔:用频率仪测试孔压测头的频率,确认孔压测头正常成活后,并以膨润土干泥球封孔,同时拔出套管。

(7)电缆埋设与保护:所有测头埋设完毕后,将其电缆线集中引至路堤坡脚处,用PVC管进行保护,避免阳光暴晒。电缆应放松些,预留沉降的长度,电缆线头处用标签标好编号。

(8)初始读数:封孔后,立即测读初始读数,24h后再进行复核,并确定初始读数。

(9)填写埋设考证记录表,记录表内容有现场负责人、埋设位置、埋设时间、埋设深度、初始频率等,见图21-7。

三、孔隙水压力的观测

采用频率仪监测孔隙压力计的频率变化,即可得出孔隙水压力。振弦式读数仪常用的为VW-1型,使用方法如下:

(1)打开电源开关,检查“欠压指示灯”是否闪亮;如闪亮,说明电池电量不足,须充电后再行测量。

(2)接入孔隙水压力计,将频率仪的测量输入端的两根线与孔压计电缆的两根线相连。

(3)将“功能选择”开关拨到检测位置,仪器进入检测状态,待读数稳定后,记录频率数。

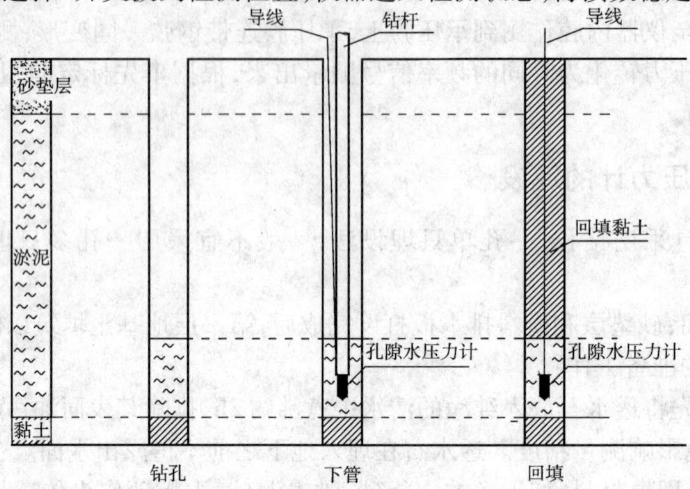

图 21-7 孔隙压力计埋设断面图

进行下一个读数,全部完成后关闭频率仪。

在孔压计埋设及测量过程中,孔压测头及读数仪应避免冲击,导线接头密封性应良好,以防接头处渗水造成传感器失效,孔隙水压力数值计算见下式,观测记录表见表 21-4。

$$孔隙水压力 = (初始频率^2 - 所测频率^2) \times 测头系数 \tag{21-2}$$

孔隙水压力观测记录表 表 21-4

工程名称: 断面位置: 测头标号: 测头埋深:

测头系数: 初始频率: Hz

日期	时间	f(Hz)	U(kPa)	ΔU(kPa)	$\sum\Delta U$(kPa)

第七节 土压力监测

土压力计可以用来测定路堤基底、土工合成材料底面、地基不同深度的反力以及墙背等位置的应力,也可以测定复合地基单桩及桩间土的反力等。

一、土压力盒简介

目前常用的土压力计有钢铉式和电阻式。现以钢铉式土压力盒的埋设说明其原理和埋设方法。

土压力盒的工作原理:当盒内的弹性板受力挠曲后,嵌在薄板上的两根钢弦应力发生变化,弦的自振频率也发生变化。利用脉冲激励使弦起振,并接受频率,即可按事先标定的“压力—频率”关系得出压力值。

主要组成部分:电缆导线、密封塞、盖板、线圈、铁芯、钢铉、钢铉柱、弹性薄板。土压力盒及测试频率计见图 21-8。

二、土压力盒的埋设

1. 埋设位置

根据测试的需要，土压力盒可以埋设在砂垫层下、土工格栅下、桩顶，桩间土等位置。

2. 埋设方法

（1）测试初频：在大气中测量初始频率，并记录现场温度和大气压力值。埋设前应对土压力计进行率定。

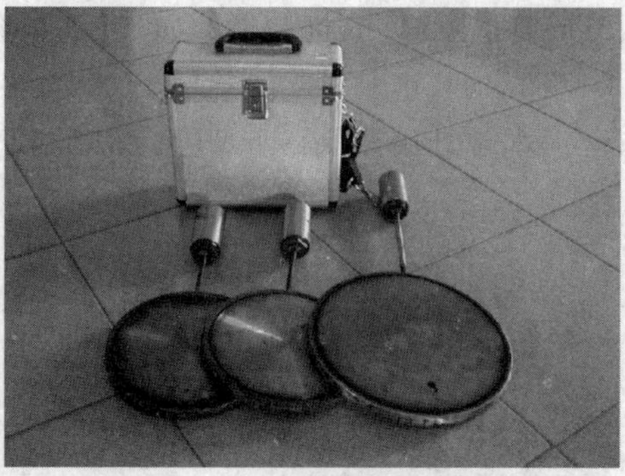

图 21-8　土压力盒及频率计

（2）土压力盒埋设：埋设时，应将埋设处的地基土（桩顶）仔细削平，铺一层细砂或黏土，并密实整平；然后将土压力盒水平安放，用水平尺校正；回填细砂或黏土至埋前位置。

（3）电缆埋设和保护：所有土压力盒埋设完毕后，将其电缆线集中引至路堤坡脚处，用 PVC 管进行保护，避免阳光暴晒。电缆应放松些，预留沉降的长度，电缆线头处用标签标好编号。

3. 填写埋设考证记录表

每个断面的土压力盒埋设应有埋设记录表，记录内容有现场负责人、埋设位置、埋设时间、初始频率等。

三、土压力的测量

土压力测量方法，是测读钢弦自振频率，由频率换算成压力。常用的 VW-1 振弦读数仪测量，其操作方法为：打开电源开关，检查“欠压指示灯”是否闪亮，如闪亮，说明电池电量不足，须充电后再行测量；接入土压力计，将频率仪的测量输入端的两根线与土压力计电缆的两根线相连；将“功能选择”开关拨到检测位置，仪器进入检测状态，待读数稳定后，记录频率数；进行下一个读数，全部完成后关闭频率仪，土压力测量数值按下式计算，记录表见表 21-5。

$$土压力 = (初始频率^2 - 所测频率^2) \times 测头系数 \tag{21-3}$$

土压力观测记录表　　表 21-5

工程名称：　断面位置：　测头标号：　测头埋深：

测头系数：　初始频率：　Hz

日期	时间	f(Hz)	U(kPa)	ΔU(kPa)	$\sum\Delta U$(kPa)

第八节　地下水位观测

一、地下水位观测系统

地下水位观测系统有水位管、钢尺水位计组成。

1. 水位管

水位管采用 PVC 管，外直径 53mm，内径 45mm，下部 2m 做成花管。花管透水孔孔径

5mm，间距50cm，梅花形布置，花管外包无纺土工布、尼龙网格，并用细铁丝缠紧。

2. 钢尺水位计

水位计由测头、钢尺电缆、接收仪、绕线盘组成，见图21-9。

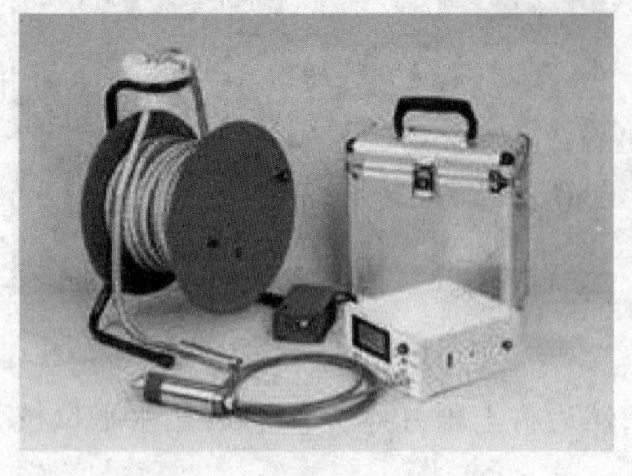

图21-9　地下水位观测仪器

二、地下水位管的埋设

(1)定位：按照监测方案确定的平面位置放样定位，位置偏差小于20cm。

(2)钻孔：在定位点用钻机钻孔，开孔孔径146mm或终孔130mm，孔深按监测方案确定。孔斜小于1°，尽量使用清水钻进，成孔后洗孔。

(3)下管：在最下面的PVC花管用底盖封好，管内加水辅助下沉，下管时扶正管身，边下边接管，直至下至预定深度。

(4)回填：对水位管与钻孔间隙进行回填，花管段用粗砂回填，其余部分用黏土球回填密实。

(5)初测：抽干管内水，待水位恢复后，测量管顶高程和地下水高程，24h后复测，确定出初始水位。

(6)填考证表：填写埋设考证表，内容包括负责人、埋设位置、埋设时间、地质描述、初始水位、水位管结构图。

三、地下水位的监测

测量时，拧松绕线盘的螺丝，让绕线盘转动自由后，按下电源按钮，把测头放入水位管内，让测头缓缓下放，当测头接触到水面时，接收仪会发出连续的蜂鸣声，记录此时钢尺电缆在管口的深度尺寸，即为地下水位离管口的距离。测完后，关闭电源，盘好电缆，进行下一观测点测量，地下水位观测记录表见表21-6。

地下水位观测记录表　　表21-6

工程名称：　　断面位置：

测试地层：　　花管埋深：

观测日期	管口高程：（m）					备　注
	测尺读数（m）			Δh（m）	$\sum\Delta h$（m）	
	第一次	第二次	平均			

记录：　　计算：　　技术负责：

第二十二章　监测资料的整理和分析

第一节　资料的收集和整理

资料的收集、整理是分析反馈的基础,监测或测试完毕后应当天及时整理。在整理过程中,可对数据作必要的数据处理和简单计算分析,但不得对原始数据和数据库做任何修改。

一、资料收集、整理工作内容

资料整理的主要工作内容包括:

(1)监测和检测有关资料的搜集;

(2)原始观测资料的检验和误差分析;

(3)检测和监测有关物理指标的计算;

(4)将相关计算成果用图表的形式表示;

(5)监测和检测数据的光滑处理;

(6)初步分析和异常值的判别、剔除。

二、曲线绘制

监测资料主要以图形曲线形式表示,不同的监测项目主要有表22-1中所列的一些关系曲线。监测资料整理时可根据公路等级、监测目的选用相关监测数据绘制绘制一些关系曲线。

各监测项目绘制的主要曲线　　表22-1

监测项目	整理分析项目
孔隙水压力	时间—累计荷载—孔压关系曲线、时间—累计荷载—综合孔压系数关系曲线、累计荷载—单级孔压系数关系曲线、单级孔压系数—深度关系曲线、累计荷载—累计孔压增量关系曲线、时间—累计荷载—固结度关系曲线以及反算β、固结系数
土压力	时间—累计荷载—土压力关系曲线、累计荷载—土压力关系曲线、累计荷载—桩土应力比曲线、时间—累计荷载—桩土应力比曲线
表面沉降	时间—累计荷载—沉降关系曲线、累计荷载—沉降关系曲线、时间—累计荷载沉降关系曲线、累计荷载—累计最大沉降速率关系曲线、沉降盆曲线、双曲线法等推算沉降及修正沉降曲线、时间—固结度关系曲线
分层沉降	时间—累计荷载—沉降关系曲线、累计荷载—沉降关系曲线、不同荷载下深度—压缩关系曲线、不同荷载下深度—压缩系数关系曲线、不同荷载下深度—压缩率关系曲线、时间—荷载—固结度关系曲线、反算β、固结系数
侧向位移	深度—侧向位移关系曲线、时间—累计荷载—最大侧向位移曲线、时间—累计荷载—最大侧向位移关系曲线、累计荷载—累计最大侧向位移速率关系、累计荷载—侧向挤出面积关系曲线
地下水位	时间—累计荷载(真空)—地下水位变化关系曲线、累计荷载—累计地下水位变化关系曲线、累计地下水位变化量—累计孔压变化量

1. 预压期或工后监测的项目

(1)反算β、固结系数。

(2)双曲线法、三点法等推算沉降及修正曲线;时间—固结度关系曲线。

2. 用于稳定分析的监测项目

(1)时间—累计荷载—孔压关系曲线;时间—累计荷载—综合孔压系数关系曲线;累计荷载—单级孔压系数关系曲线;累计荷载—累计孔压增量关系曲线。

(2)累计荷载—表面沉降关系曲线;时间—累计荷载—表面沉降速率关系曲线;累计荷载—累计最大沉降速率关系曲线;累计荷载—累计最大不排水沉降速率关系曲线。

(3)时间—累计荷载—最大侧向位移速率关系曲线;累计荷载—最大侧向位移速率关系曲线;累计荷载—累计最大侧向位移速率关系曲线;累计荷载—侧向挤出面积关系曲线。

第二节　监测报告的编制

所有报告均采用表格或关系曲线图的形式表示,并做说明。

监控资料要求当天整理及时分析,每周应向业主及监理单位提交观测资料表格,通报观测情况及初步意见。每月提交一份监控报告,并在监控工作完成后提交最终总结报告。也可根据工程施工进度情况,按业主的要求及时提供阶段分析报告。

一、监测周报

每周应向业主及监理单位提交1份观测资料表格,通报观测情况及初步意见,供参考使用。其详细内容包括:

(1)报告说明;

(2)沉降板观测成果表(主要包括:测杆高程、日沉降量速率、累计沉降量、填土面高程等);

(3)分层沉降观测成果表(主要包括:孔口高程、磁环高程、日沉降量、累计沉降量、填土面高程等);

(4)地下水位计及孔隙水压力观测表(主要包括:填土面高程、填土荷载、静水位、孔隙水压力、超孔隙水压力、超孔隙水压力的增值或消散、超孔隙水压力与附加荷载的比值等)。

二、监测月报

每月提交一次监测月报资料。其详细内容包括:

(1)报告说明;

(2)沉降板观测成果表;

(3)测斜观测成果表;

(4)孔隙水压力观测表;

(5)分层沉降观测成果表。

三、监测警报

在加载期间,只要监测指标超标,或有危险裂缝等情况,当天立即向业主及监理发出。监测警报的内容:

(1)报告说明;

(2)沉降板观测成果表(重点是:日沉降量速率、累计沉降量等);

(3)孔隙水压力观测表(重点是:超孔隙水压力与附加荷载的比值等);

(4)测斜观测成果表(重点是:日位移速率、累计位移等);

(5)场区内出现了裂缝等异常情况,或形成了过高的填土边坡等危险情况。

四、总结报告(卸载)

总结报告的主要内容:分析地基的最终沉降量、淤泥的固结程度和卸载时间,并根据各项监测及检测项目成果,针对淤泥的各项指标,比较加载前后的变化,综合评价地基土的加固效果。总结报告可根据需要采用钻孔取样试验和现场施工等相关资料。

总结报告中除了引用上述部分图表外,还应包括以下内容:

(1)总结说明;

(2)工后沉降分析计算一览表;

(3)加固前后土的物理力学指标对比表;

(4)加固前后原位测试指标对比表。

第三节　监测数据的应用

一、用监测资料反算 β 及固结系数

1.利用孔压监测资料

当一填土加载后间歇时间较长,超孔隙水压力消散较多时,可采用下式反算固结参数 β:

$$u_1/u_2 = e^{\beta(t_2 - t_1)} \tag{22-1}$$

然后可利用下式反算固结系数:

$$\beta = \frac{8c_h}{F(n)d_e^2} + \frac{\pi^2 c_v}{4h^2} \tag{22-2}$$

式中:$F(n) = \frac{n^2}{n^2-1}\ln n - \frac{3n^2-1}{4n^2}$;

$n = \frac{d_e}{d_w}$;

$d_e = 1.05l$(正三角形布置)或1.1281(正方形布置);

l、d_w——砂井间距和直径;

C_h、C_v——地基水平向、竖直向固结系数;

h——黏土层最大竖向排水距离,双面排水取黏土层厚度的一半。

具体反算时,可假设 $c_h = c_v$ 或 c_h/c_v 比值(一般为2~3),也可采用下式先反算 c_h:

$$\beta = \frac{8c_h}{F(n)d_e^2} \tag{22-3}$$

2.利用沉降监测资料

从实测沉降过程线上取荷载恒定后的三点,使得三点的时间间隔相等,即 $t_3 - t_2 = t_2 - t_1$,三点对应的沉降量分别为 S_1、S_2、S_3,参考《地基处理手册》(第二版)$P_{91} \sim P_{92}$,有

最终沉降：

$$S_{\infty}=\frac{S_3(S_2-S_1)-S_2(S_3-S_2)}{(S_2-S_1)-(S_3-S_2)}$$

$$\beta=\frac{1}{t_2-t_1}\ln\frac{S_2-S_1}{S_3-S_2} \tag{22-4}$$

瞬时沉降：

$$S_{\mathrm{d}}=\frac{S_{\mathrm{t}}-S_{\infty}(1-\alpha e^{-\beta t})}{\alpha e^{-\beta t}}$$

令

$$C_{\mathrm{h}}=C_{\mathrm{v}},c_{\mathrm{h}}=\frac{\beta d_{\mathrm{e}}^2}{\frac{8}{\pi}+\frac{\pi^2 d_{\mathrm{e}}^2}{4H^2}} \tag{22-5}$$

式中：S_{t}——从沉降 S—时间 t 曲线上选取任意时间 t 时的沉降；

α——系数，用理论值。

采用三点法推算，一般要求观测持续时间较长，在计算时尽可能取长的时间段，并应根据实际情况，多取几个不同的时间段来分别计算。

二、用沉降监测资料确定主固结完成时间、次固结沉降量

当预压时间较长（大于 4 个月）时，可采用以下方法确定主固结完成时间和次固结沉降量。

步骤为：

（1）先利用双曲线法推算最终沉降 S_{∞}；

（2）绘制时间 $t-\ln(S_{\infty}-S_{\mathrm{t}})$ 关系曲线，延长曲线末端的直线段与竖轴 $\ln(S_{\infty}-S_{\mathrm{t}})$ 相交，其截距为 $\ln S_{\mathrm{s}}$；

（3）曲线末端直线段开始的时间为主固结完成时间，直线段直线斜率为 $-\beta_{\mathrm{s}}$，由直线截距可 $\ln S_{\mathrm{s}}$ 求得次固结沉降 S_{s}，因此次固结沉降的发展规律为：

$$S_{\mathrm{st}}=S_{\mathrm{s}}(1-e^{\beta_s t}) \tag{22-6}$$

三、用沉降监测资料推算最终沉降

可以利用沉降监测资料来推算最终的沉降，几种常用方法：双曲线法、沉降速率法、Asaoka 法、三点法等。

具体参见“堆载预压法”等。

四、固结度计算分析

固结度分析包括加载过程中的固结系数反演分析和卸载时固结度的计算。

1. 固结系数的反演分析

（略）

2. 固结度的计算分析

根据沉降板、分层沉降、孔隙水压力的实测资料分别计算卸载时的固结度。

（1）表面沉降（或分层沉降）的监测累计值与推算最终沉降量的比值，即：

$$\overline{U}=\frac{S_t-S_d}{S_\infty-S_d}\times 100(\%) \tag{22-7}$$

式中：S_t，S_d——t 时刻累计沉降量和瞬时累计沉降。

(2)通过计算超静孔隙水压力消散比例。

通过测试土体中超孔隙水压力得增长和消散来计算某一时刻地基土的固结度。公式为：

$$U_t=1-\frac{u_t-u_0}{\sum\Delta u_{max}} \tag{22-8}$$

式中：U_t——t 时刻土中一点的固结度；

u_t——t 时刻的孔隙水压力测值；

u_0——孔压计埋设后的初始稳定测值；

$\sum\Delta u_{max}$——每级荷载的作用下，产生的最大孔隙水压力增量之和。

当不同深度位置均埋设有孔隙水压力计时，可以得出整个地基内各层土的孔隙水压力的变化情况，从而得出地基的平均固结度。

五、施工期路堤稳定分析

可利用以下观测曲线（第一个参数为横坐标）：

(1)时间—累计荷载—孔压关系曲线；时间—累计荷载—综合孔压系数关系曲线；累计荷载—单级孔压系数关系曲线；累计荷载—累计孔压增量关系曲线；

(2)累计荷载—表面沉降关系曲线；时间—累计荷载—表面沉降速率关系曲线；累计荷载—累计最大沉降速率关系曲线；累计荷载—累计最大不排水沉降速率关系曲线；

(3)时间—累计荷载—最大侧向位移速率关系曲线；累计荷载—最大侧向位移速率关系曲线；累计荷载—累计最大侧向位移速率关系曲线；累计荷载—侧向挤出面积关系曲线。

当以上曲线出现明显拐点，曲线斜率增大较多时，路堤稳定性可能变差，应加强观测和采取相应的措施。具体的分析参见“堆载预压法”。

参 考 文 献

[1] 地基处理手册编写委员会. 地基处理手册[M]. 2 版. 北京: 中国建筑工业出版社,2000.

[2] 中华人民共和国行业标准. JTG D30—2004　公路路基设计规范[S]. 北京: 人民交通出版社,2005.

[3] 中华人民共和国行业标准. JTG C20—2011　公路工程地质勘察规范[S]. 北京: 人民交通出版社,1999.

[4] 中华人民共和国国家标准. GB 50021—2001　岩土工程勘察规范[S]. 北京: 中国建筑工业出版社,2002.

[5] 张功新,莫海鸿,曾庆军,等. 土工合成材料对路堤长期稳定性及工后沉降的负面影响分析[J]. 岩土工程学报,2005,27(6):686-689.

[6] 张功新,莫海鸿,曾庆军,等. 土工布在高速公路软基加固中的负面影响分析[J]. 水运工程,2004,26(12):99-102.

[7] 王永平,张功新,曾庆军,等. 薄层轮加法加荷计划的确定[J]. 水运工程,2005,27(9):62-64.

[8] 廖建春,曾庆军. 含砂量对水泥土强度的影响[J]. 广东交通职业技术学院学报,2005,4(2):1-3.

[9] 李茂英,曾庆军. 强夯法处理公路软弱地基的加固效果研究[J]. 公路交通科技,2004,21(10): 44-47.

[10] 刘吉福,陈新华. 应用沉降速率法计算软土路堤剩余沉降[J]. 岩土工程学报,2003,25(2):233-235.

[11] 李洪年. 土工格栅在软弱路基处理中的应用[J]. 地下空间, 2001, 21(5):536-539.

[12] 石名磊, 邓学钧, 刘松玉. 土工合成材料在加筋土技术中的应用[J]. 重庆交通学院学报, 2002, 21(2):61-66.

[13] 王伟. 有纺土工织物加筋软土地基的模型试验和机理研究[J]. 岩土工程学报, 2000, 22(6):750-753.

[14] 王桂尧, 张起森. 土工聚合物减小土体差异沉降的机理及最佳埋置深度的计算[J]. 力学与实践. 1998, 20(4):14-17.

[15] GIROUD J P. 与土工合成材料有关的事故及其经验教训[J]. 包伟力,周小文,译. 岩土工程界,2001, 4(8): 18-19.

[16] GIROUD J P. 与土工合成材料有关的事故及其经验教训[J]. 包伟力,周小文,译. 岩土工程界, 2001, 4(9): 17-19.

[17] GIROUD J P. 与土工合成材料有关的事故及其经验教训[J]. 包伟力,周小文,译. 岩土工程界,2001, 4(10): 25-27.

[18] GIROUD J P. 与土工合成材料有关的事故及其经验教训[J]. 包伟力,周小文,译. 岩土工程界,2001, 4(11): 28-29,64.

[19] GIROUD J P. 与土工合成材料有关的事故及其经验教训[J]. 包伟力,周小文,译. 岩土

工程界,2001, 4(12): 21-22,25.
[20] 胡利文. 深圳河反滤土工布试验研究[J]. 岩土工程学报. 2002, 24(3): 351-355.
[21] 地基处理手册编写委员会. 地基处理手册[M]. 2 版. 北京: 中国建筑工业出版社,2000.
[22] 日本道路协会. 软土地基处理技术指南[M]. 蔡恩捷,译. 北京:人民交通出版社,1989.
[23] 陈冠雄,黄国宣,洪宝宁. 广东省高速公路软基处理实用技术[M]. 北京:人民交通出版社,2005.
[24] 广东省标准. DBJ 15-38—2005 建筑地基处理技术规范[S]. 北京: 中国建筑工业出版社,2005.
[25] 中华人民共和国国家标准. GB 50007—2002 建筑地基基础设计规范[S]. 北京: 中国建筑工业出版社,2002.
[26] 中华人民共和国行业标准. JGJ 79—2002 建筑地基处理技术规范[S]. 北京: 中国建筑工业出版社,2002.
[27] 中华人民共和国行业标准. JTJ D30—2004 公路路基设计规范[S]. 北京: 人民交通出版社,2005.
[28] 王晓谋,袁怀宇. 高等级公路软土地基路堤设计与施工技术[M]. 北京: 人民交通出版社,2001.
[29] 龚晓南. 地基处理技术发展与展望[M]. 北京: 中国水利水电出版社,知识产权出版社,2004.
[30] 钱家欢,殷宗泽. 土工原理与计算[M]. 2 版. 北京: 水利水电出版社,1994.
[31] 胡中雄,潘林有. 软土地基和预压法处理地基[M]. 北京: 机械工业出版社,2005.
[32] 洪毓康. 土质学与土力学[M]. 北京:人民交通出版社,1991.
[33] 折学森. 软土地基沉降计算[M]. 北京: 人民交通出版社,2000.
[34] 张留俊,王福胜,刘建都. 高速公路软土地基处理技术[M]. 北京: 人民交通出版社,2004.
[35] 广东省公路建设公司, 广东省航盛工程有限公司. 中江高速软基试验段阶段报告, 2003.
[36] 广东省航盛工程有限公司岩土分公司. 广珠西线高速公路软基试验段总结报告, 2003.
[37] 广东省航务工程总公司. 京珠高速公路广珠段灵山软基试验工程总结报告, 1997.
[38] 广东省航务工程总公司. 深汕汽车专用公路(龙岗—潭西)第四合同段软基试验工程总结报告, 1994.
[39] 广东省航盛工程有限公司. 佛山市北滘至乐从公路主干线软基研究总结报告, 2004, 185-188.
[40] 地基处理手册编写委员会. 地基处理手册[M]. 2 版. 北京: 中国建筑工业出版社,2000.
[41] 张功新,董志良,莫海鸿,等. 真空预压中真空度及其测试技术分析[J]. 华南理工大学学报,2005.
[42] 张功新,莫海鸿,董志良. 真空预压中地下水位测试技术探讨与改进[J]. 岩土力学.
[43] 张功新,莫海鸿,董志良,等. 真空预压中真空度与孔隙水压力的关系分析. 岩土力

学,2005.
[44] 张功新,莫海鸿,董志良,等.抽真空过程中钻孔取样技术[J].中国港湾建设,2005.
[45] 陈冠雄,黄国宣,洪宝宁.广东省高速公路软基处理实用技术[M].北京:人民交通出版社,2005.
[46] 王晓谋,袁怀宇.高等级公路软土地基路堤设计与施工技术[M].北京:人民交通出版社,2001.
[47] 龚晓南.地基处理技术发展与展望[M].北京:中国水利水电出版社,知识产权出版社,2004.
[48] 广东省航务工程总公司.交通部重点科技项目"九五"攻关课题报告—珠江三角洲高含水量粘土地基工程特性及快速加固机理研究,1997.
[49] 广东省公路建设公司,广东省航盛工程有限公司.中江高速软基试验段阶段报告,2003.
[50] 广东省航盛工程有限公司.京珠国道主干线广州(新洲)至番禺(坦尾)段高速公路软基试验段阶段总结报告,2003.
[51] 麦远俭,刘成云.软基预压加固中的体积应变、侧向位移与沉降修正[J].水运工程,2001,23(8):7-11.
[52] 麦远俭.真空预压加固中软粘土不排水剪切强度的增长[J].水运工程,1998,20(12):53-57.
[53] 周春儿,黄腾.广东省西部沿海高速公路三标软基真空预压试验.广东公路交通,2000,1:38-43.
[54] 娄炎.真空排水预压法加固软土技术.北京:人民交通出版社,2002.
[55] J. Chu, S. W. Yan and H. Yang, Soil improvement by the vacuum preloading method for an oil storage staion, Geotechnique,2000,50(6),625-632.
[56] Leong, E. C., Soemitro, R. A. A, & Rahardjo, H.. Soil improvement by surcharge and vacuum preloading. Geotechnique, 50(5),2000,601-605.
[57] 曹宁,彭劼,彭如海,等.真空—堆载联合预压法加固高速公路路基:表面沉降测试和数值分析[J].华东船舶工业学院学报,2001,15(2),81-85.
[58] 曹永琅,从建,毛远平.真空预压加固高速公路高填方路基[J].水利水运工程学报,2002,2:52-56.
[59] 曹永琅,丛建,吴晓峰.真空联合堆载预压加固软基的研究[J].公路,2002,4:13-18.
[60] 岑仰润,龚晓南,温晓贵.真空排水预压工程中孔压实测资料的分析与应用[J].浙江大学学报(工学版),2003,37(1):16-18、55.
[61] 陈环.真空预压法机理研究十年[J].港口工程,1991,4:17-26.
[62] 陈环,鲍秀清.负压条件下土的固结有效应力[J].岩土工程学报,1984,6(5):39-47.
[63] 陈伟忠.真空—堆载联合预压法在新台高速公路牛湾立交的应用[J].公路,2002,2:20-22.
[64] 程欣,艾英钵.真空—堆载联合预压法处理高速公路软基[J].广东公路交通,2000,3:17-18.
[65] 程欣,曹亮宏,洪宝宁.真空预压加固高速公路软基的现场试验研究[J].广东公路交通,2001,3:15-17、24.

[66] 董志良. 堆载及真空预压——塑料板排水加固地基渗流量的分析与计算[C]. 第二届塑料板排水法加固软基技术研讨会论文集(厦门). 南京:河海大学出版社,1993.

[67] 董志良. 真空预压法理论与应用研究的新进展与新问题[J]. 岩土工程师,1999,3:19-20.

[68] 董志良. 堆载及真空预压法加固地基地下水位及测管水位高度的分析与计算[J]. 水运工程,2001,331(8):15-19.

[69] 付光奇,艾英钵,李震. 真空—堆载联合预压加固高速公路软基的实用设计[J]. 重庆交通学院学报,2002,21(1):41-44.

[70] 高志义. 真空预压法的机理分析[J]. 岩土工程学报,1989,11(4):45-56.

[71] 高志义,苗中海. 南宁机场软土地基真空预压施工[J]. 港口工程,1992,1:18-22.

[72] 龚晓南,岑仰润. 真空预压加固软土地基机理探讨[J]. 哈尔滨建筑大学学报,2002,35(2):7-10.

[73] 龚晓南,岑仰润,李昌宁. 真空排水预压加固软土地基的研究现状及展望[C]. 第七届全国地基处理学术讨论会论文集,2002.

[74] 河海大学岩土工程研究所. 真空-堆载联合预压加固高速公路软基试验段总结报告(京珠高速公路广珠段:桩号 K46 + 634 ~ K46 + 889),1999.

[75] 胡利文,谢仁红. 真空预压土工膜光氧老化分析[J]. 水利水电科技进展,2002,22(5):47-49、65.

[76] 李豪,高玉峰,刘汉龙,等. 真空—堆载联合预压加固软基简化计算方法. 岩土工程学报,2003,25(1):58-62.

[77] 李就好. 真空—堆载联合预压法在软基加固中的应用[J]. 岩土力学,20(4),1999:58-62.

[78] 李善祥. 真空联合堆载预压在杭宁高速公路软基处理中的应用[J]. 铁道建筑技术,2002,1:38-43.

[79] 李小和,王祥. 真空预压及堆载预压处理涵洞软基的试验研究[J]. 岩土工程技术,2002,4:209-213.

[80] 梁志荣,曹名葆,叶柏荣. 真空排水预压的固结特性分析[J]. 地基处理,1993,4(2):1-6.

[81] 彭劼,刘汉龙,陈永辉,等. 真空—堆载联合预压法软基加固对周围环境的影响[J]. 岩土工程学报,2002,24(5):656-659.

[82] 钱家欢,赵维炳. 真空预压砂井地基固结分析的半解析方法[J]. 中国科学(A 辑),1988,4:439-448.

[83] 沈珠江,陆舜英. 软土地基真空排水预压的固结变形分析[J]. 岩土工程学报,1986,8(3):7-15.

[84] 童中,汪建斌. 软土路堤真空联合堆载预压位移监测与分析[J]. 岩土力学,2002,23(5):661-666.

[85] 涂平晖,杜文山,张弥. 深厚层软土路堤涵基真空联合堆载预压试验研究[J]. 中国公路学报,13(4),2000:29-32.

[86] 夏振军,尹敬泽,魏建年. 真空堆载联合预压法加固高速公路软土地基施工技术[J]. 公路,1999,增刊,33-35、45.

[87] 夏振军,邓小华,尹敬泽. 真空联合堆载加固软土地基[C]. 第七届全国地基处理学术讨论会论文集,2002.
[88] 谢弘帅,宰金璋,刘庆华. 真空井点降水堆载联合加固软土路基机理[J]. 岩土工程学报,2003,25(1):119-121.
[89] 徐泽中,刘世同,柴玉卿. 真空堆载联合预压法的渗流分析[J]. 河海大学学报,2002,30(3):85-88.
[90] 薛红波,娄炎. 砂井真空排水法加固饱和软土地基的强度特征[J]. 水利学报,1990,6:61-68.
[91] 叶柏荣. 真空预压加固法的发展及工程实录[J]. 地基处理,1995,6(3):1-10.
[92] 余湘娟,吴跃东,赵维炳. 真空预压法对加固区边界影响的研究[J]. 水利学报,2002,9:123-128.
[93] 于志强,朱耀庭,喻志发. 真空预压法加固软土地基的影响区分析[J]. 中国港湾建设,2001,1:26-30.
[94] 张诚厚,王伯衍,曹永琅. 真空作用面位置及排水管间距对预压效果的影响. 岩土工程学报,1990,12(1):45-52.
[95] 宗国庆,蒋慧. 真空(堆载)预压法在高速公路软土地基处理中的应用[J]. 水利水电科技进展,2002,22(6):41-43.
[96] 地基处理手册编委会. 地基处理手册[M]. 2 版. 北京:中国建筑工业出版社, 2000.
[97] 童小东. 生石膏在水泥系深层搅拌法中的试验研究[J]. 建筑技术,2003.
[98] 于天仁. 土壤化学原理[M]. 北京:科学技术出版社,1983.
[99] V. S. 拉马昌德兰. 水泥水化与硬化(二)[M]. 沈威,等,译. 北京:中国建筑工业出版社,1987.
[100] 裴向军,等. 搅拌法加固海相软土水泥外掺剂的选择[J]. 岩土工程学报,2000,3.
[101] 阎明礼. 地基处理技术[M]. 北京:中国环境科学出版社,1996.
[102] 侯伟生. 搅拌桩技术及其发展浅议[J]. 地基处理,2000,11(3):75-81.
[103] 吴连生,强万毅. 深层搅拌钻机的发展现状及其开发前景[J]. 地质装备,2003(2):3-6.
[104] 何开胜,陈宝勤. 超长水泥土搅拌桩的试验研究和工程应用[J]. 土木工程学报,2000(2).
[105] 张允领,寇立亚. 深层搅拌桩施工工艺的改进和应用[J]. 工业建筑,2004,33(9):46-48.
[106] 史佩栋,张美珍. 水泥土及加劲水泥土搅拌桩施工技术发展现状[J]. 工业建筑,2001,31(2):41-45.
[107] 苏清洪. 软土地基石灰深层固结介绍[J]. 广东公路交通,1993,33(4):53-60.
[108] 苏清洪,黄生文. 论石灰搅拌桩的有效性[J]. 土木工程学报,1993,26(1):74-78.
[109] 邓安,袁聚云,李阳. 深层搅拌桩新型胶结材料的试验研究[J]. 建筑材料学报,2000,(3):88-92.
[110] 王玉钰,关喜才. EWEC 土深层搅拌桩实验研究[J]. 工程勘察,2004,4:16-18.
[111] 上海市工程建设规范. DEGJ 08-11—1999 地基基础设计规范.
[112] 熊厚金,等. 岩土工程化学[M]. 北京:科学出版社,2001.
[113] 曹名葆. 水泥土搅拌法处理地基[M]. 北京:机械工业出版社,2004.
[114] 施希. 水泥搅拌桩设计与应用中几个问题的技术措施[C]. 第四届全国地基处理学术